1章 数と式

1 (1) 4 次，係数 2

x について 2 次，係数 $\boldsymbol{2yz}$

(2) 7 次，係数 -6

y について 3 次，係数 $\boldsymbol{-6a^2bc}$

a，b について 3 次，係数 $\boldsymbol{-6cy^3}$

（…）理すると，x 以外はすべて数の扱いになる。

2 (1) 整式の次数は 2 次

$$x^2-3xy+y^2-x+y-1$$
$$=x^2+(-3y-1)x+y^2+y-1$$

← x について整理すると，x 以外はすべて数の扱いになる。

これより，x についての次数は 2 次

x^2 の係数は 1，x の係数は $\boldsymbol{-3y-1}$

定数項は $\boldsymbol{y^2+y-1}$

(2) 整式の次数は 4 次

$$3x^3+x^2y^2+4y^2-3xy+5x^2$$
$$=3x^3+(y^2+5)x^2-3yx+4y^2$$

これより，x についての次数は 3 次

x^3 の係数は 3，x^2 の係数は $\boldsymbol{y^2+5}$

x の係数は $\boldsymbol{-3y}$，定数項は $\boldsymbol{4y^2}$

(3) 整式の次数は 5 次

$$-3a^2b+4b^2+ab+5a^2b^3-4ab^2$$
$$=(5b^3-3b)a^2+(-4b^2+b)a+4b^2$$

これより，a についての次数は 2 次

a^2 の係数は $\boldsymbol{5b^3-3b}$，a の係数は $\boldsymbol{-4b^2+b}$

定数項は $\boldsymbol{4b^2}$

文字○について整理する ➡ 文字○以外は数と考える

3 (1) $(x^3-3x^2+2x-4)+(-2x^3+4x^2-x+5)$

$=(1-2)x^3+(-3+4)x^2+(2-1)x-4+5$

← 同類項をまとめる。慣れてきたら暗算で行う。

$=\boldsymbol{-x^3+x^2+x+1}$

(2) $(m^2-3mn+2n^2)-(-4m^2-3n^2+2mn)$

$=\{1-(-4)\}m^2+(-3-2)mn+\{2-(-3)\}n^2$

$=\boldsymbol{5m^2-5mn+5n^2}$

(3) $3(x^2-2xy+4y^2)-2(2x^2-3xy+5y^2)$

$=(3-4)x^2+(-6+6)xy+(12-10)y^2$

$=\boldsymbol{-x^2+2y^2}$

4 (1) $A+B=(x^2+7x-5)+(-2x^2+5)$

$=\boldsymbol{-x^2+7x}$

(2) $A-2C=(x^2+7x-5)-2(5x-2)$

$=\boldsymbol{x^2-3x-1}$

(3) $A-(2B-C)$

$=A-2B+C$

$=(x^2+7x-5)-2(-2x^2+5)+(5x-2)$

$=\boldsymbol{5x^2+12x-17}$

⬅式を整理してから代入する。

5 (1) $\left(\dfrac{x^2-2x}{3}-2\right)+\left(-x^2+\dfrac{x-1}{2}\right)$

$=\left(\dfrac{1}{3}-1\right)x^2+\left(-\dfrac{2}{3}+\dfrac{1}{2}\right)x-2-\dfrac{1}{2}$

$=\boldsymbol{-\dfrac{2}{3}x^2-\dfrac{1}{6}x-\dfrac{5}{2}}$

⬅分数であっても同じ。同類項をまとめる。

(2) $\left(\dfrac{x^2-2x}{3}-2\right)-\left(-x^2+\dfrac{x-1}{2}\right)$

$=\left(\dfrac{1}{3}+1\right)x^2+\left(-\dfrac{2}{3}-\dfrac{1}{2}\right)x+\left(-2+\dfrac{1}{2}\right)$

$=\boldsymbol{\dfrac{4}{3}x^2-\dfrac{7}{6}x-\dfrac{3}{2}}$

⬅ $-\dfrac{x-1}{2}=-\dfrac{x}{2}+\dfrac{1}{2}$

└分数の前の $-$ は $\dfrac{x-1}{2}$ 全体にかかる。

(3) $4(a+b+c)-\{3a-(c-2b)\}$

$=4a+4b+4c-(3a-c+2b)$

$=\boldsymbol{a+2b+5c}$

⬅ $-$ に注意して( )，{ }の順にはずす。

(4) $6x-[4z-\{-3x-(2x-y-5z)\}]$

$=6x-\{4z-(-3x-2x+y+5z)\}$

$=6x-(4z+5x-y-5z)$

$=6x+z-5x+y$

$=\boldsymbol{x+y+z}$

⬅まず $-$ に注意して( )をはずす。

⬅続けて，内側から括弧をはずしていく。

6 (1) $A+B-C$

$=(2x^2-xy+y^2)+(-x^2+3xy)-(x^2-2y^2)$

$=(2-1-1)x^2+(-1+3)xy+(1+2)y^2$

$=\boldsymbol{2xy+3y^2}$

(2) $4A-(C-B)=4A+B-C$

$=4(2x^2-xy+y^2)+(-x^2+3xy)-(x^2-2y^2)$

$=(8-1-1)x^2+(-4+3)xy+(4+2)y^2$

$=\boldsymbol{6x^2-xy+6y^2}$

⬅式を整理してから代入する。

(3) $3(A+B)-(2B-C)=3A+(3-2)B+C$
$=3(2x^2-xy+y^2)+(-x^2+3xy)+(x^2-2y^2)$
$=(6-1+1)x^2+(-3+3)xy+(3-2)y^2$
$=\boldsymbol{6x^2+y^2}$

(4) $2\{A-(B-C)\}-2(A-C)$
$=2(A-B+C)-2A+2C$
$=(2-2)A-2B+(2+2)C=-2B+4C$
$=-2(-x^2+3xy)+4(x^2-2y^2)$
$=(2+4)x^2-6xy-8y^2$
$=\boldsymbol{6x^2-6xy-8y^2}$

⬅( ), { } の順にはずす。

7 $2A+B=2x^2+2x+1$ …①
$A-2B=x^2-4x+8$ …②
①×2 を計算すると
$2(2A+B)=2(2x^2+2x+1)$ より
$4A+2B=4x^2+4x+2$
①×2+②を計算すると
$5A=5x^2+10$
よって $\boldsymbol{A=x^2+2}$
$A=x^2+2$ を①に代入すると
$2(x^2+2)+B=2x^2+2x+1$
ゆえに $\boldsymbol{B=2x-3}$

⬅
$$\begin{array}{rl} & 4A+2B=4x^2+4x+2 \\ +) & A-2B=x^2-4x+8 \\ \hline & 5A \quad =5x^2 \quad +10 \end{array}$$

8 ある整式を A とおくと
$A+(x^2-xy+2y^2)=3x^2-5xy+3y^2$
$A=3x^2-5xy+3y^2-(x^2-xy+2y^2)$
$=(3-1)x^2+(-5+1)xy+(3-2)y^2$
$=2x^2-4xy+y^2$
よって，正しい答えは
$(2x^2-4xy+y^2)-(x^2-xy+2y^2)$
$=(2-1)x^2+(-4+1)xy+(1-2)y^2$
$=\boldsymbol{x^2-3xy-y^2}$

⬅まず，誤って加えた計算について考える。

9 (1) $a^3\times a^4=\boldsymbol{a^7}$
(2) $-ab\times(-a^3b)=\boldsymbol{a^4b^2}$
(3) $4ab^2\times\left(-\frac{1}{2}ab\right)^2=4ab^2\times\frac{1}{4}a^2b^2=\boldsymbol{a^3b^4}$
(4) $ax^2\times(-y)^2\times(-bxy)=\boldsymbol{-abx^3y^3}$
(5) $\{(a^2)^3\}^4=(a^6)^4=\boldsymbol{a^{24}}$

指数法則

$a^m\times a^n=a^{m+n}$
$(a^m)^n=a^{mn}$
$a^m\div a^n=a^{m-n}$
$(ab)^n=a^nb^n$

10 (1) $3x^2(x^2-2x+3)=\mathbf{3x^4-6x^3+9x^2}$

(2) $(4x^2+x-3)(x^2+2)$

$=(4x^2+x-3)x^2+(4x^2+x-3)\times 2$

$=\mathbf{4x^4+x^3+5x^2+2x-6}$

(3) $(x+1)(x^2-x+1)$

$=(x+1)x^2+(x+1)(-x)+(x+1)\times 1=\mathbf{x^3+1}$

(4) $(x^2+2x-1)(x^2+x+3)$

$=(x^2+2x-1)x^2+(x^2+2x-1)x$

$+(x^2+2x-1)\times 3$

$=\mathbf{x^4+3x^3+4x^2+5x-3}$

(5) $(2a-b)(a^2+ab-b^2)$

$=(2a-b)a^2+(2a-b)ab+(2a-b)(-b^2)$

$=\mathbf{2a^3+a^2b-3ab^2+b^3}$

(6) $(2x^3-3xy-5y^2)(x^2-xy+4y^2)$

$=(2x^3-3xy-5y^2)x^2+(2x^3-3xy-5y^2)(-xy)$

$+(2x^3-3xy-5y^2)\times 4y^2$

$=2x^5-2x^4y+8x^3y^2-3x^3y+(-5+3)x^2y^2$

$+(5-12)xy^3-20y^4$

$=\mathbf{2x^5-2x^4y+8x^3y^2-3x^3y-2x^2y^2-7xy^3-20y^4}$

⬅ 同類項をまとめる。慣れてきたら暗算で行う。

⬅ 複雑な計算は丁寧に行う。

11 (1) $(2x+1)^2=\mathbf{4x^2+4x+1}$

(2) $(3a-2b)^2=\mathbf{9a^2-12ab+4b^2}$

(3) $(-2a-5b)^2=\mathbf{4a^2+20ab+25b^2}$

(4) $\left(3x+\frac{1}{2}\right)^2=\mathbf{9x^2+3x+\frac{1}{4}}$

(5) $(x+6)(x-6)=\mathbf{x^2-36}$

(6) $(2a+3b)(2a-3b)=\mathbf{4a^2-9b^2}$

(7) $(-3x+5y)(3x+5y)=\mathbf{-9x^2+25y^2}$

(8) $(-x-yz)(-x+yz)=\mathbf{x^2-y^2z^2}$

(9) $(a^2+b)(a^2-b)=\mathbf{a^4-b^2}$

乗法公式

$(a+b)^2=a^2+2ab+b^2$
$(a-b)^2=a^2-2ab+b^2$
$(a+b)(a-b)=a^2-b^2$
$(ax+b)(cx+d)$
$=acx^2+(ad+bc)x+bd$

⬅ $(-x)^2-(yz)^2$

12 (1) $(x-3)(x+4)=x^2+(-3+4)x-12$

$=\mathbf{x^2+x-12}$

(2) $(ab+3)(ab-7)=a^2b^2+(3-7)ab-21$

$=\mathbf{a^2b^2-4ab-21}$

(3) $(4a+1)(2a+1)=8a^2+(4+2)a+1$

$=\mathbf{8a^2+6a+1}$

(4) $(2x-1)(3x+4)=6x^2+(8-3)x-4$

$=\boldsymbol{6x^2+5x-4}$

(5) $(3x+2y)(4x-5y)=\boldsymbol{12x^2-7xy-10y^2}$

← 慣れてきたら暗算で行う。

(6) $(2a-5b)(3a+2b)=\boldsymbol{6a^2-11ab-10b^2}$

(7) $(5a-b)(a+3b)=\boldsymbol{5a^2+14ab-3b^2}$

(8) $(3-2x)(-2x+7)=(-2x+3)(-2x+7)$

$=\boldsymbol{4x^2-20x+21}$

← 展開しやすいように，整理してから展開する。

(9) $(3ab-2)(3-5ab)=(3ab-2)(-5ab+3)$

$=\boldsymbol{-15a^2b^2+19ab-6}$

13 (1) $(x-2)^3=x^3-3x^2\cdot 2+3x\cdot 2^2-2^3$

$=\boldsymbol{x^3-6x^2+12x-8}$

(2) $(3x+4)^3=(3x)^3+3(3x)^2\cdot 4+3(3x)\cdot 4^2+4^3$

$=\boldsymbol{27x^3+108x^2+144x+64}$

(3) $(2x-3y)^3$

$=(2x)^3-3(2x)^2(3y)+3(2x)(3y)^2-(3y)^3$

$=\boldsymbol{8x^3-36x^2y+54xy^2-27y^3}$

乗法公式

$(a+b)^3=a^3+3a^2b+3ab^2+b^3$
$(a-b)^3=a^3-3a^2b+3ab^2-b^3$
$(a+b)(a^2-ab+b^2)=a^3+b^3$
$(a-b)(a^2+ab+b^2)=a^3-b^3$

14 (1) $(a+2)(a^2-2a+4)=\boldsymbol{a^3+8}$

(2) $(5x-1)(25x^2+5x+1)=\boldsymbol{125x^3-1}$

(3) $(3a+4b)(9a^2-12ab+16b^2)=\boldsymbol{27a^3+64b^3}$

(4) $(5a-2b)(25a^2+10ab+4b^2)=\boldsymbol{125a^3-8b^3}$

← $(a+2)(a^2-2a+4)$

$=a^3-2a^2+4a$

$\quad+2a^2-4a+8$

$=a^3+8$

公式丸暗記ではなく，途中の部分が消える仕組みを理解するとよい。

15 (1) $(a-b)(a^4+a^3b+a^2b^2+ab^3+b^4)$

$=a^5+a^4b+a^3b^2+a^2b^3+ab^4$

$\quad-a^4b-a^3b^2-a^2b^3-ab^4-b^5$

$=\boldsymbol{a^5-b^5}$

← $(a-b)(a^2+ab+b^2)$ と同じ仕組みになっている。

(2) $(a+b)(a^4-a^3b+a^2b^2-ab^3+b^4)$

$=a^5-a^4b+a^3b^2-a^2b^3+ab^4$

$\quad+a^4b-a^3b^2+a^2b^3-ab^4+b^5$

$=\boldsymbol{a^5+b^5}$

← $(a+b)(a^2-ab+b^2)$ と同じ仕組みになっている。

(3) $(a+b+c)(a^2+b^2+c^2-ab-bc-ca)$

$=a^3+ab^2+c^2a-a^2b-abc-ca^2$

$\quad+a^2b+b^3+bc^2-ab^2-b^2c-abc$

$\quad+ca^2+b^2c+c^3-abc-bc^2-c^2a$

$=\boldsymbol{a^3+b^3+c^3-3abc}$

← $(a+b+c)$
$\times(a^2+b^2+c^2-ab-bc-ca)$
$=a^3+b^3+c^3-3abc$
は公式として使ってよい。

16 (1) $(a+b+1)(a+b-1)$

$=\{(a+b)+1\}\{(a+b)-1\}$

$=(a+b)^2-1=\boldsymbol{a^2+2ab+b^2-1}$

⬅ $a+b=A$ とおくと $(A+1)(A-1)=A^2-1$

(2) $(x^2+x+2)(x^2-x+2)$

$=\{(x^2+2)+x\}\{(x^2+2)-x\}$

$=(x^2+2)^2-x^2$

$=x^4+4x^2+4-x^2=\boldsymbol{x^4+3x^2+4}$

⬅ $x^2+2=A$ とおくと $(A+x)(A-x)=A^2-x^2$

(3) $(a+2b+1)(a-3b+1)$

$=\{(a+1)+2b\}\{(a+1)-3b\}$

$=(a+1)^2-b(a+1)-6b^2$

$=\boldsymbol{a^2-6b^2-ab+2a-b+1}$

⬅ $a+1=A$ とおくと $(A+2b)(A-3b)$ $=A^2-bA-6b^2$

(4) $(2x-y-z)(2x+y+z)$

$=\{2x-(y+z)\}\{2x+(y+z)\}=4x^2-(y+z)^2$

$=4x^2-(y^2+2yz+z^2)=\boldsymbol{4x^2-y^2-2yz-z^2}$

⬅ $y+z=A$ とおくと $(2x-A)(2x+A)=4x^2-A^2$

(5) $(a^2+3a-2)(a^2-3a+2)$

$=\{a^2+(3a-2)\}\{a^2-(3a-2)\}=a^4-(3a-2)^2$

$=a^4-(9a^2-12a+4)=\boldsymbol{a^4-9a^2+12a-4}$

⬅ $3a-2=A$ とおくと $(a^2+A)(a^2-A)=a^4-A^2$

(6) $(-x-y+z)(-2x+y-z)$

$=\{-x-(y-z)\}\{-2x+(y-z)\}$

$=2x^2+x(y-z)-(y-z)^2$

$=2x^2+xy-zx-(y^2-2yz+z^2)$

$=\boldsymbol{2x^2-y^2-z^2+xy+2yz-zx}$

⬅ $y-z=A$ とおくと $(-x-A)(-2x+A)$ $=2x^2+xA-A^2$

共通な項がある展開 ➡ 2つの項を1つの項とみて(置き換えて)展開する

17 (1) $(x+y+2)^2=x^2+y^2+2^2+2xy+2\cdot2y+2\cdot2x$

$=\boldsymbol{x^2+y^2+2xy+4x+4y+4}$

(2) $(x+2y-1)^2$

$=x^2+(2y)^2+(-1)^2+2x\cdot2y$

$+2\cdot2y\cdot(-1)+2\cdot(-1)\cdot x$

$=\boldsymbol{x^2+4y^2+4xy-2x-4y+1}$

(3) $(2a-b-3c)^2$

$=(2a)^2+(-b)^2+(-3c)^2+2(2a)(-b)$

$+2(-b)(-3c)+2(-3c)(2a)$

$=\boldsymbol{4a^2+b^2+9c^2-4ab+6bc-12ca}$

(4) $(x^2+x+1)^2$

$=x^4+x^2+1+2\cdot x^2\cdot x+2\cdot x\cdot1+2\cdot1\cdot x^2$

$=\boldsymbol{x^4+2x^3+3x^2+2x+1}$

乗法公式

$(x+y+z)^2$
$=x^2+y^2+z^2+2xy+2yz+2zx$

18 (1) $(x-3)^2(x+3)^2=\{(x-3)(x+3)\}^2$

$=(x^2-9)^2=\boldsymbol{x^4-18x^2+81}$

⇐ $A^2\times B^2=(A\times B)^2$

(2) $(a+2b)^2(a-2b)^2=\{(a+2b)(a-2b)\}^2$

$=(a^2-4b^2)^2=\boldsymbol{a^4-8a^2b^2+16b^4}$

(3) $(2x-y)(2x+y)(4x^2+y^2)=(4x^2-y^2)(4x^2+y^2)$

$=\boldsymbol{16x^4-y^4}$

(4) $(a-b)^2(a+b)^2(a^2+b^2)^2$

$=\{(a-b)(a+b)(a^2+b^2)\}^2$

$=\{(a^2-b^2)(a^2+b^2)\}^2$

$=(a^4-b^4)^2=\boldsymbol{a^8-2a^4b^4+b^8}$

19 (1) $x(x+1)(x-2)(x-3)$

$=\{x(x-2)\}\{(x+1)(x-3)\}$

$=(x^2-2x)(x^2-2x-3)$

$=(x^2-2x)\{(x^2-2x)-3\}$

$=(x^2-2x)^2-3(x^2-2x)$

$=x^4-4x^3+4x^2-3x^2+6x$

$=\boldsymbol{x^4-4x^3+x^2+6x}$

⇐ 同じ項(形)ができるように組合せを考える。
$x^2-2x=A$ とおくと
$A(A-3)=A^2-3A$

(2) $(x+1)(x-2)(x+3)(x-4)$

$=\{(x+1)(x-2)\}\{(x+3)(x-4)\}$

$=(x^2-x-2)(x^2-x-12)$

$=\{(x^2-x)-2\}\{(x^2-x)-12\}$

$=(x^2-x)^2-14(x^2-x)+24$

$=x^4-2x^3+x^2-14x^2+14x+24$

$=\boldsymbol{x^4-2x^3-13x^2+14x+24}$

⇐ $x^2-x=A$ とおくと
$(A-2)(A-12)$
$=A^2-14A+24$

(3) $(x+1)(x-2)(x+4)(x-8)$

$=\{(x+1)(x-8)\}\{(x-2)(x+4)\}$

$=(x^2-7x-8)(x^2+2x-8)$

$=\{(x^2-8)-7x\}\{(x^2-8)+2x\}$

$=(x^2-8)^2-5x(x^2-8)-14x^2$

$=x^4-16x^2+64-5x^3+40x-14x^2$

$=\boldsymbol{x^4-5x^3-30x^2+40x+64}$

⇐ $x^2-8=A$ とおくと
$(A-7x)(A+2x)$
$=A^2-5xA-14x^2$

(4) $(x^2+x+1)(2x^2+2x-3)$

$=\{(x^2+x)+1\}\{2(x^2+x)-3\}$

$=2(x^2+x)^2-(x^2+x)-3$

$=2(x^4+2x^3+x^2)-x^2-x-3$

$=\boldsymbol{2x^4+4x^3+x^2-x-3}$

⇐ 同じ項(形)を見つけ 1 つの項とみる。
$x^2+x=A$ とおくと
$(A+1)(2A-3)=2A^2-A-3$

20 (1) $(x+2)(x-3)(x^2-2x+4)(x^2+3x+9)$

$=\{(x+2)(x^2-2x+4)\}\{(x-3)(x^2+3x+9)\}$

$=(x^3+8)(x^3-27)$

$=\boldsymbol{x^6-19x^3-216}$

⬅ $(a+b)(a^2-ab+b^2)=a^3+b^3$
$(a-b)(a^2+ab+b^2)=a^3-b^3$
を利用する。

(2) $(2a+b)(a-3b)(2a-b)(a+3b)$

$=\{(2a+b)(2a-b)\}\{(a-3b)(a+3b)\}$

$=(4a^2-b^2)(a^2-9b^2)$

$=\boldsymbol{4a^4-37a^2b^2+9b^4}$

(3) $(x^6+x^3+1)(x^2+x+1)(x-1)$

$=\{(x-1)(x^2+x+1)\}(x^6+x^3+1)$

$=(x^3-1)\{(x^3)^2+x^3+1\}$

$=(x^3)^3-1=\boldsymbol{x^9-1}$

⬅ $(a-b)(a^2+ab+b^2)=a^3-b^3$
を利用する。

(4) $(x+1)^3(x-1)^3$

$=\{(x+1)(x-1)\}^3$

$=(x^2-1)^3=\boldsymbol{x^6-3x^4+3x^2-1}$

21 (1) $\left(x-\dfrac{a+b}{2}\right)\left(x-\dfrac{a-b}{2}\right)$

$=x^2-\left(\dfrac{a+b}{2}+\dfrac{a-b}{2}\right)x+\dfrac{a+b}{2}\times\dfrac{a-b}{2}$

$=x^2-ax+\dfrac{1}{4}(a^2-b^2)$

$=\boldsymbol{x^2-ax+\dfrac{1}{4}a^2-\dfrac{1}{4}b^2}$

(2) $\dfrac{1}{2}\{(a-b)^2+(b-c)^2+(c-a)^2\}$

⬅ 丁寧に展開して，同類項をまとめる。

$=\dfrac{1}{2}(a^2-2ab+b^2+b^2-2bc+c^2+c^2-2ca+a^2)$

$=\dfrac{1}{2}(2a^2+2b^2+2c^2-2ab-2bc-2ca)$

$=\boldsymbol{a^2+b^2+c^2-ab-bc-ca}$

(3) $\left(x+\dfrac{1}{x}\right)\left(x^2+\dfrac{1}{x^2}\right)-\left(x+\dfrac{1}{x}\right)$

$=x^3+\dfrac{1}{x}+x+\dfrac{1}{x^3}-\left(x+\dfrac{1}{x}\right)$

$=\boldsymbol{x^3+\dfrac{1}{x^3}}$

(4) $(x+y)^3-3xy(x+y)$

$=x^3+3x^2y+3xy^2+y^3-3x^2y-3xy^2$

$=\boldsymbol{x^3+y^3}$

22 (1) $(a-b-c+d)(a+b-c-d)$

$=\{(a-c)-(b-d)\}\{(a-c)+(b-d)\}$

$=(a-c)^2-(b-d)^2$

$=a^2-2ac+c^2-(b^2-2bd+d^2)$

$=\boldsymbol{a^2-b^2+c^2-d^2-2ac+2bd}$

⬅ $a-c=A$, $b-d=B$ とおくと $(A-B)(A+B)=A^2-B^2$

(2) $(a^2+a+1)(a^2-a+1)(a^4-a^2+1)(a^8-a^4+1)$

$=\{(a^2+1)+a\}\{(a^2+1)-a\}$
$\quad\times(a^4-a^2+1)(a^8-a^4+1)$

$=\{(a^2+1)^2-a^2\}(a^4-a^2+1)(a^8-a^4+1)$

$=(a^4+a^2+1)(a^4-a^2+1)(a^8-a^4+1)$

$=\{(a^4+1)+a^2\}\{(a^4+1)-a^2\}(a^8-a^4+1)$

$=\{(a^4+1)^2-a^4\}(a^8-a^4+1)$

$=\{(a^8+1)+a^4\}\{(a^8+1)-a^4\}$

$=(a^8+1)^2-a^8=\boldsymbol{a^{16}+a^8+1}$

⬅ $a^2+1=A$ とおくと
$(a^2+a+1)(a^2-a+1)$
$=(A+a)(A-a)$
$=A^2-a^2$
$=(a^2+1)^2-a^2$
$=a^4+a^2+1$
これを繰り返す。

(3) $(a+b+c)^2-(b+c-a)^2$
$\quad+(c+a-b)^2-(a+b-c)^2$

$=\{(b+c)+a\}^2-\{(b+c)-a\}^2$
$\quad+\{a-(b-c)\}^2-\{a+(b-c)\}^2$

$=(b+c)^2+2a(b+c)+a^2$
$\quad-\{(b+c)^2-2a(b+c)+a^2\}$
$\quad+a^2-2a(b-c)+(b-c)^2$
$\quad-\{a^2+2a(b-c)+(b-c)^2\}$

$=4a(b+c)-4a(b-c)$

$=4a\{b+c-(b-c)\}=\boldsymbol{8ac}$

⬅ $b+c=A$, $b-c=B$ とおくと
$(A+a)^2-(A-a)^2$
$\quad+(a-B)^2-(a+B)^2$
$=4aA-4aB$

23 (1) $3xy^3-18x^2y^2=\boldsymbol{3xy^2(y-6x)}$

(2) $3x^2y+6xy+9xy^2=\boldsymbol{3xy(x+3y+2)}$

(3) $x(a-b)-3(b-a)=x(a-b)+3(a-b)$
$\qquad=\boldsymbol{(a-b)(x+3)}$

⬅ $-3(b-a)=3(a-b)$

(4) $a(a-3b)+b(3b-a)=a(a-3b)-b(a-3b)$
$\qquad=\boldsymbol{(a-3b)(a-b)}$

⬅ $b(3b-a)=-b(a-3b)$

(5) $(x+y)^2+(x+y)(x-y)$

$=(x+y)\{(x+y)+(x-y)\}$

$=\boldsymbol{2x(x+y)}$

⬅ $x+y=A$ とおくと
$A^2+(x-y)A=A\{A+(x-y)\}$

(6) $x(x-1)+2x^2-2x=x(x-1)+2x(x-1)$
$\qquad=\boldsymbol{3x(x-1)}$

⬅ 共通因数は $x(x-1)$

24 (1) $a^2+12a+36=\boldsymbol{(a+6)^2}$

(2) $49a^2-14a+1=\boldsymbol{(7a-1)^2}$

(3) $4x^2+12xy+9y^2=\boldsymbol{(2x+3y)^2}$

(4) $25x^2-20xy+4y^2=\boldsymbol{(5x-2y)^2}$

(5) $x^2-xy+\frac{1}{4}y^2=\boldsymbol{\left(x-\frac{1}{2}y\right)^2}$

(6) $9a^2-\frac{3}{2}ab+\frac{1}{16}b^2=\boldsymbol{\left(3a-\frac{1}{4}b\right)^2}$

因数分解の公式

$a^2+2ab+b^2=(a+b)^2$
$a^2-2ab+b^2=(a-b)^2$

25 (1) $4x^2-81y^2=\boldsymbol{(2x+9y)(2x-9y)}$

(2) $-16a^2+25b^2=\boldsymbol{(5b+4a)(5b-4a)}$

(3) $27x^2-12y^2=3(9x^2-4y^2)$
$=\boldsymbol{3(3x+2y)(3x-2y)}$

因数分解の公式

$a^2-b^2=(a+b)(a-b)$

26 (1) $x^2+4x-12=\boldsymbol{(x+6)(x-2)}$

(2) $x^2+5x-14=\boldsymbol{(x+7)(x-2)}$

(3) $3x^2-x-10=\boldsymbol{(3x+5)(x-2)}$

(4) $2a^2+5a+2=\boldsymbol{(2a+1)(a+2)}$

因数分解の公式

$x^2+(a+b)x+ab$
$=(x+a)(x+b)$
$acx^2+(ad+bc)x+bd$
$=(ax+b)(cx+d)$

(5) $10a^2-23a+12=\boldsymbol{(5a-4)(2a-3)}$

← 5 ╳ −4 → −8
2 ╳ −3 → −15
−23

(6) $9a^2+3a-20=\boldsymbol{(3a+5)(3a-4)}$

(7) $2x^2-5xy-3y^2=\boldsymbol{(2x+y)(x-3y)}$

(8) $12x^2+4xy-y^2=\boldsymbol{(6x-y)(2x+y)}$

← 6 ╳ −1 → −2
2 ╳ 1 → 6
4

(9) $6x^2+xy-15y^2=\boldsymbol{(2x-3y)(3x+5y)}$

(10) $3a^2-16ab-35b^2=\boldsymbol{(3a+5b)(a-7b)}$

(11) $6x^2-13xy+6y^2=\boldsymbol{(2x-3y)(3x-2y)}$

← 2 ╳ −3 → −9
3 ╳ −2 → −4
−13

(12) $3a^2-2ab-8b^2=\boldsymbol{(3a+4b)(a-2b)}$

27 (1) $(a-b)^2-6(a-b)+9$
$=\{(a-b)-3\}^2$
$=\boldsymbol{(a-b-3)^2}$

← $a-b=A$ とおくと
$A^2-6A+9=(A-3)^2$

(2) $2(x+1)^2-7(x+1)+6$
$=\{2(x+1)-3\}\{(x+1)-2\}$
$=\boldsymbol{(2x-1)(x-1)}$

← $x+1=A$ とおくと
$2A^2-7A+6$
$=(2A-3)(A-2)$

(3) $(x+y-3)(x+y+5)-9$
$=\{(x+y)-3\}\{(x+y)+5\}-9$
$=(x+y)^2+2(x+y)-24$
$=\{(x+y)-4\}\{(x+y)+6\}$
$=\boldsymbol{(x+y-4)(x+y+6)}$

← $x+y=A$ とおくと
$(A-3)(A+5)-9$
$=A^2+2A-15-9$
$=A^2+2A-24$
$=(A-4)(A+6)$

(4) $(x+y)(x+y-2z)-3z^2$

$=(x+y)^2-2(x+y)z-3z^2$

$=\{(x+y)+z\}\{(x+y)-3z\}$

$=\boldsymbol{(x+y+z)(x+y-3z)}$

⬅ $x+y=A$ とおくと
$A(A-2z)-3z^2$
$=A^2-2zA-3z^2$
$=(A+z)(A-3z)$

(5) $(x^2+x-4)(x^2+x-8)+4$

$=\{(x^2+x)-4\}\{(x^2+x)-8\}+4$

$=(x^2+x)^2-12(x^2+x)+36$

$=\{(x^2+x)-6\}^2$

$=(x^2+x-6)^2=\boldsymbol{(x+3)^2(x-2)^2}$

⬅ $x^2+x=A$ とおくと
$(A-4)(A-8)+4$
$=A^2-12A+32+4$
$=A^2-12A+36=(A-6)^2$

⬅ $x^2+x-6=(x+3)(x-2)$

(6) $(x^2+3x-3)(x^2+3x+1)-5$

$=\{(x^2+3x)-3\}\{(x^2+3x)+1\}-5$

$=(x^2+3x)^2-2(x^2+3x)-8$

$=\{(x^2+3x)-4\}\{(x^2+3x)+2\}$

$=(x-1)(x+4)(x+1)(x+2)$

$=\boldsymbol{(x-1)(x+1)(x+2)(x+4)}$

⬅ $x^2+3x=A$ とおくと
$(A-3)(A+1)-5$
$=A^2-2A-8=(A-4)(A+2)$

⬅ $x^2+3x-4=(x-1)(x+4)$,
$x^2+3x+2=(x+1)(x+2)$

(7) $(x-2y)^2-(2x-y)^2$

$=\{(x-2y)+(2x-y)\}\{(x-2y)-(2x-y)\}$

$=(3x-3y)(-x-y)=\boldsymbol{-3(x-y)(x+y)}$

⬅ $x-2y=A, 2x-y=B$ とおくと
$A^2-B^2=(A+B)(A-B)$

⬅ $-x-y=-(x+y)$

(8) $(a-b)^2m^2-(b-a)^2n^2$

$=(a-b)^2m^2-(a-b)^2n^2$

$=(a-b)^2(m^2-n^2)=\boldsymbol{(a-b)^2(m+n)(m-n)}$

⬅ まずは共通因数をくくり出す。
$(b-a)^2=\{-(a-b)\}^2$
$=(a-b)^2$

(9) x^2-y^2-4y-4

$=x^2-(y^2+4y+4)$

$=x^2-(y+2)^2$

$=\{x+(y+2)\}\{x-(y+2)\}$

$=\boldsymbol{(x+y+2)(x-y-2)}$

(10) $9a^2-6ab+b^2-4c^2$

$=(3a-b)^2-4c^2$

$=\boldsymbol{(3a-b+2c)(3a-b-2c)}$

28 (1) x^4-81y^4

$=(x^2)^2-(9y^2)^2$

$=(x^2+9y^2)(x^2-9y^2)$

$=\boldsymbol{(x^2+9y^2)(x+3y)(x-3y)}$

⬅ $x^2=A$, $9y^2=B$ とおくと
$A^2-B^2=(A+B)(A-B)$

(2) x^4+2x^2-3

$=(x^2)^2+2(x^2)-3$

$=(x^2+3)(x^2-1)=\boldsymbol{(x^2+3)(x+1)(x-1)}$

⬅ $x^2=A$ とおくと
$A^2+2A-3=(A+3)(A-1)$

(3) x^4-18x^2+81
$=(x^2)^2-18(x^2)+81$
$=(x^2-9)^2=\boldsymbol{(x+3)^2(x-3)^2}$

← $x^2=A$ とおくと
$A^2-18A+81=(A-9)^2$

(4) $x^4-x^2y^2-12y^4$
$=(x^2+3y^2)(x^2-4y^2)$
$=\boldsymbol{(x^2+3y^2)(x+2y)(x-2y)}$

← $x^2=A$, $y^2=B$ とおくと
$A^2-AB-12B^2$
$=(A+3B)(A-4B)$

(5) $81a^4-72a^2b^2+16b^4$
$=(9a^2-4b^2)^2$
$=\{(3a+2b)(3a-2b)\}^2=\boldsymbol{(3a+2b)^2(3a-2b)^2}$

(6) $4x^4-37x^2y^2+9y^4$
$=(4x^2-y^2)(x^2-9y^2)$
$=\boldsymbol{(2x+y)(2x-y)(x+3y)(x-3y)}$

(7) $9x^4-7x^2y^2-16y^4$
$=(9x^2-16y^2)(x^2+y^2)$
$=\boldsymbol{(3x+4y)(3x-4y)(x^2+y^2)}$

(8) $a^5-16a=a(a^4-16)$
$=a(a^2+4)(a^2-4)=\boldsymbol{a(a^2+4)(a+2)(a-2)}$

← まず，共通因数 a をくくり出す。

高次の因数分解 ➡ $x^2=A$ などと置き換えて考える

29 (1) $a^2-2a+2ab-4b$
$=(2a-4)b+a^2-2a$
$=2(a-2)b+a(a-2)$
$=(a-2)(2b+a)=\boldsymbol{(a-2)(a+2b)}$

← 最低次数の文字 b で整理する。
← 共通因数 $(a-2)$ をくくり出す。

(2) $xy-x-y+1$
$=(y-1)x-(y-1)$
$=(y-1)(x-1)=\boldsymbol{(x-1)(y-1)}$

← x も y も 1 次であるから，どちらで整理してもよい。

(3) $p^2-pq+q-1$
$=-(p-1)q+p^2-1$
$=-(p-1)q+(p-1)(p+1)$
$=(p-1)\{-q+(p+1)\}=\boldsymbol{(p-1)(p-q+1)}$

← 最低次数の文字 q で整理する。
← 共通因数 $(p-1)$ をくくり出す。

(4) $ab+ac+b^2+bc$
$=(b+c)a+b(b+c)$
$=(b+c)(a+b)=\boldsymbol{(a+b)(b+c)}$

← a または c で整理する。
← 共通因数 $(b+c)$ をくくり出す。

(5) $a^2b+a-b-1$
$=(a^2-1)b+(a-1)=(a+1)(a-1)b+(a-1)$
$=(a-1)\{(a+1)b+1\}=\boldsymbol{(a-1)(ab+b+1)}$

← 最低次数の文字 b で整理する。
← 共通因数 $(a-1)$ をくくり出す。

(6) $a^2c-b^2c-a^2+b^2$

$=(a^2-b^2)c-(a^2-b^2)$

$=(a^2-b^2)(c-1)$

$=\boldsymbol{(a+b)(a-b)(c-1)}$

⬅ 最低次数の文字 c で整理する。

⬅ 共通因数 (a^2-b^2) をくくり出す。

(7) $a^2b+a^2c+ab^2-b^2c$

$=(a^2-b^2)c+a^2b+ab^2$

$=(a+b)(a-b)c+ab(a+b)$

$=(a+b)\{(a-b)c+ab\}$

$=\boldsymbol{(a+b)(ab-bc+ca)}$

⬅ 最低次数の文字 c で整理する。

⬅ 共通因数 $(a+b)$ をくくり出す。

(8) $2b^2+5b-2bc+c-3$

$=-(2b-1)c+2b^2+5b-3$

$=-(2b-1)c+(2b-1)(b+3)$

$=(2b-1)\{-c+(b+3)\}$

$=\boldsymbol{(2b-1)(b-c+3)}$

⬅ 最低次数の文字 c で整理する。

⬅ 共通因数 $(2b-1)$ をくくり出す。

文字が 2 つ以上あるとき ➡ 最低次数の文字で整理する

30 (1) $a^2-2a(b+c)+(b+c)^2$

$=\{a-(b+c)\}^2$

$=\boldsymbol{(a-b-c)^2}$

⬅ $b+c=A$ とおくと
$a^2-2aA+A^2=(a-A)^2$

(2) $x^2+2x-(y+1)(y-1)$

$=\{x+(y+1)\}\{x-(y-1)\}$

$=\boldsymbol{(x+y+1)(x-y+1)}$

⬅
$1 \times (y+1) \longrightarrow y+1$
$1 \times -(y-1) \longrightarrow -y+1$
2

(3) $x^2+3x-(a+3)(a+6)$

$=\{x-(a+3)\}\{x+(a+6)\}$

$=\boldsymbol{(x-a-3)(x+a+6)}$

⬅
$1 \times -(a+3) \longrightarrow -a-3$
$1 \times (a+6) \longrightarrow a+6$
3

(4) $ax^2-(a+1)x+1$

$=\boldsymbol{(ax-1)(x-1)}$

(5) $abx^2-(a-b)x-1$

$=\boldsymbol{(ax+1)(bx-1)}$

⬅
$a \times 1 \longrightarrow b$
$b \times -1 \longrightarrow -a$
$-a+b$

(6) $abx^2+(a^2-b^2)x-ab$

$=\boldsymbol{(ax-b)(bx+a)}$

(7) $3x^2-(2y+1)x-y(y-1)$

$=\{3x+(y-1)\}(x-y)$

$=\boldsymbol{(3x+y-1)(x-y)}$

⬅
$3 \times (y-1) \longrightarrow y-1$
$1 \times -y \longrightarrow -3y$
$-2y-1$

(8) $2x^2-(5y+1)x+(2y+1)(y-1)$

$=\{2x-(y-1)\}\{x-(2y+1)\}$

$=\boldsymbol{(2x-y+1)(x-2y-1)}$

⬅
$2 \times -(y-1) \longrightarrow -y+1$
$1 \times -(2y+1) \longrightarrow -4y-2$
$-5y-1$

31 (1) $x^2+2xy+y^2-1$

$=x^2+2yx+(y+1)(y-1)$

$=\{x+(y+1)\}\{x+(y-1)\}=\boldsymbol{(x+y+1)(x+y-1)}$

⬅ y^2-1 を因数分解する。

$$\begin{array}{ccccc} 1 & \times & (y+1) & \longrightarrow & y+1 \\ 1 & & (y-1) & \longrightarrow & y-1 \\ \hline & & & & 2y \end{array}$$

(2) x^2-x-y^2+y

$=x^2-x-y(y-1)$

$=(x-y)\{x+(y-1)\}=\boldsymbol{(x-y)(x+y-1)}$

⬅ $-y^2+y$ を因数分解する。

$$\begin{array}{ccccc} 1 & \times & -y & \longrightarrow & -y \\ 1 & & (y-1) & \longrightarrow & y-1 \\ \hline & & & & -1 \end{array}$$

(3) x^2+4x-y^2+2y+3

$=x^2+4x-(y+1)(y-3)$

$=\{x+(y+1)\}\{x-(y-3)\}$

$=\boldsymbol{(x+y+1)(x-y+3)}$

⬅ $-y^2+2y+3$ を因数分解する。

$$\begin{array}{ccccc} 1 & \times & (y+1) & \longrightarrow & y+1 \\ 1 & & -(y-3) & \longrightarrow & -y+3 \\ \hline & & & & 4 \end{array}$$

(4) $x^2-3xy+2x+2y^2-5y-3$

$=x^2+(-3y+2)x+2y^2-5y-3$

$=x^2+(-3y+2)x+(2y+1)(y-3)$

$=\{x-(2y+1)\}\{x-(y-3)\}$

$=\boldsymbol{(x-2y-1)(x-y+3)}$

⬅ x について整理する。

⬅ $2y^2-5y-3$ を因数分解する。

$$\begin{array}{ccccc} 1 & \times & -(2y+1) & \longrightarrow & -2y-1 \\ 1 & & -(y-3) & \longrightarrow & -y+3 \\ \hline & & & & -3y+2 \end{array}$$

(5) $2x^2-9xy+9y^2-3x+3y-2$

$=2x^2+(-9y-3)x+9y^2+3y-2$

$=2x^2+(-9y-3)x+(3y-1)(3y+2)$

$=\{2x-(3y-1)\}\{x-(3y+2)\}$

$=\boldsymbol{(2x-3y+1)(x-3y-2)}$

⬅ x について整理する。

⬅ $9y^2+3y-2$ を因数分解する。

$$\begin{array}{ccccc} 2 & \times & -(3y-1) & \longrightarrow & -3y+1 \\ 1 & & -(3y+2) & \longrightarrow & -6y-4 \\ \hline & & & & -9y-3 \end{array}$$

(6) $6x^2-5xy+x-6y^2+5y-1$

$=6x^2+(-5y+1)x-(6y^2-5y+1)$

$=6x^2+(-5y+1)x-(2y-1)(3y-1)$

$=\{2x-(3y-1)\}\{3x+(2y-1)\}$

$=\boldsymbol{(2x-3y+1)(3x+2y-1)}$

⬅ x について整理する。

⬅ $6y^2-5y+1$ を因数分解する。

$$\begin{array}{ccccc} 2 & \times & -(3y-1) & \longrightarrow & -9y+3 \\ 3 & & (2y-1) & \longrightarrow & 4y-2 \\ \hline & & & & -5y+1 \end{array}$$

(7) $2x^2+7x+3xy-2y^2-y+3$

$=2x^2+(3y+7)x-(2y^2+y-3)$

$=2x^2+(3y+7)x-(2y+3)(y-1)$

$=\{2x-(y-1)\}\{x+(2y+3)\}$

$=\boldsymbol{(2x-y+1)(x+2y+3)}$

⬅ x について整理する。

⬅ $2y^2+y-3$ を因数分解する。

$$\begin{array}{ccccc} 2 & \times & -(y-1) & \longrightarrow & -y+1 \\ 1 & & (2y+3) & \longrightarrow & 4y+6 \\ \hline & & & & 3y+7 \end{array}$$

(8) $2x^2-4y^2-z^2-2xy+4yz+zx$

$=2x^2+(-2y+z)x-(4y^2-4yz+z^2)$

$=2x^2+(-2y+z)x-(2y-z)^2$

$=\{2x+(2y-z)\}\{x-(2y-z)\}$

$=\boldsymbol{(2x+2y-z)(x-2y+z)}$

⬅ x について整理する。

⬅ $4y^2-4yz+z^2$ を因数分解する。

$$\begin{array}{ccccc} 2 & \times & (2y-z) & \longrightarrow & 2y-z \\ 1 & & -(2y-z) & \longrightarrow & -4y+2z \\ \hline & & & & -2y+z \end{array}$$

2 次式の因数分解 ➡ 1 つの文字で整理してたすき掛けを考える

32 (1) $a^3-a^2+a^2b-2a-ab-2b$

$=(a^2-a-2)b+a^3-a^2-2a$

$=(a^2-a-2)b+(a^2-a-2)a$

$=(a^2-a-2)(b+a)$

$=\boldsymbol{(a-2)(a+1)(a+b)}$

⬅ 最低次数の文字 b で整理する。

⬅ 共通因数は (a^2-a-2)

(2) $a^2+a+ac-b^2-b+bc+c$

$=(a+b+1)c+a^2+a-b^2-b$

$=(a+b+1)c+a^2-b^2+(a-b)$

$=(a+b+1)c+(a+b)(a-b)+(a-b)$

$=(a+b+1)c+(a-b)(a+b+1)$

$=(a+b+1)\{c+(a-b)\}$

$=\boldsymbol{(a+b+1)(a-b+c)}$

⬅ 最低次数の文字 c で整理する。

⬅ 残った a^2+a-b^2-b を因数分解することを考える。

⬅ 共通因数は $(a+b+1)$

(3) $(a^2+a)x^3+(3a+1)x^2-2ax-4$

$=x^3a^2+(x^3+3x^2-2x)a+x^2-4$

$=x^3a^2+(x^3+3x^2-2x)a+(x+2)(x-2)$

$=\{x^2a+(x-2)\}\{xa+(x+2)\}$

$=\boldsymbol{(ax^2+x-2)(ax+x+2)}$

⬅ 最低次数の文字 a で整理する。

⬅
$x^2 \quad (x-2) \longrightarrow \quad x^2-2x$
$x \quad (x+2) \longrightarrow x^3+2x^2$
$\qquad\qquad x^3+3x^2-2x$

文字が 2 つ以上あるとき ➡ 最低次数の文字で整理する

33 (1) $ab(a+b)+bc(b+c)+ca(c+a)+2abc$

$=a^2b+ab^2+b^2c+bc^2+c^2a+ca^2+2abc$

$=(b+c)a^2+(b^2+2bc+c^2)a+b^2c+bc^2$

$=(b+c)a^2+(b+c)^2a+bc(b+c)$

$=(b+c)\{a^2+(b+c)a+bc\}$

$=(b+c)(a+b)(a+c)$

$=\boldsymbol{(a+b)(b+c)(c+a)}$

⬅ 展開して a について整理する。

⬅ 共通因数は $(b+c)$

⬅ 形よく整理する。

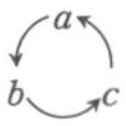

(2) $(a+b)(b+c)(c+a)+abc$

$=(b+c)\{a^2+(b+c)a+bc\}+abc$

$=(b+c)a^2+\{(b+c)^2+bc\}a+bc(b+c)$

$=\{(b+c)a+bc\}\{a+(b+c)\}$

$=\boldsymbol{(ab+bc+ca)(a+b+c)}$

⬅ a について整理する。

⬅
$(b+c) \quad bc \longrightarrow \quad bc$
$1 \quad (b+c) \longrightarrow (b+c)^2$
$\qquad\qquad (b+c)^2+bc$

(3) $a(b-c)^2+b(c-a)^2+c(a-b)^2+8abc$

$=(b+c)a^2+\{(b-c)^2-2bc-2bc+8bc\}a+bc(b+c)$

$=(b+c)a^2+(b+c)^2a+bc(b+c)$

$=(b+c)\{a^2+(b+c)a+bc\}$

$=(b+c)(a+b)(a+c)$

$=\boldsymbol{(a+b)(b+c)(c+a)}$

⬅ a について整理する。

⬅ 共通因数は $(b+c)$

(4) $ab(a+b)+bc(b+c)+ca(c+a)+3abc$

$=a^2b+ab^2+b^2c+bc^2+c^2a+ca^2+3abc$

$=(b+c)a^2+(b^2+3bc+c^2)a+bc(b+c)$

$=\{(b+c)a+bc\}\{a+(b+c)\}$

$=\boldsymbol{(ab+bc+ca)(a+b+c)}$

⬅ a について整理する。

⬅ $b+c \times bc \longrightarrow bc$
$1 \quad (b+c) \longrightarrow b^2+2bc+c^2$
$\overline{\qquad\qquad\qquad b^2+3bc+c^2}$

34 (1) $a^3-2a^2-9a+18$

$=a^2(a-2)-9(a-2)$

$=(a-2)(a^2-9)$

$=\boldsymbol{(a-2)(a+3)(a-3)}$

⬅ 共通因数は $(a-2)$

(2) $x^3+6x^2+12x+8$

$=x^3+8+6x(x+2)$

$=(x+2)(x^2-2x+4)+6x(x+2)$

$=(x+2)\{(x^2-2x+4)+6x\}$

$=(x+2)(x^2+4x+4)=\boldsymbol{(x+2)^3}$

⬅ $a^3+b^3=(a+b)(a^2-ab+b^2)$

⬅ 共通因数は $(x+2)$

(3) $(x-3)(x-1)(x+2)(x+4)+24$

$=\{(x-3)(x+4)\}\{(x-1)(x+2)\}+24$

$=(x^2+x-12)(x^2+x-2)+24$

$=\{(x^2+x)-12\}\{(x^2+x)-2\}+24$

$=(x^2+x)^2-14(x^2+x)+48$

$=\{(x^2+x)-6\}\{(x^2+x)-8\}$

$=\boldsymbol{(x-2)(x+3)(x^2+x-8)}$

⬅ $x^2+x=A$ とおくと
$(A-12)(A-2)+24$
$=A^2-14A+48$
$=(A-6)(A-8)$

(4) $(a-b-c+1)(a+1)+bc$

$=\{(a+1)-(b+c)\}(a+1)+bc$

$=(a+1)^2-(b+c)(a+1)+bc$

$=\{(a+1)-b\}\{(a+1)-c\}$

$=\boldsymbol{(a-b+1)(a-c+1)}$

⬅ $a+1=A$ とおくと
$\{A-(b+c)\}A+bc$
$=A^2-(b+c)A+bc$
$=(A-b)(A-c)$

35 (1) $x^4+3x^2+4=x^4+4x^2+4-x^2$

$=(x^2+2)^2-x^2$

$=\{(x^2+2)+x\}\{(x^2+2)-x\}$

$=\boldsymbol{(x^2+x+2)(x^2-x+2)}$

⬅ $3x^2=4x^2-x^2$ と考える。

(2) $x^4+5x^2+9=x^4+6x^2+9-x^2$

$=(x^2+3)^2-x^2$

$=\{(x^2+3)+x\}\{(x^2+3)-x\}$

$=\boldsymbol{(x^2+x+3)(x^2-x+3)}$

⬅ $5x^2=6x^2-x^2$ と考える。

(3) $x^4+64=x^4+16x^2+64-16x^2$

$=(x^2+8)^2-(4x)^2$

$=\{(x^2+8)+4x\}\{(x^2+8)-4x\}$

$=\boldsymbol{(x^2+4x+8)(x^2-4x+8)}$

← $16x^2-16x^2$ を加える。

(4) $a^4-8a^2b^2+4b^4$

$=a^4-4a^2b^2+4b^4-4a^2b^2$

$=(a^2-2b^2)^2-(2ab)^2$

$=\{(a^2-2b^2)+2ab\}\{(a^2-2b^2)-2ab\}$

$=\boldsymbol{(a^2+2ab-2b^2)(a^2-2ab-2b^2)}$

← $-8a^2b^2=-4a^2b^2-4a^2b^2$ と考える。

(5) $x^4-29x^2y^2+4y^4$

$=x^4-4x^2y^2+4y^4-25x^2y^2$

$=(x^2-2y^2)^2-(5xy)^2$

$=\{(x^2-2y^2)+5xy\}\{(x^2-2y^2)-5xy\}$

$=\boldsymbol{(x^2+5xy-2y^2)(x^2-5xy-2y^2)}$

← $-29x^2y^2=-4x^2y^2-25x^2y^2$ と考える。

(6) $4a^4+3a^2b^2+9b^4$

$=4a^4+12a^2b^2+9b^4-9a^2b^2$

$=(2a^2+3b^2)^2-(3ab)^2$

$=\{(2a^2+3b^2)+3ab\}\{(2a^2+3b^2)-3ab\}$

$=\boldsymbol{(2a^2+3ab+3b^2)(2a^2-3ab+3b^2)}$

← $3a^2b^2=12a^2b^2-9a^2b^2$ と考える。

36 (1) $a^3-64=\boldsymbol{(a-4)(a^2+4a+16)}$

(2) $27a^3+125=\boldsymbol{(3a+5)(9a^2-15a+25)}$

(3) $24x^3-81y^3=3(8x^3-27y^3)$

$=\boldsymbol{3(2x-3y)(4x^2+6xy+9y^2)}$

因数分解の公式

$a^3+b^3=(a+b)(a^2-ab+b^2)$

$a^3-b^3=(a-b)(a^2+ab+b^2)$

←共通因数 3 をくくり出す。

37 (1) $x^3+3x^2+3x+1=\boldsymbol{(x+1)^3}$

(2) $x^3-6x^2+12x-8=\boldsymbol{(x-2)^3}$

(3) $8x^3+12x^2+6x+1=\boldsymbol{(2x+1)^3}$

(4) $27x^3-54x^2y+36xy^2-8y^3=\boldsymbol{(3x-2y)^3}$

因数分解の公式

$a^3+3a^2b+3ab^2+b^3=(a+b)^3$

$a^3-3a^2b+3ab^2-b^3=(a-b)^3$

(参考)展開すると，答えが正しいかどうか確かめられる。

38 (1) $8x^3y+27y^4=y(8x^3+27y^3)$

$=\boldsymbol{y(2x+3y)(4x^2-6xy+9y^2)}$

← 共通因数 y をくくり出す。

(2) $a^4b^3-27ac^3=a(a^3b^3-27c^3)$

$=a\{(ab)^3-(3c)^3\}$

$=\boldsymbol{a(ab-3c)(a^2b^2+3abc+9c^2)}$

← 共通因数 a をくくり出す。

(3) x^6-7x^3-8

$=(x^3)^2-7(x^3)-8$

$=(x^3+1)(x^3-8)$

$=(x+1)(x-2)(x^2-x+1)(x^2+2x+4)$

(4) x^6-64y^6

$=(x^3)^2-(8y^3)^2$

$=(x^3+8y^3)(x^3-8y^3)$

$=(x+2y)(x^2-2xy+4y^2)(x-2y)(x^2+2xy+4y^2)$

$=(x+2y)(x-2y)(x^2+2xy+4y^2)(x^2-2xy+4y^2)$

⬅ $(x^2)^3-(4y^2)^3$ からも因数分解できる。途中で現れる $x^4+4x^2y^2+16y^4$ は
$x^4+8x^2y^2+16y^4-4x^2y^2$
$=(x^2+4y^2)^2-(2xy)^2$
とする（StepUp 例題 17 参照）。

39 (1) $x^3+y^3+z^3-3xyz$

$=(x+y)^3-3xy(x+y)+z^3-3xyz$

$=(x+y)^3+z^3-3xy\{(x+y)+z\}$

$=\{(x+y)+z\}\{(x+y)^2-(x+y)z+z^2\}$
$\quad -3xy(x+y+z)$

$=(x+y+z)\{(x+y)^2-(x+y)z+z^2-3xy\}$

$=(x+y+z)(x^2+y^2+z^2-xy-yz-zx)$

⬅ $x^3+y^3=(x+y)^3-3xy(x+y)$ を利用する。

⬅ $x+y=A$ とおくと
$A^3+z^3=(A+z)(A^2-Az+z^2)$

⬅ 共通因数は $(x+y+z)$

因数分解の公式

$x^3+y^3+z^3-3xyz$
$=(x+y+z)$
$\times(x^2+y^2+z^2-xy-yz-zx)$

(2) $x^3+8y^3+27-18xy$

$=x^3+(2y)^3+3^3-3\cdot x\cdot 2y\cdot 3$ ⋯①

(1)の結果を利用すると，①は

$(x+2y+3)(x^2+(2y)^2+3^2-x\cdot 2y-2y\cdot 3-3\cdot x)$

$=(x+2y+3)(x^2+4y^2-2xy-3x-6y+9)$

40 (1) $a^2+b^2+2bc-2ca-2ab$

$=(2b-2a)c+a^2-2ab+b^2$

$=-2c(a-b)+(a-b)^2$

$=(a-b)\{-2c+(a-b)\}$

$=(a-b)(a-b-2c)$

⬅ 最低次数の文字 c で整理する。

⬅ 共通因数は $(a-b)$

(2) $(xy+1)(x+1)(y+1)+xy$

$=(y+1)\{yx^2+(y+1)x+1\}+xy$

$=(y+1)yx^2+\{(y+1)^2+y\}x+(y+1)$

$=\{(y+1)x+1\}\{yx+(y+1)\}$

$=(xy+x+1)(xy+y+1)$

⬅ x または y で整理する。

⬅
$$\begin{array}{ccccc} (y+1) & \diagdown\!\!\!\diagup & 1 & \longrightarrow & y \\ y & & (y+1) & \longrightarrow & (y+1)^2 \\ \hline & & & & (y+1)^2+y \end{array}$$

(3) $(ac-bd)^2-(ad-bc)^2$

$=\{(ac-bd)+(ad-bc)\}\{(ac-bd)-(ad-bc)\}$

$=\{(c+d)a-b(c+d)\}\{(c-d)a+b(c-d)\}$

$=(c+d)(a-b)(c-d)(a+b)$

$=(a+b)(a-b)(c+d)(c-d)$

⬅ $A^2-B^2=(A+B)(A-B)$

⬅ a について整理する。

⬅ { } の中の共通因数 $(c+d)$ と $(c-d)$ をくくり出す。

(4) $(ac+bd)^2+(ad-bc)^2$

$=a^2c^2+2acbd+b^2d^2+a^2d^2-2adbc+b^2c^2$ ← $2acbd=2adbc$

$=(c^2+d^2)a^2+(c^2+d^2)b^2$

$=(c^2+d^2)(a^2+b^2)$

$=\boldsymbol{(a^2+b^2)(c^2+d^2)}$

(5) $x^3-(a^2-a+1)x-a^2+a$ ← 最低次数の文字 a で整理する。

$=(-x-1)a^2+(x+1)a+x^3-x$

$=-(x+1)a^2+(x+1)a+x(x+1)(x-1)$ ← 共通因数は $-(x+1)$

$=-(x+1)\{a^2-a-x(x-1)\}$

$=-(x+1)(a-x)\{a+(x-1)\}$

$=\boldsymbol{(x+1)(x-a)(x+a-1)}$

← $\begin{array}{ll} 1 \diagup\!\!\!\!\diagdown\ -x & \longrightarrow -x \\ 1 \quad (x-1) & \longrightarrow x-1 \\ \hline & \quad -1 \end{array}$

← $-(a-x)=x-a$

41 (1) $a^3(b-c)+b^3(c-a)+c^3(a-b)$ ← a について整理する。

$=(b-c)a^3-(b^3-c^3)a+bc(b^2-c^2)$ ← 共通因数は $(b-c)$

$=(b-c)a^3-(b-c)(b^2+bc+c^2)a$

$\quad+(b+c)(b-c)bc$

$=(b-c)\{a^3-(b^2+bc+c^2)a+(b+c)bc\}$ ← { }の中での最低次数の文字は b と c であるから，b または c で整理する。

$=(b-c)\{(c-a)b^2+(-ca+c^2)b+a^3-c^2a\}$

$=(b-c)\{(c-a)b^2+c(c-a)b-a(c-a)(c+a)\}$ ← 共通因数は $(c-a)$

$=(b-c)(c-a)\{b^2+cb-a(c+a)\}$

$=(b-c)(c-a)(b-a)(b+c+a)$

$=\boldsymbol{-(a-b)(b-c)(c-a)(a+b+c)}$

$\begin{array}{ll} 1 \diagup\!\!\!\!\diagdown\ -a & \longrightarrow -a \\ 1 \quad (c+a) & \longrightarrow c+a \\ \hline & \quad c \end{array}$

(2) $(a+b)^3+(b+c)^3+(c+a)^3+a^3+b^3+c^3$

$=\{(a+b)^3+c^3\}+\{(b+c)^3+a^3\}+\{(c+a)^3+b^3\}$

$=(a+b+c)\{(a+b)^2-(a+b)c+c^2\}$ ← 組合せを工夫する。

$\quad+(a+b+c)\{(b+c)^2-(b+c)a+a^2\}$

$\quad+(a+b+c)\{(c+a)^2-(c+a)b+b^2\}$ ← 共通因数は $(a+b+c)$

$=(a+b+c)\{(a+b)^2+(b+c)^2+(c+a)^2$ ← { }の中を展開して整理する。

$\quad-2(ab+bc+ca)+a^2+b^2+c^2\}$

$=(a+b+c)(3a^2+3b^2+3c^2)$

$=\boldsymbol{3(a+b+c)(a^2+b^2+c^2)}$

42 (1) $(a+b)c^3-(a^2+ab+b^2)c^2+a^2b^2$ ← 展開して a について整理する。

$=(b^2-c^2)a^2+(-bc^2+c^3)a+bc^3-b^2c^2$

$=(b+c)(b-c)a^2-(b-c)c^2a-bc^2(b-c)$ ← 共通因数は $(b-c)$

$=(b-c)\{(b+c)a^2-c^2a-bc^2\}$

$=(b-c)(a-c)\{(b+c)a+bc\}$

$=\boldsymbol{(a-c)(b-c)(ab+bc+ca)}$

← $\begin{array}{ll} 1 \diagup\!\!\!\!\diagdown\ -c & \longrightarrow -bc-c^2 \\ b+c \quad bc & \longrightarrow bc \\ \hline & \quad -c^2 \end{array}$

(2) $x^3-(a+b+c)x^2+(ab+bc+ca)x-abc$

$=\{-x^2+(b+c)x-bc\}a+x^3-(b+c)x^2+bcx$

$=-(x-b)(x-c)a+(x-b)(x-c)x$

$=(x-b)(x-c)(-a+x)$

$=\boldsymbol{(x-a)(x-b)(x-c)}$

⬅展開して最低次数の文字 a または b または c で整理する。

⬅共通因数は $(x-b)(x-c)$

43 それ以上約分できない分数のうち，分母が 2 と 5 のみの積で表される数は有限小数となる。

$12=2^2\cdot3$，$40=2^3\cdot5$，$51=3\cdot17$，$160=2^5\cdot5$，$256=2^8$

であるから，有限小数は

$\boldsymbol{\frac{11}{40}}$，$\boldsymbol{\frac{1}{160}}$，$\boldsymbol{\frac{13}{256}}$

⬅ $\frac{11}{40}=0.275$　$\frac{1}{160}=0.00625$

$\frac{13}{256}=0.05078125$

44 (1) $\frac{3}{8}=\boldsymbol{0.375}$

(2) $\frac{5}{3}=1.666\cdots=\boldsymbol{1.\dot{6}}$

(3) $-\frac{12}{11}=-1.0909\cdots=\boldsymbol{-1.\dot{0}\dot{9}}$

(4) $\frac{8}{27}=0.296296\cdots=\boldsymbol{0.\dot{2}9\dot{6}}$

(5) $x=0.\dot{5}$ とおくと，右の計算より

$x=\boldsymbol{\frac{5}{9}}$

⬅
$$\begin{array}{rl} 10x= & 5.555\cdots \\ -)\quad x= & 0.555\cdots \\ \hline 9x= & 5 \end{array}$$

(6) $x=4.\dot{5}\dot{4}$ とおくと，右の計算より

$x=\frac{450}{99}=\boldsymbol{\frac{50}{11}}$

⬅
$$\begin{array}{rl} 100x= & 454.54\cdots \\ -)\quad x= & 4.54\cdots \\ \hline 99x= & 450 \end{array}$$

(7) $x=0.\dot{3}4\dot{5}$ とおくと，右の計算より

$x=\frac{345}{999}=\boldsymbol{\frac{115}{333}}$

⬅
$$\begin{array}{rl} 1000x= & 345.345\cdots \\ -)\quad x= & 0.345\cdots \\ \hline 999x= & 345 \end{array}$$

(8) $x=0.1\dot{2}$ とおくと，右の計算より

$x=\boldsymbol{\frac{11}{90}}$

⬅
$$\begin{array}{rl} 100x= & 12.222\cdots \\ -)\quad 10x= & 1.222\cdots \\ \hline 90x= & 11 \end{array}$$

45 (1) $|-7|=\boldsymbol{7}$

(2) $|2-\sqrt{5}|=\boldsymbol{\sqrt{5}-2}$

(3) $|\pi-4|=\boldsymbol{4-\pi}$

(4) $|3-\sqrt{6}|+|1-\sqrt{6}|=3-\sqrt{6}-(1-\sqrt{6})$

$=\boldsymbol{2}$

⬅ $\sqrt{4}<\sqrt{5}$ より　$2<\sqrt{5}$

⬅ $\pi=3.1415\cdots<4$

⬅ $\sqrt{4}<\sqrt{6}<\sqrt{9}$ より

$2<\sqrt{6}<3$

$3-\sqrt{6}>0$，$1-\sqrt{6}<0$

46 (1) ± 8

(2) $\sqrt{121}=\sqrt{11^2}=11$

(3) $\sqrt{(-9)^2}=\sqrt{81}=\sqrt{9^2}=9$

(4) $\sqrt{(1-\sqrt{2})^2}=|1-\sqrt{2}|=-1+\sqrt{2}$

← $A \geqq 0$ ならば $\sqrt{A^2}=A$
$A<0$ ならば $\sqrt{A^2}=-A$ $\Bigr\}\sqrt{A^2}=|A|$

← $1-\sqrt{2}<0$ より
$|1-\sqrt{2}|=-(1-\sqrt{2})$

47 (1) $\sqrt{8}\sqrt{27}=2\sqrt{2}\times 3\sqrt{3}=6\sqrt{6}$

(2) $\sqrt{20}-\sqrt{45}=2\sqrt{5}-3\sqrt{5}=-\sqrt{5}$

(3) $\sqrt{12}-\sqrt{27}-\sqrt{48}+\sqrt{75}$
$=2\sqrt{3}-3\sqrt{3}-4\sqrt{3}+5\sqrt{3}=0$

(4) $\sqrt{7}(3\sqrt{14}-\sqrt{56})=\sqrt{7}(3\sqrt{2\cdot 7}-\sqrt{2^3\cdot 7})$
$=21\sqrt{2}-14\sqrt{2}=7\sqrt{2}$

← $\sqrt{}$ の中を素因数分解すると計算の手間が省ける。

(5) $(\sqrt{5}+\sqrt{3})^2=5+2\sqrt{15}+3=8+2\sqrt{15}$

← $(a+b)^2=a^2+2ab+b^2$

(6) $(\sqrt{3}-2\sqrt{2})^2=3-4\sqrt{6}+8=11-4\sqrt{6}$

← $(a-b)^2=a^2-2ab+b^2$

(7) $(2\sqrt{5}+3\sqrt{2})(2\sqrt{5}-3\sqrt{2})=20-18=2$

← $(a+b)(a-b)=a^2-b^2$

(8) $(2\sqrt{5}+3\sqrt{2})(3\sqrt{5}-2\sqrt{2})$
$=30-4\sqrt{10}+9\sqrt{10}-12=18+5\sqrt{10}$

48 (1) $\dfrac{8}{3\sqrt{2}}=\dfrac{8\times\sqrt{2}}{3\sqrt{2}\times\sqrt{2}}=\dfrac{8\sqrt{2}}{6}=\dfrac{4\sqrt{2}}{3}$

← $\sqrt{2}$ を分子・分母に掛けて有理化する。

(2) $\dfrac{\sqrt{3}}{\sqrt{3}-\sqrt{2}}=\dfrac{\sqrt{3}(\sqrt{3}+\sqrt{2})}{(\sqrt{3}-\sqrt{2})(\sqrt{3}+\sqrt{2})}$
$=\dfrac{3+\sqrt{6}}{3-2}=3+\sqrt{6}$

← $(\sqrt{3}+\sqrt{2})$ を分子・分母に掛けて有理化する。

(3) $\dfrac{2\sqrt{3}-3}{2\sqrt{3}+3}=\dfrac{\sqrt{3}(2-\sqrt{3})}{\sqrt{3}(2+\sqrt{3})}=\dfrac{(2-\sqrt{3})^2}{(2+\sqrt{3})(2-\sqrt{3})}$
$=\dfrac{7-4\sqrt{3}}{4-3}=7-4\sqrt{3}$

← $3=(\sqrt{3})^2$ として $\sqrt{3}$ をくくり出し，約分しておくと有理化が楽になる。

(4) $\dfrac{5+2\sqrt{3}}{4-\sqrt{3}}=\dfrac{(5+2\sqrt{3})(4+\sqrt{3})}{(4-\sqrt{3})(4+\sqrt{3})}$
$=\dfrac{20+13\sqrt{3}+6}{16-3}$
$=\dfrac{13(2+\sqrt{3})}{13}=2+\sqrt{3}$

← $(4+\sqrt{3})$ を分子・分母に掛ける。

← 約分を忘れない。

49 (1) $(\sqrt{2}-1)^4(\sqrt{2}+1)^4=\{(\sqrt{2}-1)(\sqrt{2}+1)\}^4$
$=(2-1)^4=1$

← $A^4\times B^4=(A\times B)^4$

(2) $(\sqrt{2}+\sqrt{3}+\sqrt{6})(\sqrt{2}-\sqrt{3}-\sqrt{6})$
$=\{\sqrt{2}+(\sqrt{3}+\sqrt{6})\}\{\sqrt{2}-(\sqrt{3}+\sqrt{6})\}$
$=2-(\sqrt{3}+\sqrt{6})^2=2-(9+6\sqrt{2})=-7-6\sqrt{2}$

← $-\sqrt{3}-\sqrt{6}=-(\sqrt{3}+\sqrt{6})$

(3) $\dfrac{\sqrt{5}+\sqrt{3}}{\sqrt{5}-\sqrt{3}}+\dfrac{\sqrt{5}-\sqrt{3}}{\sqrt{5}+\sqrt{3}}$

$=\dfrac{(\sqrt{5}+\sqrt{3})^2+(\sqrt{5}-\sqrt{3})^2}{(\sqrt{5}-\sqrt{3})(\sqrt{5}+\sqrt{3})}$

$=\dfrac{8+2\sqrt{15}+8-2\sqrt{15}}{5-3}=\dfrac{16}{2}=\mathbf{8}$

← 分母が $\sqrt{5}-\sqrt{3}$ と $\sqrt{5}+\sqrt{3}$ なので通分することが有理化になり，通分と有理化が一緒にできる。

(4) $\dfrac{1}{2+\sqrt{5}}+\dfrac{1}{\sqrt{5}+\sqrt{6}}+\dfrac{1}{\sqrt{6}+\sqrt{7}}$

$=\dfrac{\sqrt{5}-2}{(\sqrt{5}+2)(\sqrt{5}-2)}+\dfrac{\sqrt{6}-\sqrt{5}}{(\sqrt{6}+\sqrt{5})(\sqrt{6}-\sqrt{5})}$

$+\dfrac{\sqrt{7}-\sqrt{6}}{(\sqrt{7}+\sqrt{6})(\sqrt{7}-\sqrt{6})}$

$=\dfrac{\sqrt{5}-2}{5-4}+\dfrac{\sqrt{6}-\sqrt{5}}{6-5}+\dfrac{\sqrt{7}-\sqrt{6}}{7-6}$

$=\sqrt{5}-2+\sqrt{6}-\sqrt{5}+\sqrt{7}-\sqrt{6}=\mathbf{\sqrt{7}-2}$

← 1つずつ有理化する。

50 $\dfrac{1}{\sqrt{2}-\sqrt{3}+\sqrt{5}}$

$=\dfrac{\sqrt{2}-\sqrt{3}-\sqrt{5}}{\{(\sqrt{2}-\sqrt{3})+\sqrt{5}\}\{(\sqrt{2}-\sqrt{3})-\sqrt{5}\}}$

$=\dfrac{\sqrt{2}-\sqrt{3}-\sqrt{5}}{(\sqrt{2}-\sqrt{3})^2-(\sqrt{5})^2}$

$=\dfrac{\sqrt{2}-\sqrt{3}-\sqrt{5}}{-2\sqrt{6}}$

$=\dfrac{2\sqrt{3}-3\sqrt{2}-\sqrt{30}}{-12}$

$=\mathbf{\dfrac{3\sqrt{2}-2\sqrt{3}+\sqrt{30}}{12}}$

← 分母を $\{(\sqrt{2}-\sqrt{3})+\sqrt{5}\}$ と考え，分子と分母に $\{(\sqrt{2}-\sqrt{3})-\sqrt{5}\}$ を掛ける。他の組合せでもできるが，やや計算は複雑になる。

← 分子と分母に $\sqrt{6}$ を掛ける。

51 (1) $xy=\dfrac{1-\sqrt{3}}{1+\sqrt{3}}\cdot\dfrac{1+\sqrt{3}}{1-\sqrt{3}}=\mathbf{1}$

(2) $x+y=\dfrac{1-\sqrt{3}}{1+\sqrt{3}}+\dfrac{1+\sqrt{3}}{1-\sqrt{3}}$

$=\dfrac{(1-\sqrt{3})^2+(1+\sqrt{3})^2}{(1+\sqrt{3})(1-\sqrt{3})}$

$=\dfrac{4-2\sqrt{3}+4+2\sqrt{3}}{1-3}=\dfrac{8}{-2}=\mathbf{-4}$

← 通分すると有理化される。

(3) $x^2+y^2=(x+y)^2-2xy$

$=(-4)^2-2\cdot1=\mathbf{14}$

(4) $x^3+y^3=(x+y)^3-3xy(x+y)$

$=(-4)^3-3\cdot1\cdot(-4)=\mathbf{-52}$

(5) $x^4+y^4=(x^2+y^2)^2-2(xy)^2$
$\quad\quad\quad =14^2-2\cdot 1^2=194$

$\quad\quad\quad\quad\quad\quad\quad\quad\quad\quad$ ⬅ $x^4+y^4=(x^2)^2+(y^2)^2$

(6) $x^5+y^5=(x^2+y^2)(x^3+y^3)-(xy)^2(x+y)$
$\quad\quad\quad =14\cdot(-52)-1^2\cdot(-4)=-724$

$\quad\quad\quad\quad\quad\quad\quad\quad$ ⬅ $\quad (x^2+y^2)(x^3+y^3)$
$\quad\quad\quad\quad\quad\quad\quad\quad\quad\quad =x^5+x^2y^3+x^3y^2+y^5$

52 (1) $x^2+\dfrac{1}{x^2}=\left(x+\dfrac{1}{x}\right)^2-2x\cdot\dfrac{1}{x}=3^2-2=7$

$\quad\quad\quad\quad\quad\quad\quad$ ⬅ $x^2+y^2=(x+y)^2-2xy$
$\quad\quad\quad\quad\quad\quad\quad\quad\quad\, \hookrightarrow \dfrac{1}{x}$

(2) $x^3+\dfrac{1}{x^3}=\left(x+\dfrac{1}{x}\right)^3-3x\cdot\dfrac{1}{x}\left(x+\dfrac{1}{x}\right)$
$\quad\quad\quad\quad\quad =3^3-3\cdot 3=18$

$\quad\quad\quad\quad\quad\quad\quad$ ⬅ $x^3+y^3=(x+y)^3-3xy(x+y)$
$\quad\quad\quad\quad\quad\quad\quad\quad\quad\, \hookrightarrow \dfrac{1}{x}$

(3) $\left(x-\dfrac{1}{x}\right)^2=\left(x+\dfrac{1}{x}\right)^2-4x\cdot\dfrac{1}{x}$
$\quad\quad\quad\quad\quad\quad =3^2-4=5$

$\quad\quad\quad\quad\quad\quad\quad$ ⬅ $(x-y)^2=(x+y)^2-4xy$
$\quad\quad\quad\quad\quad\quad\quad\quad\quad\, \hookrightarrow \dfrac{1}{x}$

$\quad\quad x>1$ より $\quad \dfrac{1}{x}<1$

$\quad\quad$ よって $\quad\quad \dfrac{1}{x}<1<x$

$\quad\quad$ ゆえに $\quad\quad x-\dfrac{1}{x}>0$

$\quad\quad$ したがって $\quad x-\dfrac{1}{x}=\sqrt{5}$

$\quad\quad\quad\quad\quad\quad\quad$ ⬅ $x-\dfrac{1}{x}$ の正負を判断する。

$\quad\quad\quad\quad\quad\quad\quad$ ⬅ $x-\dfrac{1}{x}=-\sqrt{5}$ とはならないことを示している。

対称式の変形 ➡ $x^2+y^2=(x+y)^2-2xy,\ \ x^3+y^3=(x+y)^3-3xy(x+y)$

53 (1) $(x+y+z)^2=x^2+y^2+z^2+2xy+2yz+2zx$
$\quad\quad$ であるから
$\quad\quad\quad x^2+y^2+z^2=(x+y+z)^2-2(xy+yz+zx)$
$\quad\quad\quad\quad\quad\quad\quad\quad =(-2)^2-2\cdot(-4)=12$

$\quad\quad\quad\quad\quad\quad\quad$ ⬅ 公式
$\quad\quad\quad\quad\quad\quad\quad\quad (x+y+z)^2$
$\quad\quad\quad\quad\quad\quad\quad\quad =x^2+y^2+z^2+2xy+2yz+2zx$
$\quad\quad\quad\quad\quad\quad\quad$ を利用する。

(2) (1)と同様に
$\quad\quad x^2y^2+y^2z^2+z^2x^2$
$\quad\quad =(xy+yz+zx)^2-2(xy^2z+yz^2x+zx^2y)$
$\quad\quad =(xy+yz+zx)^2-2xyz(x+y+z)$
$\quad\quad =(-4)^2-2\cdot 5\cdot(-2)$
$\quad\quad =16+20=36$

$\quad\quad\quad\quad\quad\quad\quad$ ⬅ 上の公式の x に xy, y に yz, z に zx を代入する。

(3) $x^3+y^3+z^3$
$\quad\quad =(x+y+z)(x^2+y^2+z^2-xy-yz-zx)+3xyz$
$\quad\quad =(-2)\cdot\{12-(-4)\}+3\cdot 5$
$\quad\quad =-32+15=-17$

$\quad\quad\quad\quad\quad\quad\quad$ ⬅ 公式
$\quad\quad\quad\quad\quad\quad\quad\quad x^3+y^3+z^3-3xyz$
$\quad\quad\quad\quad\quad\quad\quad\quad =(x+y+z)$
$\quad\quad\quad\quad\quad\quad\quad\quad\quad \times(x^2+y^2+z^2-xy-yz-zx)$
$\quad\quad\quad\quad\quad\quad\quad$ を利用する。

54 (1) $\dfrac{\sqrt{2}+1}{\sqrt{2}-1}=\dfrac{(\sqrt{2}+1)^2}{(\sqrt{2}-1)(\sqrt{2}+1)}$

$=3+2\sqrt{2}$

$2\sqrt{2}=\sqrt{8}$ より

$\sqrt{4}<\sqrt{8}<\sqrt{9}$

すなわち　$2<\sqrt{8}<3$

各辺に 3 を加えると　$5<3+2\sqrt{2}<6$

ゆえに　$a=5$

(2) $b=(3+2\sqrt{2})-5=2\sqrt{2}-2$

(3) $ab+b^2-b=b(a+b-1)$

$=(2\sqrt{2}-2)\{5+(2\sqrt{2}-2)-1\}$

$=(2\sqrt{2}-2)(2\sqrt{2}+2)=8-4=4$

⇐ $2\sqrt{2}=\sqrt{8}$ として考える。
ここで $1<\sqrt{2}<2$ から考えると，
$2<2\sqrt{2}<4$ より
$5<3+2\sqrt{2}<7$
となり整数部分が 5 か 6 か判断できない。

A の小数部分 ➡ $A-$(A の整数部分）で表す

55 (1) $\sqrt{10+2\sqrt{21}}=\sqrt{(7+3)+2\sqrt{7\times3}}=\sqrt{7}+\sqrt{3}$

(2) $\sqrt{15+2\sqrt{54}}=\sqrt{(9+6)+2\sqrt{9\times6}}$

$=\sqrt{9}+\sqrt{6}=3+\sqrt{6}$

(3) $\sqrt{9-2\sqrt{14}}=\sqrt{(7+2)-2\sqrt{7\times2}}=\sqrt{7}-\sqrt{2}$

(4) $\sqrt{11-2\sqrt{30}}=\sqrt{(6+5)-2\sqrt{6\times5}}=\sqrt{6}-\sqrt{5}$

二重根号のはずし方

$a>b>0$ のとき
$\sqrt{a+b+2\sqrt{ab}}=\sqrt{a}+\sqrt{b}$
$\sqrt{a+b-2\sqrt{ab}}=\sqrt{a}-\sqrt{b}$

56 (1) $\sqrt{11-\sqrt{96}}=\sqrt{11-2\sqrt{24}}$

$=\sqrt{(8+3)-2\sqrt{8\times3}}$

$=\sqrt{8}-\sqrt{3}=2\sqrt{2}-\sqrt{3}$

⇐ $\sqrt{p\pm2\sqrt{q}}$ の形を作る。

(2) $\sqrt{3+\sqrt{5}}=\dfrac{\sqrt{6+2\sqrt{5}}}{\sqrt{2}}$

$=\dfrac{\sqrt{(5+1)+2\sqrt{5\times1}}}{\sqrt{2}}$

$=\dfrac{\sqrt{5}+1}{\sqrt{2}}=\dfrac{\sqrt{10}+\sqrt{2}}{2}$

⇐ $\sqrt{p\pm2\sqrt{q}}$ の形を作るために $\dfrac{\sqrt{2}}{\sqrt{2}}$ を掛ける。

(3) $\sqrt{8-3\sqrt{7}}=\dfrac{\sqrt{16-6\sqrt{7}}}{\sqrt{2}}$

$=\dfrac{\sqrt{(9+7)-2\sqrt{9\times7}}}{\sqrt{2}}$

$=\dfrac{\sqrt{9}-\sqrt{7}}{\sqrt{2}}=\dfrac{3\sqrt{2}-\sqrt{14}}{2}$

⇐ $\sqrt{p\pm2\sqrt{q}}$ の形を作るために $\dfrac{\sqrt{2}}{\sqrt{2}}$ を掛ける。

二重根号 ➡ $\sqrt{p\pm2\sqrt{q}}$ の形にし，$p=a+b$（和），$q=ab$（積）となる a，b をさがす

57 (1) $x=\dfrac{-1+\sqrt{5}}{2}$ より $2x+1=\sqrt{5}$

両辺を 2 乗すると

$(2x+1)^2=(\sqrt{5})^2$

$4x^2+4x+1=5$

より $4x^2+4x-4=0$ ゆえに $x^2+x-1=0$

← $\sqrt{5}$ の $\sqrt{}$ がはずれるように 2 乗する。
与えられた式や公式をそのまま使うのではなく，変形してから使うことは今後もあるので覚えておくとよい。

(2) $x^2+x-1=0$ より $x^2=-x+1$

x^4+x^3+3x-1

$=(x^2)^2+x\cdot x^2+3x-1$

$=(-x+1)^2+x(-x+1)+3x-1$

$=x^2-2x+1-x^2+x+3x-1$

$=2x=-1+\sqrt{5}$

← 別解 数Ⅱの割り算の利用

$$\begin{array}{r} x^2+1 \\ x^2+x-1\,\overline{)\,x^4+x^3 \qquad +3x-1} \\ \underline{x^4+x^3-x^2 \qquad\qquad} \\ x^2+3x-1 \\ \underline{x^2+\ \ x-1} \\ 2x \end{array}$$

より

x^4+x^3+3x-1

$=(x^2+1)\underbrace{(x^2+x-1)}_{=0}+2x=2x$

58 (1) $8x-5>4x+3$

$4x>8$ より $x>2$

(2) $3x+8\leqq 5x+6$

$-2x\leqq -2$ より $x\geqq 1$

← 両辺を -2 で割るので不等号の向きが変わる。

(3) $4(x-2)-(x+1)>3$

$3x>12$ より $x>4$

(4) $5(x-1)\leqq 8x+2$

$-3x\leqq 7$ より $x\geqq -\dfrac{7}{3}$

← 両辺を -3 で割るので不等号の向きが変わる。

(5) $\dfrac{3}{2}x-\dfrac{5}{6}>x+\dfrac{2}{3}$

← 両辺に 6 を掛けて係数を整数にする。

$9x-5>6x+4$

$3x>9$ より $x>3$

(6) $0.7x-2>0.98x+3.6$

← 両辺に 100 を掛けて係数を整数にする。

$70x-200>98x+360$

$-28x>560$

← 両辺を -28 で割るので不等号の向きが変わる。

$x<-\dfrac{560}{28}$ より $x<-20$

負の数を掛ける，負の数で割る ➡ 不等号の向きが変わる

59 (1) $4x+3\geqq 2x-7$ から $2x\geqq -10$

よって $x\geqq -5$…①

$3x+2>6x-4$ から $-3x>-6$

よって $x<2$…②

①，②より $-5\leqq x<2$

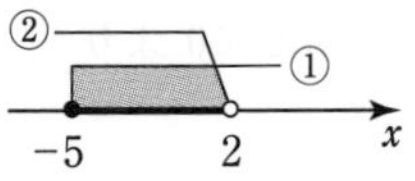

(2)　$3-\frac{x}{2}<9-2x$ から　$\frac{3}{2}x<6$

よって　$x<4$…①

$4x-6<2x-1$ から　$2x<5$

よって　$x<\frac{5}{2}$…②

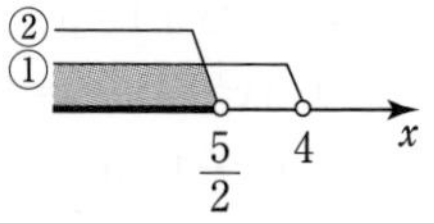

①，②より　$x<\frac{5}{2}$

(3)　$3x-1 \geqq 5-2x$ から　$5x \geqq 6$

よって　$x \geqq \frac{6}{5}$…①

$2x+3>4(x-1)$ から　$-2x>-7$

よって　$x<\frac{7}{2}$…②

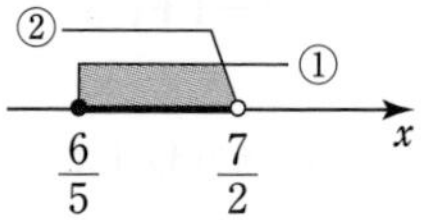

①，②より　$\frac{6}{5} \leqq x<\frac{7}{2}$

(4)　$\begin{cases} 4x-5 \leqq 2x+1 & \cdots ① \\ 2x+1 \leqq 5x+7 & \cdots ② \end{cases}$

①より　$2x \leqq 6$　すなわち　$x \leqq 3$

②より　$-3x \leqq 6$　すなわち　$x \geqq -2$

よって　$-2 \leqq x \leqq 3$

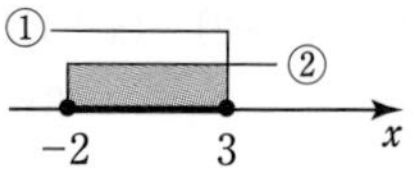

(5)　$\begin{cases} x-3 \leqq 1-2x & \cdots ① \\ 1-2x<3x+4 & \cdots ② \end{cases}$

①より　$3x \leqq 4$　すなわち　$x \leqq \frac{4}{3}$

②より　$-5x<3$　すなわち　$x>-\frac{3}{5}$

よって　$-\frac{3}{5}<x \leqq \frac{4}{3}$

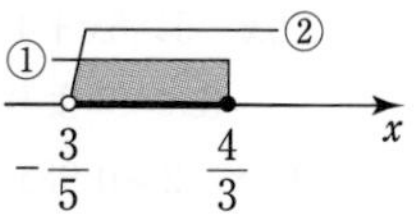

共通範囲を求める ➡ 数直線上に図示する

60 (1)　$5x+4(9-3x)>0$

$-7x>-36$

$x<\frac{36}{7}$

よって，求める最大の自然数は　5

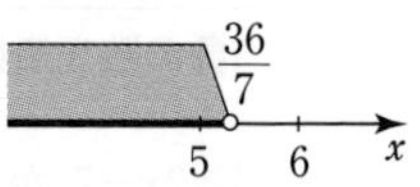

(2)　$x+1>\sqrt{2}x-1$

$(1-\sqrt{2})x>-2$

$1-\sqrt{2}<0$ より

$$x<\frac{-2}{1-\sqrt{2}}$$

$$x<\frac{-2(1+\sqrt{2})}{(1-\sqrt{2})(1+\sqrt{2})}=2(1+\sqrt{2})$$

← 分母と分子に $(1+\sqrt{2})$ を掛けて有理化する。

よって　$\boldsymbol{x<2+2\sqrt{2}}$

また，$2\sqrt{2}=\sqrt{8}$ であるので　$\sqrt{4}<\sqrt{8}<\sqrt{9}$

すなわち　$2<2\sqrt{2}<3$

各辺に 2 を加えて　$4<2+2\sqrt{2}<5$

よって，これを満たす自然数は，**1，2，3，4**

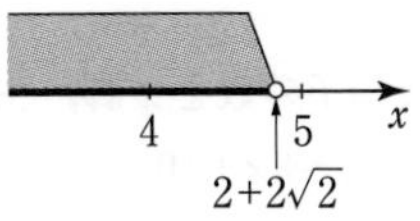

61 団体の人数を x 人とおく。

$700x>20\times500$　となればよい。

$$x>\frac{100}{7}=14+\frac{2}{7}$$

x は整数であるので　$x\geqq15$

よって，入場料の総額は **15 人**から安くなる。

62 $-x+4a<x+3a+1$

$$-2x<-a+1 \qquad x>\frac{a-1}{2}$$

← -2 で両辺を割る。

この解が，右の図のようになればよい。

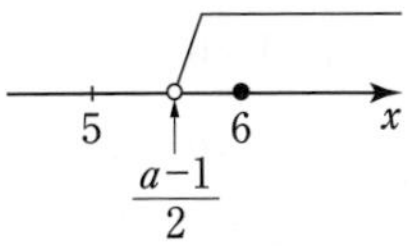

$\frac{a-1}{2}=5$ のときは $x>5$ となり条件を満たすが

$\frac{a-1}{2}=6$ のときは $x>6$ となり条件を満たさない。

よって　$5\leqq\frac{a-1}{2}<6$ となればよいから

← 各辺に 2 を掛ける。

$10\leqq a-1<12$

← 各辺に 1 を足す。

ゆえに　$\boldsymbol{11\leqq a<13}$

63 $9x-10<11+6x$　$3x<21$ より　$x<7$…①

$4x-3>2x+a$

$2x>a+3$ より　$x>\frac{a+3}{2}$　…②

①，②と右の図より　$\frac{a+3}{2}<x<7$ に

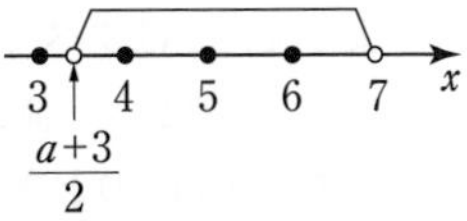

4，5，6 が含まれ，3 が含まれなければよい。

$3=\frac{a+3}{2}$ のときは　$3<x<7$ となり

4，5，6 を含み条件を満たすが

$4=\dfrac{a+3}{2}$ のときは　$4<x<7$ となり

4 を含まず条件を満たさない。

よって　$3 \leqq \dfrac{a+3}{2} < 4$

$6 \leqq a+3 < 8$ より　$3 \leqq \boldsymbol{a} < 5$

64 長椅子の数を x 脚，生徒の人数を y 人とする。

$$\begin{cases} y=8x+10 \\ 10(x-2)+1 \leqq y \leqq 10(x-1) \end{cases}$$

←10人ずつかけると

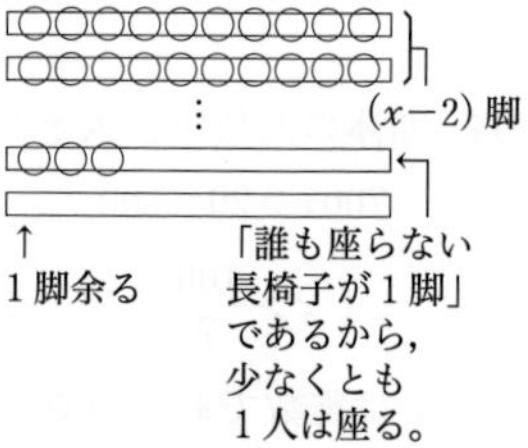

(x−2) 脚
1 脚余る
「誰も座らない
長椅子が 1 脚」
であるから，
少なくとも
1 人は座る。

$10(x-2)+1 \leqq 8x+10$ より

$2x \leqq 29$　よって　$x \leqq \dfrac{29}{2}$　…①

$8x+10 \leqq 10(x-1)$ より

$-2x \leqq -20$　よって　$x \geqq 10$…②

①，②より $10 \leqq x \leqq \dfrac{29}{2}$

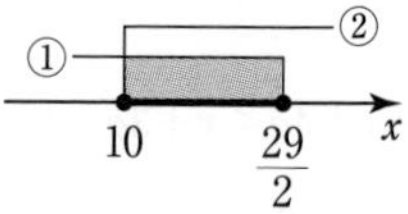

①
②
10
29/2
x

よって，長椅子の数は **10 脚以上 14 脚以下** である。

65　$ax+1<x+3$　より　$(a-1)x<2$

(i)　$a-1>0$ のとき　$x<\dfrac{2}{a-1}$

(ii)　$a-1=0$ のとき　$0 \cdot x<2$

このとき，x はすべての実数。

←x に何を代入してもこの不等式は成り立つ。

(iii)　$a-1<0$ のとき　$x>\dfrac{2}{a-1}$

←両辺を負の数で割るので不等号の向きが変わる。

(1)　$x<1$ となるのは，(i)の場合で

$a-1=2$ となるから　$\boldsymbol{a=3}$

←不等号の向きが同じものを見つける。

(2)　$x>-2$ となるのは，(iii)の場合で

$a-1=-1$ となるから　$\boldsymbol{a=0}$

66 (i)　$a>0$ のとき　両辺を正の数 a で割って　$x \geqq a$

←定数 a の値によって場合分けする。

(ii)　$a=0$ のとき　与式は　$0 \cdot x \geqq 0$ となり，これはどんな x の値であっても成り立つ。

よって，x はすべての実数。

(iii)　$a<0$ のとき　両辺を負の数 a で割って　$x \leqq a$

←両辺を負の数で割るので不等号の向きが変わる。

よって　$\boldsymbol{a>0}$ **のとき**　$\boldsymbol{x \geqq a}$

$\boldsymbol{a=0}$ **のとき　すべての実数**

$\boldsymbol{a<0}$ **のとき**　$\boldsymbol{x \leqq a}$

67 (1) $|x|=5$ より

$x=\pm 5$

(2) $|x|<9$ より

$-9<x<9$

(3) $|x|\geqq 6$ より

$x\leqq -6,\ 6\leqq x$

(2)
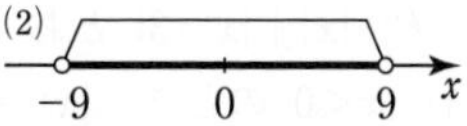

原点からの距離が 9 未満

(3)
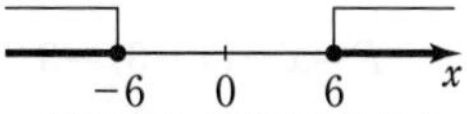

原点からの距離が 6 以上

68 (1) $a<-4$ より　$a+4<0$

よって　$|a+4|=-(a+4)=-a-4$

(2) $-4<a$ より　$a+4>0$

よって　$|a+4|=a+4$

絶対値記号のはずし方

$a\geqq 0$ のとき　$|a|=a$

$a<0$ のとき　$|a|=-a$

69 (1) (i) $a<-3$ のとき

$|a+3|=-(a+3)=-a-3$

(ii) $a\geqq -3$ のとき　$|a+3|=a+3$

(2) (i) $x<\dfrac{2}{3}$ のとき

$|3x-2|=-(3x-2)=-3x+2$

(ii) $x\geqq\dfrac{2}{3}$ のとき　$|3x-2|=3x-2$

(1)
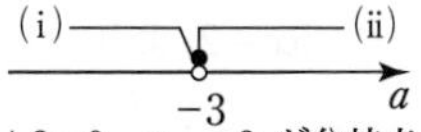

$a+3=0$　$a=-3$ が分岐点

(2)
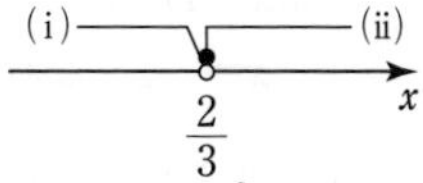

$3x-2=0$　$x=\dfrac{2}{3}$ が分岐点

絶対値 | | のはずし方 ➡ | | の中が 0 になる値を分岐点にして場合分け

70 (1) $|x-1|=3$ より　$x-1=\pm 3$

$x=-2,\ 4$

⬅ $x-1=A$ とおくと $|A|=3$ より　$A=\pm 3$

(2) $|x+5|=4$ より　$x+5=\pm 4$

$x=-9,\ -1$

⬅ $x+5=A$ とおくと $|A|=4$ より　$A=\pm 4$

(3) $|2x+3|=7$ より　$2x+3=\pm 7$

$x=-5,\ 2$

⬅ $2x+3=A$ とおくと $|A|=7$ より　$A=\pm 7$

(4) $|x+2|>6$ より　$x+2<-6,\ 6<x+2$

各辺に -2 を加えて　$x<-8,\ 4<x$

⬅ $x+2=A$ とおくと $|A|>6$ より　$A<-6,\ 6<A$

(5) $|5x-2|\leqq 3$ より　$-3\leqq 5x-2\leqq 3$

各辺に 2 を加えて　$-1\leqq 5x\leqq 5$

よって　$-\dfrac{1}{5}\leqq x\leqq 1$

⬅ $5x-2=A$ とおくと $|A|\leqq 3$ より　$-3\leqq A\leqq 3$

(6) $|1-2x|>2$ より　$1-2x<-2,\ 2<1-2x$

これより　$\dfrac{3}{2}<x,\ x<-\dfrac{1}{2}$

よって　$x<-\dfrac{1}{2},\ \dfrac{3}{2}<x$

⬅ $1-2x=A$ とおくと $|A|>2$ より　$A<-2,\ 2<A$

71 $P=|x|+|x-3|$ とおく。

⬅ $x=0$, $x-3=0$ より $x=0$, 3 が分岐点となる。

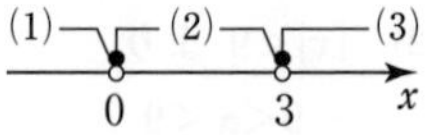

数直線を 3 か所に分ける。

(1) $x<0$ のとき　$|x|=-x$, $|x-3|=-(x-3)$

$P=-x-(x-3)=\mathbf{-2x+3}$

(2) $0\leqq x<3$ のとき　$|x|=x$, $|x-3|=-(x-3)$

$P=x-(x-3)=\mathbf{3}$

(3) $x\geqq 3$ のとき　$|x|=x$, $|x-3|=x-3$

$P=x+x-3=\mathbf{2x-3}$

絶対値 | | のはずし方 ➡ | | の中が 0 になる値を分岐点にして場合分け

72 (1) $2|x-1|=3x$

⬅ $x-1=0$ より $x=1$ が分岐点となる。

(i) $x<1$ のとき $|x-1|=-(x-1)$ より

$-2(x-1)=3x$

$5x=2$ より $x=\dfrac{2}{5}$　これは $x<1$ を満たす。

⬅ 解が適切かどうかを調べる。これを「解の吟味」という。

(ii) $x\geqq 1$ のとき $|x-1|=x-1$ より

$2(x-1)=3x$

$x=-2$　これは $x\geqq 1$ を満たさない。

⬅ 解が適切かどうかを調べる。

(i), (ii)より　$\mathbf{x=\dfrac{2}{5}}$

(2) $|2x+3|=-x+1$

⬅ $2x+3=0$ より $x=-\dfrac{3}{2}$ が分岐点となる。

(i) $x<-\dfrac{3}{2}$ のとき $|2x+3|=-(2x+3)$ より

$-(2x+3)=-x+1$

$x=-4$　これは $x<-\dfrac{3}{2}$ を満たす。

⬅ 解が適切かどうかを調べる。

(ii) $x\geqq -\dfrac{3}{2}$ のとき $|2x+3|=2x+3$ より

$2x+3=-x+1$

$x=-\dfrac{2}{3}$　これは $x\geqq -\dfrac{3}{2}$ を満たす。

⬅ 解が適切かどうかを調べる。

(i), (ii)より　$\mathbf{x=-4,\ -\dfrac{2}{3}}$

(3) $|3x-6|\leqq x+2$

⬅ $3x-6=0$ より $x=2$ が分岐点となる。

(i) $x<2$ のとき　…①

$-(3x-6)\leqq x+2$

$-4x\leqq -4$ より　$x\geqq 1$

①との共通範囲は　$1\leqq x<2$

(ii) $x\geqq 2$ のとき　…②

$3x-6\leqq x+2$

$2x \leqq 8$ より　$x \leqq 4$

②との共通範囲は　$2 \leqq x \leqq 4$

(i), (ii)より　$\mathbf{1 \leqq x \leqq 4}$

73 (1) $|x+1|+|x-2|=7$

(i) $x<-1$ のとき $-(x+1)-(x-2)=7$ より

$x=-3$　これは $x<-1$ を満たす。

(ii) $-1 \leqq x<2$ のとき $(x+1)-(x-2)=7$ より

$3=7$ となり，解はない。

(iii) $x \geqq 2$ のとき $(x+1)+(x-2)=7$ より

$x=4$　これは $x \geqq 2$ を満たす。

(i), (ii), (iii)より　$\mathbf{x=-3,\ 4}$

← $x+1=0$, $x-2=0$ より
$x=-1$, $x=2$ が分岐点となる。

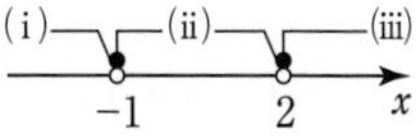

(2) $|x+1|+|2x-4|<9$

(i) $x<-1$ のとき…①

$-(x+1)-(2x-4)<9$

$-3x<6$ より　$x>-2$

①との共通範囲は　$-2<x<-1$

(ii) $-1 \leqq x<2$ のとき…②

$(x+1)-(2x-4)<9$

$-x<4$ より　$x>-4$

②との共通範囲は $-1 \leqq x<2$

(iii) $x \geqq 2$ のとき…③

$(x+1)+(2x-4)<9$

$3x<12$ より　$x<4$

③との共通範囲は　$2 \leqq x<4$

求める解は(i), (ii), (iii)を合わせて

$\mathbf{-2<x<4}$

← $x+1=0$, $2x-4=0$ より
$x=-1$, $x=2$ が分岐点となる。

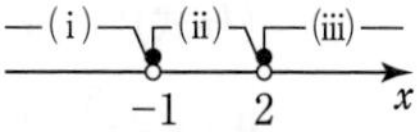

上の(i), (ii), (iii)で場合分けする。

(i) $-2<x<-1$

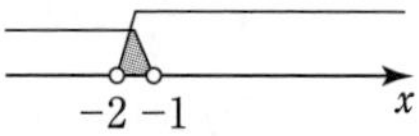

(ii) $-1 \leqq x<2$

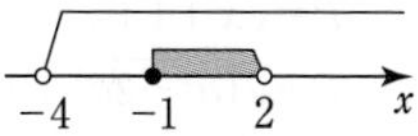

(iii) $2 \leqq x<4$

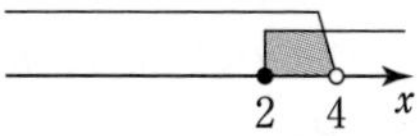

(3) $|x-2| \geqq -|x-4|+4$

(i) $x<2$ のとき…①

$-(x-2) \geqq -\{-(x-4)\}+4$

$-x+2 \geqq x-4+4$

$-2x \geqq -2$ より　$x \leqq 1$

①の範囲との共通範囲は　$x \leqq 1$

(ii) $2 \leqq x<4$ のとき

$x-2 \geqq -\{-(x-4)\}+4$

$x-2 \geqq x-4+4$ より

$-2 \geqq 0$ となり，解はない。

← $x-2=0$, $x-4=0$ より
$x=2$, 4 が分岐点となる。

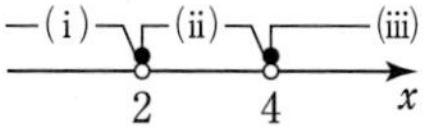

(i)

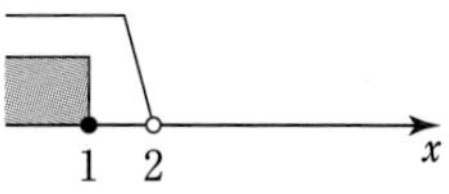

(iii) $4 \leqq x$ のとき…②

$x-2 \geqq -(x-4)+4$

$2x \geqq 10$ より　$x \geqq 5$

②の範囲との共通範囲は　$x \geqq 5$

(iii)

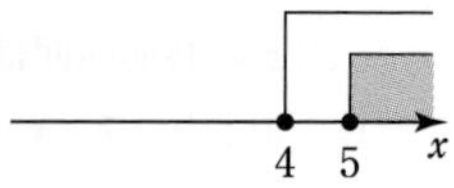

求める解は(i)，(ii)，(iii)を合わせて

$x \leqq 1,\ 5 \leqq x$

74 (1) $\sqrt{x^2-6x+9}=\sqrt{(x-3)^2}=|x-3|$

⬅ $\sqrt{A^2}=|A|$

(i) $x<3$ のとき

(与式)$=-(x-3)=$**$-x+3$**

(ii) $x \geqq 3$ のとき

(与式)$=$**$x-3$**

(2) $\sqrt{x^2}+\sqrt{(2x-5)^2}=|x|+|2x-5|$

⬅ $x=0,\ 2x-5=0$ より $x=0,\ \frac{5}{2}$ を分岐点にして場合分けする。

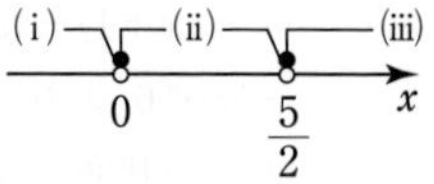

(i) $x<0$ のとき

(与式)$=-x-(2x-5)=$**$-3x+5$**

(ii) $0 \leqq x < \frac{5}{2}$ のとき

(与式)$=x-(2x-5)=$**$-x+5$**

(iii) $x \geqq \frac{5}{2}$ のとき

(与式)$=x+(2x-5)=$**$3x-5$**

75 $P=\sqrt{x+1}+\sqrt{x+4a+1}$ とおく。

$P=\sqrt{(a^2-2a)+1}+\sqrt{(a^2-2a)+4a+1}$

$=\sqrt{(a-1)^2}+\sqrt{(a+1)^2}$

$=|a-1|+|a+1|$

$-1<a<1$ より，$a-1<0,\ a+1>0$ であるから

$P=-(a-1)+(a+1)=$**2**

2章 集合と論証

76 (1) $0 \ \boxed{\in}\ A$

(2) $\sqrt{5}\ \boxed{\notin}\ A$

(3) $A\ \boxed{\supset}\ \{5\}$

(4) $\varnothing\ \boxed{\subset}\ A$

⬅ $\in$ と $\subset$ を使い分ける。
集合と要素の関係を表すときは
$\in$, $\notin$ ($\ni$, $\not\ni$)
集合と集合の関係を表すときは
$\subset$ ($\supset$)
を用いる。

77 (1) $A=\{1,\ 2,\ 3,\ 4,\ 6,\ 8,\ 12,\ 24\}$

(2) $B=\{-4,\ 0,\ 4,\ 8\}$

78 (1) $A=\{0,\ 3,\ 6,\ 9,\ 12,\ 15,\ 18,\ \cdots\}$
$B=\{0,\ 6,\ 12,\ 18,\ \cdots\}$
よって　$A\supset B$

(2) $A=\{-2,\ 0,\ 2\}$
$B=\{-2,\ -1,\ 0,\ 1,\ 2\}$
よって　$A\subset B$

(3) $A=\{1,\ 4\}$, $B=\{1,\ 4\}$
よって　$A=B$

⬅ $x^2-5x+4=0$ を解くと
$(x-1)(x-4)=0$ より $x=1,\ 4$

79 $\{1,\ 2,\ 3\}$, $\{1,\ 2,\ 4\}$, $\{1,\ 3,\ 4\}$, $\{2,\ 3,\ 4\}$

80 (1) $A\cap B=\{3,\ 7\}$, $A\cup B=\{0,\ 1,\ 2,\ 3,\ 5,\ 7\}$

(2) $A\cap B=\varnothing$, $A\cup B=\{1,\ 2,\ 3,\ 4,\ 6,\ 8,\ 9\}$

(3) $A=\{3,\ 5,\ 7\}$, $B=\{2,\ 3,\ 5,\ 7\}$ より
$A\cap B=\{3,\ 5,\ 7\}$, $A\cup B=\{2,\ 3,\ 5,\ 7\}$

⬅ $A\subset B$ であるから
$A\cap B=A$, $A\cup B=B$

81 (1) $\overline{A}=\{2,\ 4,\ 6,\ 8\}$

(2) $\overline{A}\cap B=\{2,\ 6\}$

(3) $A\cup\overline{B}=\{1,\ 3,\ 4,\ 5,\ 7,\ 8,\ 9\}$

(4) $\overline{A\cap B}=\{1,\ 2,\ 4,\ 5,\ 6,\ 7,\ 8\}$

(5) $\overline{A\cup B}=\{4,\ 8\}$

(6) $\overline{A}\cup\overline{B}=\overline{A\cap B}=\{1,\ 2,\ 4,\ 5,\ 6,\ 7,\ 8\}$
↑ド・モルガンの法則

(7) $\overline{A}\cap\overline{B}=\overline{A\cup B}=\{4,\ 8\}$
↑ド・モルガンの法則

(8) $\overline{\overline{A}\cup B}=\overline{\overline{A}}\cap\overline{B}=A\cap\overline{B}=\{1,\ 5,\ 7\}$
↑ド・モルガンの法則

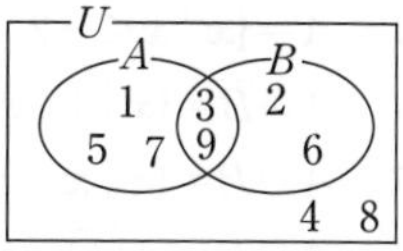

ド・モルガンの法則

$\overline{A\cap B}=\overline{A}\cup\overline{B}$
$\overline{A\cup B}=\overline{A}\cap\overline{B}$

⬅ $\overline{\overline{A}}=A$

82 条件より，
右の図のようになる。

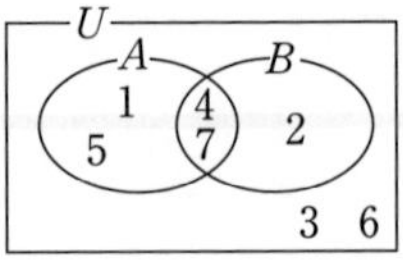

(1)　$A=\{1,\ 4,\ 5,\ 7\}$
(2)　$A\cap\overline{B}=\{1,\ 5\}$
(3)　$\overline{A}\cap\overline{B}=\overline{A\cup B}=\{3,\ 6\}$
　　　└ ド・モルガンの法則

83 (1)　$A\supset B$ より $k\in A$ であるから，これを満たす自然数 $k=1,\ 3,\ 5,\ 8$ を考えればよい。
$k=1$ のとき
　$B=\{1,\ -2\}$ となり，$A\supset B$ でない。
$k=3$ のとき　$B=\{3,\ 0\}$ となり，$A\supset B$
$k=5$ のとき
　$B=\{5,\ 2\}$ となり，$A\supset B$ でない。
$k=8$ のとき　$B=\{8,\ 5\}$ となり，$A\supset B$
よって　$\boldsymbol{k=3,\ 8}$

(2)　$k=1,\ 3,\ 5,\ 8$ は $k\in A$ であるから不適。
$k=2$ のとき　$B=\{2,\ -1\}$ となり，$A\cap B\neq\varnothing$
$k=4$ のとき　$B=\{4,\ 1\}$ となり，$A\cap B\neq\varnothing$
$k=6$ のとき　$B=\{6,\ 3\}$ となり，$A\cap B\neq\varnothing$
$k=7$ のとき　$B=\{7,\ 4\}$ となり，$A\cap B=\varnothing$
$k=9$ のとき　$B=\{9,\ 6\}$ となり，$A\cap B=\varnothing$
よって　$\boldsymbol{k=7,\ 9}$

⬅ $A\cap B=\varnothing$ のとき，B の要素の k は A の要素でないから，
$k=2,\ 4,\ 6,\ 7,\ 9$
の場合を調べる。

84 (1)　$A\cap B=\{\boldsymbol{x}\mid -2\leqq \boldsymbol{x}<1\}$
(2)　$A\cup B=\{\boldsymbol{x}\mid \boldsymbol{x}\leqq 3$ または $4<\boldsymbol{x}\}$
(3)　$\overline{A}=\{\boldsymbol{x}\mid \boldsymbol{x}<-2$ または $3<\boldsymbol{x}\}$
(4)　$A\cap\overline{B}=\{\boldsymbol{x}\mid 1\leqq \boldsymbol{x}\leqq 3\}$
(5)　$\overline{A}\cup B=\{\boldsymbol{x}\mid \boldsymbol{x}<1$ または $3<\boldsymbol{x}\}$
(6)　$\overline{A}\cap\overline{B}=\overline{A\cup B}=\{\boldsymbol{x}\mid 3<\boldsymbol{x}\leqq 4\}$
　　　└ ド・モルガンの法則

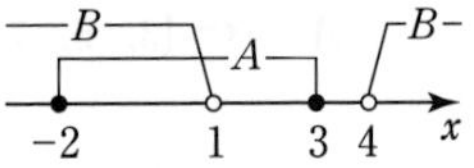

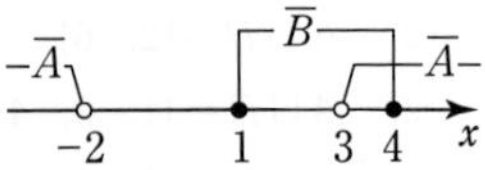

85　$A,\ A\cap B,\ A\cup B$
を数直線上に表すと
右の図のようになる。

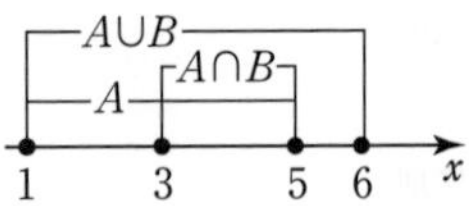

よって，
$B=\{x\mid a\leqq x\leqq b\}$ について　$\boldsymbol{a=3,\ b=6}$

⬅ 左の図のようになるためには

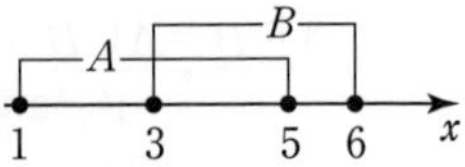

であればよい。

86 (1) 右の図において

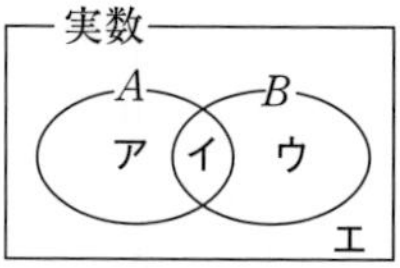

$A\cap B=\{x\mid 2\leqq x<5\}$ は**イ**
$\overline{A}\cap\overline{B}=\{x\mid x\leqq 0\}$ は**エ**
$A\cap\overline{B}=\{x\mid 0<x<2\}$ は**ア**
の集合を表す。
よって，**ウ**の集合は $\overline{A}\cap B=\boldsymbol{\{x\mid 5\leqq x\}}$

← 実数全体から**アイエ**を除いた範囲となる。

(2) $A=\{x\mid 2\leqq x<5\}\cup\{x\mid 0<x<2\}$
$=\boldsymbol{\{x\mid 0<x<5\}}$

← **アイ**

(3) $B=\{x\mid 2\leqq x<5\}\cup\{x\mid 5\leqq x\}$
$=\boldsymbol{\{x\mid 2\leqq x\}}$

← **イウ**

(4) $A\cup B=\boldsymbol{\{x\mid 0<x\}}$

← **アイウ** ($A\cup B$) は**エ**の補集合である。

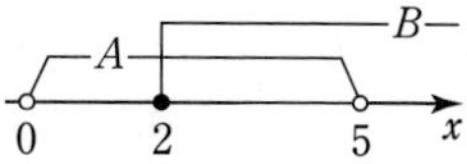

87 (1) $A\subset B$ であるとき，
$-1\leqq x\leqq 2$ が $a<x<3$ に含まれる。

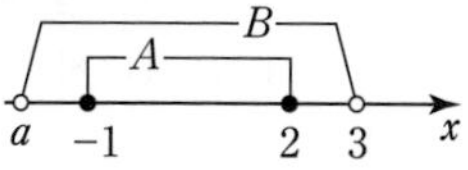

上の図より　$\boldsymbol{a<-1}$

← $a=-1$ のとき

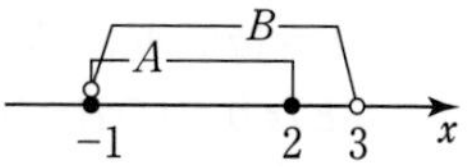

← $-1\leqq x\leqq 2$ の左端の $x=-1$ が $-1<x<3$ に含まれないから，$a=-1$ は適さない。

(2) $A\cap B=\varnothing$ であるとき，$-1\leqq x\leqq 2$ と $a<x<3$ の共通範囲がないから

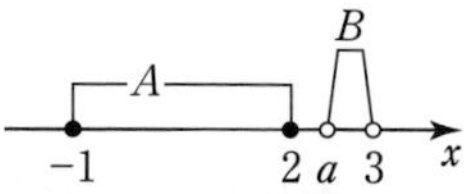

上の図より　$\boldsymbol{2\leqq a<3}$

← $a=2$ のとき

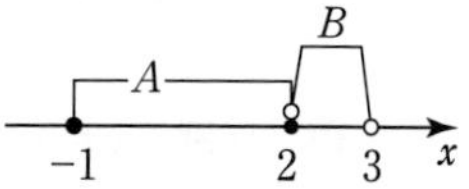

← $-1\leqq x\leqq 2$ の右端の $x=2$ は $2<x<3$ に含まれないから，$a=2$ は適する。

(3) $A\cup B=\{x\mid -1\leqq x<3\}$ であるとき，
$-1\leqq x\leqq 2$ と $a<x<3$ を重ね合わせた範囲が
$-1\leqq x<3$ となる。

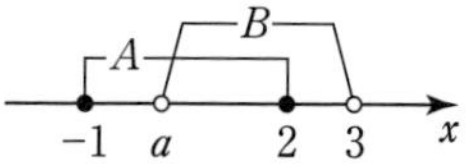

上の図より　$\boldsymbol{-1\leqq a\leqq 2}$

← $a=-1$ のとき
$-1\leqq x\leqq 2$ と $-1<x<3$
を重ね合わせると
$-1\leqq x<3$ (適する)
$a=2$ のとき
$-1\leqq x\leqq 2$ と $2<x<3$
を重ね合わせると
$-1\leqq x<3$ (適する)

88 $A=\{1,\ 2,\ 5,\ 10\}$

$B=\{1,\ 2,\ 3,\ 4,\ 6,\ 12\}$

$C=\{2,\ 3,\ 5,\ 7,\ 11\}$

の要素をベン図にかき込むと，右の図のようになる。

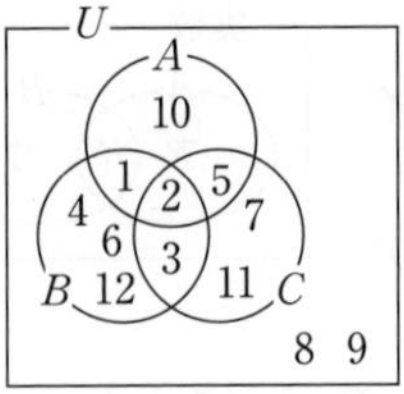

(1) $A\cap B\cap C=\{2\}$

(2) $A\cup B\cup C=\{1,\ 2,\ 3,\ 4,\ 5,\ 6,\ 7,\ 10,\ 11,\ 12\}$

(3) $A\cap B\cap \overline{C}=\{1\}$

(4) $\overline{A}\cap \overline{B}\cap C=\{7,\ 11\}$

(5) $\overline{A}\cap (B\cup C)=\{3,\ 4,\ 6,\ 7,\ 11,\ 12\}$

(6) $\overline{A}\cap \overline{B}\cap \overline{C}=\{8,\ 9\}$

⬅ 集合 A，B，C の要素をそれぞれ具体的に求める。

⬅ まず $A\cap B\cap C$ をアにかき込む。次に，$A\cap B$，$B\cap C$，$C\cap A$ の要素を考えて，イ，ウ，エにかき込む。残りをオ，カ，キ，クにかき込む。

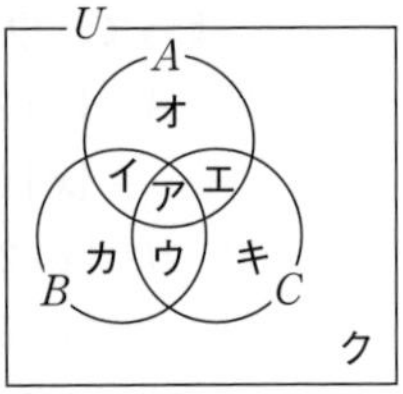

⬅ ア

⬅ ク以外

⬅ イ

⬅ キ

⬅ カ, ウ, キ

⬅ ク

89 $A\cap B=\{4,\ 8\}$ であるから

$2a=4$，$b+3=8$ …①

または $2a=8$，$b+3=4$ …②

①のとき $a=2$，$b=5$ より

$B=\{a^2,\ 4b,\ 2b-a\}=\{4,\ 20,\ 8\}$

となり $A\cap B=\{4,\ 8\}$ を満たす。

②のとき $a=4$，$b=1$ より

$B=\{a^2,\ 4b,\ 2b-a\}=\{16,\ 4,\ -2\}$

となり $A\cap B=\{4,\ 8\}$ を満たさない。

よって $\boldsymbol{a=2}$，$\boldsymbol{b=5}$

このとき $A=\{2,\ 4,\ 8\}$ より

$\boldsymbol{A\cup B=\{2,\ 4,\ 8,\ 20\}}$

⬅ 候補を考え，条件に適するものを探す。

$A=\{2,\ \underline{2a},\ \underline{b+3}\}$ いずれか

$A\cap B=\{4,\ 8\}$

90 (1) **偽**（反例：$x=0$）

(2) **偽**（反例：$x=-3$）

他には，$x=-4$ や $x=-5$ など，$x<-2$ であるような x をあげればよい。

(3) **偽**（反例：$x=\sqrt{2}$，$y=-\sqrt{2}$）

他には，$x=\sqrt{2}+1$，$y=-\sqrt{2}+1$ など

⬅ 反例を 1 つあげる。

91 (1) $p : a=b \overset{\Longrightarrow}{\underset{\times}{\longleftarrow}} q : a^2=b^2$

反例：$a=1$，$b=-1$

であるから，**十分条件**

反例：$a=-1$

(2) $p : a^2>3a \overset{\times}{\underset{}{\rightleftarrows}} q : a>3$

であるから，**必要条件**

⬅ $q : a=b$ または $a=-b$

⬅ $a^2>3a$ より $a(a-3)>0$ であるから $p : a<0$ または $3<a$

(3) p：$a=2$ または $b=-1$

$\rightleftarrows$ q：$(a-2)(b+1)=0$

であるから，**必要十分条件**

← $(a-2)(b+1)=0$
$\Leftrightarrow a-2=0$ または $b+1=0$

(4) p：$a>b$ かつ $c>d$ $\overset{\Rightarrow}{\not\Leftarrow}$ q：$a+c>b+d$

反例：$a=1$, $b=3$, $c=2$, $d=-1$

であるから，**十分条件**

反例：$a=2$, $b=\frac{1}{2}$

(5) p：ab は整数 $\overset{\not\Rightarrow}{\Leftarrow}$ q：a と b はともに整数

であるから，**必要条件**

(6) p：△ABC の ∠A は鈍角

$\overset{\Rightarrow}{\not\Leftarrow}$ q：△ABC は鈍角三角形

反例：∠B が鈍角

であるから，**十分条件**

← 内角 A, B, C のいずれか 1 つが鈍角である三角形が鈍角三角形であるから A が鈍角とは限らない。

92 (1) p：$-1\leqq x\leqq 4$ が q：$x\leqq a$ に含まれればよい。

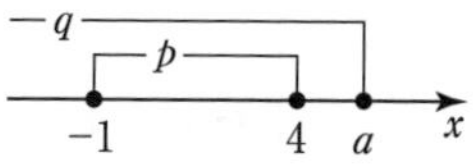

上の図より　$\boldsymbol{a\geqq 4}$

← $a=4$ のとき，$-1\leqq x\leqq 4$ は，$x\leqq 4$ に含まれるから，$a=4$ は適する。

(2) p：$a\leqq x\leqq a+3$ が q：$x^2<16$

すなわち $-4<x<4$ に含まれればよい。

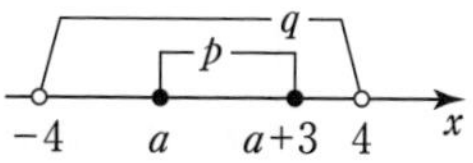

上の図より　$-4<a$ かつ $a+3<4$

よって　$\boldsymbol{-4<a<1}$

← $a=-4$ のとき，$-4\leqq x\leqq -1$ の中の $x=-4$ が $-4<x<4$ に含まれないから $a=-4$ は適さない。
$a+3=4$ すなわち $a=1$ のとき，$1\leqq x\leqq 4$ の中の $x=4$ が $-4<x<4$ に含まれないから $a=1$ は適さない。

93 (1) p, q が有理数 $\overset{\Rightarrow}{\not\Leftarrow}$ pq が有理数

反例：$p=q=\sqrt{2}$

であるから，**十分条件**

← 有理数どうしの四則演算は有理数になる。

(2) AB＝AC $\overset{\not\Rightarrow}{\Leftarrow}$ △ABC が正三角形

反例：AB＝AC＝2, BC＝3

であるから，**必要条件**

(3) $\quad a+b>0 \underset{}{\overset{反例：a=2,\ b=-1}{\rightleftharpoons}} ab>0$

$\underset{反例：a=-1,\ b=-1}{}$

であるから，**×**

(4) $\quad x>1$ かつ $y>1 \underset{反例：x=4,\ y=\frac{1}{2}}{\rightleftharpoons} x+y>2$ かつ $xy>1$

であるから，**十分条件**

(5) $\quad |a-b|<1 \iff -1<a-b<1$

$\phantom{(5)\quad |a-b|<1}\iff -1<a-b$ かつ $a-b<1$

$\phantom{(5)\quad |a-b|<1}\iff b<a+1$ かつ $a-1<b$

$\phantom{(5)\quad |a-b|<1}\iff a-1<b<a+1$

より

$\quad p:|a-b|<1 \rightleftharpoons q:a-1<b<a+1$

であるから，**必要十分条件**

94 p を満たす x の範囲は

$\quad (x-a)(x-4a)<0$

これと，$a>0$ より $\quad a<x<4a$

q を満たす x の範囲は

$\quad (x-1)(x-2)<0$

であるから $\quad 1<x<2$

p が q の必要条件になるためには，下の図のように
$a<x<4a$ が $1<x<2$ を含むようになればよい。

上の図より $a\leqq 1$ かつ $2\leqq 4a$

よって $\quad \dfrac{1}{2}\leqq a\leqq 1$

95 (1) $\quad x\neq 0$ かつ $y\neq 0$

(2) $\quad x,\ y,\ z$ はすべて 0 以上の数である。

(3) $\quad x<-3$ または $5<x$

(4) $\quad -2\leqq x\leqq 4$

← $x>1$ かつ $y>1$ ならば
$\quad x+y>1+1=2$ かつ
$\quad xy>1\cdot 1=1$

← $|x|<a \iff -a<x<a$

← $A<B<C$
$\quad \iff A<B$ かつ $B<C$

← $a>0$ より $a<4a$

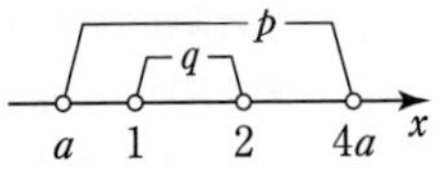

← ともに両端が○なので，$a=1$，
$2=4a$ であっても $Q\subset P$ を満
たす。

←「負の数」の否定は「0 以上の数」

←「$-3\leqq x$ かつ $x\leqq 5$」を否定

←「$-2\leqq x$ かつ $x\leqq 4$」は 1 つに
まとめられる。

96 (1) **逆**：n は2の倍数 $\Longrightarrow$ n は4の倍数 偽
(反例：$n=2$)
裏：n は4の倍数でない
$\Longrightarrow$ n は2の倍数でない　偽
(反例：$n=2$)
対偶：n は2の倍数でない
$\Longrightarrow$ n は4の倍数でない　真
対偶が真より，**もとの命題**も真である。
(2) **逆**：$x^2-x-6\neq0 \Longrightarrow x\neq3$　真
裏：$x=3 \Longrightarrow x^2-x-6=0$　真
対偶：$x^2-x-6=0 \Longrightarrow x=3$　偽
(反例：$x=-2$)
対偶が偽より，**もとの命題**も偽である。
(3) **逆**：$x>0$ かつ $y>0 \Longrightarrow x+y>0$　真
裏：$x+y\leqq0 \Longrightarrow x\leqq0$ または $y\leqq0$　真
対偶：$x\leqq0$ または $y\leqq0 \Longrightarrow x+y\leqq0$　偽
(反例：$x=-1$，$y=2$)
対偶が偽より，**もとの命題**も偽である。

97 (1) 対偶：$x\neq1$ かつ $y\neq2$ ならば，
$(x-1)(y-2)\neq0$
対偶が真より，もとの命題も真である。 終
(2) 対偶：$x>1$ かつ $y>1$ ならば，$x^2+y^2>2$
$x>1$ かつ $y>1$ ならば，$x^2>1$ かつ $y^2>1$ であるから　$x^2+y^2>2$
← $x^2+y^2>1+1=2$
対偶が真より，もとの命題も真である。 終
(3) 対偶：m，n がともに奇数ならば，mn は奇数である。
←「少なくとも…」の否定は「ともに…でない」
m，n がともに奇数ならば
$m=2k+1$，$n=2l+1$ (k，l は整数)
とおける。
← 奇数は $2\times$(整数)$+1$ の形で表せる。
このとき，$mn=(2k+1)(2l+1)$
$=4kl+2k+2l+1$
$=2(2kl+k+l)+1$
←「mn は奇数」を示すには，$2N+1$ (N は整数) の形を作ればよい。
k，l は整数であるから，$2kl+k+l$ も整数
よって，mn は奇数である。
対偶が真より，もとの命題も真である。 終

98 (1) **否定：ある実数 x について，**

$$x^2-4x+3 \leqq 0$$

$x=2$ のとき　$x^2-4x+3 \leqq 0$

よって，**もとの命題は偽，否定は真**である。

← $x^2-4x+3 \leqq 0$ を満たすような x が1つでもあれば，真になる。

← もとの命題とその否定では，真偽が逆になる。

(2) **否定：すべての自然数 n について，**

$$\frac{n+6}{n+1} \text{ は自然数でない。}$$

$n=4$ のとき　$\dfrac{n+6}{n+1}=2$ (自然数)

よって，**もとの命題は真，否定は偽**である。

← $\dfrac{n+6}{n+1}$ が自然数となるような自然数 n が1つでもあれば，偽となる。

99 (1) $x \leqq 0$ かつ $y \leqq 0$ と仮定すると

$x+y \leqq 0$

となり，$x+y=1$ に矛盾する。

よって

$x+y=1$ ならば $x>0$ または $y>0$

である。 終

← 結論「$x>0$ または $y>0$」を否定する。

← 矛盾を示す。

(2) $a=b$ と仮定すると

$a^2>bc$ より　$a^2>ac$

$ac>b^2$ より　$ac>a^2$

であるから，$a^2>a^2$ となり，矛盾する。

よって

$a^2>bc$ かつ $ac>b^2$ ならば $a \neq b$

である。 終

← 結論 $a \neq b$ を否定する。

← 矛盾を示す。

(3) $q \neq 0$ と仮定すると

$p+qX=0$　…①　より　$X=-\dfrac{p}{q}$　…②

p，q が有理数より，$-\dfrac{p}{q}$ も有理数であるから，

②は X が無理数であることに矛盾する。

よって　$q=0$

これを①に代入して　$p=0$

ゆえに

$p+qX=0$ ならば $p=q=0$

である。 終

← まず，結論 $p=q=0$ の $q=0$ を否定する。

← 有理数どうしの四則演算 (＋－×÷) の結果は有理数となることから矛盾を示す(有理数と無理数が等しくなることはない)。

100 a, b, c のすべてが奇数であると仮定すると
$a=2l+1$, $b=2m+1$, $c=2n+1$ (l, m, n は整数)
とおける。
このとき

$$a^2+b^2=(2l+1)^2+(2m+1)^2$$
$$=4l^2+4l+1+4m^2+4m+1$$
$$=2(2l^2+2l+2m^2+2m+1)$$

となるから, a^2+b^2 は偶数である。
一方

$$c^2=(2n+1)^2=4n^2+4n+1=2(2n^2+2n)+1$$

となるから, c^2 は奇数である。
したがって, $a^2+b^2=c^2$ の左辺は偶数で, 右辺は奇数となり矛盾する。
よって
a, b, c のうち少なくとも 1 つは偶数
である。 終

← 結論を否定する。

← 奇数は $2\times$(整数)$+1$ の形で表せる。

← $2\times$(整数) の形であるから偶数である。

← 矛盾を示す。偶数と奇数が等しくなることはない。

101 (1) $(2p+q)+(q-8)\sqrt{2}=0$
p, q は有理数より, $2p+q$, $q-8$ も有理数であるから

$2p+q=0$ かつ $q-8=0$

これを解いて **$p=-4$, $q=8$**

(2) $(1+p\sqrt{3})^2=q-4\sqrt{3}$ より

$$1+3p^2+2p\sqrt{3}=q-4\sqrt{3}$$
$$1+3p^2-q+(2p+4)\sqrt{3}=0$$

p, q は有理数より, $1+3p^2-q$, $2p+4$ は有理数であるから

$1+3p^2-q=0$ かつ $2p+4=0$

これを解いて **$p=-2$, $q=13$**

別解 与式より $1+3p^2+2p\sqrt{3}=q-4\sqrt{3}$
$1+3p^2$, $2p$, q は有理数であるから

$1+3p^2=q$ かつ $2p=-4$

これを解いて **$p=-2$, $q=13$**

← $a+bX=0$ について
a, b が有理数, X が無理数のとき $a=b=0$
(**99** (3) 参照)

← $a+bX=0$ について
a, b が有理数, X が無理数のとき $a=b=0$

← $a+bX=a'+b'X$ について
a, b, a', b' が有理数, X が無理数のとき $a=a'$ かつ $b=b'$

3章 2次関数

102 (1) $y=2\pi x$

(2) 1辺の長さが $\frac{x}{4}$ であるから　$y=\frac{x^2}{16}$

(3) 底辺が x，高さが $\frac{\sqrt{3}}{2}x$ であるから

$y=\frac{1}{2}\times x\times\frac{\sqrt{3}}{2}x$ より　$y=\frac{\sqrt{3}}{4}x^2$

(4) $xy=1$ より　$y=\frac{1}{x}$

← $y=\left(\frac{x}{4}\right)^2$

←

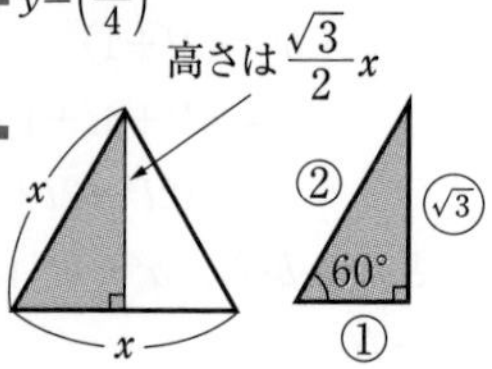

←

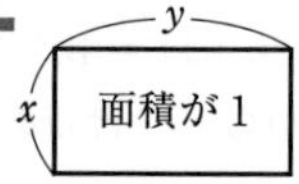

103 (1) $f(-1)=3\cdot(-1)^2-2\cdot(-1)+1=6$

(2) $f(0)=3\cdot0^2-2\cdot0+1=1$

(3) $f\left(\frac{1}{3}\right)=3\cdot\left(\frac{1}{3}\right)^2-2\cdot\frac{1}{3}+1=\frac{2}{3}$

(4) $f\left(-\frac{3}{2}\right)=3\cdot\left(-\frac{3}{2}\right)^2-2\cdot\left(-\frac{3}{2}\right)+1=\frac{43}{4}$

f(●) は $f(x)$ の x に ● を代入

104 (1) 第4象限

(2) 第3象限

(3) 第2象限

(4) 第2象限

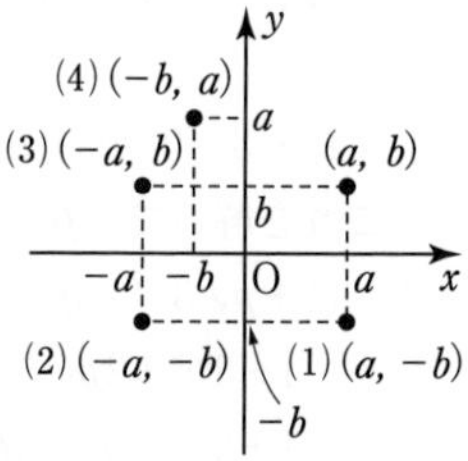

105 (1) 値域　$-1\leqq y\leqq7$

$x=3$ のとき最大値 7

$x=-1$ のとき最小値 -1

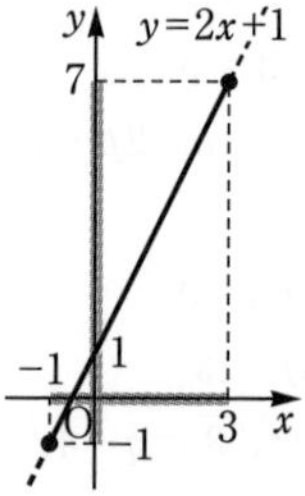

(2) 値域　$-18\leqq y\leqq0$

$x=0$ のとき最大値 0

$x=-3$ のとき最小値 -18

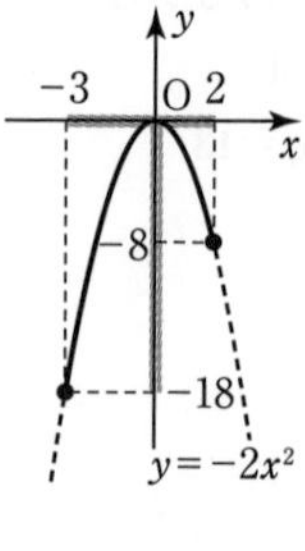

(3) **値域** $\boldsymbol{\frac{3}{2} \leqq y < 3}$

$x=1$ のとき最小値 $\frac{3}{2}$

最大値はない

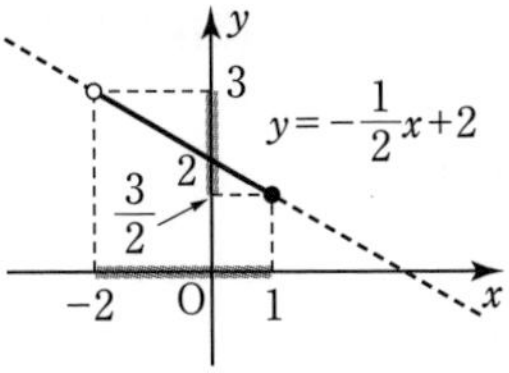

(3)は，x が限りなく -2 に近づくとき y は限りなく 3 に近づくが，$y=3$ となることはない。このような場合“最大値はない”という。

(4) **値域** $\boldsymbol{-1 < y < -\frac{1}{5}}$

最大値・最小値はともにない

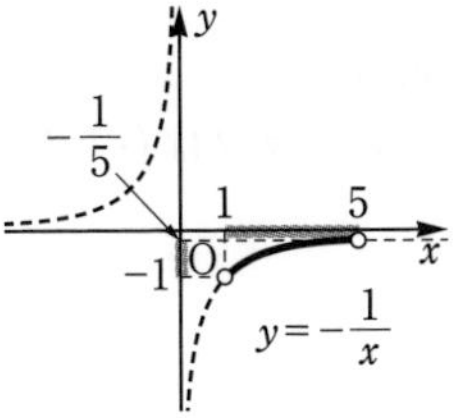

(5) **値域** $\boldsymbol{y \leqq 2}$

$x=-1$ のとき最大値 2

最小値はない

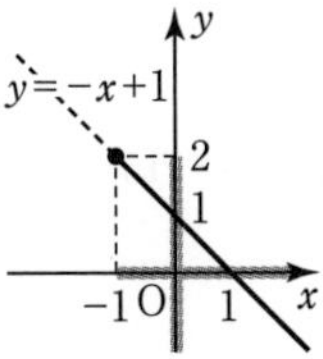

(6) **値域** $\boldsymbol{y < 10}$

最大値・最小値はともにない

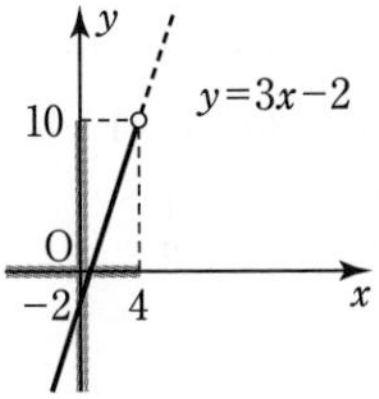

値域，最大値・最小値はグラフをかいて求める

106 (1) $f(2a)=(2a)^2-5(2a)+3$

$\quad\quad\boldsymbol{=4a^2-10a+3}$

(2) $f(a-1)=(a-1)^2-5(a-1)+3$

$\quad\quad=a^2-2a+1-5a+5+3$

$\quad\quad\boldsymbol{=a^2-7a+9}$

(3) $f(2a-1)-f(a+2)$

$=(2a-1)^2-5(2a-1)+3$

$\quad-\{(a+2)^2-5(a+2)+3\}$

$=4a^2-4a+1-10a+5+3$

$\quad-(a^2+4a+4-5a-10+3)$

$\boldsymbol{=3a^2-13a+12}$

107 (1) $y=2x+a$ のグラフは右上がりの直線となるから

$x=-1$ のとき $y=-4$ より

$-2+a=-4$ …①

$x=2$ のとき $y=b$ より

$4+a=b$ …②

①，②を解いて **$a=-2$，$b=2$**

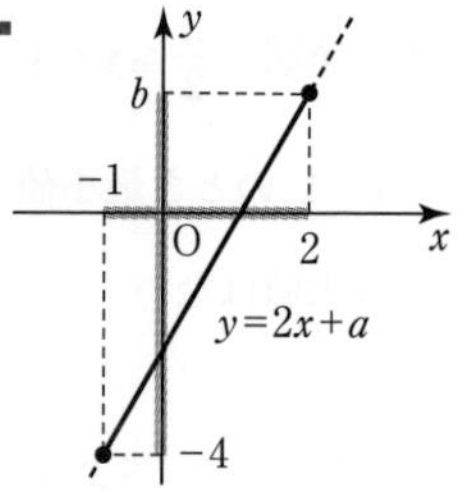

(2) $a<0$ のとき，$y=ax-3$ のグラフは右下がりの直線となるから

$x=-3$ のとき $y=6$ より

$-3a-3=6$ …①

$x=4$ のとき $y=b$ より

$4a-3=b$ …②

①，②を解いて **$a=-3$，$b=-15$**

これは $a<0$ を満たす。

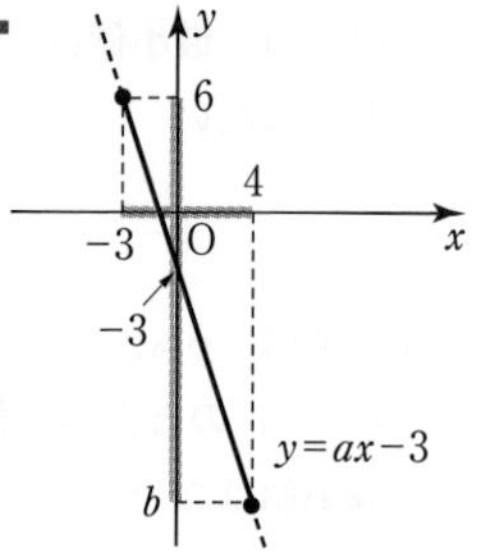

(3) (i) $a>0$ のとき

$y=ax+b$ のグラフは右上がりの直線となるから

$x=1$ のとき $y=0$ より $a+b=0$ …①

$x=3$ のとき $y=1$ より $3a+b=1$…②

①，②を解いて $a=\frac{1}{2}$，$b=-\frac{1}{2}$

これは $a>0$ を満たす。

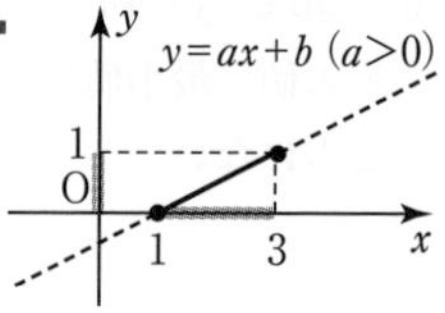

(ii) $a<0$ のとき

$y=ax+b$ のグラフは右下がりの直線となるから

$x=1$ のとき $y=1$ より $a+b=1$ …①

$x=3$ のとき $y=0$ より $3a+b=0$…②

①，②を解いて $a=-\frac{1}{2}$，$b=\frac{3}{2}$

これは $a<0$ を満たす。

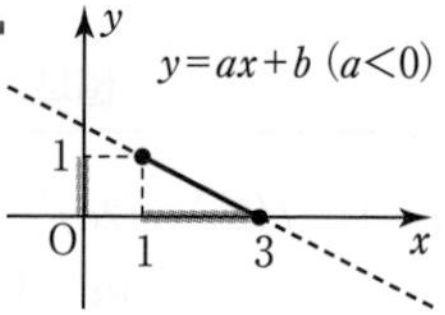

(i)，(ii)から **$a=\frac{1}{2}$，$b=-\frac{1}{2}$**

または **$a=-\frac{1}{2}$，$b=\frac{3}{2}$**

$y=ax+b$ のグラフは

- $a>0$ のとき ➡ 右上がりの直線 } … 1 次関数
- $a<0$ のとき ➡ 右下がりの直線 } … 1 次関数
- $a=0$ のとき ➡ x 軸に平行な直線 … $y=b$ の定数関数

---

108 (1) $y=2x^2-1$
軸は　y 軸
頂点は　点 $(0,\ -1)$

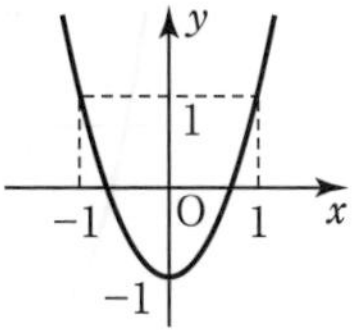

← 軸：y 軸のことを
直線 $x=0$ と
表してもよい。

(2) $y=-x^2+2$
軸は　y 軸
頂点は　点 $(0,\ 2)$

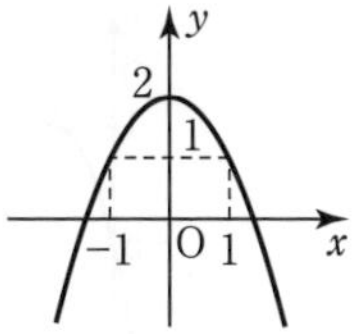

$y=ax^2+q$ のグラフ

$y=ax^2$ のグラフを
y 軸方向に q だけ平行移動
{ 軸は　y 軸（直線 $x=0$）
{ 頂点は　点 $(0,\ q)$

(3) $y=-2x^2-3$
軸は　y 軸
頂点は　点 $(0,\ -3)$

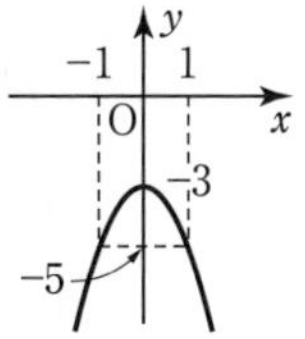

109 (1) $y=(x-3)^2$
軸は　直線 $x=3$
頂点は　点 $(3,\ 0)$

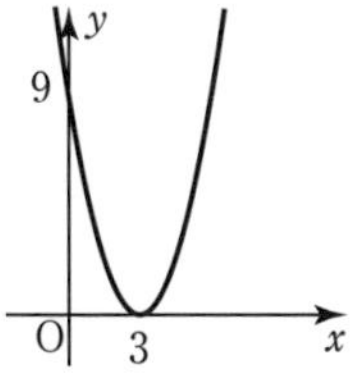

← グラフをかくときは，頂点の座標のほかに，y 軸との交点の y 座標すなわち $x=0$ のときの y の値もかく。

(2) $y=2(x+1)^2$
軸は　直線 $x=-1$
頂点は　点 $(-1,\ 0)$

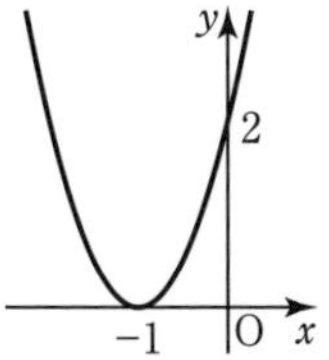

$y=a(x-p)^2$ のグラフ

$y=ax^2$ のグラフを
x 軸方向に p だけ平行移動
{ 軸は　直線 $x=p$
{ 頂点は　点 $(p,\ 0)$

(3) $y=-(x+2)^2$
軸は　直線 $x=-2$
頂点は　点 $(-2,\ 0)$

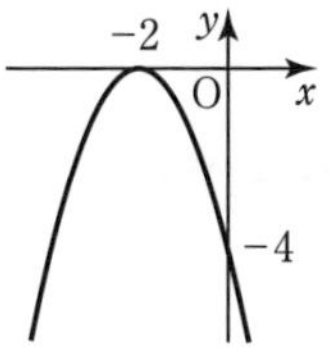

110 (1) $y=(x-1)^2+3$
軸は　直線 $x=1$
頂点は　点 $(1,\ 3)$

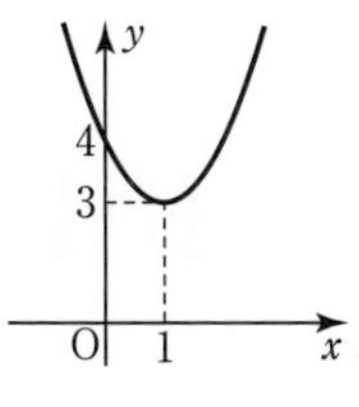

$y=a(x-p)^2+q$ のグラフ

$y=ax^2$ のグラフを
x 軸方向に p，y 軸方向に q
だけ平行移動
{ 軸は　直線 $x=p$
{ 頂点は　点 $(p,\ q)$

(2)　$y=2(x+1)^2-3$

軸は　直線 $\boldsymbol{x=-1}$

頂点は　点 $\boldsymbol{(-1,\ -3)}$

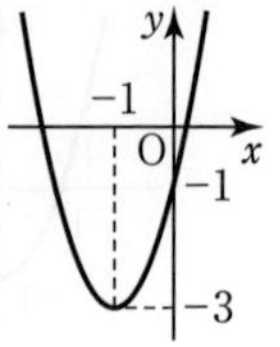

(3)　$y=-(x-2)^2-1$

軸は　直線 $\boldsymbol{x=2}$

頂点は　点 $\boldsymbol{(2,\ -1)}$

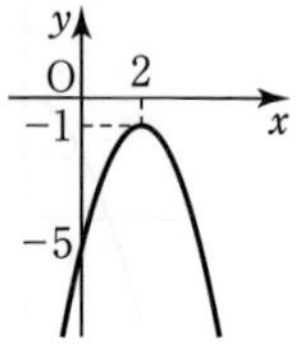

(4)　$y=-3(x+2)^2+1$

軸は　直線 $\boldsymbol{x=-2}$

頂点は　点 $\boldsymbol{(-2,\ 1)}$

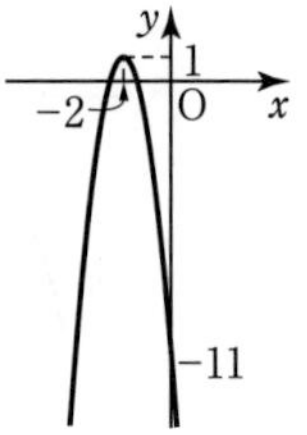

111　(1)　x^2+4x+2

$=(x+2)^2-4+2$

$=\boldsymbol{(x+2)^2-2}$

⬅ $x^2+4x=(x+2)^2-4$（半分）であることより置き換える。

(2)　$3x^2-6x+7$

$=3(x^2-2x)+7$

$=3\{(x-1)^2-1\}+7$

$=3(x-1)^2-3+7$

$=\boldsymbol{3(x-1)^2+4}$

⬅ ①〜③の手順で平方完成する。
①x^2 の係数 3 でくくる。
　定数項はそのまま。
②$x^2-2x=(x-1)^2-1$（半分）
③{　}をはずす。

(3)　$-2x^2-4x-1$

$=-2(x^2+2x)-1$

$=-2\{(x+1)^2-1\}-1$

$=-2(x+1)^2+2-1=\boldsymbol{-2(x+1)^2+1}$

⬅ ①x^2 の係数 -2 でくくる。
　定数項はそのまま。
②$x^2+2x=(x+1)^2-1$（半分）
③{　}をはずす。

(4)　$-3x^2+4x-1$

$=-3\left(x^2-\dfrac{4}{3}x\right)-1$

$=-3\left\{\left(x-\dfrac{2}{3}\right)^2-\dfrac{4}{9}\right\}-1$

$=-3\left(x-\dfrac{2}{3}\right)^2+\dfrac{4}{3}-1=\boldsymbol{-3\left(x-\dfrac{2}{3}\right)^2+\dfrac{1}{3}}$

⬅ ①x^2 の係数 -3 でくくる。
　定数項はそのまま。
②$x^2-\dfrac{4}{3}x=\left(x-\dfrac{2}{3}\right)^2-\dfrac{4}{9}$（半分）
③{　}をはずす。

112 (1) $y=x^2-6x+7$

$=(x-3)^2-9+7$

$=(x-3)^2-2$

軸は　直線 $x=3$

頂点は　点 $(3,\ -2)$

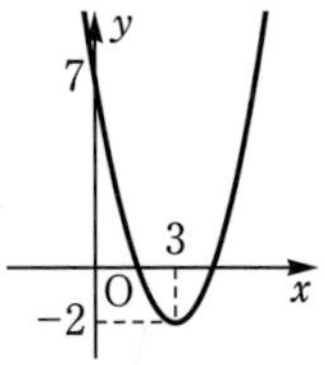

← $y=ax^2+bx+c$ は
$y=a(x-p)^2+q$ に変形する。

← グラフをかくとき，y 軸との交点の y 座標は $y=ax^2+bx+c$ で $x=0$ のときであるから
$y=a\cdot 0^2+b\cdot 0+\underset{\sim}{c}=\underset{\sim}{c}$ となる。

(2) $y=-x^2+2x+2$

$=-(x^2-2x)+2$

$=-\{(x-1)^2-1\}+2$

$=-(x-1)^2+1+2$

$=-(x-1)^2+3$

軸は　直線 $x=1$

頂点は　点 $(1,\ 3)$

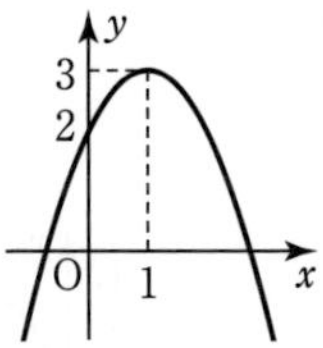

← ①x^2 の係数 -1 でくくる。
定数項はそのまま。
②$x^2-\underset{\sim}{2}x=(x-\underset{\sim}{1})^2-1$
半分
③{　}をはずす。

(3) $y=-2x^2+4x-5$

$=-2(x^2-2x)-5$

$=-2\{(x-1)^2-1\}-5$

$=-2(x-1)^2+2-5$

$=-2(x-1)^2-3$

軸は　直線 $x=1$

頂点は　点 $(1,\ -3)$

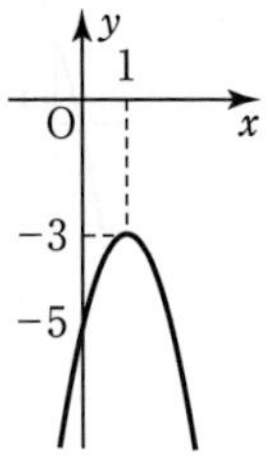

(4) $y=\dfrac{1}{2}x^2-4x+8$

$=\dfrac{1}{2}(x^2-8x)+8$

$=\dfrac{1}{2}\{(x-4)^2-16\}+8$

$=\dfrac{1}{2}(x-4)^2-8+8$

$=\dfrac{1}{2}(x-4)^2$

軸は　直線 $x=4$

頂点は　点 $(4,\ 0)$

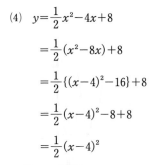

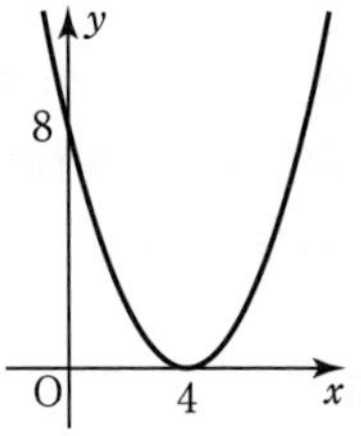

(5) $y=(x+2)(x-1)$

$=x^2+x-2$

$=\left\{\left(x+\dfrac{1}{2}\right)^2-\dfrac{1}{4}\right\}-2$

$=\left(x+\dfrac{1}{2}\right)^2-\dfrac{1}{4}-2$

$=\left(x+\dfrac{1}{2}\right)^2-\dfrac{9}{4}$

軸は　直線 $x=-\dfrac{1}{2}$

頂点は　点 $\left(-\dfrac{1}{2},\ -\dfrac{9}{4}\right)$

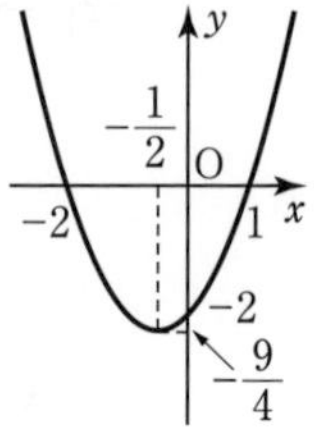

⬅ 展開して ax^2+bx+c の形にしてから式変形をする。

⬅ $(x+2)(x-1)=0$ とおくと
$x=-2,\ 1$
これが x 軸との交点の x 座標である。

(6) $y=-2x^2+3x+1$

$=-2\left(x^2-\dfrac{3}{2}x\right)+1$

$=-2\left\{\left(x-\dfrac{3}{4}\right)^2-\dfrac{9}{16}\right\}+1$

$=-2\left(x-\dfrac{3}{4}\right)^2+\dfrac{9}{8}+1$

$=-2\left(x-\dfrac{3}{4}\right)^2+\dfrac{17}{8}$

軸は　直線 $x=\dfrac{3}{4}$

頂点は　点 $\left(\dfrac{3}{4},\ \dfrac{17}{8}\right)$

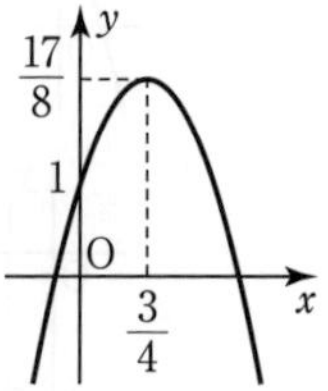

113　$y=3x^2+6x+1$

$=3(x+1)^2-2$ より　頂点 $(-1,\ -2)$ である。

(1) x 軸方向に -2，y 軸方向に 1 だけ平行移動すると，頂点が $(-3,\ -1)$ になるから

$y=3(x+3)^2-1$

よって　$\boldsymbol{y=3x^2+18x+26}$

(2) x 軸に関して対称移動すると

頂点が $(-1,\ 2)$ で，上に凸の放物線になるから

$y=-3(x+1)^2+2$

よって　$\boldsymbol{y=-3x^2-6x-1}$

(3) y 軸に関して対称移動すると

頂点が $(1,\ -2)$ で，下に凸の放物線になるから

$y=3(x-1)^2-2$

よって　$\boldsymbol{y=3x^2-6x+1}$

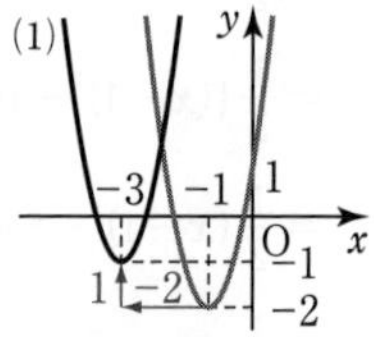

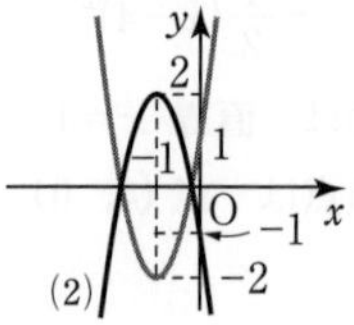

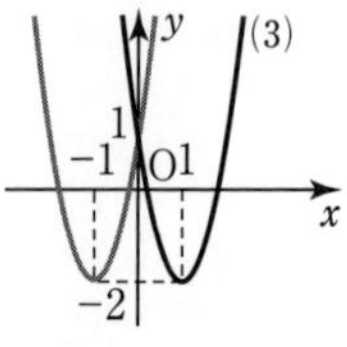

(4) 原点に関して対称移動すると

頂点が (1, 2) で，上に凸の放物線になるから

$y=-3(x-1)^2+2$

よって　$\boldsymbol{y=-3x^2+6x-1}$

(5) 直線 $x=1$ に関して対称移動すると

頂点が (3, −2) で，下に凸の放物線になるから

$y=3(x-3)^2-2$

よって　$\boldsymbol{y=3x^2-18x+25}$

別解 (1) x を $x+2$，y を $y-1$ と置き換えて

$y-1=3(x+2)^2+6(x+2)+1$ より

$\boldsymbol{y=3x^2+18x+26}$

(2) y を $-y$ と置き換えて

$-y=3x^2+6x+1$ より

$\boldsymbol{y=-3x^2-6x-1}$

(3) x を $-x$ と置き換えて

$y=3(-x)^2+6(-x)+1$ より

$\boldsymbol{y=3x^2-6x+1}$

(4) x を $-x$，y を $-y$ と置き換えて

$-y=3(-x)^2+6(-x)+1$ より

$\boldsymbol{y=-3x^2+6x-1}$

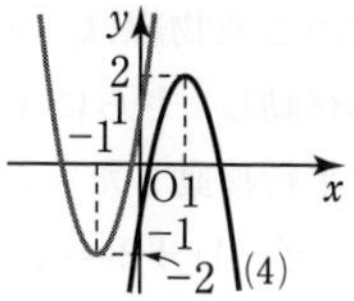

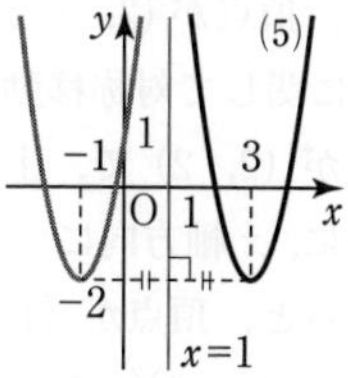

$y=f(x)$ の平行移動・対称移動

[1] x 軸方向に p，y 軸方向に q の平行移動
$y-q=f(x-p)$

[2] x 軸に関して対称移動
$-y=f(x)$

[3] y 軸に関して対称移動
$y=f(-x)$

[4] 原点に関して対称移動
$-y=f(-x)$

2次関数のグラフの平行移動・対称移動 ➡ 頂点の移動を考える

114 頂点が (2, 3) となるとき

$y=2(x-2)^2+3$

すなわち　$\boldsymbol{y=2x^2-8x+11}$

一方　$y=2x^2-x-1$

$=2\left(x-\frac{1}{4}\right)^2-\frac{9}{8}$

より，$y=2x^2-x-1$ のグラフの頂点は $\left(\frac{1}{4},\ -\frac{9}{8}\right)$

よって，頂点の移動を考えて

x 軸方向に　$2-\frac{1}{4}=\boldsymbol{\frac{7}{4}}$

y 軸方向に　$3-\left(-\frac{9}{8}\right)=\boldsymbol{\frac{33}{8}}$ だけ

平行移動したものである。

⬅ $y=2x^2-x-1$ を平行移動したとき $y=2(x-p)^2+q$ と変形できる。（2 と 2 は等しい）
このとき，x^2 の係数は同じ。

3章 2次関数

115 求める放物線は，$y=x^2-4x+2$ を x 軸に関して対称移動し，さらに x 軸方向に -1，y 軸方向に -3 だけ平行移動したものである。

$y=x^2-4x+2=(x-2)^2-2$

より，頂点が $(2,\ -2)$ であるから，

x 軸に関して対称移動すると

頂点が $(2,\ 2)$ で，上に凸の放物線になる。

さらに，x 軸方向に -1，y 軸方向に -3 だけ平行移動すると，頂点が $(1,\ -1)$ になるから

$y=-(x-1)^2-1$

よって　$\boldsymbol{y=-x^2+2x-2}$

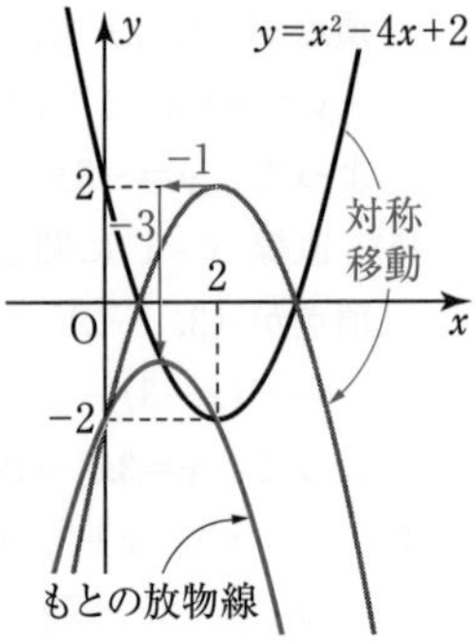

(別解)　x 軸に関して対称移動すると

y を $-y$ と置き換えて

$-y=x^2-4x+2$ より　$y=-x^2+4x-2$

さらに，x 軸方向に -1，y 軸方向に -3 だけ平行移動すると

x を $x+1$，y を $y+3$ と置き換えて

$y+3=-(x+1)^2+4(x+1)-2$

よって　$\boldsymbol{y=-x^2+2x-2}$

116 (1)　$y=2(x+1)^2+3$ より

$x=-1$ のとき最小値 3

最大値はない

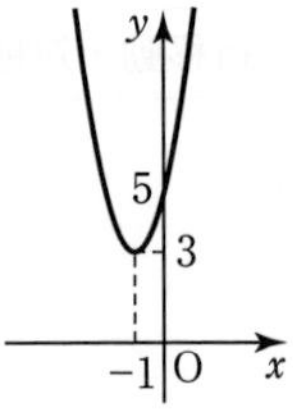

(2)　$y=-3x^2-4$ より

$x=0$ のとき最大値 -4

最小値はない

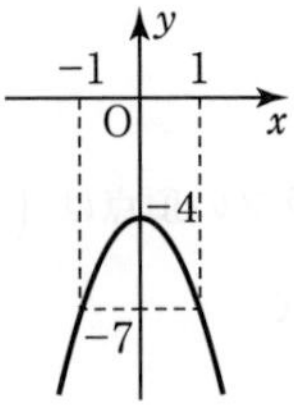

(3)　$y=-x^2+2x-3$

$=-(x-1)^2-2$ より

$x=1$ のとき最大値 -2

最小値はない

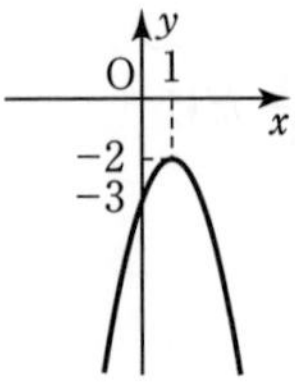

$y=a(x-p)^2+q$ の最大・最小

$a>0$ のとき

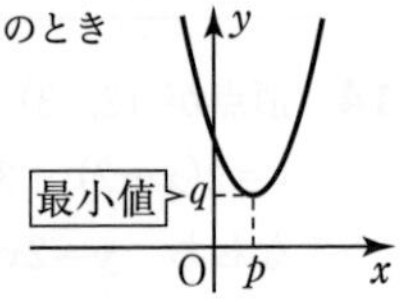

$\begin{cases} x=p \text{ で最小値 } q \\ \text{最大値はない} \end{cases}$

$a<0$ のとき

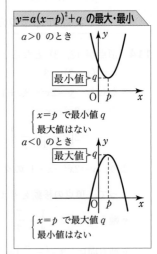

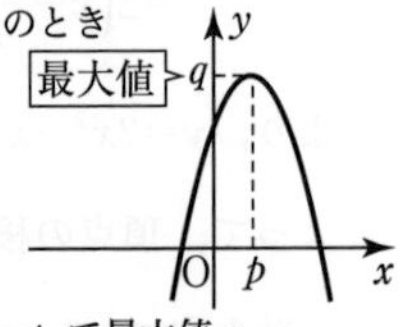

$\begin{cases} x=p \text{ で最大値 } q \\ \text{最小値はない} \end{cases}$

(4) $y=2x^2-8x+5$

$=2(x-2)^2-3$ より

$x=2$ のとき最小値 -3

最大値はない

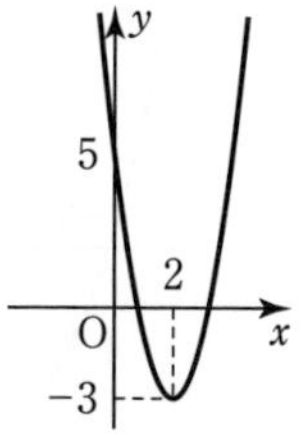

(5) $y=4(x-1)(x+2)$

$=4(x^2+x)-8$

$=4\left(x+\dfrac{1}{2}\right)^2-9$ より

$x=-\dfrac{1}{2}$ のとき最小値 -9

最大値はない

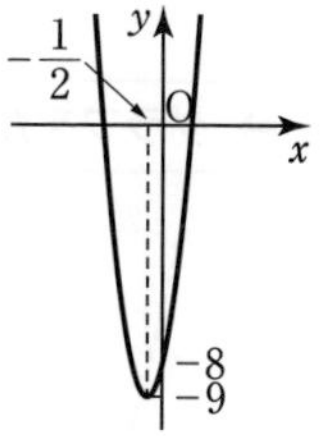

(6) $y=-\dfrac{1}{2}x^2+2x+1$

$=-\dfrac{1}{2}(x^2-4x)+1$

$=-\dfrac{1}{2}(x-2)^2+3$ より

$x=2$ のとき最大値 3

最小値はない

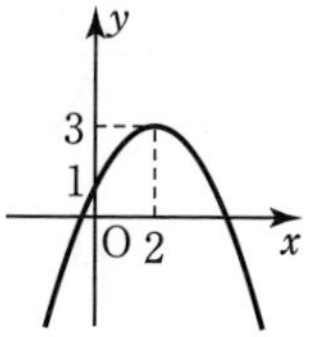

117 (1) $y=x^2-4x+3$

$=(x-2)^2-1$

グラフより

$x=5$ のとき最大値 8

$x=2$ のとき最小値 -1

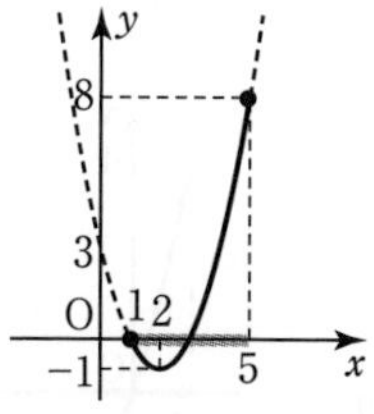

(2) $y=-x^2-2x+2$

$=-(x+1)^2+3$

グラフより

$x=-1$ のとき最大値 3

$x=-3$ のとき最小値 -1

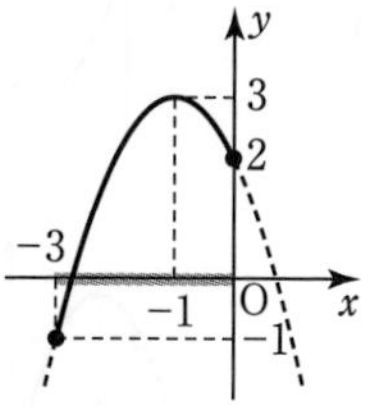

(3) $y=x(6-x)$

$=-x^2+6x$

$=-(x-3)^2+9$

グラフより

$x=2$ のとき最大値 8

$x=0$ のとき最小値 0

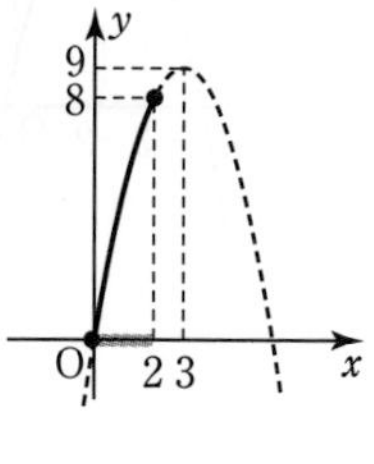

定義域に制限がある最大・最小

・頂点と定義域の両端の点をとる
・グラフをきちんとかく
・グラフを利用して最大・最小を求める

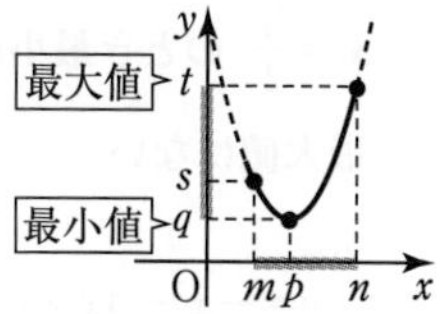

(4) $y=2x^2+8x+3$

$=2(x+2)^2-5$

グラフより

$x=-3,\ -1$ のとき

最大値 -3

$x=-2$ のとき

最小値 -5

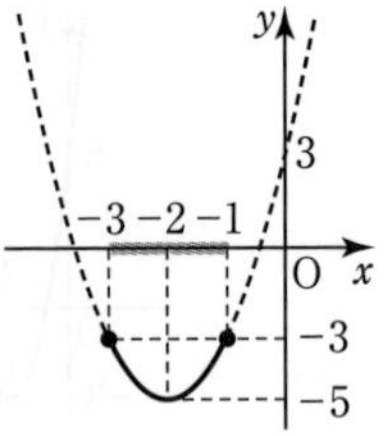

定義域に制限がある最大・最小 ➡ グラフをかき，頂点と定義域の両端の値を調べる

118 (1) $y=2x^2+4x-1$

$=2(x+1)^2-3$

グラフより

$x=-1$ のとき最小値 -3

最大値はない

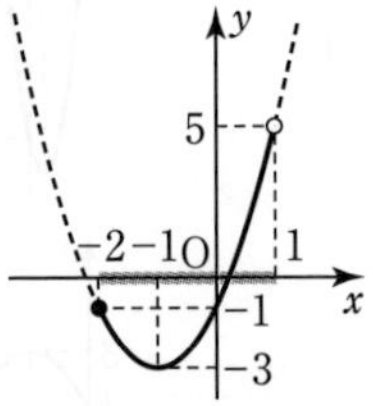

⬅ x が限りなく 1 に近づくとき y は限りなく 5 に近づくが，$y=5$ となることはない。

(2) $y=-x^2+6x-5$

$=-(x-3)^2+4$

グラフより

$x=3$ のとき最大値 4

最小値はない

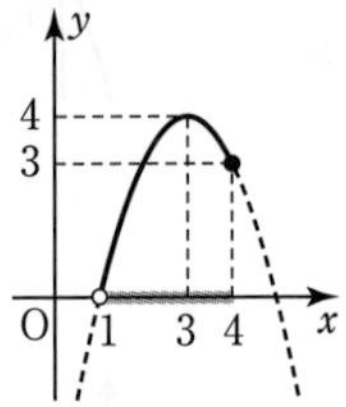

(3) $y=x^2-3x$

$=\left(x-\dfrac{3}{2}\right)^2-\dfrac{9}{4}$

グラフより

$x=\dfrac{3}{2}$ のとき最小値 $-\dfrac{9}{4}$

最大値はない

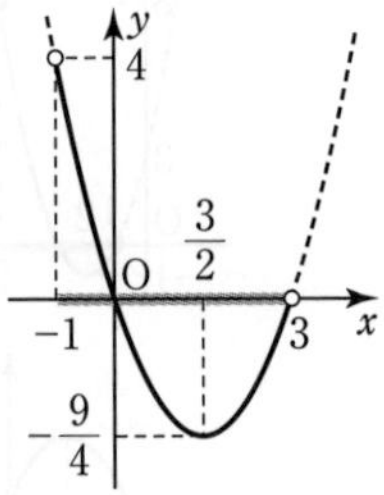

(4) $y=-x^2-4x+1$

$=-(x+2)^2+5$

グラフより

$x=-2$ のとき最大値 5

最小値はない

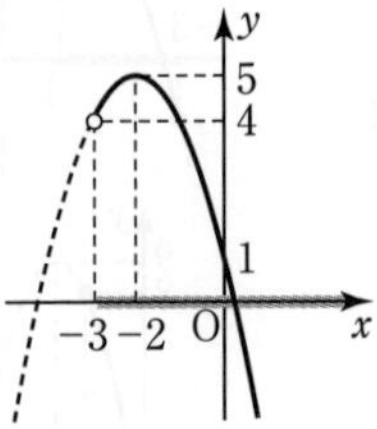

119 (1) $y=-x^2+2x+a$

$=-(x^2-2x)+a$

$=-(x-1)^2+a+1$

ここで，最大値が 3 であるから

$a+1=3$

ゆえに　$\boldsymbol{a=2}$

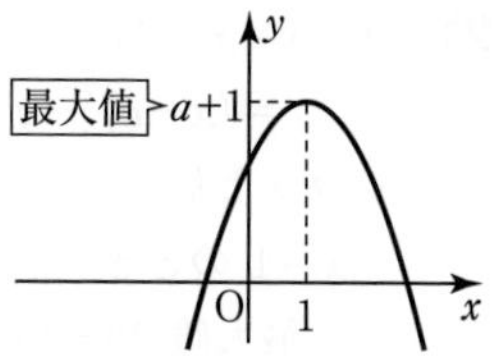

(2) 最小値が -5 であるから

$a>0$ かつ $-a^2+a+1=-5$

$a^2-a-6=0$

$(a-3)(a+2)=0$

よって　$a=3,\ -2$

ここで，$a>0$ より

$\boldsymbol{a=3}$

⬅ 最小値をもつとき，グラフは下に凸である。

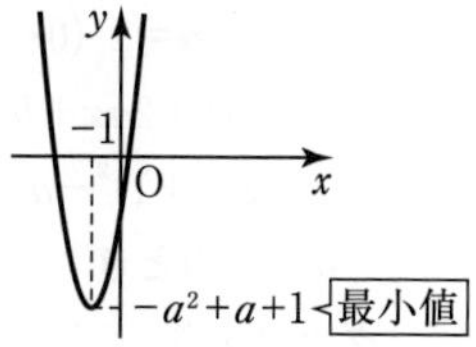

$$\boldsymbol{y=a(x-p)^2+q} \Rightarrow \begin{cases} \boldsymbol{a>0} \text{ のとき } \boldsymbol{x=p} \text{ で最小値 } \boldsymbol{q} \\ \boldsymbol{a<0} \text{ のとき } \boldsymbol{x=p} \text{ で最大値 } \boldsymbol{q} \end{cases}$$

120 (1) $y=x^2-2x+a$

$=(x-1)^2+a-1$

右の図より，軸が直線 $x=1$ であるから，

$x=-1$ のとき最大値 3 をとる。

$x=-1$ のとき

$y=(-1)^2-2\cdot(-1)+a=a+3$

$a+3=3$ より

$\boldsymbol{a=0}$

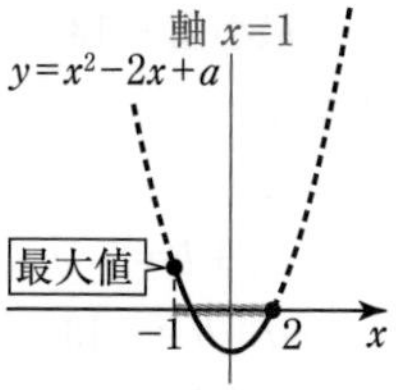

(2) $y=-x^2+4x+a$

$=-(x-2)^2+a+4$

右の図より，軸が直線 $x=2$ であるから，

$x=4$ のとき最小値 -2 をとる。

$x=4$ のとき

$y=-4^2+4\cdot4+a=a$

よって　$\boldsymbol{a=-2}$

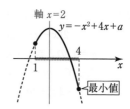

最大・最小をとる $\boldsymbol{x}$ の値

➡ 放物線の軸が，定義域の中央より右にあるか，左にあるかで見定める

121 (1) $y=x^2-2ax$

$=(x-a)^2-a^2$

グラフより

$x=4$ のとき

最大値 $16-8a$

となる。

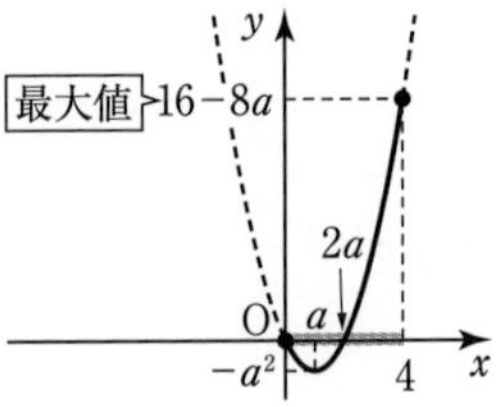

⬅ 軸 $x=a$ が定義域 $0 \leqq x \leqq 4$ の中央 2 より左側にあるから定義域の右端 $x=4$ で最大となる。

よって

$16-8a=8$

ゆえに $\boldsymbol{a=1}$ $(0<a<2$ を満たす$)$

(2) $y=ax^2+2ax+b$

$=a(x+1)^2-a+b$

$a<0$ のとき

グラフより

$x=-1$ のとき

最大値 5

$x=-4$ のとき

最小値 -13

となる。

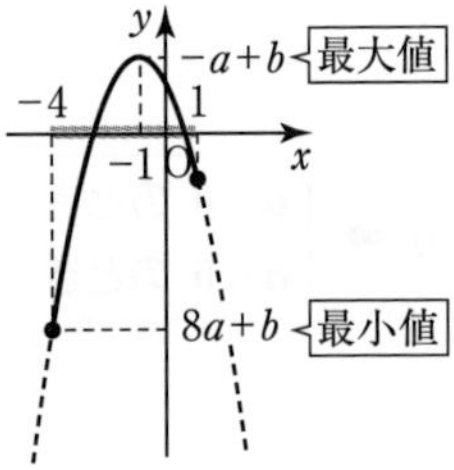

⬅ 軸 $x=-1$ が定義域 $-4 \leqq x \leqq 1$ の中央 $-\dfrac{3}{2}$ より右側にあるから
頂点で最大、定義域の左端で最小 となる。

よって

$$\begin{cases} -a+b=5 & \cdots ① \\ 8a+b=-13 & \cdots ② \end{cases}$$

①, ②を解いて

$\boldsymbol{a=-2,\ b=3}$ $(a<0$ を満たす$)$

122 (1) $y=2x^2-4ax+2a$

$=2(x-a)^2-2a^2+2a$ より

$x=a$ のとき 最小値 $-2a^2+2a$ をとる。

よって $\boldsymbol{m=-2a^2+2a}$

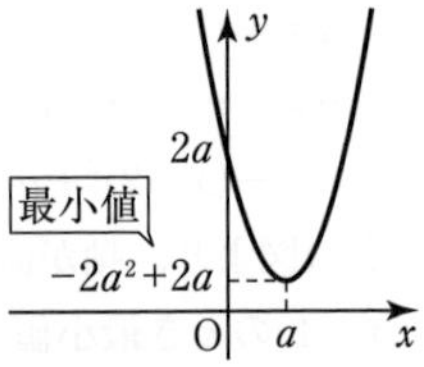

(2) $m=-2a^2+2a$

$=-2\left(a-\dfrac{1}{2}\right)^2+\dfrac{1}{2}$ より

$\boldsymbol{a=\dfrac{1}{2}}$ のとき 最大値 $\boldsymbol{\dfrac{1}{2}}$

⬅ m を a の 2 次関数とみて平方完成する。

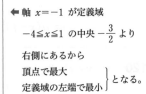

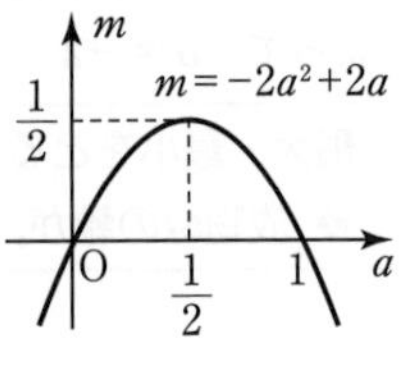

123 $y=x^2-4x+3$

$=(x-2)^2-1 \ (0 \leqq x \leqq a)$

(1) (i) $0<a<2$ のとき

$x=a$ で

最小値 a^2-4a+3

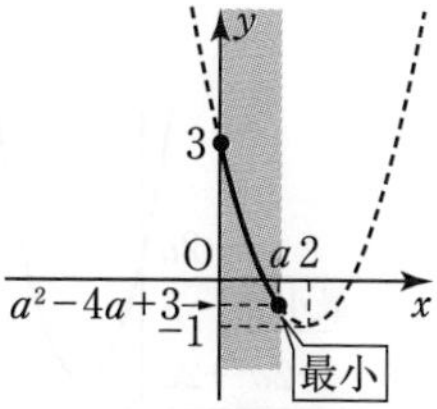

⬅ 軸が定義域の右外にある。

(ii) $2 \leqq a$ のとき

$x=2$ で最小値 -1

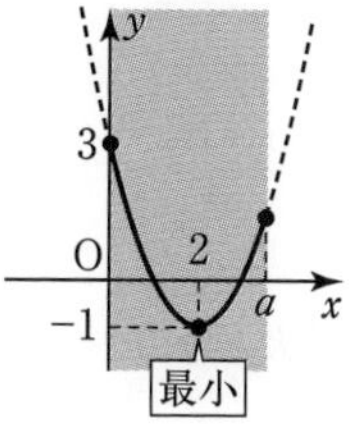

⬅ 軸が定義域の中にある。

(2) $y=x^2-4x+3$ において

$x=0$ のとき　$y=3$ であるから

$y=3$ となる x の値を求めると

$x^2-4x+3=3$

$x(x-4)=0$ より　$x=0,\ 4$

(i) $0<a<4$ のとき

$x=0$ で最大値 3

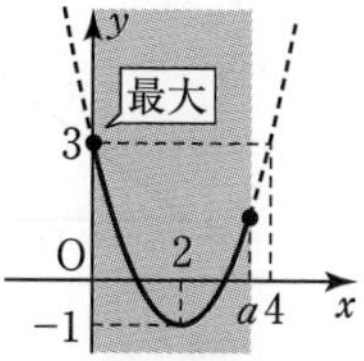

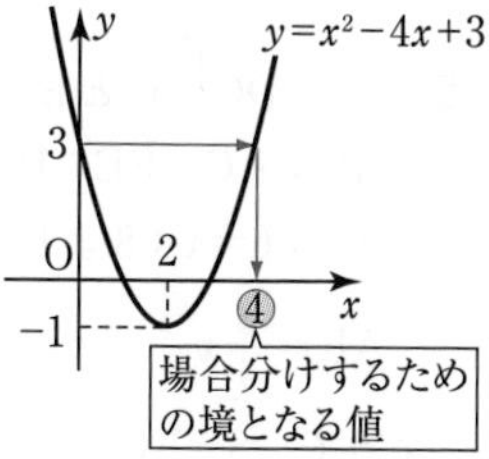

(ii) $a=4$ のとき

$x=0,\ 4$ で最大値 3

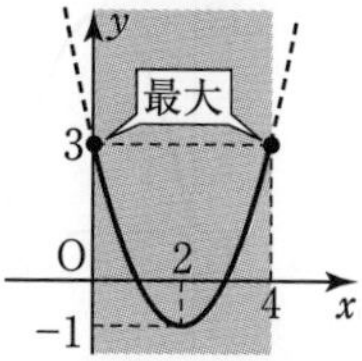

(iii) $4<a$ のとき

$x=a$ で

最大値 a^2-4a+3

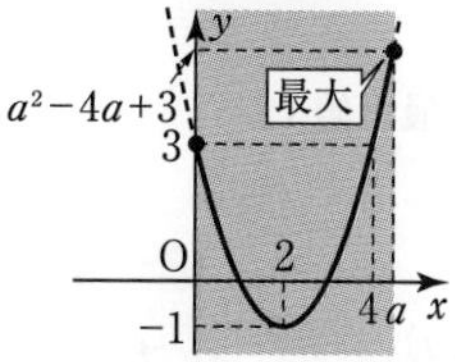

定義域が変化する場合の最大・最小 ➡ 両端の値，頂点に注目する

124 AB=10 (cm), BC=15 (cm) より，t 秒後に
AP=$2t$ (cm), BQ=$3t$ (cm) $(0<t<5)$ とすると
BP=$10-2t$ (cm) であるから

← $0<2t<10$, $0<3t<15$ であるから $0<t<5$ となる。

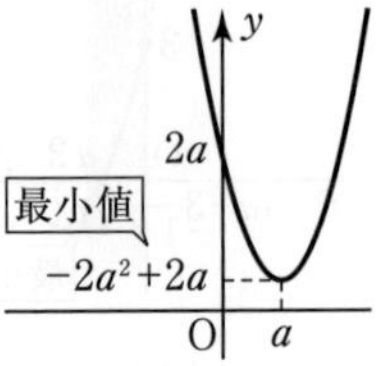

$$S=\frac{1}{2}\cdot\mathrm{BQ}\cdot\mathrm{BP}$$
$$=\frac{1}{2}\cdot 3t\cdot(10-2t)$$
$$=-3t^2+15t$$
$$=-3(t^2-5t)$$
$$=-3\left\{\left(t-\frac{5}{2}\right)^2-\frac{25}{4}\right\}$$
$$=-3\left(t-\frac{5}{2}\right)^2+\frac{75}{4}$$

よって，出発して $\frac{5}{2}$ 秒後に最大となり

S の最大値は $\frac{75}{4}\,\mathrm{cm}^2$

125 FE=DC=x とおくと $0<x<8$…①
AE：AC=FE：BC であるから
AE：6=x：8 より

$$\mathrm{AE}=\frac{3}{4}x$$

← x の変域に注意する。
FE∥BC であるから，
平行線と線分の比より
AF：AB=AE：AC
=FE：BC

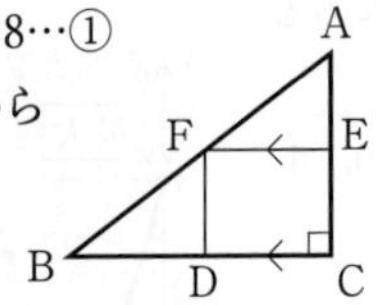

よって　$S=\mathrm{EC}\times\mathrm{DC}$
$$=\left(6-\frac{3}{4}x\right)x$$
$$=-\frac{3}{4}x^2+6x$$
$$=-\frac{3}{4}(x-4)^2+12$$

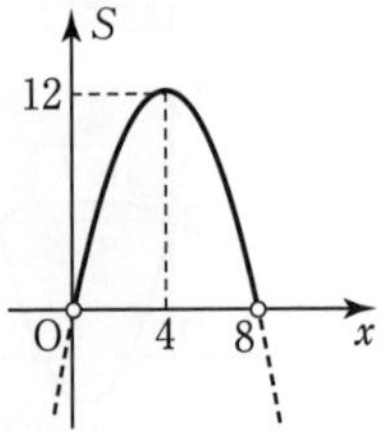

ここで，①から $x=4$ のとき
すなわち，DC=4 のとき　**最大値 12**

126 $y=-x^2+6x-4$
$=-(x-3)^2+5$ $(0\leqq x\leqq a)$

(1) (i) $\boldsymbol{0<a<3}$ **のとき**
$\boldsymbol{x=a}$ **で**
最大値 $\boldsymbol{-a^2+6a-4}$

← 軸が定義域の右外にある。

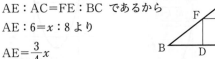

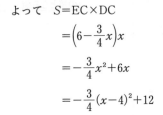

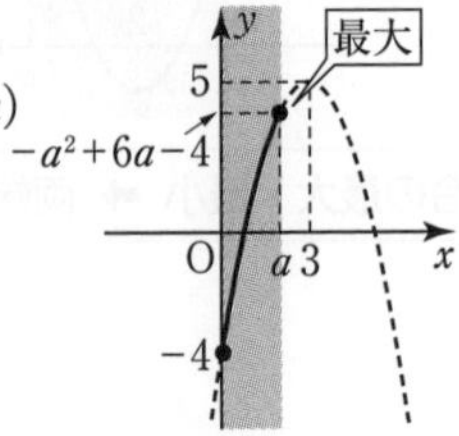

(ii) $3 \leqq a$ のとき

$x=3$ で最大値 5

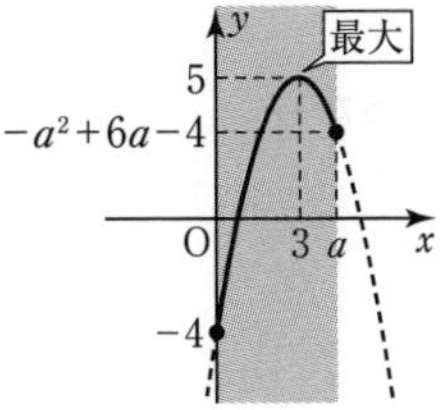

⬅ 軸が定義域内にある。

(2) $y=-x^2+6x-4$ において

$x=0$ のとき $y=-4$ であるから

$y=-4$ となる x の値を求めると

$-x^2+6x-4=-4$

$-x(x-6)=0$ より $x=0, 6$

⬅ 場合分けするための境となる値を求める。

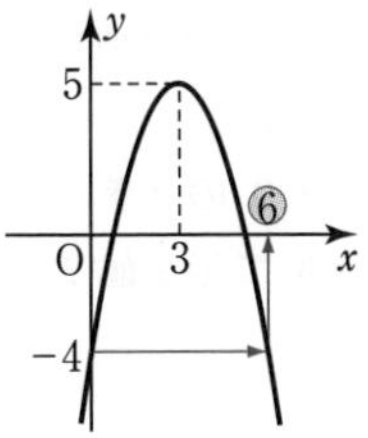

(i) $0<a<6$ のとき

$x=0$ で最小値 -4

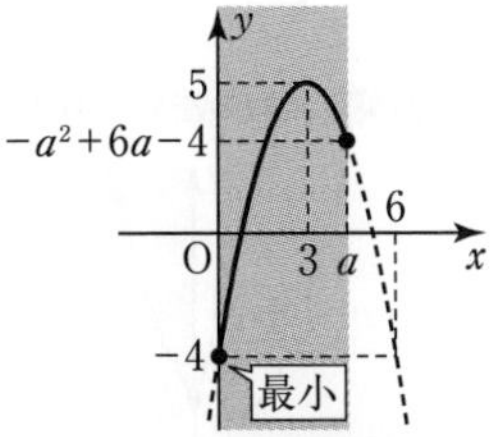

(ii) $a=6$ のとき

$x=0, 6$ で最小値 -4

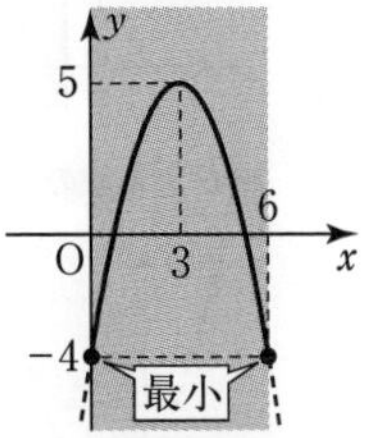

(iii) $6<a$ のとき

$x=a$ で

最小値 $-a^2+6a-4$

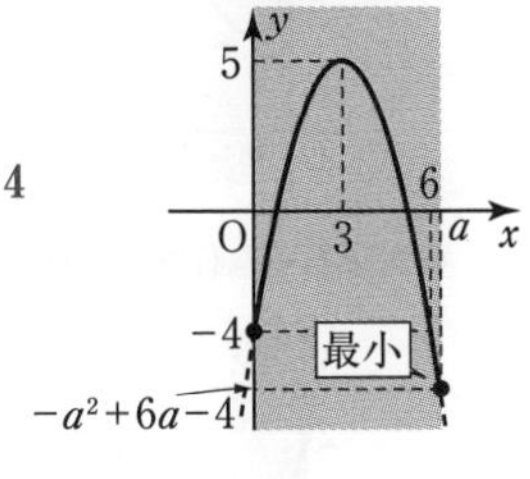

127 (1) **$0<t<5$**

長方形 ABCD が存在するためには点 A は (0, 0) から (5, 0) の間になければならない

(2) **B($10-t$, 0), D(t, $10t-t^2$)**

グラフは軸 $x=5$ に関して対称であるから OA$=t$ のとき EB$=t$ となり OB$=10-t$ である

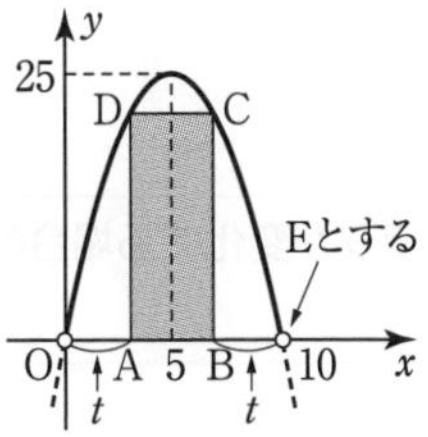

(3) $AB=CD=10-2t$

$BC=DA=10t-t^2$ であるから

$l=2\{(10-2t)+(10t-t^2)\}$

$=\boldsymbol{-2t^2+16t+20}$

$=-2(t-4)^2+52$

ここで $0<t<5$ であるから

$t=4$ のとき　最大値 52

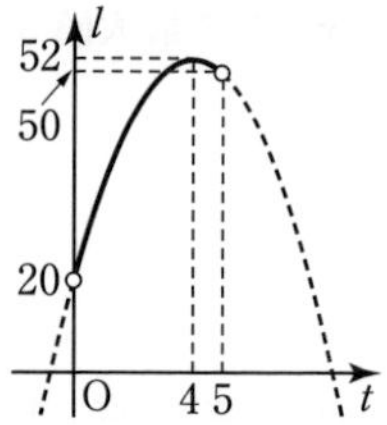

128 $y=x^2-2ax+2$

$=(x-a)^2-a^2+2$

より，グラフは直線 $x=a$ を軸とする下に凸の放物線である。

(1) $a<0$ のとき

$x=0$ で最小値 2

軸が定義域の左外にある

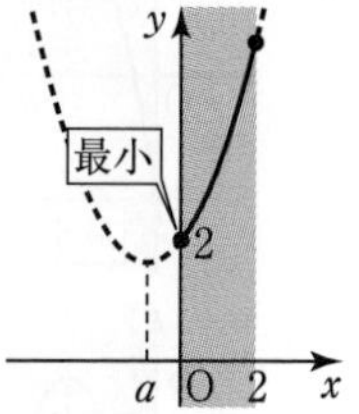

(2) $0 \leqq a \leqq 2$ のとき

$x=a$ で

最小値 $-a^2+2$

軸が定義域の中にある

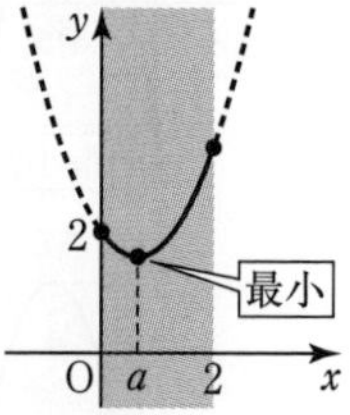

(3) $2<a$ のとき

$x=2$ で

最小値 $-4a+6$

軸が定義域の右外にある

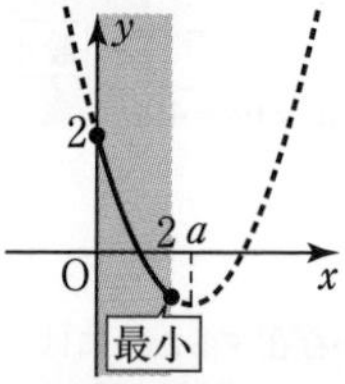

下に凸のグラフの最小値

[1] 軸が定義域の左外にあるとき

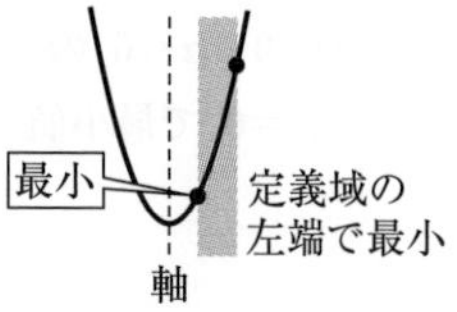

[2] 軸が定義域の中にあるとき

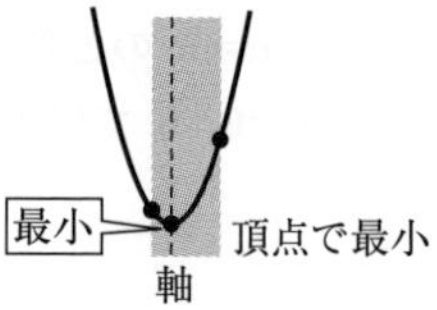

[3] 軸が定義域の右外にあるとき

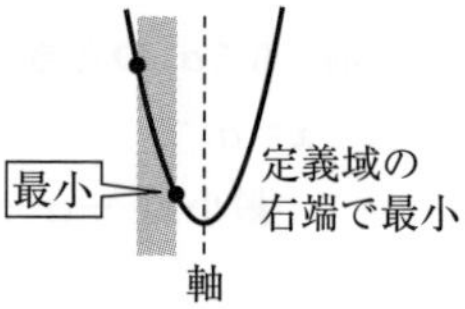

グラフが変化する場合の最小（下に凸の放物線）

➡ 軸が定義域の(i)左外　(ii)中　(iii)右外で場合分け

129 $y=-x^2+2ax+1=-(x-a)^2+a^2+1$

より，グラフは直線 $x=a$ を軸とする上に凸の放物線である。

(i) $a<-1$ のとき

$x=-1$ で

最大値 $-2a$

$x=2$ で

最小値 $4a-3$

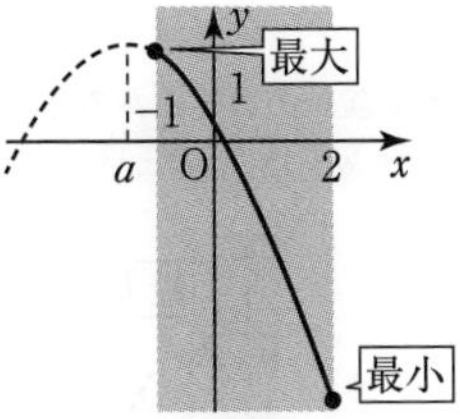

(ii) $-1\leqq a<\frac{1}{2}$ のとき

$x=a$ で

最大値 a^2+1

$x=2$ で

最小値 $4a-3$

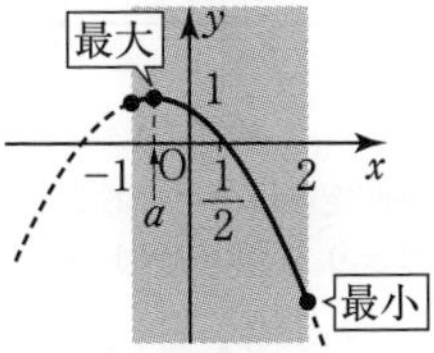

(iii) $a=\frac{1}{2}$ のとき

$x=\frac{1}{2}$ で

最大値 $\frac{5}{4}$

$x=-1,\ 2$ で

最小値 -1

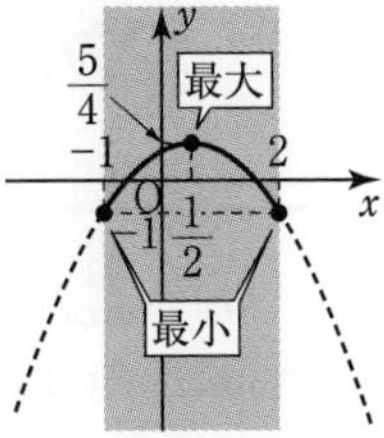

(iv) $\frac{1}{2}<a\leqq 2$ のとき

$x=a$ で

最大値 a^2+1

$x=-1$ で

最小値 $-2a$

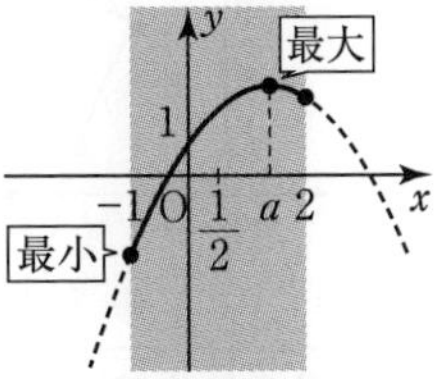

(v) $2<a$ のとき

$x=2$ で

最大値 $4a-3$

$x=-1$ で

最小値 $-2a$

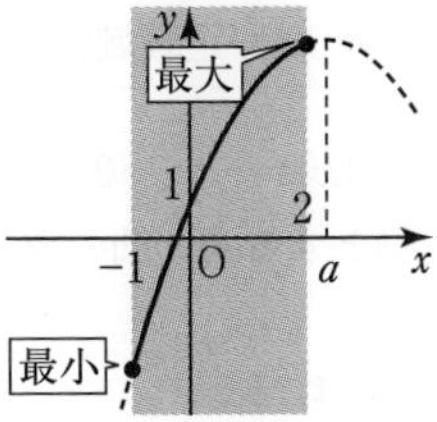

上に凸のグラフの最大・最小

[1] 軸が定義域の左外にあるとき

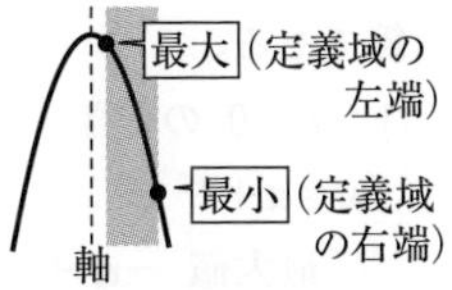

[2] 軸が定義域内，かつ定義域の中央より左にあるとき

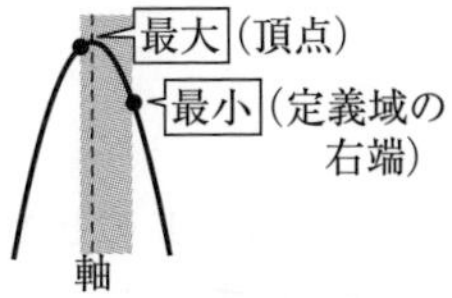

[3] 軸が定義域の中央にあるとき

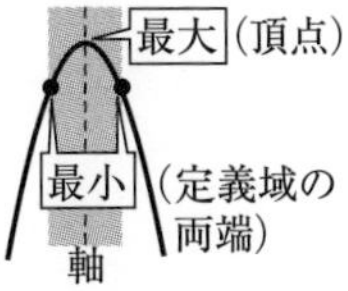

[4] 軸が定義域内，かつ定義域の中央より右にあるとき

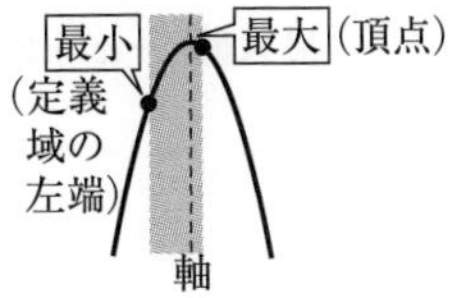

[5] 軸が定義域の右外にあるとき

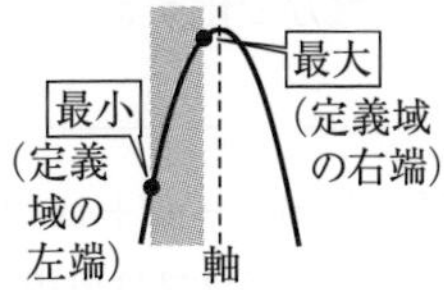

130 $y=-x^2+2x+2$

$=-(x-1)^2+3$

より，グラフは直線 $x=1$ を軸とする上に凸の放物線である。

(1) $a<0$ のとき

軸が定義域の右外にあるとき
つまり $a+1<1$ のとき

$\boldsymbol{x=a+1}$ で

最大値 $\boldsymbol{-a^2+3}$

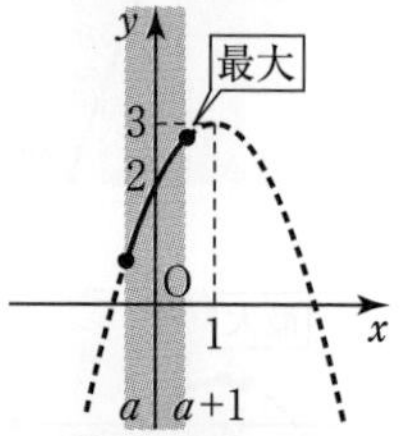

(2) $0\leqq a\leqq 1$ のとき

軸が定義域の中にあるとき
つまり $a<1\leqq a+1$ のとき

$\boldsymbol{x=1}$ で

最大値 3

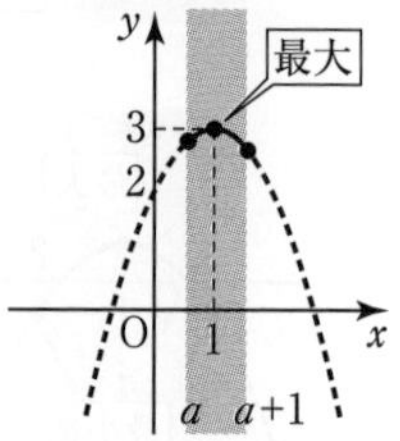

(3) $1<a$ のとき

軸が定義域の左外にあるとき

$\boldsymbol{x=a}$ で

最大値 $\boldsymbol{-a^2+2a+2}$

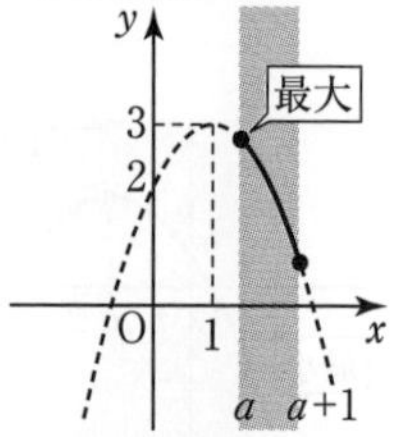

上に凸のグラフの最大値

[1] 軸が定義域の右外にあるとき

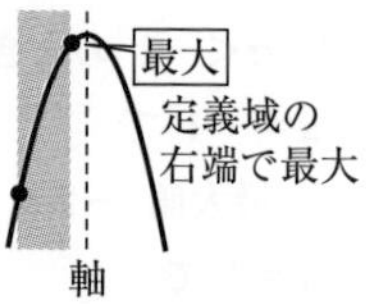

[2] 軸が定義域の中にあるとき

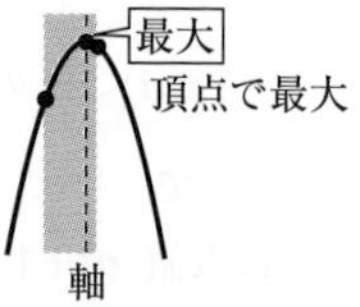

[3] 軸が定義域の左外にあるとき

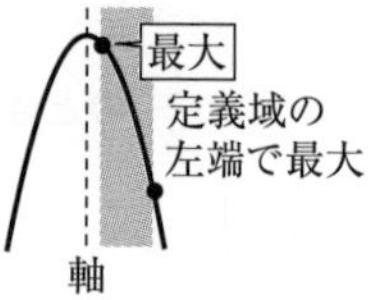

定義域が変化する場合の最大（上に凸の放物線）

➡ 軸が定義域の(i)右外　(ii)中　(iii)左外で場合分け

131 $f(x)=-x^2+4x$ とおくと，$f(x)=-(x-2)^2+4$

より，グラフは直線 $x=2$ を軸とする上に凸の放物線である。

(1) (i) $a+1<2$ 軸が定義域の右外にある

すなわち　$\boldsymbol{a<1}$ のとき

$x=a+1$ で 最大値　$M(a)=f(a+1)$

$=\boldsymbol{-a^2+2a+3}$

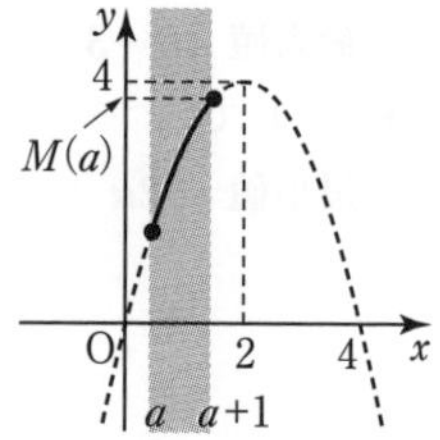

(ⅱ) $a \leqq 2 \leqq a+1$ 軸が定義域の中にある

すなわち $\boldsymbol{1 \leqq a \leqq 2}$ のとき

$x=2$ で 最大値 $M(a)=f(2)$

$=4$

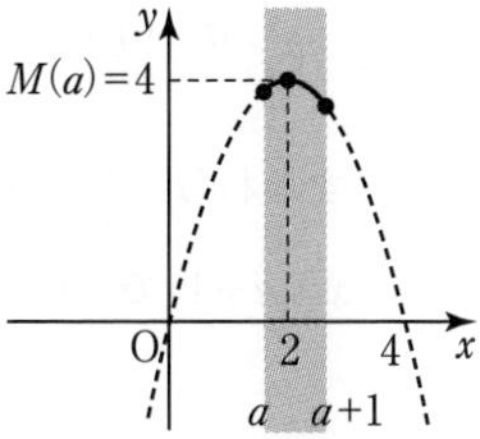

(ⅲ) $\boldsymbol{2<a}$ のとき 軸が定義域の左外にある

$x=a$ で 最大値 $M(a)=f(a)$

$=\boldsymbol{-a^2+4a}$

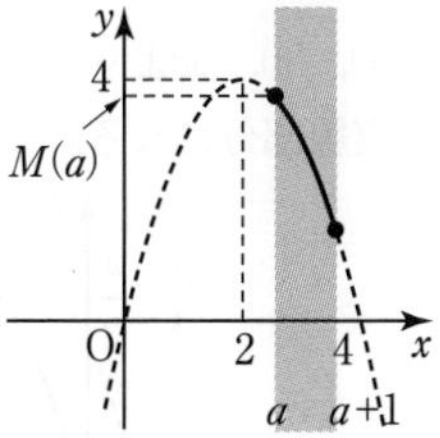

(ⅰ), (ⅱ), (ⅲ)より $y=M(a)$ のグラフは下の図の実線部分になる。

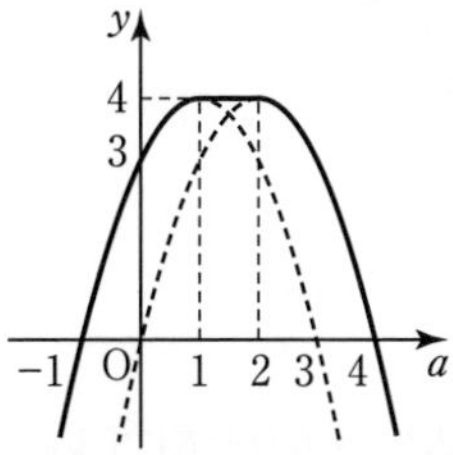

a の範囲に従って同じ座標にかく。

$a<1$ のとき

$M(a)=-a^2+2a+3$

$=-(a-1)^2+4$

$1 \leqq a \leqq 2$ のとき $M(a)=4$

$2<a$ のとき

$M(a)=-a^2+4a$

$=-(a-2)^2+4$

(2) (ⅰ) $\dfrac{a+(a+1)}{2}<2$ 軸が定義域の中央より右にある

$2a+1<4$

すなわち $\boldsymbol{a<\dfrac{3}{2}}$ のとき

$x=a$ で 最小値 $m(a)=f(a)$

$=\boldsymbol{-a^2+4a}$

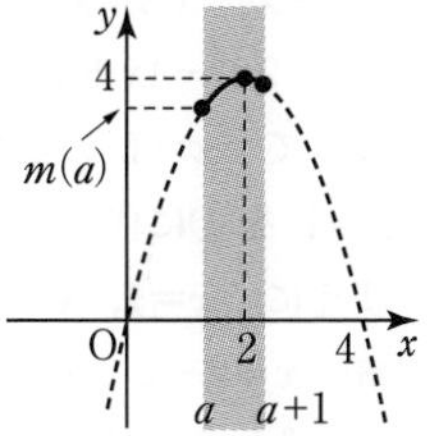

(ⅱ) $\dfrac{a+(a+1)}{2}=2$ 軸が定義域の中央にある

すなわち $\boldsymbol{a=\dfrac{3}{2}}$ のとき

$x=\dfrac{3}{2},\ \dfrac{5}{2}$ で 最小値 $m(a)=f\left(\dfrac{3}{2}\right)=f\left(\dfrac{5}{2}\right)$

$=\boldsymbol{\dfrac{15}{4}}$

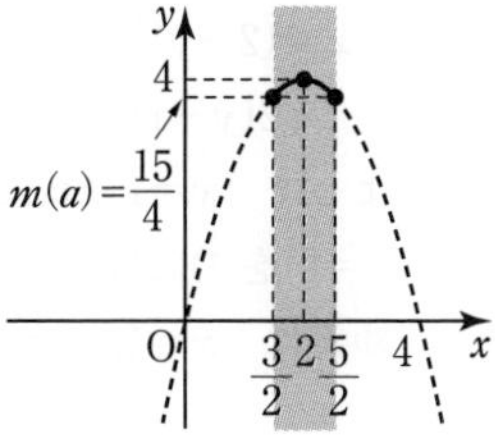

(iii) $2<\dfrac{a+(a+1)}{2}$ 軸が定義域の中央より左にある

すなわち $\dfrac{3}{2}<a$ のとき

$x=a+1$ で 最小値 $m(a)=f(a+1)$

$=-a^2+2a+3$

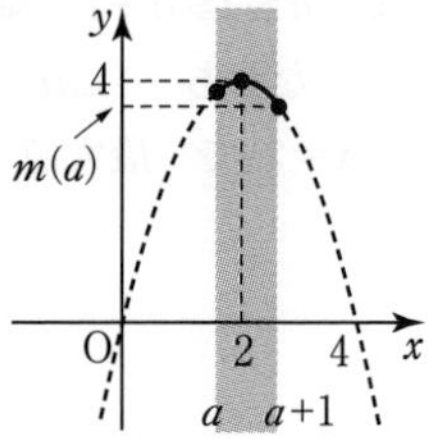

(i), (ii), (iii)より $y=m(a)$ のグラフは下の図の実線部分になる。

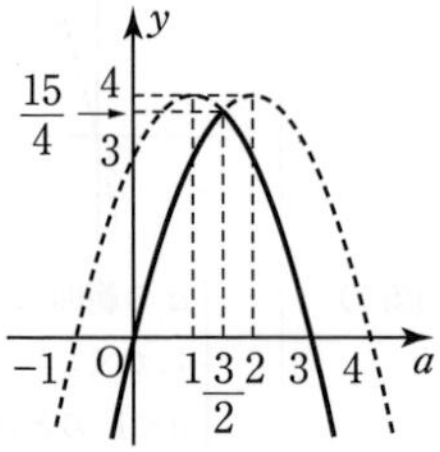

⬅ a の範囲に従って同じ座標にかく。

$a<\dfrac{3}{2}$ のとき

$m(a)=-a^2+4a$

$=-(a-2)^2+4$

$a=\dfrac{3}{2}$ のとき $m(a)=\dfrac{15}{4}$

$a>\dfrac{3}{2}$ のとき

$m(a)=-a^2+2a+3$

$=-(a-1)^2+4$

132 (1) $x+y=2$ より $y=2-x\cdots$①

$z=x^2+y^2$ とおくと

①を代入して y を消去し，x だけの式にする。

$z=x^2+(2-x)^2$

$=2x^2-4x+4=2(x-1)^2+2$

よって $x=1$ のとき最小となる。

$x=1$ を①に代入して $y=1$

ゆえに **$x=1$, $y=1$ のとき 最小値 2**

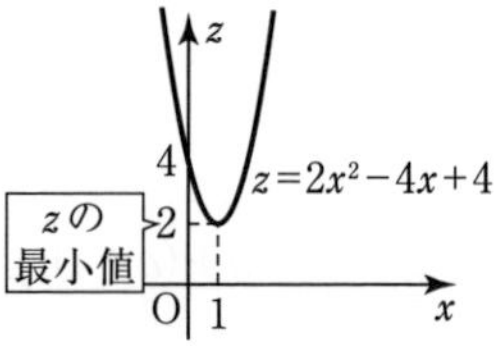

別解 $x=2-y$ $\cdots$①

$z=x^2+y^2$ とおくと

$z=(2-y)^2+y^2=2y^2-4y+4$

$=2(y-1)^2+2$

⬅ x を消去し，y だけにする。

よって $y=1$ のとき最小となる。

$y=1$ を①に代入して $x=1$

ゆえに **$x=1$, $y=1$ のとき 最小値 2**

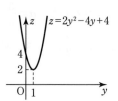

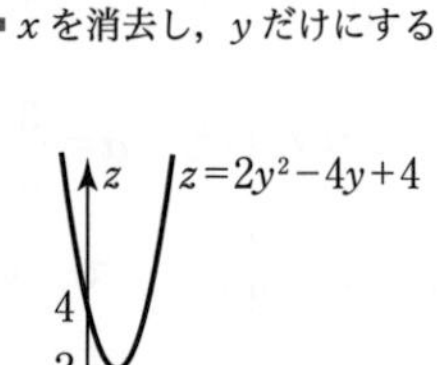

(2) $x^2+y=1$ より　$y=1-x^2$　…①

$z=6x+y$ とおくと

①を代入して y を消去する。

$z=6x+1-x^2$

$=-x^2+6x+1=-(x-3)^2+10$

よって　$x=3$ のとき最大となる。

$x=3$ を①に代入して　$y=-8$

ゆえに　$x=3,\ y=-8$ のとき　**最大値 10**

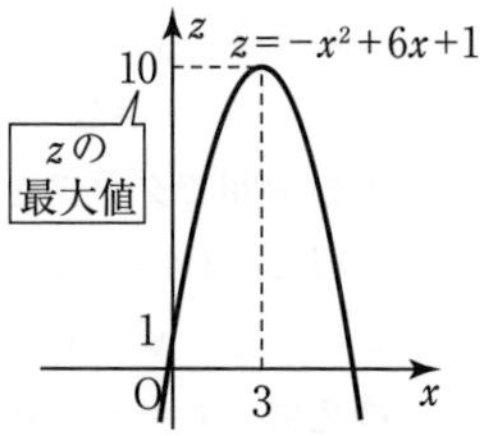

条件つきの最大・最小 ➡ 条件式より変数を消去して，1 変数にする

133 $2x+y=4$ より　$y=4-2x$ …①

$y\geqq 0$ であるから

①より　$4-2x\geqq 0$　ゆえに　$x\leqq 2$

$x\geqq 0$ と合わせて　$0\leqq x\leqq 2$　…②

⬅ $y\geqq 0$ の条件から x の範囲が求められる。

$z=x^2+y^2$ とおくと

①を代入して y を消去する。

$z=x^2+(4-2x)^2$

$=5x^2-16x+16$

$=5\left(x-\dfrac{8}{5}\right)^2+\dfrac{16}{5}$

②の範囲でグラフをかくと右の図のようになる。

よって $x=0$ のとき最大となり

$x=\dfrac{8}{5}$ のとき最小となる。

①から　$x=0$ のとき　$y=4$

$x=\dfrac{8}{5}$ のとき　$y=\dfrac{4}{5}$ であるから

$x=0$，$y=4$ のとき　最大値 16

$x=\dfrac{8}{5}$，$y=\dfrac{4}{5}$ のとき　最小値 $\dfrac{16}{5}$

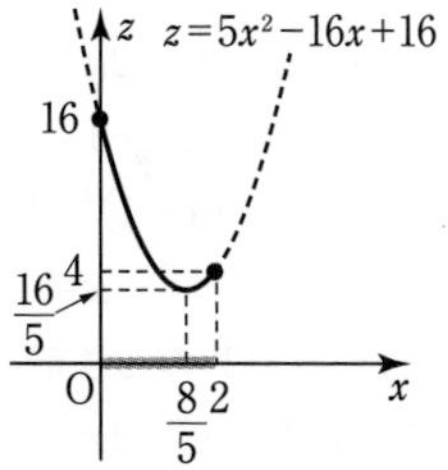

134 (1) $t=x^2$ とおくと $t\geqq 0$　…①

このとき　$y=t^2-8t+10$

$=(t-4)^2-6$ となり

①の範囲でグラフをかくと右の図のようになる。

よって　$t=4$ のとき最小となる。

このとき　$x^2=4$ より　$x=\pm 2$

したがって　**$x=\pm 2$ のとき　最小値 -6**

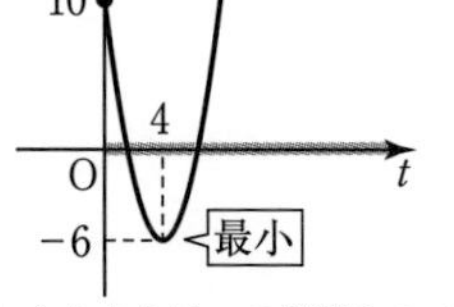

⬅ もともとは x の関数なので，t の値から x の値を求める。

(2) $t=x^2+4x$ とおくと

$t=(x+2)^2-4$ より　$t \geqq -4$ …①

このとき　$y=t^2+2t-4$

$=(t+1)^2-5$ となり

①の範囲でグラフをかくと右の図のようになる。

よって　$t=-1$ のとき最小となる。

このとき　$x^2+4x=-1$ より　$x^2+4x+1=0$

ゆえに　$x=-2\pm\sqrt{3}$

したがって

$x=-2\pm\sqrt{3}$ のとき　最小値 -5

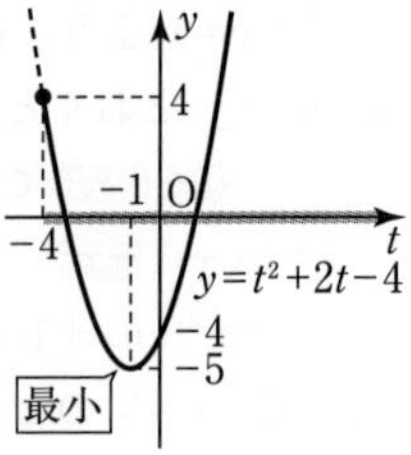

135 $t=x^2-2x$ とおくと

$t=(x-1)^2-1$

$0 \leqq x \leqq 3$ であるから

$-1 \leqq t \leqq 3$ …①

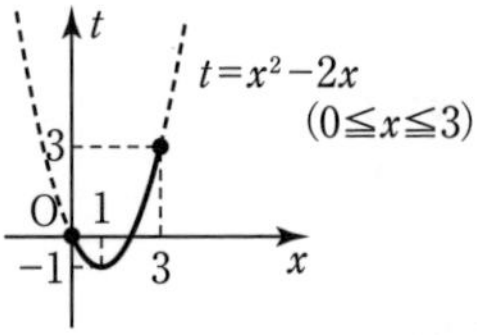

← t の範囲①を求めるためのグラフをかく。

このとき

$y=t^2-4t$

$=(t-2)^2-4$

①の範囲でグラフをかくと右の図のようになる。

よって　$t=-1$ のとき最大となる。

このとき　$x^2-2x=-1$ より

$x^2-2x+1=0$

$(x-1)^2=0$

$x=1$

また，$t=2$ のとき最小となる。

このとき　$x^2-2x=2$ より

$x^2-2x-2=0$

$x=1\pm\sqrt{3}$

$0 \leqq x \leqq 3$ であるから　$x=1+\sqrt{3}$

したがって　**$x=1$ のとき　最大値 5**

$x=1+\sqrt{3}$ のとき　最小値 -4

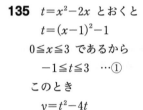

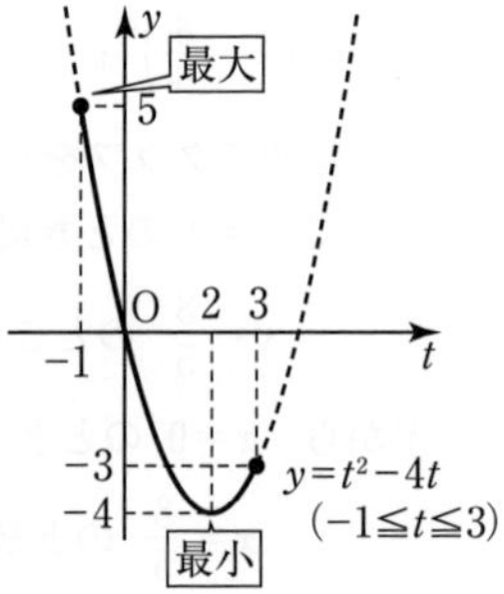

136 (1) $z=x^2+y^2+2x-4y-1$

$=\underline{x^2+2x+1}-1+\underline{y^2-4y+4}-4-1$

$=\underline{(x+1)^2}+\underline{(y-2)^2}-6$

x, y は実数より $(x+1)^2 \geqq 0$, $(y-2)^2 \geqq 0$

であるから，z は $x+1=0$ かつ $y-2=0$

のとき最小となる。

よって　$\boldsymbol{x=-1}$, $\boldsymbol{y=2}$ **のとき　最小値 −6**

← x の 2 次式とみて x について平方完成する。
同時に，y についての 2 次式とみて平方完成する。

(2) $z=x^2+10y^2-6xy-2x+8y+13$

$=x^2-2(3y+1)x+10y^2+8y+13$

$=\{x-(3y+1)\}^2-(3y+1)^2+10y^2+8y+13$

$=(x-3y-1)^2+y^2+2y+12$

$=(x-3y-1)^2+(y+1)^2+11$

← x の 2 次式とみて x について整理し，平方完成する。

← 次に，y についての 2 次式とみて平方完成する。

x, y は実数より $(x-3y-1)^2 \geqq 0$, $(y+1)^2 \geqq 0$

であるから，z は $x-3y-1=0$ かつ $y+1=0$

のとき最小となる。

よって　$\boldsymbol{x=-2}$, $\boldsymbol{y=-1}$ **のとき　最小値 11**

← $y=-1$ を $x-3y-1=0$ に代入して　$x=-2$

137 (1) グラフが上に凸であるから　$\boldsymbol{a<0}$

← $y=ax^2+bx+c$
$=a\left(x+\dfrac{b}{2a}\right)^2-\dfrac{b^2-4ac}{4a}$

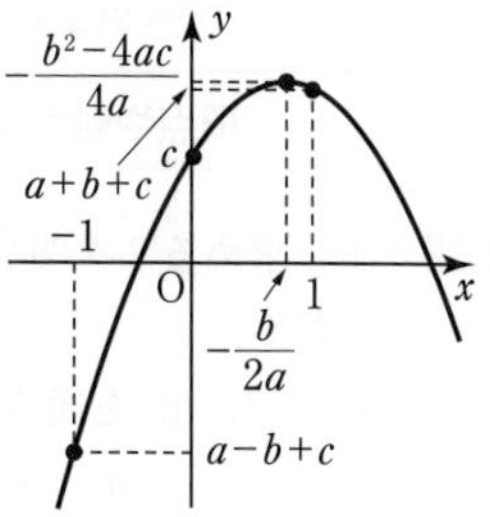

(2) 軸 $x=-\dfrac{b}{2a}>0$ より $a<0$ であるから　$\boldsymbol{b>0}$

(3) y 軸との交点が $(0,\ c)$ であるから　$\boldsymbol{c>0}$

(4) 頂点の y 座標が $-\dfrac{b^2-4ac}{4a}>0$ より

$a<0$ であるから　$\boldsymbol{b^2-4ac>0}$

(別解) グラフが x 軸と異なる 2 点で交わっているから　$D=\boldsymbol{b^2-4ac>0}$

(5) $y=ax^2+bx+c$ に $x=1$ を代入すると

$y=a+b+c$

つまり　$x=1$ のときの y 座標が $a+b+c$ より

$\boldsymbol{a+b+c>0}$

(6) $y=ax^2+bx+c$ に $x=-1$ を代入すると

$y=a-b+c$

つまり　$x=-1$ のときの y 座標が $a-b+c$ より

$\boldsymbol{a-b+c<0}$

138 (1) 頂点が点 $(3,\ -1)$ であるから

$y=a(x-3)^2-1\ (a\neq0)$ とおける。

点 $(0,\ 8)$ を通るから　$x=0,\ y=8$ を代入

$8=a(0-3)^2-1$ より　$a=1$

よって　$\boldsymbol{y=(x-3)^2-1}$

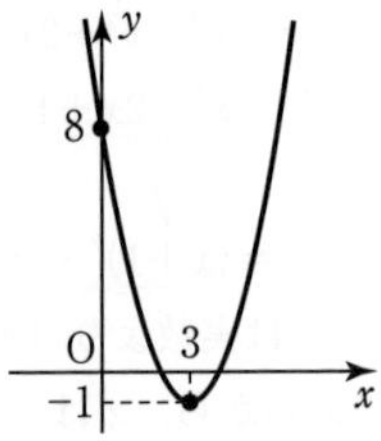

(2) x 軸と点 $(2,\ 0)$ で接するから　頂点が $(2,\ 0)$

$y=a(x-2)^2\ (a\neq0)$ とおける。

点 $(1,\ -2)$ を通るから

$-2=a(1-2)^2$ より　$a=-2$

よって　$\boldsymbol{y=-2(x-2)^2}$

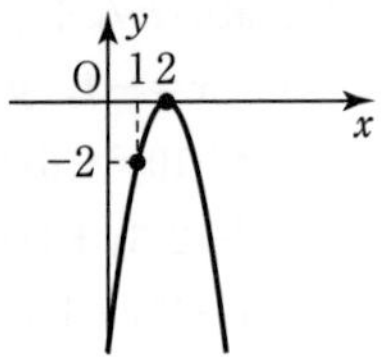

(3) 軸が直線 $x=-2$ であるから

$y=a(x+2)^2+q\ (a\neq0)$ とおける。

点 $(-1,\ 0)$ を通るから

$0=a(-1+2)^2+q$ より

$0=a+q$ …①

点 $(-4,\ 6)$ を通るから

$6=a(-4+2)^2+q$ より

$6=4a+q$…②

②−①より　$6=3a$　よって　$a=2$

①に代入して $q=-2$

よって　$\boldsymbol{y=2(x+2)^2-2}$

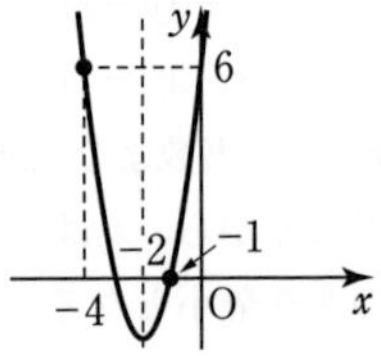

> 頂点や軸が与えられた２次関数 ➡ $\boldsymbol{y=a(x-p)^2+q}$ とおく

139 (1) 求める２次関数を $y=ax^2+bx+c\ (a\neq0)$ とおく。

点 $(-1,\ 0)$ を通るから　$x=-1,\ y=0$ を代入

$a-b+c=0$ …①

点 $(2,\ 0)$ を通るから　$x=2,\ y=0$ を代入

$4a+2b+c=0$…②

点 $(0,\ -6)$ を通るから　$x=0,\ y=-6$ を代入

$c=-6$ …③

③を①，②に代入して整理すると

$$\begin{cases} a-b=6 \cdots①' \\ 2a+b=3 \cdots②' \end{cases}$$

①′+②′ より　$3a=9$ より　$a=3$

①′に代入して　$b=-3$

よって　$\boldsymbol{y=3x^2-3x-6}$

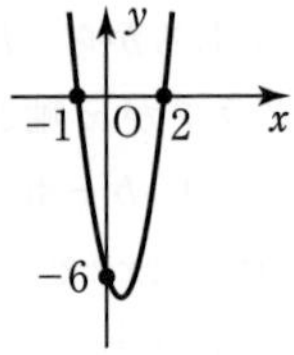

(別解) グラフが2点 $(-1,\ 0)$, $(2,\ 0)$ を通るから

$y=a(x+1)(x-2)$ $(a\neq0)$ とおける。

さらに, 点 $(0,\ -6)$ を通るから

$-6=a(0+1)(0-2)$ より

$-6=-2a$ つまり $a=3$

よって $y=3(x+1)(x-2)$

すなわち $\boldsymbol{y=3x^2-3x-6}$

⬅2点 $(\alpha,\ 0)$, $(\beta,\ 0)$ を通る放物線は $y=a(x-\alpha)(x-\beta)$ とおける。

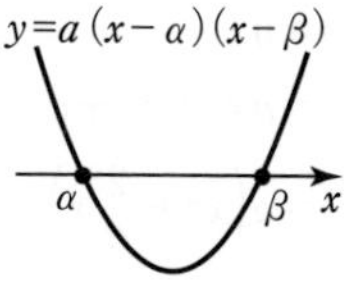

(2) 求める2次関数を $y=ax^2+bx+c$ $(a\neq0)$ とおく。

点 $(-2,\ 4)$ を通るから $4a-2b+c=4$ …①

点 $(-1,\ 5)$ を通るから $a-b+c=5$ …②

点 $(1,\ 1)$ を通るから $a+b+c=1$ …③

③−②より $2b=-4$ よって $b=-2$

①, ③に代入して整理すると $\begin{cases} 4a+c=0 \cdots④ \\ a+c=3 \cdots⑤ \end{cases}$

④−⑤より $3a=-3$ よって $a=-1$

⑤に代入して $c=4$

よって $\boldsymbol{y=-x^2-2x+4}$

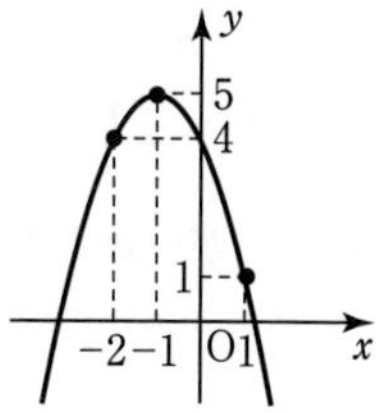

(3) 求める2次関数を $y=ax^2+bx+c$ $(a\neq0)$ とおく。

点 $(-2,\ -5)$ を通るから

$4a-2b+c=-5$ …①

点 $(1,\ 4)$ を通るから $a+b+c=4$ …②

点 $(3,\ -10)$ を通るから

$9a+3b+c=-10$ …③

①−②より $3a-3b=-9$

よって $a-b=-3$ …④

③−①より $5a+5b=-5$

よって $a+b=-1$ …⑤

④+⑤より $2a=-4$ よって $a=-2$

⑤に代入して $b=1$ ②から $c=5$

よって $\boldsymbol{y=-2x^2+x+5}$

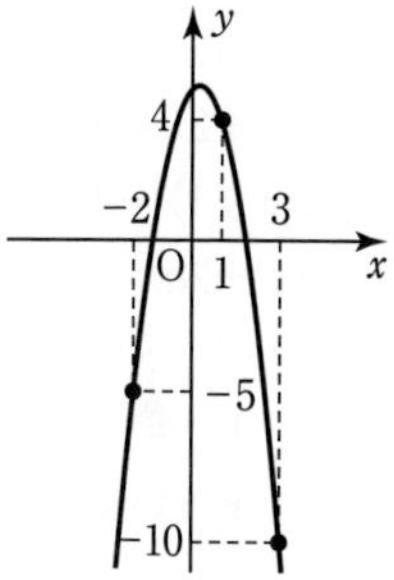

3点が与えられた2次関数 ➡ $\boldsymbol{y=ax^2+bx+c}$ とおく

140 $y=3x^2+6x+2=3(x+1)^2-1$ より

頂点 $(-1,\ -1)$

$y=ax^2+2x+c$ のグラフは放物線であるから

$a \neq 0$

$$\begin{aligned} y&=ax^2+2x+c \\ &=a\left(x^2+\frac{2}{a}x\right)+c \\ &=a\left\{\left(x+\frac{1}{a}\right)^2-\frac{1}{a^2}\right\}+c \\ &=a\left(x+\frac{1}{a}\right)^2-\frac{1}{a}+c \end{aligned}$$ より

頂点 $\left(-\frac{1}{a},\ -\frac{1}{a}+c\right)$

2つの頂点が一致するから

$$\begin{cases} -\frac{1}{a}=-1 & \cdots① \\ -\frac{1}{a}+c=-1 & \cdots② \end{cases}$$

①，②を解いて　$\boldsymbol{a=1,\ c=0}$

(別解)　$y=3x^2+6x+2=3(x+1)^2-1$ より

頂点 $(-1,\ -1)$

$y=ax^2+2x+c$ の頂点も $(-1,\ -1)$ であるから

$y=a(x+1)^2-1$ とおくと，

$y=ax^2+2ax+a-1$ となるから，係数を比較して

$$\begin{cases} 2a=2 & \cdots① \\ a-1=c & \cdots② \end{cases}$$

①，②を解いて　$\boldsymbol{a=1,\ c=0}$

141 (1)　$x=2$ のとき最小値1をとるから

$y=a(x-2)^2+1\ (a>0)$ とおける。

$x=-1$ のとき，$y=4$ であるから

$4=a(-1-2)^2+1$

$4=9a+1$ より　$a=\frac{1}{3}$ ($a>0$ を満たす)

よって　$\boldsymbol{y=\frac{1}{3}(x-2)^2+1}$

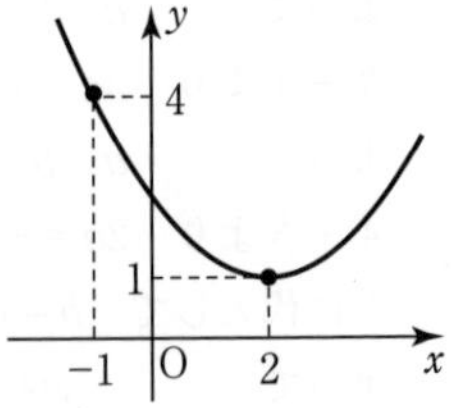

(2)　$x=1$ のとき最大値6をとるから

$y=a(x-1)^2+6\ (a<0)$ とおける。

このグラフが点 $(2,\ 4)$ を通るから

$4=a(2-1)^2+6$

$4=a+6$ より　$a=-2$ ($a<0$ を満たす)

よって　$\boldsymbol{y=-2(x-1)^2+6}$

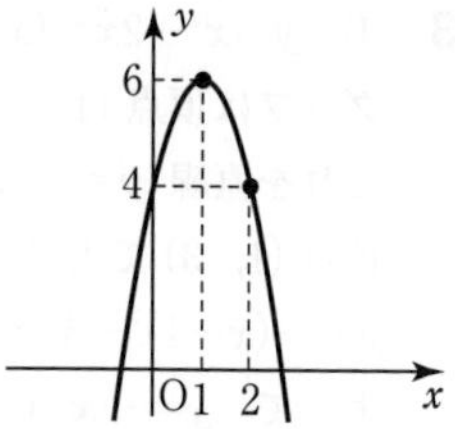

(3)　最小値が -1 であるから $y=a(x-p)^2-1$ $(a>0)$ とおける。このグラフが,

点 $(0,\ 3)$ を通るから　$3=ap^2-1$　$\cdots$①

点 $(3,\ 0)$ を通るから　$0=a(3-p)^2-1\cdots$②

①より　$ap^2=4$　$a=\dfrac{4}{p^2}$　$\cdots$③

⬅ $a\neq0$ より $p\neq0$

③を②に代入して

$$\frac{4}{p^2}(3-p)^2-1=0$$

$$4(3-p)^2-p^2=0$$

⬅ 両辺に p^2 を掛けて分母を払う。

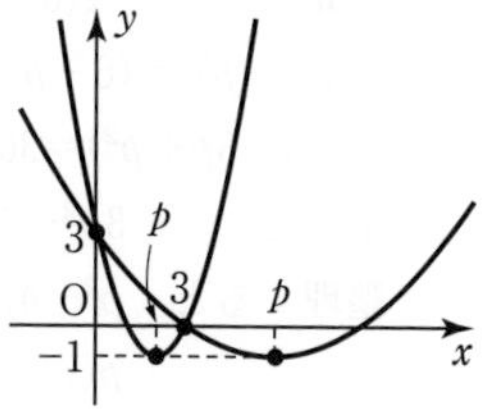

整理すると

$$p^2-8p+12=0$$

$$(p-2)(p-6)=0$$

よって　$p=2,\ 6$

$p=2$ のとき③に代入して　$a=1$

$p=6$ のとき③に代入して　$a=\dfrac{1}{9}$

ともに $a>0$ を満たす。

したがって　$\boldsymbol{y=(x-2)^2-1,\ y=\frac{1}{9}(x-6)^2-1}$

142　(1)　軸が直線 $x=-1$ であるから

$y=2(x+1)^2+q$ とおける。

⬅ 平行移動してもグラフの形は変わらないから
$y=2x^2-4x+3$ より
↓等しい
$y=2(x+1)^2+q$ とおける。

点 $(0,\ 7)$ を通るから

$7=2(0+1)^2+q$ より　$q=5$

よって　$y=2(x+1)^2+5$

すなわち　$\boldsymbol{y=2x^2+4x+7}$

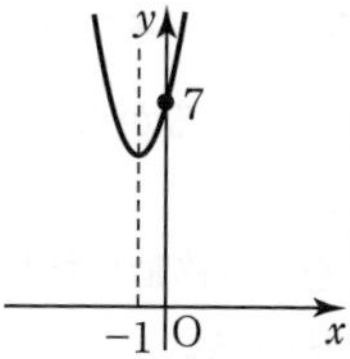

(2)　求める2次関数を $y=2x^2+bx+c$ とおく。

⬅ $y=2x^2-4x+3$ より
↓等しい
$y=2x^2+bx+c$ とおける。

点 $(1,\ -4)$ を通るから

$2+b+c=-4$ より　$b+c=-6$　$\cdots$①

点 $(3,\ 2)$ を通るから

$18+3b+c=2$ より　$3b+c=-16\cdots$②

②−①より　$2b=-10$　よって　$b=-5$

①に代入して　$c=-1$

よって　$\boldsymbol{y=2x^2-5x-1}$

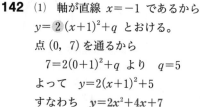

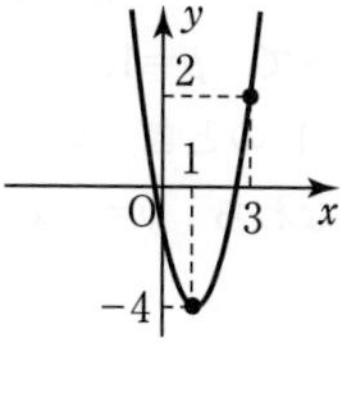

143 (1) $y=x^2-2x=(x-1)^2-1$ より

グラフは頂点 $(1,\ -1)$ で下に凸の放物線である。

これを直線 $y=1$ に関して対称移動すると，

頂点 $(1,\ 3)$ で上に凸の放物線になるから

$y=-(x-1)^2+3$ となる。

よって　$\boldsymbol{y=-x^2+2x+2}$

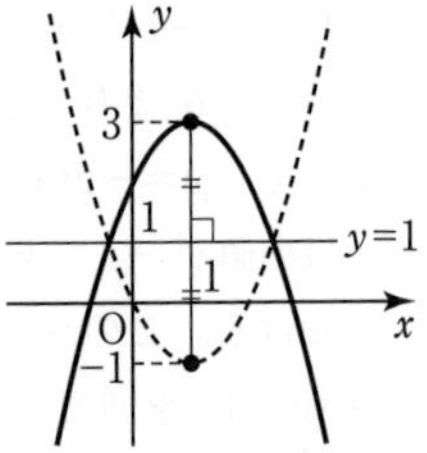

(2) x 軸と点 $(p,\ 0)$ で接するとすると

$y=a(x-p)^2\ (a\neq 0)$ とおける。

点 $(3,\ -1)$ を通るから　$a(3-p)^2=-1$…①

点 $(6,\ -4)$ を通るから　$a(6-p)^2=-4$…②

①×4−②より

$4\cancel{a}(3-p)^2-\cancel{a}(6-p)^2=0$

$4(3-p)^2=(6-p)^2$

$4(9-6p+p^2)=36-12p+p^2$

よって　　$3p^2-12p=0$

整理すると　$p^2-4p=0$

$p(p-4)=0$

ゆえに　$p=0,\ 4$

$p=0$ のとき，①に代入して　$a=-\dfrac{1}{9}$

であるから　$y=-\dfrac{1}{9}x^2$

$p=4$ のとき，①に代入して　$a=-1$

であるから　$y=-(x-4)^2$

したがって　$\boldsymbol{y=-\dfrac{1}{9}x^2,\ y=-(x-4)^2}$

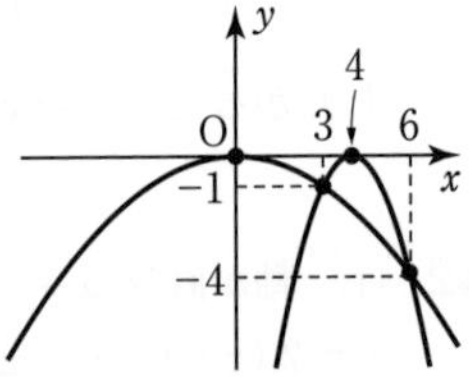

(3) 頂点が直線 $y=x+3$ 上にあるから

頂点 $(p,\ p+3)$ とおくと

放物線 $y=-x^2+3x-1$ を平行移動したものなので

$y=-(x-p)^2+p+3$ と表せる。

点 $(2,\ 3)$ を通るから　$-(2-p)^2+p+3=3$

整理すると　$p^2-5p+4=0$

$(p-1)(p-4)=0$

よって　$p=1,\ 4$

$p=1$ のとき　$y=-(x-1)^2+4$

すなわち　$y=-x^2+2x+3$

⬅ 頂点の x 座標を p とおくと y 座標は $x=p$ を代入して $y=p+3$ となる。

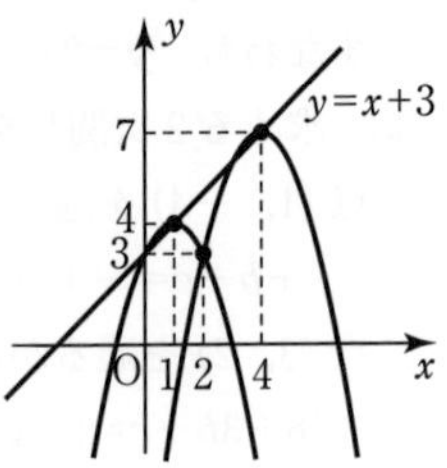

$p=4$ のとき　$y=-(x-4)^2+7$

すなわち　$y=-x^2+8x-9$

ゆえに　$\boldsymbol{y=-x^2+2x+3,\ y=-x^2+8x-9}$

(別解)　求める2次関数を $y=-x^2+bx+c$ とおく。

点 (2, 3) を通るから

$-4+2b+c=3$ より　$c=-2b+7$

このとき　$y=-x^2+bx-2b+7$…①

$=-\left(x-\dfrac{b}{2}\right)^2+\dfrac{b^2}{4}-2b+7$ となり

頂点 $\left(\dfrac{b}{2},\ \dfrac{b^2}{4}-2b+7\right)$ である。

これが直線 $y=x+3$ 上にあるから，

$x=\dfrac{b}{2}$，$y=\dfrac{b^2}{4}-2b+7$ を代入して

$\dfrac{b^2}{4}-2b+7=\dfrac{b}{2}+3$

← 両辺に4を掛けて
$b^2-8b+28=2b+12$

整理すると　$b^2-10b+16=0$

$(b-2)(b-8)=0$ より　$b=2,\ 8$

$b=2$ のとき，①に代入して

$y=-x^2+2x+3$

$b=8$ のとき，①に代入して

$y=-x^2+8x-9$

したがって　$\boldsymbol{y=-x^2+2x+3,\ y=-x^2+8x-9}$

144 (1)　$3x^2+2x=0$

$x(3x+2)=0$　　よって　$\boldsymbol{x=0,\ -\dfrac{2}{3}}$

← $x=0$　または　$3x+2=0$

(2)　$x^2+4x-12=0$

$(x+6)(x-2)=0$　　よって　$\boldsymbol{x=-6,\ 2}$

← $x+6=0$　または　$x-2=0$

(3)　$4x^2-25=0$

$(2x+5)(2x-5)=0$　よって　$\boldsymbol{x=-\dfrac{5}{2},\ \dfrac{5}{2}}$

← $2x+5=0$　または　$2x-5=0$

(4)　$3x^2-5x-2=0$

$(3x+1)(x-2)=0$　　よって　$\boldsymbol{x=-\dfrac{1}{3},\ 2}$

←
3	╳	1	→ 1
1		−2	→ −6
3		−2	−5

← $3x+1=0$　または　$x-2=0$

(5)　$2x^2-20x+50=0$

両辺を2で割って　$x^2-10x+25=0$

$(x-5)^2=0$　　よって　$\boldsymbol{x=5}$

(6) $3x(2-3x)=1$

$6x-9x^2=1$

$9x^2-6x+1=0$

$(3x-1)^2=0$　よって　$x=\frac{1}{3}$

← まず，$ax^2+bx+c=0$ の形に整理する。

$AB=0 \iff A=0$ または $B=0$

145 (1) $x^2+3x+1=0$

$$x=\frac{-3\pm\sqrt{3^2-4\cdot1\cdot1}}{2\cdot1}=\frac{-3\pm\sqrt{5}}{2}$$

(2) $x^2-x-3=0$

$$x=\frac{-(-1)\pm\sqrt{(-1)^2-4\cdot1\cdot(-3)}}{2\cdot1}=\frac{1\pm\sqrt{13}}{2}$$

(3) $2x^2-4x+1=0$

$$x=\frac{-(-2)\pm\sqrt{(-2)^2-2\cdot1}}{2}=\frac{2\pm\sqrt{2}}{2}$$

(4) $-x^2-x+\frac{1}{2}=0$

$2x^2+2x-1=0$

$$x=\frac{-1\pm\sqrt{1^2-2\cdot(-1)}}{2}=\frac{-1\pm\sqrt{3}}{2}$$

(5) $x^2-2\sqrt{2}x-6=0$

$$x=\frac{-(-\sqrt{2})\pm\sqrt{(-\sqrt{2})^2-1\cdot(-6)}}{1}=\sqrt{2}\pm2\sqrt{2}$$

よって　$x=3\sqrt{2},\ -\sqrt{2}$

(別解)　$x^2-2\sqrt{2}x-6=0$

$(x-3\sqrt{2})(x+\sqrt{2})=0$

よって　$x=3\sqrt{2},\ -\sqrt{2}$

(6) $\sqrt{2}x^2-3x+\sqrt{2}=0$

両辺に $\sqrt{2}$ を掛けて $2x^2-3\sqrt{2}x+2=0$

2次方程式の解の公式

[1] $ax^2+bx+c=0$ の解は

$$x=\frac{-b\pm\sqrt{b^2-4ac}}{2a}$$

[2] $ax^2+2b'x+c=0$ の解は　$x=\frac{-b'\pm\sqrt{b'^2-ac}}{a}$

← $2x^2\underline{-4}x+1=0$
　$2\times(-2)$ ← $b'=-2$

← 両辺を -2 倍して，x^2 の係数を正にし，分数を整数にしてから解の公式を利用すると間違いが少なくなる。
$2x^2+\underline{2}x-1=0$
　2×1 ← $b'=1$

← $x^2\underline{-2\sqrt{2}}x-6=0$
　$2\times(-\sqrt{2})$ ← $b'=-\sqrt{2}$

← 先に x^2 の係数を整数にしておくと，計算が楽になる。

$$x=\frac{-(-3\sqrt{2})\pm\sqrt{(-3\sqrt{2})^2-4\cdot2\cdot2}}{2\cdot2}$$

$$=\frac{3\sqrt{2}\pm\sqrt{2}}{4}$$

よって　$x=\sqrt{2},\ \frac{\sqrt{2}}{2}$

(別解)　両辺に $\sqrt{2}$ を掛けて

$2x^2-3\sqrt{2}x+2=0$

$(x-\sqrt{2})(2x-\sqrt{2})=0$ より

$x=\sqrt{2},\ \frac{\sqrt{2}}{2}$

⬅ $\begin{array}{ccccc} 1 & \times & -\sqrt{2} & \longrightarrow & -2\sqrt{2} \\ 2 & & -\sqrt{2} & \longrightarrow & -\sqrt{2} \\ \hline 2 & & 2 & & -3\sqrt{2} \end{array}$

146 (1)　$x^2-5x+2=0$ の判別式を D とすると

$D=(-5)^2-4\cdot1\cdot2=17>0$

であるから，実数解の個数は **2** 個である。

(2)　$3x^2-x+3=0$ の判別式を D とすると

$D=(-1)^2-4\cdot3\cdot3=-35<0$

であるから，実数解の個数は **0** 個である。

(3)　$3x^2-2\sqrt{6}x+2=0$ の判別式を D とすると

$\frac{D}{4}=(-\sqrt{6})^2-3\cdot2=0$

であるから，実数解の個数は **1** 個である。

2次方程式の解の判別

2次方程式 $ax^2+bx+c=0$ において

$D=b^2-4ac$ を判別式という。

$D>0 \iff$ 異なる2つの実数解 ｝実数解

$D=0 \iff$ 重解 ｝実数解

$D<0 \iff$ 実数解はない

ただし，$ax^2+2b'x+c=0$ のときは $\frac{D}{4}=b'^2-ac$ を用いるとよい。

147 (1)　$(x-2)^2-3(x-2)-4=0$

$x-2=X$ とおくと

$X^2-3X-4=0$

$(X+1)(X-4)=0$

$\{(x-2)+1\}\{(x-2)-4\}=0$

$(x-1)(x-6)=0$

よって　$x=1,\ 6$

⬅ $(x-2)^2-3(x-2)-4=0$ → $X^2-3X-4=0$

展開すると次のようになる。

$x^2-4x+4-3x+6-4=0$

$(x-1)(x-6)=0$ より

$x=1,\ 6$

この程度ならば展開して解いてもよい。

(2)　$3(x+3)^2-2(x+3)-1=0$

$x+3=X$ とおくと

$3X^2-2X-1=0$

$(3X+1)(X-1)=0$

$\{3(x+3)+1\}\{(x+3)-1\}=0$

$(3x+10)(x+2)=0$

よって　$x=-\frac{10}{3},\ -2$

⬅ $3(x+3)^2-2(x+3)-1=0$ → $3X^2-2X-1=0$

$\begin{array}{ccccc} 3 & \times & 1 & \longrightarrow & 1 \\ 1 & & -1 & \longrightarrow & -3 \\ \hline 3 & & -1 & & -2 \end{array}$

展開すると次のようになる。

$3(x^2+6x+9)-2(x+3)-1=0$

(1)と同様に，この程度ならば展開して解いてもよい。

148 (1) $x^2+3x+k+1=0$ の判別式を D とすると

$D=9-4(k+1)=-4k+5$

異なる2つの実数解をもつから $D>0$ より

$-4k+5>0$

$-4k>-5$ より $\boldsymbol{k<\frac{5}{4}}$

このとき，2次方程式の解は

$$x=\frac{-3\pm\sqrt{9-4(k+1)}}{2}=\boldsymbol{\frac{-3\pm\sqrt{5-4k}}{2}}$$

(2) 重解をもつから $D=0$ より

$-4k+5=0$

$\boldsymbol{k=\frac{5}{4}}$ 　 $x^2+3x+k+1=0$ に $k=\frac{5}{4}$ を代入

このとき $x^2+3x+\frac{9}{4}=0$

$\left(x+\frac{3}{2}\right)^2=0$

$\boldsymbol{x=-\frac{3}{2}}$

⬅ 解の公式

$x=\frac{-b\pm\sqrt{D}}{2a}$ において

$D=0$ のとき

重解は $x=\frac{-b\pm\sqrt{0}}{2a}$

$=\frac{-b}{2a}$

となる。

これを利用して重解を求めることもできる。

149 (1) $x^2+2(k+1)x+k+3=0$ の判別式を D とすると

$\frac{D}{4}=(k+1)^2-1\cdot(k+3)=k^2+k-2$

$=(k-1)(k+2)=0$

重解をもつから $D=0$ より $k=1,\ -2$

$\boldsymbol{k=1}$ のとき $x^2+4x+4=0$

$(x+2)^2=0$ よって $\boldsymbol{x=-2}$

$\boldsymbol{k=-2}$ のとき $x^2-2x+1=0$

$(x-1)^2=0$ よって $\boldsymbol{x=1}$

(2) 2次方程式であるから $k\neq0$

$kx^2+kx+2=0$ の判別式を D とすると

$D=k^2-4\cdot k\cdot2=k^2-8k=k(k-8)$

重解をもつから $D=0$ より $k\neq0$ に注意すると

$\boldsymbol{k=8}$

このとき，$8x^2+8x+2=0$

$4x^2+4x+1=0$

$(2x+1)^2=0$ よって $\boldsymbol{x=-\frac{1}{2}}$

⬅ $x^2+2(k+1)x+k+3=0$

→ $b'=k+1$

⬅ $x=-\frac{b}{2a}$ より

$x=-\frac{4}{2\cdot1}=-2$

⬅ $x=-\frac{b}{2a}$ より $x=-\frac{-2}{2\cdot1}=1$

⬅ $k=0$ のとき $kx^2+kx+2=0$ は2次方程式にならないことに注意する。

⬅ $x=-\frac{b}{2a}$ より

$x=-\frac{8}{2\cdot8}=-\frac{1}{2}$

150 $x^2-6x+2k+1=0$ の判別式を D とすると

$\frac{D}{4}=(-3)^2-1\cdot(2k+1)=8-2k=-2(k-4)$

← $ax^2+2b'x+c=0$ のときは $\frac{D}{4}=b'^2-ac$ を用いると計算が楽にできる。

異なる2つの実数解をもつのは

$D>0$ より　$k<4$

重解をもつのは $D=0$ より　$k=4$

実数解をもたないのは

$D<0$ より　$k>4$

よって，実数解の個数は

$k<4$ のとき　2個

$k=4$ のとき　1個（重解）

$k>4$ のとき　0個

151 方程式 $mx^2+2(m+1)x+m-2=0$

(i) $m=0$ のとき，方程式は $2x-2=0$

← $m=0$ のとき，1次方程式になる。

よって　$x=1$ を実数解にもつ。

(ii) $m\neq0$ のとき

← $m\neq0$ のとき，2次方程式になる。

判別式を D とすると

$\frac{D}{4}=(m+1)^2-m(m-2)=4m+1$

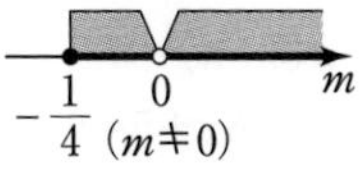

実数解をもつから $D\geqq0$ より　$4m+1\geqq0$

ゆえに，$m\geqq-\frac{1}{4}$

$m\neq0$ であるから　$-\frac{1}{4}\leqq m<0$，$0<m$

← $-\frac{1}{4}\leqq m$ $(m\neq0)$ と表すこともできる。

よって，(i)，(ii)より　**$m\geqq-\frac{1}{4}$**

152 $x^2-kx+k^2-7=0$…①とする。

$x=3$ が①の解であるから，①に代入して

← $x=3$ が解であるから，まず方程式に代入することを考える。

$3^2-3k+k^2-7=0$

$k^2-3k+2=0$　$(k-1)(k-2)=0$

ゆえに　$k=1$，2

(i) $k=1$ のとき①は

← $k=1$，2 のときの方程式を実際に解いて，他の解を求める。

$x^2-x-6=0$ より　$(x-3)(x+2)=0$

ゆえに　$x=3$，-2

(ii) $k=2$ のとき①は

$x^2-2x-3=0$ より　$(x-3)(x+1)=0$

ゆえに　$x=3,\ -1$

よって，$\begin{cases} \boldsymbol{k=1} \text{ のとき，他の解は } \boldsymbol{-2} \\ \boldsymbol{k=2} \text{ のとき，他の解は } \boldsymbol{-1} \end{cases}$

153 (1) $\begin{cases} x+y=2 & \cdots① \\ x^2+y^2=20 & \cdots② \end{cases}$ とする。

①より　$y=2-x$…③として②に代入すると

$x^2+(2-x)^2=20$

$2x^2-4x-16=0$

$x^2-2x-8=0$

$(x-4)(x+2)=0$

ゆえに　$x=4,\ -2$

$x=4$ のとき③に代入して　$y=-2$

$x=-2$ のとき③に代入して　$y=4$

よって　$\boldsymbol{(x,\ y)=(4,\ -2),\ (-2,\ 4)}$

(2) $\begin{cases} x+y=6 & \cdots① \\ xy=5 & \cdots② \end{cases}$ とする。

①より　$y=6-x$…③として②に代入すると

$x(6-x)=5$

$x^2-6x+5=0$

$(x-1)(x-5)=0$

ゆえに　$x=1,\ 5$

$x=1$ のとき③に代入して　$y=5$

$x=5$ のとき③に代入して　$y=1$

よって　$\boldsymbol{(x,\ y)=(1,\ 5),\ (5,\ 1)}$

別解　2 つの数 α と β を解にもつ 2 次方程式の 1 つは　$(t-\alpha)(t-\beta)=0$ と表せる。

展開して　$t^2-(\alpha+\beta)t+\alpha\beta=0$

　　　　　2 数の和　2 数の積

これを利用して解く方法もある。2 つの数 x と y は和が $x+y=6$，積が $xy=5$ なので，

2 次方程式 $t^2-6t+5=0$ の解である。

$(t-1)(t-5)=0$ より

$t=1,\ 5$

よって　$\boldsymbol{(x,\ y)=(1,\ 5),\ (5,\ 1)}$

(詳しくは数学Ⅱの解と係数の関係で学ぶ。)

⬅ 連立方程式は 1 文字を消去するのが基本である。

解と係数の関係(数Ⅱ)

2 次方程式 $ax^2+bx+c=0$ の 2 つの解を α，β とすると

$\alpha+\beta=-\dfrac{b}{a},\ \alpha\beta=\dfrac{c}{a}$

(3) $\begin{cases} 2x-y=1 & \cdots ① \\ x^2+xy-y^2=1 & \cdots ② \end{cases}$ とする。

①より　$y=2x-1\cdots③$として②に代入すると

$x^2+x(2x-1)-(2x-1)^2=1$

$-x^2+3x-2=0$

$x^2-3x+2=0$

$(x-1)(x-2)=0$

ゆえに　$x=1,\ 2$

$x=1$ のとき③に代入して　$y=1$

$x=2$ のとき③に代入して　$y=3$

よって　$(x,\ y)=(1,\ 1),\ (2,\ 3)$

⬅ x^2 の係数を正にしてから因数分解をしたり，解の公式にあてはめたりすると，計算ミスを防げる。

154 共通解を α とし，方程式に代入すると

$\alpha^2+\alpha+k=0\ \cdots ①$

$\alpha^2+3\alpha+2k=0\cdots ②$

⬅ 共通解を α として代入し，k と α の連立方程式と考える。

①より　$k=-\alpha^2-\alpha$ として②に代入すると

$\alpha^2+3\alpha+2(-\alpha^2-\alpha)=0$

$-\alpha^2+\alpha=0$

$\alpha(\alpha-1)=0$

ゆえに　$\alpha=0,\ 1$

(i) $\alpha=0$ のとき，①に代入して　$k=0$

(ii) $\alpha=1$ のとき，①に代入して　$k=-2$

⬅ 共通解 α のそれぞれの値に対して，k の値を求める。

よって，$\begin{cases} \boldsymbol{k=0} \text{ のとき，共通解 } \boldsymbol{0} \\ \boldsymbol{k=-2} \text{ のとき，共通解 } \boldsymbol{1} \end{cases}$

別解　①−②より　$-2\alpha-k=0$

よって　$k=-2\alpha$

これを①に代入すると　$\alpha^2-\alpha=0$

以下同様である。

⬅ ①×2−②より $\alpha^2-\alpha=0$ としてもよい。

155 (1) $ax^2-(a+3)x+3=0$

$(ax-3)(x-1)=0$

$ax-3=0$　または　$x-1=0$

⬅ $\begin{array}{cccc} a & \diagdown\!\!\!\diagup & -3 \longrightarrow & -3 \\ 1 & & -1 \longrightarrow & -a \\ \hline & & & -a-3 \end{array}$

$a \neq 0$ のとき，$x=\dfrac{3}{a},\ 1$

⬅ $a=0$ のとき，a で割ることはできないので場合分けをする。

$a=0$ のとき

方程式は $-3x+3=0$　ゆえに　$x=1$

⬅ $a=0$ のときはもとの方程式に代入して考える。

よって，$\begin{cases} a \neq 0 \text{ のとき，} x=\dfrac{3}{a},\ 1 \\ a=0 \text{ のとき，} x=1 \end{cases}$

(2) $ax^2+(a^2-2)x-2a=0$

$(ax-2)(x+a)=0$ より

$ax-2=0$ または $x+a=0$

$a \neq 0$ のとき $x=\dfrac{2}{a},\ -a$

$a=0$ のとき

方程式は $-2x=0$ ゆえに $x=0$

よって，$\begin{cases} a \neq 0 \text{ のとき，} x=\dfrac{2}{a},\ -a \\ a=0 \text{ のとき，} x=0 \end{cases}$

⬅ $a \times -2 \longrightarrow -2$，$1 \times a \longrightarrow a^2$，計 a^2-2

⬅ $a=0$ のとき，a で割ることはできないので場合分けをする。

⬅ $a=0$ のときは，もとの方程式に代入して考える。

156 (1) $y=x^2+x-2$ において，$y=0$ として

$x^2+x-2=0$ より

$(x+2)(x-1)=0$ から $x=-2,\ 1$

よって，共有点の座標は，$(-2,\ 0)$，$(1,\ 0)$

(2) $y=x^2-x-3$ において，$y=0$ として

$x^2-x-3=0$ より $x=\dfrac{1\pm\sqrt{13}}{2}$

よって，共有点の座標は

$\left(\dfrac{1-\sqrt{13}}{2},\ 0\right)$，$\left(\dfrac{1+\sqrt{13}}{2},\ 0\right)$

(3) $y=-4x^2-6x+4$ において，$y=0$ として

$-4x^2-6x+4=0$

すなわち $2x^2+3x-2=0$ より

$(x+2)(2x-1)=0$ から $x=-2,\ \dfrac{1}{2}$

よって，共有点の座標は $(-2,\ 0)$，$\left(\dfrac{1}{2},\ 0\right)$

(4) $y=6x^2+6x-3$ において，$y=0$ として

$6x^2+6x-3=0$

すなわち $2x^2+2x-1=0$ から $x=\dfrac{-1\pm\sqrt{3}}{2}$

よって，共有点の座標は

$\left(\dfrac{-1-\sqrt{3}}{2},\ 0\right)$，$\left(\dfrac{-1+\sqrt{3}}{2},\ 0\right)$

⬅ x 軸との共有点は $y=0$ として求める。

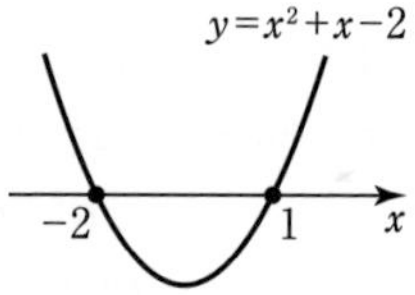

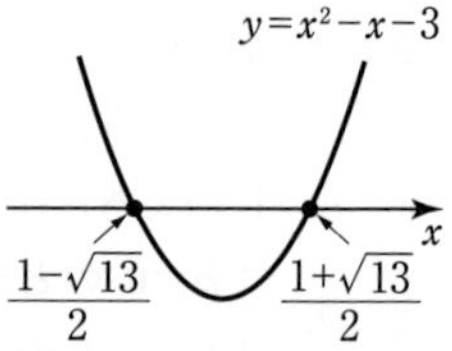

⬅ 両辺を -2 で割って係数を小さくすると計算しやすい。

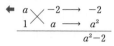

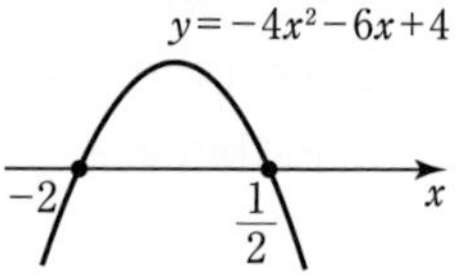

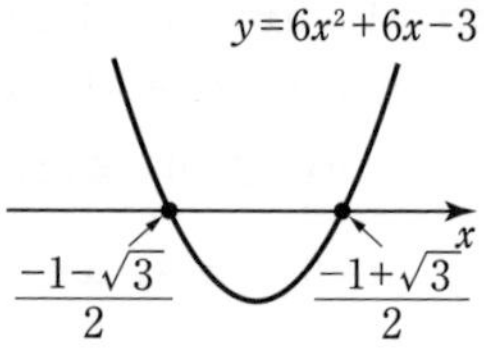

2 次関数のグラフと x 軸の共有点の座標 ➡ $y=0$ として，2 次方程式を解く

157 (1) 2 次方程式 $2x^2-x+1=0$ の判別式を D とすると

$D=(-1)^2-4\cdot 2\cdot 1=-7<0$

であるから，共有点は **0 個**

(2) 2 次方程式 $3x^2+2x+\frac{1}{3}=0$ の判別式を D とすると

$D=2^2-4\cdot 3\cdot \frac{1}{3}=0$

であるから，共有点は **1 個**

(3) 2 次方程式 $-x^2+7x-5=0$ すなわち $x^2-7x+5=0$ の判別式を D とすると

$D=(-7)^2-4\cdot 1\cdot 5=29>0$

であるから，共有点は **2 個**

2 次関数のグラフと x 軸の共有点の個数

$D>0 \iff 2$ 個
$D=0 \iff 1$ 個
$D<0 \iff 0$ 個

⬅ $\frac{D}{4}=1^2-3\cdot\frac{1}{3}=0$ としてもよい。

⬅ x^2 の係数を正にして考えると計算ミスを減らせる。

158 (1) 2 次方程式 $x^2+3x+m=0$ の判別式を D とすると　$D=3^2-4\cdot 1\cdot m=9-4m$

グラフが x 軸と接するとき $D=0$ であるから

$m=\frac{9}{4}$

このとき

$y=x^2+3x+\frac{9}{4}=\left(x+\frac{3}{2}\right)^2$

であるから，接点の座標は　$\left(-\frac{3}{2},\ 0\right)$

(2) 2 次方程式 $x^2-mx+3=0$ の判別式を D とすると　$D=(-m)^2-4\cdot 1\cdot 3=m^2-12$

グラフが x 軸と接するとき $D=0$ であるから

$m=\pm 2\sqrt{3}$

$m=2\sqrt{3}$ のとき

$y=x^2-2\sqrt{3}x+3$
$=(x-\sqrt{3})^2$

であるから，接点の座標は　$(\sqrt{3},\ 0)$

$m=-2\sqrt{3}$ のとき

$y=x^2+2\sqrt{3}x+3$
$=(x+\sqrt{3})^2$

であるから，接点の座標は　$(-\sqrt{3},\ 0)$

2 次関数のグラフが x 軸と接する条件

2 次関数 $y=ax^2+bx+c$ のグラフが x 軸と接する
$\iff$ $ax^2+bx+c=0$ とおいて $D=0$
もしくは
(頂点の y 座標)$=0$
で処理する。

⬅ 重解は $x=-\frac{b}{2a}$ より $x=-\frac{3}{2\cdot 1}=-\frac{3}{2}$ としてもよい。

⬅ 重解は $x=-\frac{b}{2a}$ より $x=-\frac{-2\sqrt{3}}{2\cdot 1}=\sqrt{3}$ としてもよい。

⬅ 重解は $x=-\frac{b}{2a}$ より $x=-\frac{2\sqrt{3}}{2\cdot 1}=-\sqrt{3}$ としてもよい。

(3) 2 次方程式 $-x^2+2(m-1)x-m-5=0$ より

$x^2-2(m-1)x+m+5=0$ の判別式を D とすると

$$\frac{D}{4}=\{-(m-1)\}^2-1\cdot(m+5)$$
$$=m^2-3m-4=(m+1)(m-4)$$

グラフが x 軸と接するとき $D=0$ であるから

$\boldsymbol{m=-1,\ 4}$

$\boldsymbol{m=-1}$ のとき

$y=-x^2-4x-4=-(x+2)^2$

であるから，接点の座標は **$(-2,\ 0)$**

$\boldsymbol{m=4}$ のとき

$y=-x^2+6x-9=-(x-3)^2$

であるから，接点の座標は **$(3,\ 0)$**

← $ax^2+2b'x+c=0$ のときは $\frac{D}{4}=b'^2-ac$ が使える。（ここでは $b'=-(m-1)$）

2 次関数のグラフが x 軸と接する条件 $\Longleftrightarrow$ 判別式 $D=0$

159 $x^2+x+m+1=0$ の判別式を D とすると

$$D=1^2-4\cdot1\cdot(m+1)=-3-4m=-4\left(m+\frac{3}{4}\right)$$

(1) x 軸と異なる 2 点で交わるとき

$D>0$ であるから $\boldsymbol{m<-\frac{3}{4}}$

(2) x 軸と共有点をもたないとき

$D<0$ であるから $\boldsymbol{m>-\frac{3}{4}}$

←
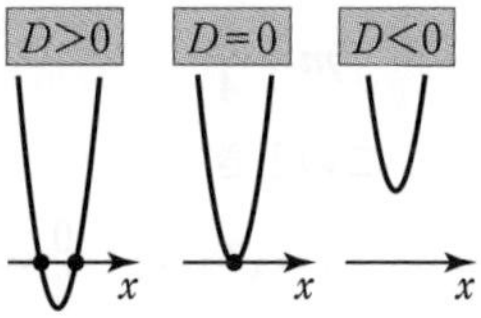

160 (1) 2 次方程式 $-x^2+2x-m+3=0$ より

$x^2-2x+m-3=0$ の判別式を D とすると

$$\frac{D}{4}=(-1)^2-1\cdot(m-3)=4-m=-(m-4)$$

よって，共有点の個数は

$D>0$ つまり $\boldsymbol{m<4}$ のとき **2 個**

$D=0$ つまり $\boldsymbol{m=4}$ のとき **1 個**

$D<0$ つまり $\boldsymbol{m>4}$ のとき **0 個**

(2) 2 次方程式 $x^2+2(m+1)x+m^2-m+2=0$ の判別式を D とすると

$$\frac{D}{4}=(m+1)^2-1\cdot(m^2-m+2)$$
$$=3m-1=3\left(m-\frac{1}{3}\right)$$

← $ax^2+2b'x+c=0$ のときは $\frac{D}{4}=b'^2-ac$ が使える。（ここでは $b'=-1$）

←
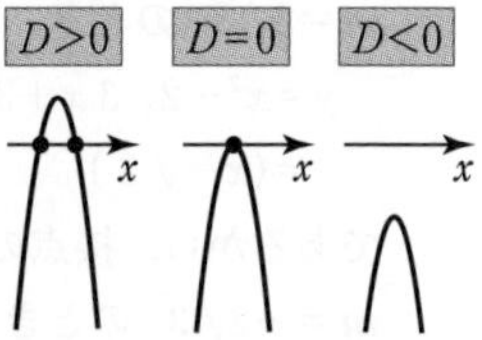

← $ax^2+2b'x+c=0$ のときは $\frac{D}{4}=b'^2-ac$ が使える。（ここでは $b'=m+1$）

よって，共有点の個数は

$D>0$ つまり $m>\frac{1}{3}$ のとき 2 個

$D=0$ つまり $m=\frac{1}{3}$ のとき 1 個

$D<0$ つまり $m<\frac{1}{3}$ のとき 0 個

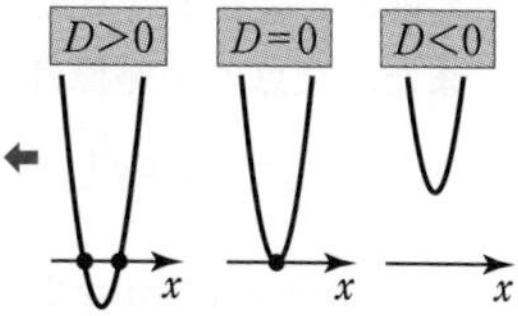

・$\boldsymbol{y=ax^2+bx+c}$ のグラフと $\boldsymbol{x}$ 軸の共有点の個数
・$\boldsymbol{ax^2+bx+c=0}$ の実数解の個数
➡ $\boldsymbol{D>0,\ D=0,\ D<0}$ で場合分け

161 (1) $y=a(x-1)(x-4)$ $(a\neq0)$ とおける。

点 $(3,\ -4)$ を通るから

$-4=a(3-1)(3-4)$

$-4=-2a$ ゆえに $a=2$

よって，$y=2(x-1)(x-4)$ $(a\neq0)$ より

$\boldsymbol{y=2x^2-10x+8}$

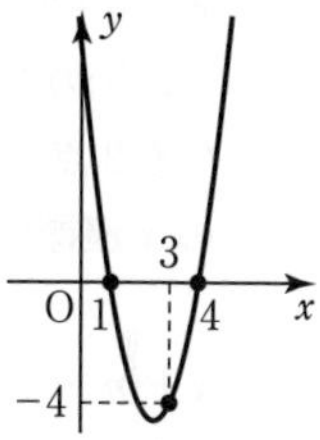

(2) $y=a(x+2)(x-5)$ とおける。

点 $(0,\ 10)$ を通るから

$10=a(0+2)(0-5)$

$10=-10a$ ゆえに $a=-1$

よって，$y=-(x+2)(x-5)$ より

$\boldsymbol{y=-x^2+3x+10}$

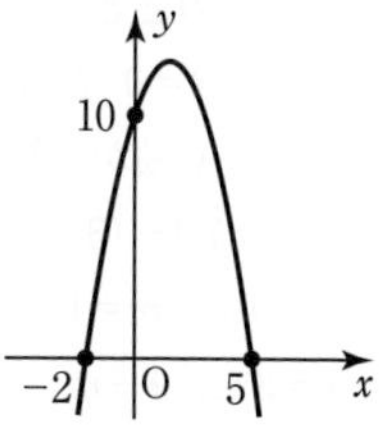

グラフが $\boldsymbol{x}$ 軸と 2 点 $(\alpha,\ 0)$，$(\beta,\ 0)$ で交わる 2 次関数
➡ $\boldsymbol{y=a(x-\alpha)(x-\beta)}$ $\boldsymbol{(a\neq0)}$

162 2 次方程式 $2x^2+4(m+1)x+2m^2+m-1=0$ の判別式を D とすると

$$\frac{D}{4}=\{2(m+1)\}^2-2\cdot(2m^2+m-1)$$

$$=6m+6=6(m+1)$$

グラフが x 軸と共有点をもつとき $D\geqq0$ であるから

$\boldsymbol{m\geqq-1}$

⬅ 放物線が x 軸と共有点をもつ
⟺ x 軸と異なる 2 点で交わる $(D>0)$ または，x 軸と接する $(D=0)$
⟺ $D\geqq0$

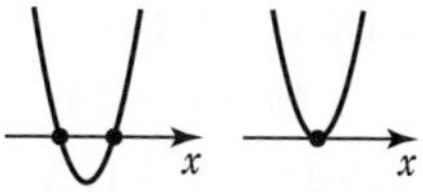

$D>0$　　$D=0$

163 $y=x^2-2mx+m^2-4$ $\cdots$①

2 次方程式 $x^2-2mx+m^2-4=0\cdots$② の

判別式を D とすると

$$\frac{D}{4}=(-m)^2-1\cdot(m^2-4)=4>0$$

したがって，①のグラフは m の値にかかわらず，
x 軸と異なる 2 点で交わる。 終

また，交点の x 座標は②を解いて

$$x=\frac{-(-m)\pm\sqrt{(-m)^2-1\cdot(m^2-4)}}{1}$$

$$=m\pm\sqrt{4}=m\pm2$$

← $b'=-m$ として $x=\dfrac{-b'\pm\sqrt{b'^2-ac}}{a}$ を計算する。

別解　2 次方程式 $x^2-2mx+m^2-4=0$ より

$$x^2-2mx+(m+2)(m-2)=0$$

$$\{x-(m+2)\}\{x-(m-2)\}=0$$

よって　$x=m+2,\ m-2$

したがって，①のグラフは，m の値にかかわらず
x 軸と異なる 2 点で交わり，
その交点の x 座標は　$x=m+2,\ m-2$

164 $y=x^2-6x+m$ …①

(1) $m=2$ のとき，①は $y=x^2-6x+2$

$x^2-6x+2=0$ を解くと $x=3\pm\sqrt{7}$

よって，x 軸から切り取る線分の長さは

$(3+\sqrt{7})-(3-\sqrt{7})=2\sqrt{7}$

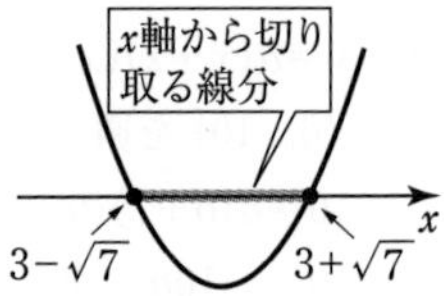

(2) $x^2-6x+m=0$ を解いて

$x=3\pm\sqrt{9-m}$

x 軸から切り取る線分の長さが 4 であるから

$(3+\sqrt{9-m})-(3-\sqrt{9-m})=4$

$\sqrt{9-m}=2$

両辺を 2 乗して　$9-m=4$　よって　$m=5$

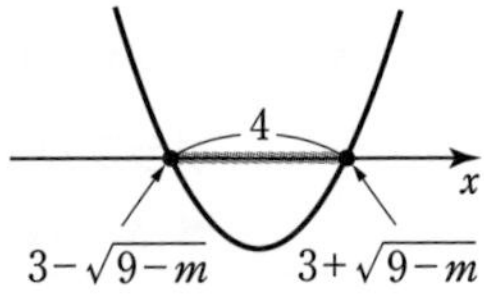

165 $f(x)=x^2+6x+2m-1$

$=(x+3)^2+2m-10$

とすると，$y=f(x)$ のグラフは下に凸の放物線である。

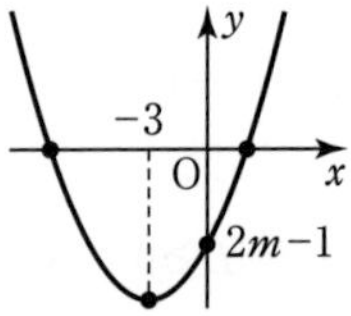

(1) x 軸の正の部分と負の部分の 2 点で交わるとき

$f(0)<0$

であるから

$2m-1<0$　よって　$m<\dfrac{1}{2}$

← $x=0$ のとき $y<0$ となれば，グラフは x 軸の正の部分と負の部分で必ず 1 つずつ交点をもつ。

(2)　$x>2$ の部分に交点を1つだけもつとき

$f(2)<0$

であるから

$2^2+6\cdot2+2m-1<0$

よって　$m<-\dfrac{15}{2}$

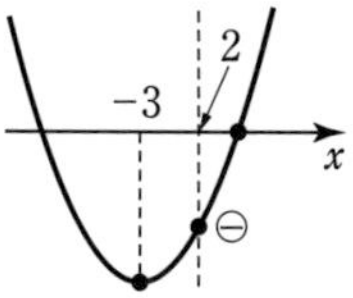

⬅ $x=2$ のとき $y<0$ となれば，グラフは x 軸の $x>2$ の部分に必ず1つだけ交点をもつ。

(3)　軸が $x=-3$ であるから，x 軸の負の部分と異なる2点で交わるとき

$D>0$　かつ　$f(0)>0$

であるから

$\dfrac{D}{4}=3^2-1\cdot(2m-1)=10-2m>0$ より

$m<5$　…①

$2m-1>0$ より　$m>\dfrac{1}{2}$…②

よって　①，②より　$\dfrac{1}{2}<m<5$

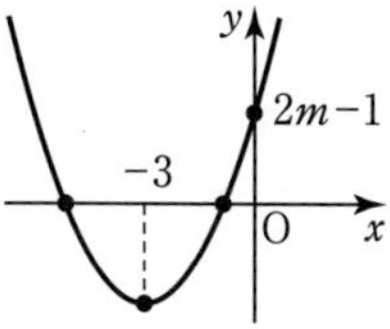

⬅ 軸が $x=-3$ であるから，x 軸と2点で交わり（$D>0$）かつ $x=0$ のとき $y>0$ であれば，グラフは x 軸の負の部分と異なる2点で交わる。

別解

$y=x^2+6x+2m-1$

$=(x+3)^2+2m-10$

頂点 $(-3,\ 2m-10)$ で，

下に凸のグラフであるから，

x 軸の負の部分と異なる2点で交わるとき

(頂点の y 座標)<0　かつ　$x=0$ のとき $y>0$

であるから

$\begin{cases} 2m-10<0 \\ 2m-1>0 \end{cases}$　より　$\dfrac{1}{2}<m<5$

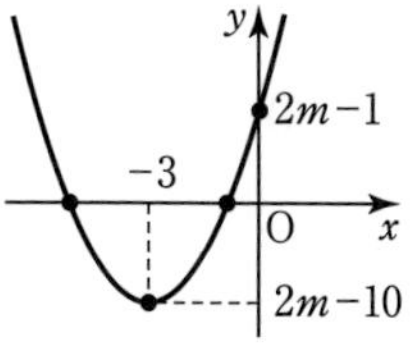

⬅ 軸が $x=-3$ であるから，x 軸と2点で交わり（[頂点の y 座標]<0）かつ $x=0$ のとき $y>0$ であれば，グラフは x 軸の負の部分と異なる2点で交わる。

(4)　軸が $x=-3$ で，下に凸のグラフであるから，

$-6\leqq x\leqq1$ の範囲で，

つねに $y<0$ となるとき

$f(1)<0$ である。

よって，$1^2+6\cdot1+2m-1<0$ より　$m<-3$

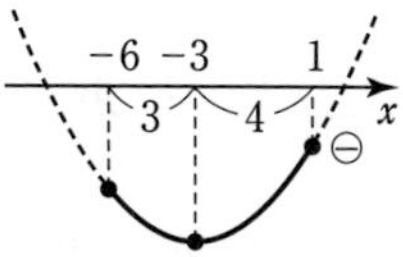

⬅ $-6\leqq x\leqq1$ の範囲で，y の最大値が0より小さくなればつねに $y<0$ となる。

軸が一定である場合の放物線と x 軸の交点の配置問題 ➡ グラフをかいて考える

166 (1) $\begin{cases} y=4x-x^2 \cdots ① \\ y=x-4 \quad \cdots ② \end{cases}$

①を②に代入して

$4x-x^2=x-4$

$x^2-3x-4=0$

$(x+1)(x-4)=0$

よって　$x=-1,\ 4$

②から

$x=-1$ のとき，$y=-1-4=-5$

$x=4$ のとき，$y=4-4=0$

よって，共有点の座標は **$(-1,\ -5),\ (4,\ 0)$**

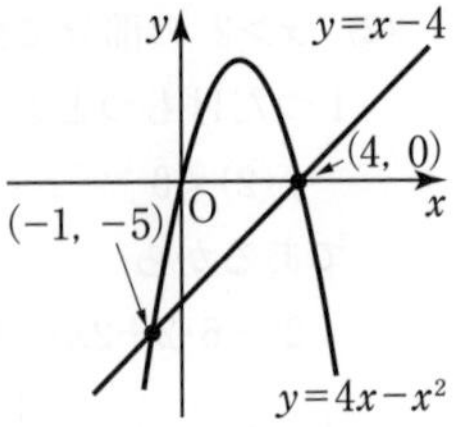

(2) $\begin{cases} y=4x-x^2 \cdots ① \\ y=2x+1 \ \cdots ② \end{cases}$

①を②に代入して

$4x-x^2=2x+1$

$x^2-2x+1=0$

$(x-1)^2=0$

よって　$x=1$

②から $y=2\cdot 1+1=3$

よって，共有点の座標は　**$(1,\ 3)$**

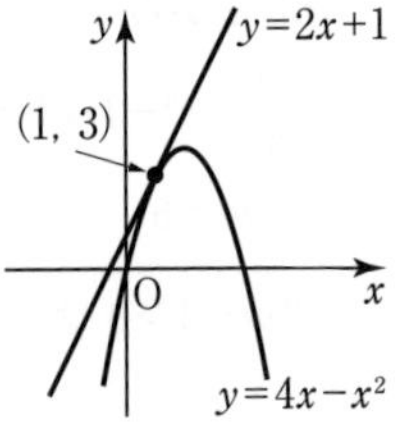

(3) $\begin{cases} y=4x-x^2 \cdots ① \\ y=3x-1 \ \cdots ② \end{cases}$

①を②に代入して

$4x-x^2=3x-1$

$x^2-x-1=0$ より　$x=\dfrac{1\pm\sqrt{5}}{2}$

②から　$y=3\cdot\dfrac{1\pm\sqrt{5}}{2}-1=\dfrac{1\pm3\sqrt{5}}{2}$ (複号同順)

よって，共有点の座標は

$\left(\dfrac{1+\sqrt{5}}{2},\ \dfrac{1+3\sqrt{5}}{2}\right),\ \left(\dfrac{1-\sqrt{5}}{2},\ \dfrac{1-3\sqrt{5}}{2}\right)$

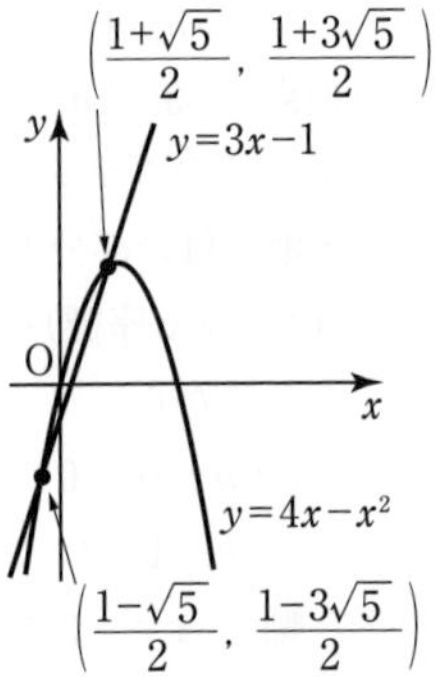

放物線 $y=ax^2+bx+c$ と直線 $y=mx+n$ の共有点の座標を求めるには

連立方程式 $\begin{cases} y=ax^2+bx+c \\ y=mx+n \end{cases}$ を解く

167 $\begin{cases} y=1-x^2 \cdots ① \\ y=x+m \cdots ② \end{cases}$

①を②に代入して

$1-x^2=x+m$ より $x^2+x+m-1=0 \cdots ③$

③の判別式を D とすると

$D=1^2-4\cdot1\cdot(m-1)=5-4m=-4\left(m-\frac{5}{4}\right)$

①，②の共有点の個数は，2 次方程式③の実数解の個数と一致するから

$D>0$ すなわち $m<\frac{5}{4}$ のとき **2 個**

$D=0$ すなわち $m=\frac{5}{4}$ のとき **1 個**

$D<0$ すなわち $m>\frac{5}{4}$ のとき **0 個**

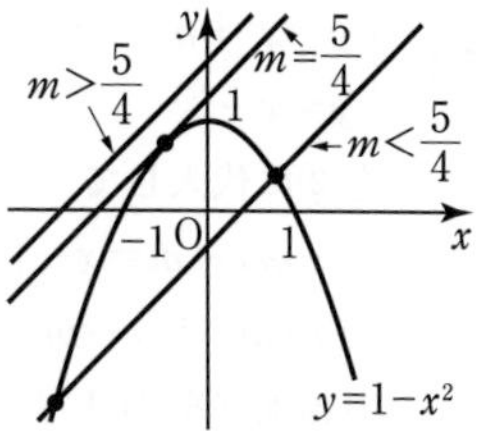

別解 $\begin{cases} y=1-x^2 \cdots ① \\ y=x+m \cdots ② \end{cases}$

①を②に代入して

$1-x^2=x+m$ より

$m=-x^2-x+1 \cdots ③$として

$y=m \cdots ④$と $y=-x^2-x+1=-\left(x+\frac{1}{2}\right)^2+\frac{5}{4} \cdots ⑤$

のグラフで考える。

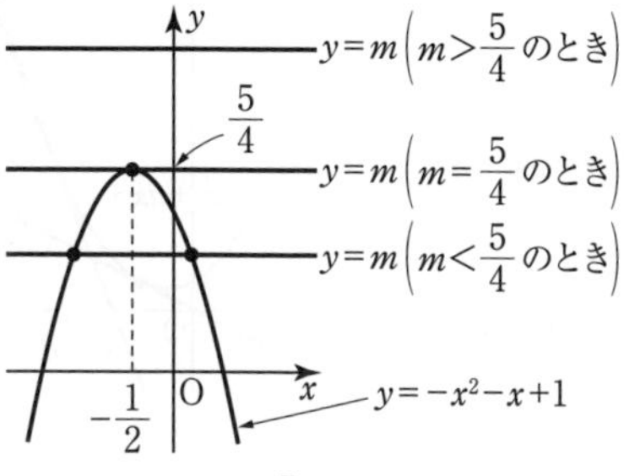

上の図より $m<\frac{5}{4}$ のとき **2 個**

$m=\frac{5}{4}$ のとき **1 個**

$m>\frac{5}{4}$ のとき **0 個**

⬅ 文字定数 m を分離する。

⬅ ③は連立方程式

$\begin{cases} y=m \\ y=-x^2-x+1 \end{cases}$

から，y を消去して得られる。

したがって，③の実数解は

$y=m \cdots ④$と

$y=-x^2-x+1 \cdots ⑤$のグラフの共有点の x 座標。

「①②の共有点の個数」

⇕

「③の実数解の個数」

⇕

「④⑤の共有点の個数」

グラフの共有点

方程式を組みかえることにより考察する対象のグラフをより簡単なものにすることができる。

放物線 $y=ax^2+bx+c$ と直線 $y=mx+n$ の共有点の個数を求めるには
2 次方程式 $ax^2+bx+c=mx+n$ の実数解の個数を調べる

168 $\begin{cases} y=x^2+mx-m & \cdots① \\ y=x-1 & \cdots② \end{cases}$

①を②に代入して

$x^2+mx-m=x-1$

$x^2+(m-1)x-m+1=0\cdots③$

③の判別式を D とすると

$D=(m-1)^2-4\cdot1(-m+1)=m^2+2m-3$

$=(m-1)(m+3)$

①，②が接するとき $D=0$ であるから

$\boldsymbol{m=1,\ -3}$

$m=1$ のとき，③は　$x^2=0$　ゆえに　$x=0$

このとき，②より　$y=0-1=-1$

$m=-3$ のとき，③は　$x^2-4x+4=0$

$(x-2)^2=0$　ゆえに　$x=2$

このとき，②より　$y=2-1=1$

よって，接点の座標は

$m=1$ のとき $(0,\ -1)$，$m=-3$ のとき $(2,\ 1)$

[$m=1$ のとき]

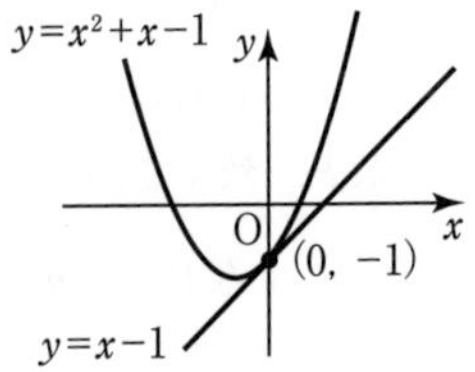

[$m=-3$ のとき]

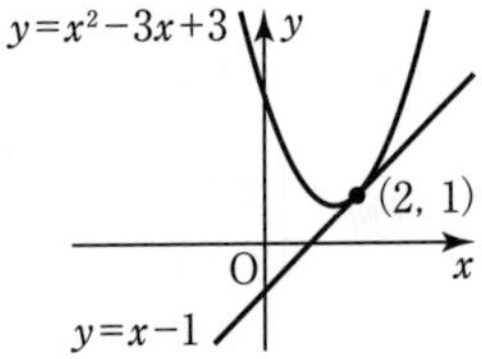

169 $\begin{cases} y=x^2+ax+b\cdots① \\ y=x \qquad\quad \cdots② \end{cases}$　より　$x^2+ax+b=x$

$x^2+(a-1)x+b=0$

この判別式を D_1 とすると，①と②が接するから

$D_1=(a-1)^2-4\cdot1\cdot b=0$

ゆえに　$4b=(a-1)^2\quad\cdots③$

$\begin{cases} y=x^2+ax+b\cdots① \\ y=5x-8 \quad\ \cdots④ \end{cases}$　より　$x^2+ax+b=5x-8$

$x^2+(a-5)x+b+8=0$

この判別式を D_2 とすると，①と④が接するから

$D_2=(a-5)^2-4\cdot1\cdot(b+8)=0$

ゆえに　$4b=(a-5)^2-32\cdots⑤$

③を⑤に代入して　$(a-1)^2=(a-5)^2-32$

$a^2-2a+1=a^2-10a-7$

$8a=-8$　ゆえに　$a=-1$

③に代入して $4b=(-1-1)^2=4$ より　$b=1$

よって　$\boldsymbol{a=-1,\ b=1}$

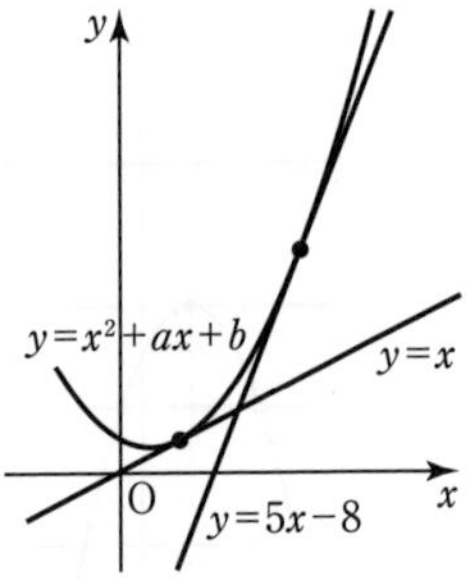

⬅ ③と⑤の連立方程式を解く。

放物線 $\boldsymbol{y=ax^2+bx+c}$ と直線 $\boldsymbol{y=mx+n}$ が接する

$\Longleftrightarrow$ 2次方程式 $\boldsymbol{ax^2+bx+c=mx+n}$ が重解をもつ（$\boldsymbol{D=0}$）

170 (1) $(x-2)(x+3)<0$

よって　$-3<x<2$

(2) $x(x+1)>0$

よって　$x<-1,\ 0<x$

(3) $(5x+1)(2x-3)\geqq 0$

よって　$x\leqq -\frac{1}{5},\ \frac{3}{2}\leqq x$

(4) $x(2x-3)\leqq 0$

よって　$0\leqq x\leqq \frac{3}{2}$

(5) $x^2-4x+3\leqq 0$

$(x-1)(x-3)\leqq 0$

よって　$1\leqq x\leqq 3$

(6) $x^2-2x-8\geqq 0$

$(x+2)(x-4)\geqq 0$

よって　$x\leqq -2,\ 4\leqq x$

(7) $x^2-9<0$

$(x+3)(x-3)<0$ ← $x^2<9$ より $x<\pm 3$ と答えるのは誤り。

よって　$-3<x<3$

(8) $2x^2-5x+3\leqq 0$

$(2x-3)(x-1)\leqq 0$

よって　$1\leqq x\leqq \frac{3}{2}$

(9) $5x^2+4x\geqq 0$

$x(5x+4)\geqq 0$

よって　$x\leqq -\frac{4}{5},\ 0\leqq x$

(10) $6x^2-x-1<0$

$(2x-1)(3x+1)<0$

よって　$-\frac{1}{3}<x<\frac{1}{2}$

(1) $y=(x-2)(x+3)$

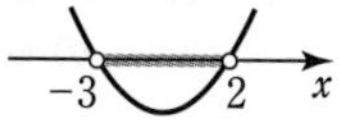

(2) $y=x(x+1)$

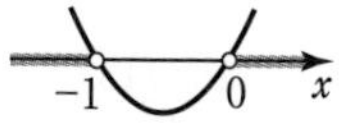

(3) $y=(5x+1)(2x-3)$

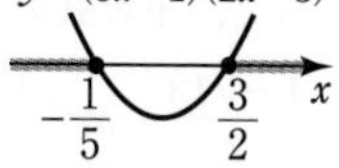

(4) $y=x(2x-3)$

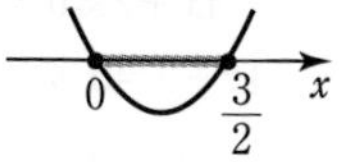

(5) $y=(x-1)(x-3)$

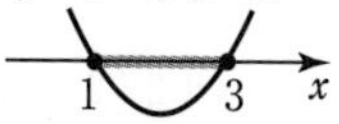

(6) $y=(x+2)(x-4)$

(7) $y=(x+3)(x-3)$

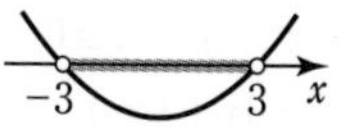

(8) $y=(2x-3)(x-1)$

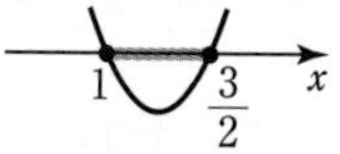

(9) $y=x(5x+4)$

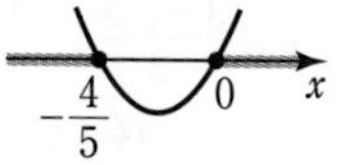

(10) $y=(2x-1)(3x+1)$

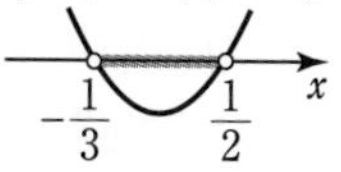

$\alpha<\beta$ のとき，$(x-\alpha)(x-\beta)>0$ の解は ➡ $x<\alpha,\ \beta<x$（外側）

$(x-\alpha)(x-\beta)<0$ の解は ➡ $\alpha<x<\beta$（内側）

171 (1) $x^2-x-3<0$

$x^2-x-3=0$ の解は

$$x=\frac{-(-1)\pm\sqrt{(-1)^2-4\cdot 1\cdot(-3)}}{2\cdot 1}$$

$$=\frac{1\pm\sqrt{13}}{2}$$

よって，不等式の解は

$$\boldsymbol{\frac{1-\sqrt{13}}{2}<x<\frac{1+\sqrt{13}}{2}}$$

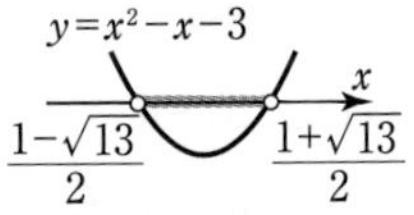

(2) $x^2-4x+2\geqq 0$

$x^2-4x+2=0$ の解は

$$x=\frac{-(-4)\pm\sqrt{(-4)^2-4\cdot 1\cdot 2}}{2\cdot 1}$$

$$=\frac{4\pm 2\sqrt{2}}{2}=2\pm\sqrt{2}$$

⬅ $x=\frac{-(-2)\pm\sqrt{(-2)^2-1\cdot 2}}{1}$
$=2\pm\sqrt{2}$ としてもよい。

よって，不等式の解は

$$\boldsymbol{x\leqq 2-\sqrt{2},\ 2+\sqrt{2}\leqq x}$$

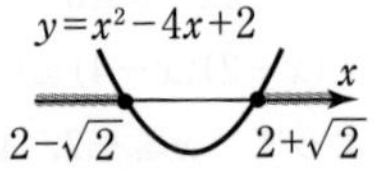

(3) $-x^2+3x-1\leqq 0$

$x^2-3x+1\geqq 0$

⬅ x^2 の係数を正にしてから解くようにする。このとき不等号の向きが逆になる。

$x^2-3x+1=0$ の解は

$$x=\frac{-(-3)\pm\sqrt{(-3)^2-4\cdot 1\cdot 1}}{2}=\frac{3\pm\sqrt{5}}{2}$$

よって，不等式の解は

$$\boldsymbol{x\leqq\frac{3-\sqrt{5}}{2},\ \frac{3+\sqrt{5}}{2}\leqq x}$$

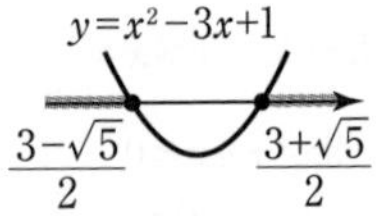

(4) $-5x^2-2x+1>0$

$5x^2+2x-1<0$

⬅ x^2 の係数を正にしてから解くようにする。このとき不等号の向きが逆になる。

$5x^2+2x-1=0$ の解は

$$x=\frac{-2\pm\sqrt{2^2-4\cdot 5\cdot(-1)}}{2\cdot 5}$$

$$=\frac{-2\pm 2\sqrt{6}}{10}=\frac{-1\pm\sqrt{6}}{5}$$

⬅ $x=\frac{-1\pm\sqrt{1^2-5\cdot(-1)}}{5}$
$=\frac{-1\pm\sqrt{6}}{5}$ としてもよい。

よって，不等式の解は

$$\boldsymbol{\frac{-1-\sqrt{6}}{5}<x<\frac{-1+\sqrt{6}}{5}}$$

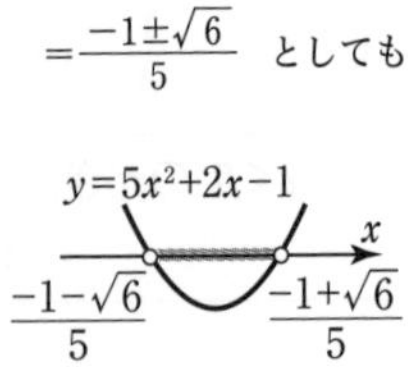

> **$ax^2+bx+c=0$ ($a>0$) の異なる 2 つの実数解を α, β ($\alpha<\beta$) とするとき，**
> **$ax^2+bx+c>0$ の解は ➡ $x<\alpha$, $\beta<x$（外側）**
> **$ax^2+bx+c<0$ の解は ➡ $\alpha<x<\beta$（内側）**

172 (1) $(2x-3)^2 \geqq 0$

よって，すべての実数

(2) $x^2+2x+1 \leqq 0$

$(x+1)^2 \leqq 0$ と変形できるので

$\boldsymbol{x=-1}$

(3) $9x^2-6x+1>0$

$(3x-1)^2>0$ と変形できるので

$\frac{1}{3}$ 以外のすべての実数

(4) $-x^2+x-\frac{1}{4}>0$ の両辺に -4 を掛けて，

$4x^2-4x+1<0$

$(2x-1)^2<0$ と変形できるので

解なし

(1)

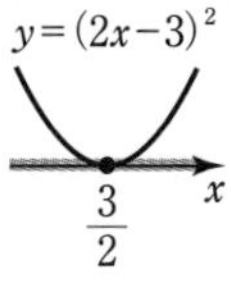

(2)

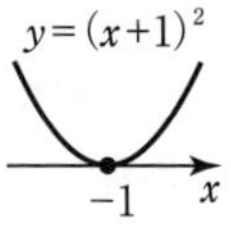

⬅「$x \neq \frac{1}{3}$ のすべての実数」や「$x<\frac{1}{3}$，$\frac{1}{3}<x$」としてもよい。

(3)

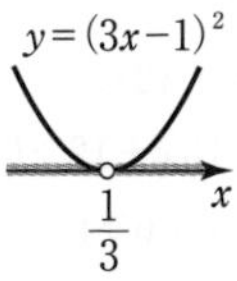

(4)

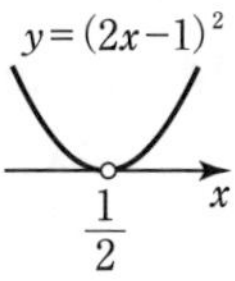

$D=0$，$D<0$ のとき ➡ 平方完成して {・式から判断する ・グラフを考える}

173 (1) $(x+1)^2+2>0$

よって，すべての実数

(2) $x^2-4x+5<0$

$(x-2)^2+1<0$ と変形できるので

解なし

(別解) $x^2-4x+5=0$ について

$\frac{D}{4}=(-2)^2-1 \cdot 5=-1<0$

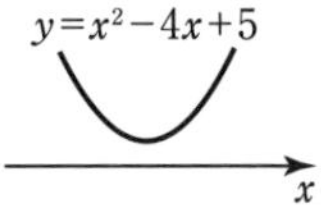

よって，グラフから　解なし

(3) $x^2+x+2 \geqq 0$

$\left(x+\frac{1}{2}\right)^2+\frac{7}{4} \geqq 0$ と変形できるので

すべての実数

(別解) $x^2+x+2=0$ について

$D=1^2-4 \cdot 1 \cdot 2=-7<0$

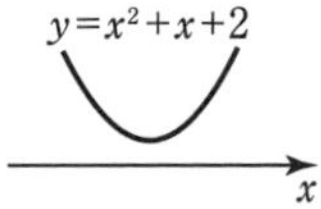

よって，グラフから

すべての実数

(4) $-x^2+3x-5 \geqq 0$ の両辺に -1 を掛けて

$x^2-3x+5 \leqq 0$

(1)

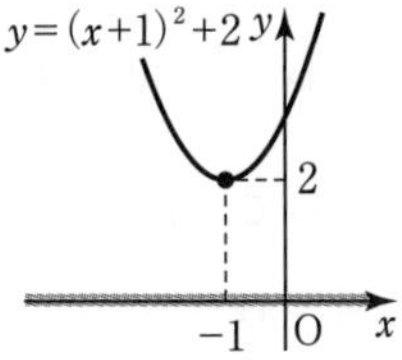

(2)

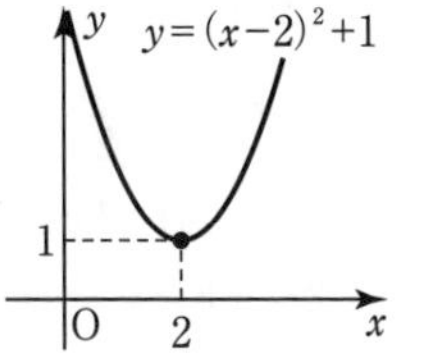

(3)

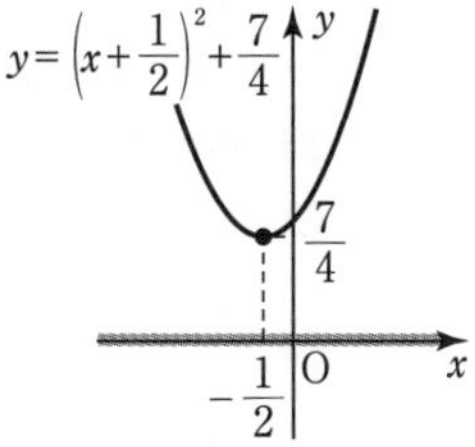

$\left(x-\dfrac{3}{2}\right)^2+\dfrac{11}{4}\leqq 0$ と変形できるので

解なし

別解　$x^2-3x+5=0$ について

$D=(-3)^2-4\cdot1\cdot5$

$=-11<0$

よって，グラフから　**解なし**

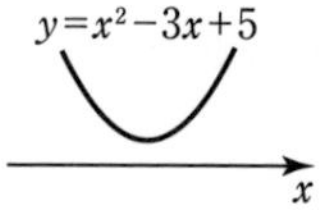

(4)

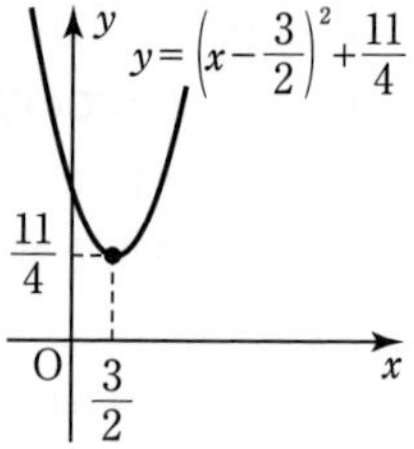

> **$D=0$，$D<0$ のとき ➡ 平方完成して** $\begin{cases}\text{・式から判断する}\\\text{・グラフを考える}\end{cases}$

174 (1)　$10x-12<2x^2$

$2x^2-10x+12>0$

$x^2-5x+6>0$

$(x-2)(x-3)>0$

よって　$\boldsymbol{x<2,\ 3<x}$

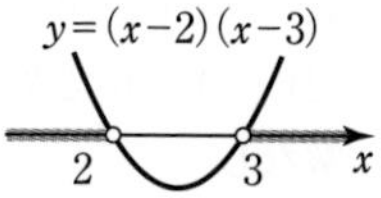

(2)　$4x^2<5$

$4x^2-5<0$

$4x^2-5=0$ を解くと　$x=\pm\dfrac{\sqrt{5}}{2}$

よって，求める解は　$\boldsymbol{-\dfrac{\sqrt{5}}{2}<x<\dfrac{\sqrt{5}}{2}}$

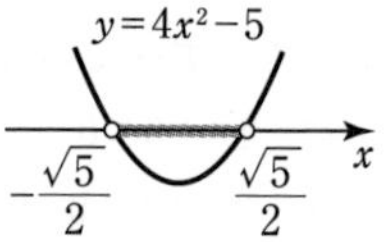

別解　$4x^2-5<0$

$(2x+\sqrt{5})(2x-\sqrt{5})<0$

⬅ $(2x)^2-(\sqrt{5})^2<0$

よって　$\boldsymbol{-\dfrac{\sqrt{5}}{2}<x<\dfrac{\sqrt{5}}{2}}$

(3)　$2(x^2+4)>(x+2)^2$

$2x^2+8>x^2+4x+4$

$x^2-4x+4>0$

$(x-2)^2>0$ と変形できるので

2 以外のすべての実数

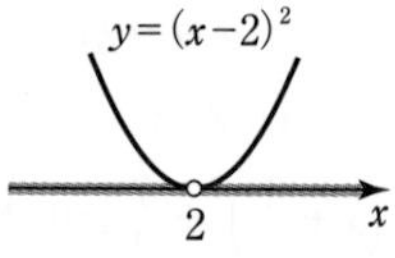

⬅「$x\neq2$ のすべての実数」や「$x<2,\ 2<x$」としてもよい。

(4)　$(x+1)^2<x$

$x^2+2x+1<x$

$x^2+x+1<0$

$\left(x+\dfrac{1}{2}\right)^2+\dfrac{3}{4}<0$ と変形できるので

解なし

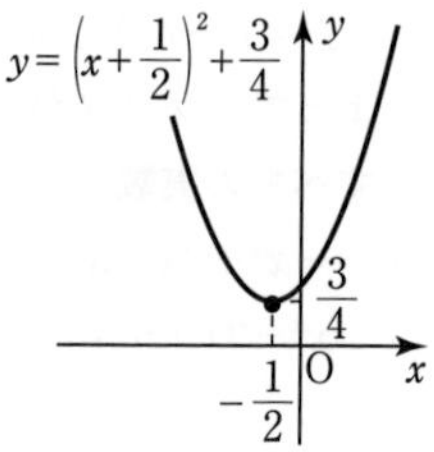

別解 $x^2+x+1=0$ について

$D=1^2-4\cdot1\cdot1$

$=-3<0$

よって，グラフから　解なし

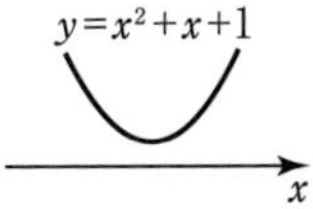

175 (1) $\begin{cases} 2x+3 \leqq 3x+5 \cdots ① \\ x^2+2x-3<0 \cdots ② \end{cases}$ とする。

①を解くと $-x \leqq 2$ より　$x \geqq -2$　…③

②を解くと $(x+3)(x-1)<0$ より

$-3<x<1$　…④

よって，③，④の共通範囲を求めて

$\boldsymbol{-2 \leqq x<1}$

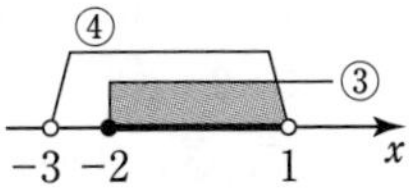

(2) $\begin{cases} x^2-3x-10<0 \cdots ① \\ x^2-4x \geqq 0 \quad \cdots ② \end{cases}$ とする。

①を解くと $(x+2)(x-5)<0$ より

$-2<x<5$ …③

②を解くと $x(x-4) \geqq 0$ より

$x \leqq 0,\ 4 \leqq x \cdots ④$

よって，③，④の共通範囲を求めて

$\boldsymbol{-2<x \leqq 0,\ 4 \leqq x<5}$

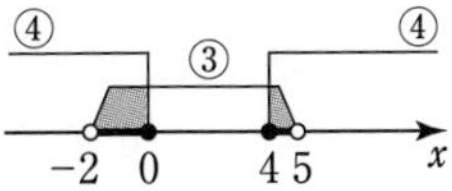

(3) $1 \leqq x^2 \leqq 7$ より $\begin{cases} 1 \leqq x^2 \cdots ① \\ x^2 \leqq 7 \cdots ② \end{cases}$ とする。

①を解くと $x^2-1 \geqq 0$

$(x+1)(x-1) \geqq 0$ より

$x \leqq -1,\ 1 \leqq x$ …③

②を解くと $x^2-7 \leqq 0$

$(x+\sqrt{7})(x-\sqrt{7}) \leqq 0$ より

$-\sqrt{7} \leqq x \leqq \sqrt{7} \cdots ④$

よって，③，④の共通範囲を求めて

$\boldsymbol{-\sqrt{7} \leqq x \leqq -1,\ 1 \leqq x \leqq \sqrt{7}}$

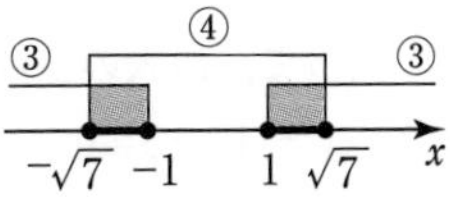

(4) $x^2-4<3x \leqq x^2-2x$ より

$\begin{cases} x^2-4<3x \quad \cdots ① \\ 3x \leqq x^2-2x \cdots ② \end{cases}$ とする。

①を解くと $x^2-3x-4<0$

$(x+1)(x-4)<0$ より

$-1<x<4$ …③

②を解くと $x^2-5x \geqq 0$

$x(x-5) \geqq 0$ より

$x \leqq 0,\ 5 \leqq x \cdots④$

よって，③，④の共通範囲を求めて

$\boldsymbol{-1 < x \leqq 0}$

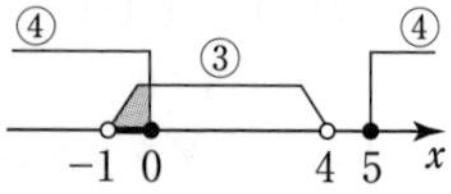

(5) $\begin{cases} x^2-x-6>0 & \cdots① \\ x^2+4x+2>0 & \cdots② \end{cases}$ とする。

①を解くと $(x+2)(x-3)>0$ より

$x<-2,\ 3<x \qquad \cdots③$

②を解くと

$x^2+4x+2=0$ の解は $x=-2\pm\sqrt{2}$ であるから

$x<-2-\sqrt{2},\ -2+\sqrt{2}<x \cdots④$

よって，③，④の共通範囲を求めて

$\boldsymbol{x<-2-\sqrt{2},\ 3<x}$

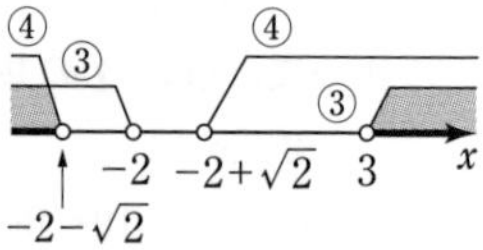

(6) $\begin{cases} 30-7x \geqq 2x^2 & \cdots① \\ x^2>6-4x & \cdots② \end{cases}$ とする。

①を解くと $2x^2+7x-30 \leqq 0$

$(x+6)(2x-5) \leqq 0$ より $-6 \leqq x \leqq \dfrac{5}{2} \cdots③$

②を解くと　$x^2+4x-6>0$

$x^2+4x-6=0$ の解は　$x=-2\pm\sqrt{10}$ であるから

$x<-2-\sqrt{10},\ -2+\sqrt{10}<x \qquad \cdots④$

⬅ $3=\sqrt{9}<\sqrt{10}<\sqrt{16}=4$ であるから $\sqrt{10}=3.$○○

よって，③，④の共通範囲を求めて

$\boldsymbol{-6 \leqq x < -2-\sqrt{10},\ -2+\sqrt{10} < x \leqq \dfrac{5}{2}}$

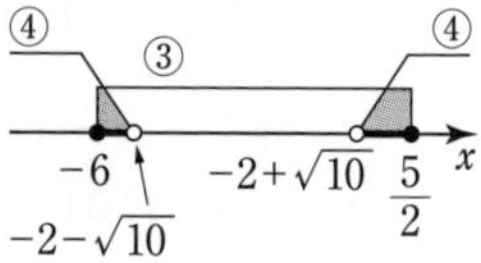

176 (1) $2x^2-5x-3<0$

$(2x+1)(x-3)<0$ より

$-\dfrac{1}{2}<x<3$

よって，最大の整数は　$\boldsymbol{x=2}$

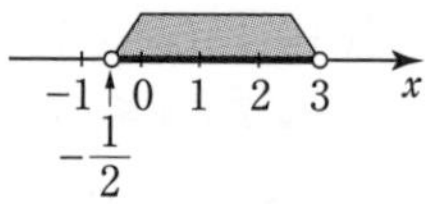

(2) $x^2-4x-3 \leqq 0$

$x^2-4x-3=0$ の解は $x=2\pm\sqrt{7}$ であるから

$2-\sqrt{7} \leqq x \leqq 2+\sqrt{7}$

ここで，$2<\sqrt{7}<3$ であるから

⬅ $2=\sqrt{4}<\sqrt{7}<\sqrt{9}=3$ であるから $\sqrt{7}=2.$○○

$4<2+\sqrt{7}<5$

よって，最大の整数は　$\boldsymbol{x=4}$

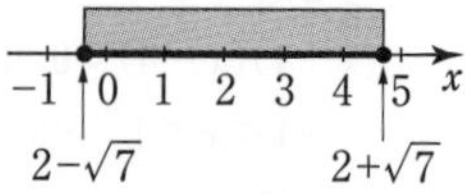

177 (1) $x^2-mx+m+8=0$ の判別式を D とすると

$D=(-m)^2-4\cdot1\cdot(m+8)$

$=m^2-4m-32=(m+4)(m-8)$

実数解をもつとき $D\geqq0$ であるから

$(m+4)(m-8)\geqq0$

よって　$m\leqq-4,\ 8\leqq m$

(2) $-x^2+(2m-1)x-1=0$

$x^2-(2m-1)x+1=0$ の判別式を D とすると

$D=(2m-1)^2-4\cdot1\cdot1$

$=4m^2-4m-3=(2m+1)(2m-3)$

異なる 2 つの実数解をもつのは $D>0$ のときであるから

$(2m+1)(2m-3)>0$

よって　$m<-\dfrac{1}{2},\ \dfrac{3}{2}<m$

⬅ x^2 の係数を正にしてから判別式 D をとると間違いが少ない。

⬅ $(2m-1)^2-2^2$ の因数分解と考えて

$\{(2m-1)+2\}\{(2m-1)-2\}$

としてもよい。

> 2 次方程式 $ax^2+bx+c=0$ が { 実数解をもつ ➡ 判別式 $D\geqq0$ / 異なる 2 つの実数解をもつ ➡ $D>0$

178 (1) $x^2+mx-1=0\cdots$①の判別式を D とすると

$D=m^2+4>0$

よって，m の値にかかわらず，つねに $D>0$ となるので，①はつねに実数解をもつ。 終

(2) $x^2-mx+m-1=0\cdots$①の判別式を D とすると

$D=(-m)^2-4\cdot1\cdot(m-1)$

$=m^2-4m+4=(m-2)^2\geqq0$

よって，m の値にかかわらず，つねに $D\geqq0$ となるので，①はつねに実数解をもつ。 終

(参考)　この問題の場合は

$(x-1)(x-m+1)=0$ より

$x=1,\ m-1$

と解くことができるので，m の値にかかわらず，実数解をもつことがわかる。

> 2 次方程式 $ax^2+bx+c=0$ が実数解をもつ ➡ 判別式 $D\geqq0$

179 E(5, 0) とすると，点 A は線分 OE (両端を除く) 上を動くから　　$0<a<5$　$\cdots$①

放物線は軸に関して対称であるから　AD$=2a$

点 B の座標は $(a,\ 25-a^2)$

よって　AB$=25-a^2$

したがって，長方形 ABCD の周の長さは

$2(\text{AD}+\text{AB})=2\{2a+(25-a^2)\}$

$=-2a^2+4a+50$

⬅ 文章題の関数の応用問題では，変数の変域に注意が必要。

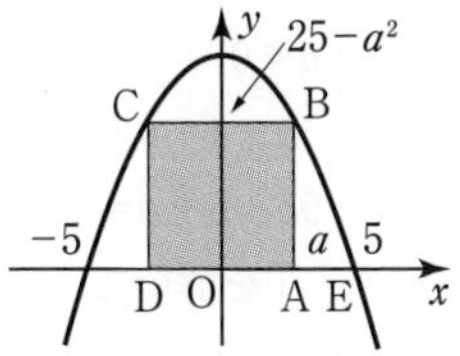

周の長さが44以下であるから

$-2a^2+4a+50 \leqq 44$

$a^2-2a-3 \geqq 0$

$(a+1)(a-3) \geqq 0$ より

$a \leqq -1,\ 3 \leqq a$…②

①，②の共通の範囲を求めて　$\boldsymbol{3 \leqq a < 5}$

← まず，a^2 の係数を正にする。

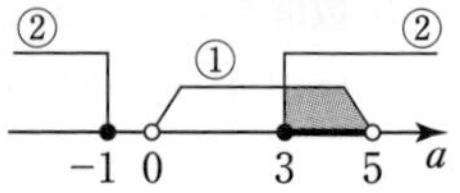

180 (1)　$-1<x<4$ を解とする2次不等式の1つは $(x+1)(x-4)<0$ と表せる。

$x^2-3x-4<0$

$-x^2+3x+4>0$

これが，$ax^2+bx+4>0$ と一致するから

$\boldsymbol{a=-1,\ b=3}$

← $ax^2+bx+4>0$ と不等号の向きおよび定数項を一致させるために両辺に -1 を掛ける。

別解　$y=ax^2+bx+4$ のグラフが，

$-1<x<4$ の範囲で　$y>0$ となる。

すなわち，上に凸の放物線で，2点 $(-1,\ 0)$，$(4,\ 0)$ を通るから

$$\begin{cases} a<0 & \cdots ① \\ a-b+4=0 & \cdots ② \\ 16a+4b+4=0 & \cdots ③ \end{cases}$$

②，③を解いて

$\boldsymbol{a=-1,\ b=3}$（これは①を満たす。）

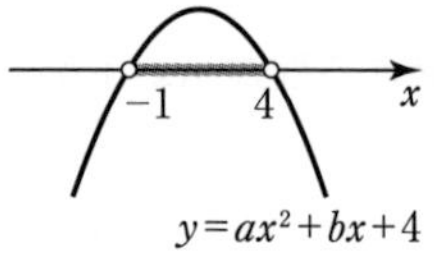

(2)　$x<-2,\ 3<x$ を解とする2次不等式の1つは $(x+2)(x-3)>0$ と表せる。

$x^2-x-6>0$

両辺に -2 を掛けて　$-2x^2+2x+12<0$

これが，$ax^2+2x+b<0$ と一致するから

$\boldsymbol{a=-2,\ b=12}$

← $ax^2+2x+b<0$ と不等号の向きおよび x の1次の項の係数を一致させるために両辺に -2 を掛ける。

別解　$y=ax^2+2x+b$ のグラフが，

$x<-2,\ 3<x$ の範囲で $y<0$ となる。

すなわち，上に凸の放物線で，2点 $(-2,\ 0)$，$(3,\ 0)$ を通るから

$$\begin{cases} a<0 & \cdots ① \\ 4a-4+b=0 & \cdots ② \\ 9a+6+b=0 & \cdots ③ \end{cases}$$

②，③を解いて

$\boldsymbol{a=-2,\ b=12}$（これは①を満たす。）

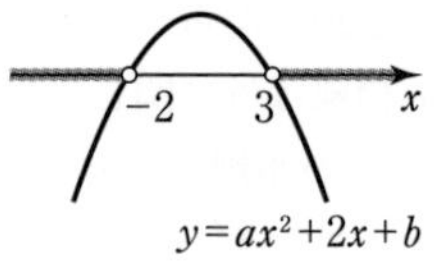

(3) $\dfrac{2}{3}<x<1$ を解とする2次不等式の1つは

$(3x-2)(x-1)<0$ と表せる。

$3x^2-5x+2<0$

これが，$3x^2+ax+b<0$ と一致するから

$a=-5$，$b=2$

このとき，$bx^2+ax+3\geqq 0$ を解くと

$2x^2-5x+3\geqq 0$ より

$(2x-3)(x-1)\geqq 0$

よって　$\boldsymbol{x\leqq 1,\ \dfrac{3}{2}\leqq x}$

(別解)　$y=3x^2+ax+b$ のグラフが，

$\dfrac{2}{3}<x<1$ の範囲で $y<0$ となる。

下に凸の放物線なので，2点 $\left(\dfrac{2}{3},\ 0\right)$，$(1,\ 0)$ を通るから

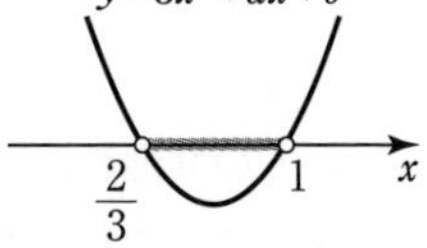

$$\begin{cases} \dfrac{4}{3}+\dfrac{2}{3}a+b=0 & \cdots① \\ 3+a+b=0 & \cdots② \end{cases}$$

①，②を解いて　$a=-5$，$b=2$

このとき，$bx^2+ax+3\geqq 0$ を解くと

$2x^2-5x+3\geqq 0$ より

$(2x-3)(x-1)\geqq 0$

よって　$\boldsymbol{x\leqq 1,\ \dfrac{3}{2}\leqq x}$

181 $y=x^2+mx+m$　$\cdots①$

$y=x^2-2mx+2m+3\cdots②$

$x^2+mx+m=0$ と $x^2-2mx+2m+3=0$ の判別式をそれぞれ，D_1，D_2 とすると，①，②がともに x 軸と共有点をもたないから $D_1<0$ かつ $D_2<0$ である。

← 放物線 $y=ax^2+bx+c$ が x 軸と共有点をもたない。
$\iff D=b^2-4ac<0$

$D_1=m^2-4\cdot 1\cdot m=m(m-4)<0$

よって　$0<m<4$　$\cdots③$

$\dfrac{D_2}{4}=(-m)^2-1\cdot(2m+3)=m^2-2m-3$

$=(m+1)(m-3)<0$

よって　$-1<m<3$　$\cdots④$

③，④の共通範囲を求めて　$\boldsymbol{0<m<3}$

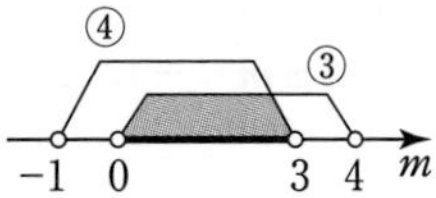

182 $x^2+mx+1=0$ $\cdots$①

$x^2-2mx+3m+4=0\cdots$②

の判別式を，それぞれ，D_1，D_2 とすると，

$D_1=m^2-4\cdot1\cdot1=(m+2)(m-2)$

$\dfrac{D_2}{4}=(-m)^2-1\cdot(3m+4)$

$=m^2-3m-4=(m+1)(m-4)$

(1) ①，②がともに異なる2つの実数解をもつから

$D_1>0$ かつ $D_2>0$ である。

$(m+2)(m-2)>0$ より　$m<-2,\ 2<m\cdots$③

$(m+1)(m-4)>0$ より　$m<-1,\ 4<m\cdots$④

③，④の共通範囲を求めて　$\boldsymbol{m<-2,\ 4<m}$

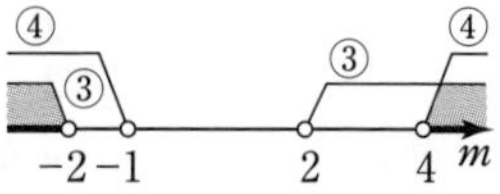

(2) ①，②がともに実数解をもたないから

$D_1<0$ かつ $D_2<0$ である。

$(m+2)(m-2)<0$ より　$-2<m<2\cdots$⑤

$(m+1)(m-4)<0$ より　$-1<m<4\cdots$⑥

⑤，⑥の共通範囲を求めて　$\boldsymbol{-1<m<2}$

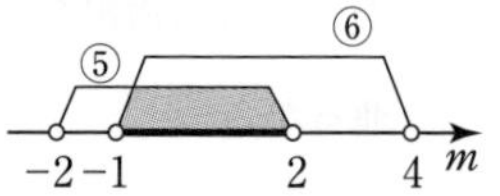

(3) ①，②の少なくとも一方が実数解をもつから

$D_1\geqq0$ または $D_2\geqq0$ である。

$(m+2)(m-2)\geqq0$ より　$m\leqq-2,\ 2\leqq m\cdots$⑦

$(m+1)(m-4)\geqq0$ より　$m\leqq-1,\ 4\leqq m\cdots$⑧

⑦，⑧を合わせて　$\boldsymbol{m\leqq-1,\ 2\leqq m}$

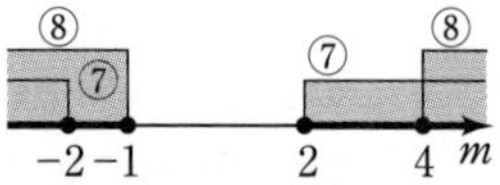

(4) ①，②のうち一方だけが，

異なる2つの実数解をもつから

(i)「$D_1>0$ かつ $D_2\leqq0$」，または，

(ii)「$D_1\leqq0$ かつ $D_2>0$」である。

(i) $\begin{cases} m<-2,\ 2<m \\ -1\leqq m\leqq4 \end{cases}$

の共通範囲を求めて

$2<m\leqq4$ $\cdots$⑨

(i)

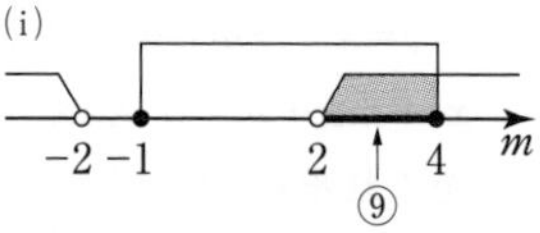

(ii) $\begin{cases} -2\leqq m\leqq2 \\ m<-1,\ 4<m \end{cases}$

の共通範囲を求めて

$-2\leqq m<-1\cdots$⑩

(ii)

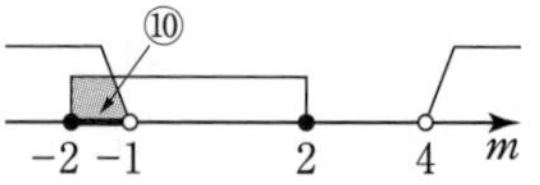

⑨，⑩を合わせて

$\boldsymbol{-2\leqq m<-1,\ 2<m\leqq4}$

183 (1) 2 次方程式 $x^2-2mx-m=0$ の判別式を D とすると $\dfrac{D}{4}=(-m)^2-1\cdot(-m)=m^2+m=m(m+1)$

すべての実数 x に対して $x^2-2mx-m>0$ となるための条件は，x^2 の係数が 1 で正であるから，

$D<0$ より $m(m+1)<0$

よって $\boldsymbol{-1<m<0}$

別解 2 次関数 $y=x^2-2mx-m$
$=(x-m)^2-m^2-m$ において

(最小値)>0 となる。

$-m^2-m>0$ から $m^2+m<0$

$m(m+1)<0$

よって $\boldsymbol{-1<m<0}$

(2) (i) $m=0$ のとき，$1>0$ となり，成り立つ。

(ii) $m\neq0$ のとき

2 次方程式 $mx^2-2mx-m+1=0$ の判別式を D とする。

すべての実数 x に対して $mx^2-2mx-m+1>0$ となるための条件は

x^2 の係数 $m>0$…① かつ $D<0$ である。

$\dfrac{D}{4}=(-m)^2-m(-m+1)$

$=2m^2-m=m(2m-1)<0$ より

$0<m<\dfrac{1}{2}$…②

①，②の共通範囲を求めて $0<m<\dfrac{1}{2}$

(i)，(ii)を合わせて $\boldsymbol{0\leqq m<\dfrac{1}{2}}$

別解 (ii) $m\neq0$ のとき，

2 次関数 $y=m(x^2-2x)-m+1$
$=m(x-1)^2-2m+1$ において

(最小値)>0 となる。

$\begin{cases} m>0 \\ -2m+1>0 \end{cases}$ よって $0<m<\dfrac{1}{2}$ (以下同様)

すべての実数 x に対して成り立つ不等式

すべての実数 x に対して 2 次不等式 $ax^2+bx+c>0$ が成り立つ条件は

$\begin{cases} a>0 \iff y=ax^2+bx+c \text{ のグラフが下に凸} \\ D<0 \iff x \text{ 軸と共有点をもたない} \end{cases}$

$y=ax^2+bx+c$

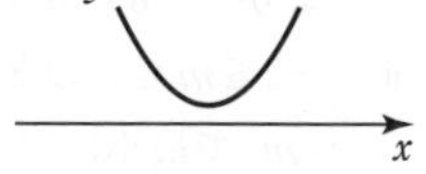

⬅「すべての実数 x に対して，$f(x)>0$ が成り立つ」ための条件は［$f(x)$ の最小値］>0 となることである。

⬅ 問題文において，“2 次不等式” ではなく，“不等式” とあるので，$m\neq0$ とは限らず，場合分けが必要である。

⬅ $y=mx^2-2mx-m+1$ $(m\neq0)$

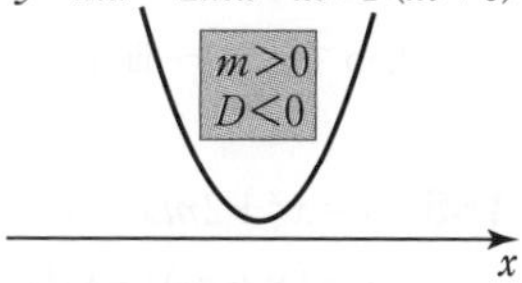

グラフが「下に凸」で，かつ「x 軸と共有点をもたない」ことが条件である。

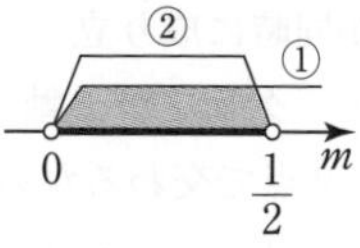

$y=m(x-1)^2-2m+1$

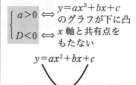

⬅ 最小値をもつには下に凸でなければならないので (x^2 の係数)>0 が必要である。

> **$a\neq0$ のとき，すべての実数 x に対して $ax^2+bx+c>0$**
> **➡ $a>0$ かつ $D=b^2-4ac<0$［もしくは (最小値)>0］**

184 $y=x^2-2mx-3m+4$ とおくと

$y=(x-m)^2-m^2-3m+4$

$-2\leqq x\leqq 2$ における y の最小値が 0 より大きくなる。

(i) $m<-2$ のとき　…①

$x=-2$ で最小になるから

$4+4m-3m+4=m+8>0$ より

$m>-8$

①より　$-8<m<-2$

(ii) $-2\leqq m\leqq 2$ のとき…②

$x=m$ で最小になるから

$-m^2-3m+4>0$

$(m+4)(m-1)<0$ より　$-4<m<1$

②より　$-2\leqq m<1$

(iii) $2<m$ のとき　…③

$x=2$ で最小になるから

$4-4m-3m+4=-7m+8>0$ より

$m<\dfrac{8}{7}$

③より，これを満たす m は存在しない。

よって，(i)～(iii)より　$\mathbf{-8<m<1}$

⬅「$a\leqq x\leqq b$ で，つねに $f(x)>0$ が成り立つ」ための条件は $a\leqq x\leqq b$ で

$[f(x)$ の最小値$]>0$

となることである。

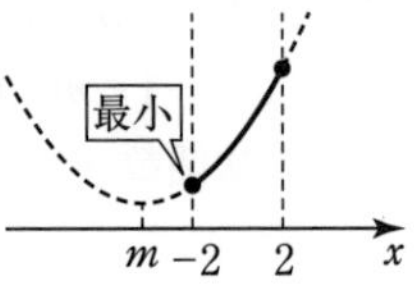

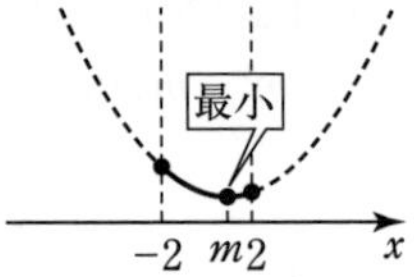

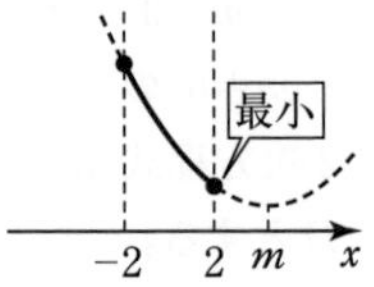

185 $y=x^2+2mx+m+2$　とおくと

$y=(x+m)^2-m^2+m+2$

(1) グラフは右の図のようになり，次の(i)，(ii)，(iii)が同時に成り立つ。

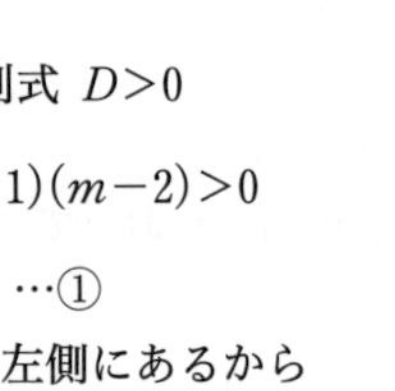

(i) グラフが x 軸と異なる 2 点で交わるから，

$x^2+2mx+m+2=0$ の判別式 $D>0$

$\dfrac{D}{4}=m^2-(m+2)=(m+1)(m-2)>0$

よって，$m<-1$，$2<m$　…①

(ii) 軸　$x=-m$ が y 軸より左側にあるから

$-m<0$　より　$m>0$　…②

(iii) $x=0$ のときの y の値が正であるから

$m+2>0$　より　$m>-2$…③

⬅ 着眼点

(i) 判別式 D [or 頂点の y 座標]
(ii) 軸の位置
(iii) 境界線とグラフの交点

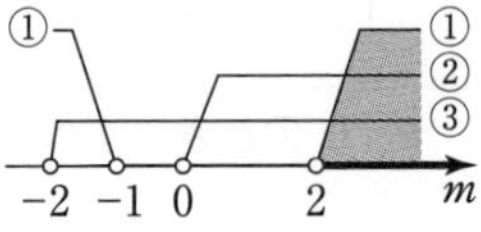

ゆえに，①，②，③の共通範囲を求めて

 $m>2$

(2) グラフは右の図のように
 なり，その条件は，
 $x=1$ のときの y の値が
 負であるから

 $1+2m+m+2<0$

 よって $m<-1$

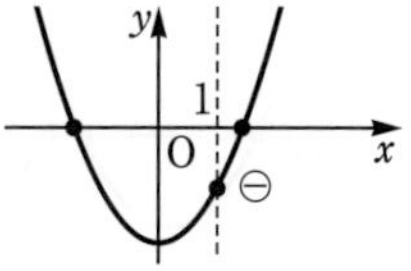

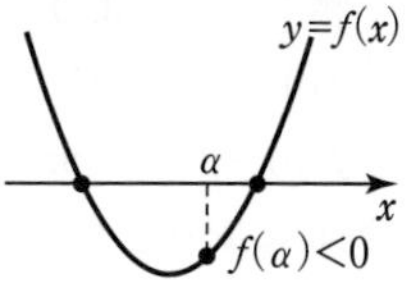

(3) グラフは右の図のように
 なり，次の(i)，(ii)，(iii)
 が同時に成り立つ。

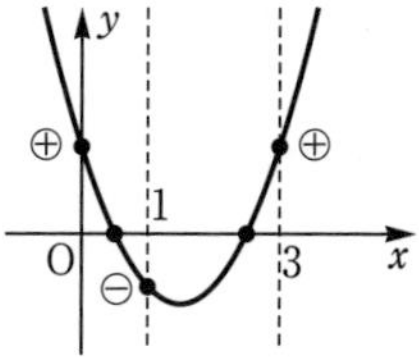

(i) $x=0$ のときの y の値
 が正であるから

 $m+2>0$ より $m>-2$ …①

 (ii) $x=1$ のときの y の値が負であるから

 $1+2m+m+2<0$ より $m<-1$ …②

 (iii) $x=3$ のときの y の値が正であるから

 $9+6m+m+2>0$ より $m>-\dfrac{11}{7}$…③

 ゆえに，①，②，③の共通範囲を求めて

 $-\dfrac{11}{7}<m<-1$

← 「1 より大きい解と1より小さ
い解」→ 境界（直線 $x=1$）と
グラフとの交点に注目する。
$y=f(x)$ のグラフが下に凸の
とき，$f(\alpha)<0$ であれば，
$x=\alpha$ の右と左で必ず x 軸と交
わる。

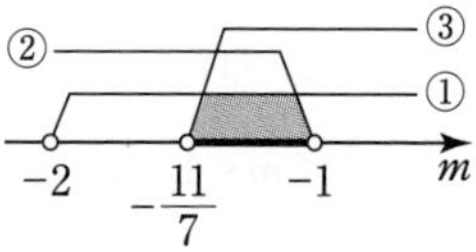

2 次方程式の解の配置（放物線と x 軸の交点の配置）問題（$a>0$）

グラフをかいて，次の [1]，[2] で考える。

2 次方程式の 2 つの解が（放物線と x 軸との交点が）

[1] 2 つとも α より〜 ➡
$\begin{cases} \text{(i)} \;\; 判別式 D \\ \text{(ii)} \;\; 軸の位置 \\ \text{(iii)} \;\; 境界 \; x=\alpha \; とグラフの交点 \; f(\alpha) \; の符号に注目 \end{cases}$

[2] 1 つは α より大，もう 1 つは α より小 ➡ $f(\alpha)<0$

(参考) 2 次方程式の解の配置問題は，細かい部分を除けば [1] または [2] のタイプ
の問題，もしくは [1] と [2] を組み合わせたタイプの問題となっている場
合がほとんどである。

2 次関数 $y=f(x)$ のグラフが，$\alpha<x<\beta$ の範囲で x 軸と 1 点で交わる
➡ 「$f(\alpha)>0$ かつ $f(\beta)<0$」または「$f(\alpha)<0$ かつ $f(\beta)>0$」
 $\iff f(\alpha)f(\beta)<0$

186 $f(x)=x^2-2mx+4m-3$ とおくと

$f(x)=(x-m)^2-m^2+4m-3$

$y=f(x)$ のグラフが右の図のようになる。

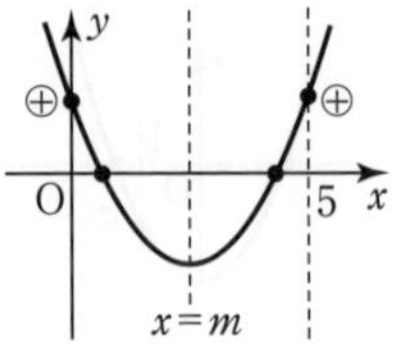

その条件は，判別式を D とすると

$$\begin{cases} \dfrac{D}{4}=(-m)^2-1\cdot(4m-3)>0 & \cdots① \\ 軸：x=m \text{ より } \quad 0<m<5 & \cdots② \\ f(0)=4m-3>0 & \cdots③ \\ f(5)=25-10m+4m-3>0 & \cdots④ \end{cases}$$

が同時に成り立つことである。

①より　$m^2-4m+3>0$

$(m-1)(m-3)>0$

よって　$m<1,\ 3<m \cdots ①'$

③より　$m>\dfrac{3}{4}$　　$\cdots ③'$

④より　$m<\dfrac{11}{3}$　　$\cdots ④'$

よって，①′，②，③′，④′ の共通範囲を求めて

$$\frac{3}{4}<m<1,\ 3<m<\frac{11}{3}$$

⬅着眼点

(i) 判別式 D [or 頂点の y 座標]
(ii) 軸の位置
(iii) 境界 $x=\alpha$ とグラフの交点 $f(\alpha)$ の符号

⬅①グラフが x 軸と異なる2点で交わることにより　$D>0$
②軸が y 軸と直線 $x=5$ の間
③$x=0$ のときの y の値が正
④$x=5$ のときの y の値が正

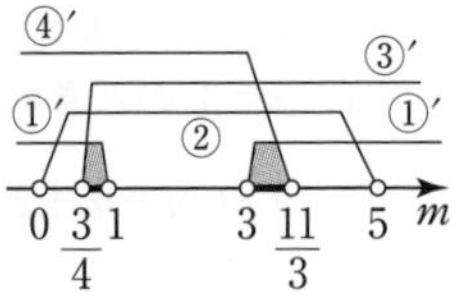

187 $f(x)=(x-a)(x-b)$

$+(x-b)(x-c)+(x-c)(x-a)$ とおく。

$a<b<c$ より

$b-a>0,\ c-a>0,\ c-b>0$ であるから

$f(a)=(a-b)(a-c)=\{-(b-a)\}\{-(c-a)\}$

$=(b-a)(c-a)>0$

$f(b)=(b-c)(b-a)=-(c-b)(b-a)<0$

$f(c)=(c-a)(c-b)>0$

したがって，

$y=f(x)$ のグラフは右の図のようになり，$a<x<b$ および $b<x<c$ の範囲に，x 軸との交点を1つずつもつ。

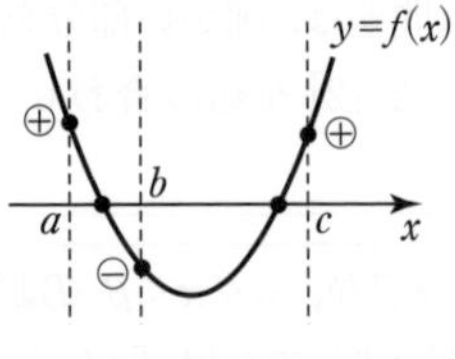

よって，$f(x)=0$ は，$a<x<b$ および $b<x<c$ の範囲に，それぞれ1つずつ解をもつ。 終

⬅2次方程式の解の配置に関する問題はグラフをかいて考える。
放物線と x 軸との交点が「1つは a と b の間にあり，もう1つが b と c の間にある」ことを示す。
$f(a)$，$f(b)$，$f(c)$ の符号を考えるとよい。

188 (1) $x^2-(a+3)x+3a \leqq 0$ より

$(x-3)(x-a) \leqq 0$

(i) $\boldsymbol{a<3}$ **のとき** $\boldsymbol{a \leqq x \leqq 3}$

(ii) $\boldsymbol{a=3}$ **のとき** $\boldsymbol{x=3}$

(iii) $\boldsymbol{3<a}$ **のとき** $\boldsymbol{3 \leqq x \leqq a}$

⬅ $x=3$ と $x=a$ のどちらが大きいかで場合分けする。

⬅ $a=3$ のとき，$(x-3)^2 \leqq 0$ となり，これを満たす実数 x は，$x=3$ だけである。

(2) $x^2-ax-2a^2>0$ より

$(x-2a)(x+a)>0$

(i) $-a<2a$ すなわち $\boldsymbol{a>0}$ **のとき**

$\boldsymbol{x<-a,\ 2a<x}$

(ii) $-a=2a$ すなわち $\boldsymbol{a=0}$ **のとき**

0 以外のすべての実数

(iii) $-a>2a$ すなわち $\boldsymbol{a<0}$ **のとき**

$\boldsymbol{x<2a,\ -a<x}$

⬅ $x=2a$ と $x=-a$ のどちらが大きいかで場合分けする。

⬅ $a=0$ のとき，$x^2>0$ となり，これを満たす実数 x は，「0 以外のすべての実数」となる。

> **$(x-\alpha)(x-\beta) \gtreqless 0$ ➡ α，β の大小関係で場合分けする**
> (i) $\alpha<\beta$ (ii) $\alpha=\beta$ (iii) $\alpha>\beta$

189 (1) $x^2-5ax+4a^2<0$ より

$(x-a)(x-4a)<0$

(i) $a<4a$ すなわち $\boldsymbol{a>0}$ **のとき** $\boldsymbol{a<x<4a}$

(ii) $a=4a$ すなわち $\boldsymbol{a=0}$ **のとき 解なし**

(iii) $a>4a$ すなわち $\boldsymbol{a<0}$ **のとき** $\boldsymbol{4a<x<a}$

⬅ $a=0$ のとき，$x^2<0$ となり，この不等式の解はない。

(2) $x^2-5x+6<0$

$(x-2)(x-3)<0$ より $2<x<3$…①

条件を満たすには，①が

$x^2-5ax+4a^2<0$ の解に含まれればよい。

(i) $a>0$ のとき，

①が $a<x<4a$ に含まれる条件は

$a \leqq 2$ かつ $3 \leqq 4a$

ゆえに $\dfrac{3}{4} \leqq a \leqq 2$ ($a>0$ を満たす。)

(i)

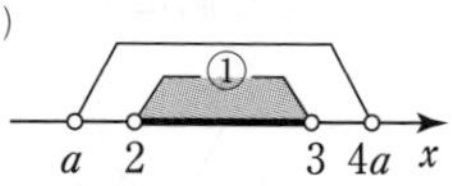

⬅ $a=2$，$4a=3$ の等号が入っても解の方に $a<x<4a$ と等号が入っていないので，$x=2$，3 は解に含まない。

(ii) $a=0$ のとき，

(1)の解はないので，条件を満たさない。

(iii) $a<0$ のとき，

①が $4a<x<a$ に含まれることはない。

よって，(i)〜(iii)より，$\boldsymbol{\dfrac{3}{4} \leqq a \leqq 2}$

(iii)

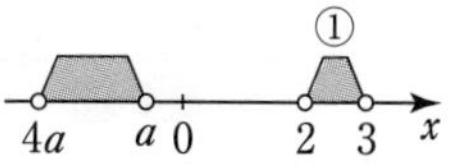

別解 $x^2-5x+6<0$

$(x-2)(x-3)<0$ より　$2<x<3$…①

$f(x)=x^2-5ax+4a^2$ とすると

題意の条件は，$y=f(x)$ のグラフで，$y<0$ となる x の範囲が①を含むことである。

グラフが下に凸であるから，その条件は

$$\begin{cases} f(2)=4-10a+4a^2 \leqq 0 \cdots ② \\ f(3)=9-15a+4a^2 \leqq 0 \cdots ③ \end{cases}$$ である。

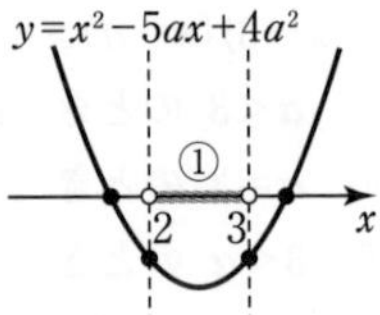

上のグラフで考えると，$y=x^2-5ax+4a^2$ と x 軸との交点が「1 つが $x \leqq 2$ の範囲にあり，もう 1 つが $3 \leqq x$ の範囲にあればよい」

②より　$2a^2-5a+2 \leqq 0$

$(2a-1)(a-2) \leqq 0$

よって　$\dfrac{1}{2} \leqq a \leqq 2$…②′

③より　$(4a-3)(a-3) \leqq 0$

ゆえに　$\dfrac{3}{4} \leqq a \leqq 3$…③′

よって，②′，③′ の共通範囲を求めて

$$\boldsymbol{\frac{3}{4} \leqq a \leqq 2}$$

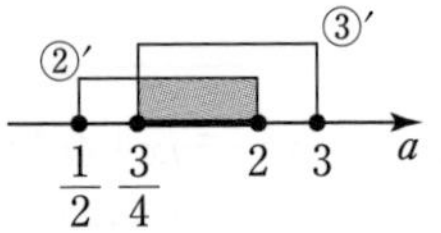

190 ①の解は　$x^2+x-2>0$

$(x+2)(x-1)>0$ より　$x<-2,\ 1<x$

②の解は　$x^2-(a-1)x-a<0$

$(x+1)(x-a)<0$ であるから

(i)　$a>-1$ のとき　$-1<x<a$

①，②を満たす整数が 2 個となるのは

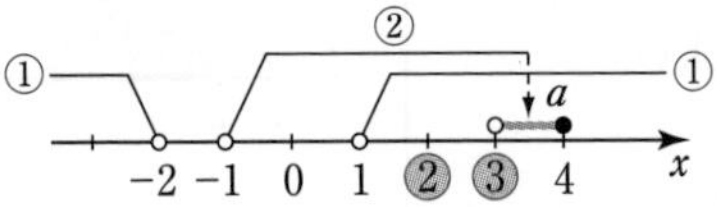

上の図より，$3<a \leqq 4$ のときである。

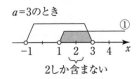

$a=3$のとき

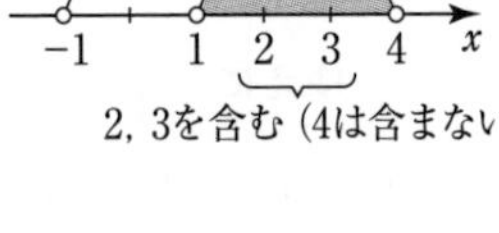

$a=4$のとき

(ii)　$a=-1$ のとき，②は $(x+1)^2<0$ となり解なしなので不適。

(iii)　$a<-1$ のとき　$a<x<-1$

①，②を満たす整数が 2 個となるのは

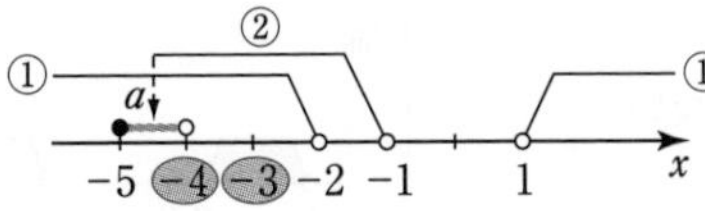

上の図より，$-5 \leqq a<-4$ のときである。

(i)〜(iii)より　$\boldsymbol{-5 \leqq a<-4,\ 3<a \leqq 4}$

191 (1) $y=|x+4|$

(i) $x+4 \geqq 0$ すなわち $x \geqq -4$ のとき

$y=x+4$

(ii) $x+4<0$ すなわち $x<-4$ のとき

$y=-(x+4)=-x-4$

よって，グラフは下の図の実線部分である。

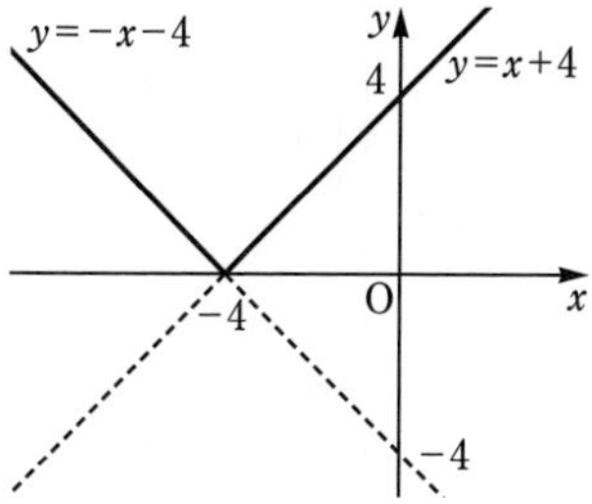

← 絶対値記号 |●| をはずすには
●≧0 のとき |●|=●
●<0 のとき |●|=−●

(2) $y=|-x+3|$

(i) $-x+3 \geqq 0$ すなわち $x \leqq 3$ のとき

$y=-x+3$

(ii) $-x+3<0$ すなわち $x>3$ のとき

$y=-(-x+3)=x-3$

よって，グラフは下の図の実線部分である。

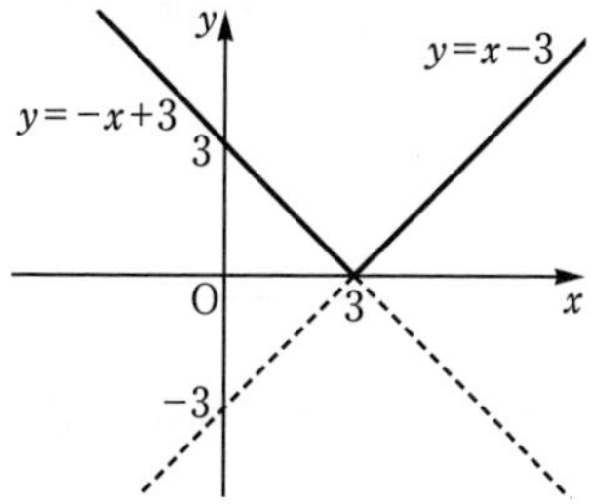

← $|-x+3|=|x-3|$ であるから $y=|x-3|$ として，次のように解いてもよい。

(i) $x-3 \geqq 0$ すなわち $x \geqq 3$ のとき　$y=x-3$

(ii) $x-3<0$ すなわち $x<3$ のとき　$y=-x+3$

(3) $y=|x^2-4|$

(i) $x^2-4 \geqq 0$ すなわち $(x+2)(x-2) \geqq 0$ より

$x \leqq -2$, $2 \leqq x$ のとき

$y=x^2-4$

(ii) $x^2-4<0$ すなわち $(x+2)(x-2)<0$ より

$-2<x<2$ のとき

$y=-(x^2-4)=-x^2+4$

3章 2次関数

したがって，グラフは下の図の実線部分である。

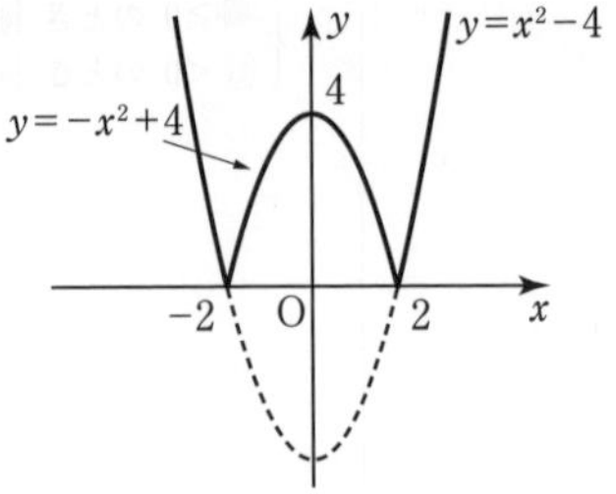

(4)　$y=|x^2+x-2|$

(i)　$x^2+x-2 \geqq 0$ すなわち $(x+2)(x-1) \geqq 0$ より

$x \leqq -2,\ 1 \leqq x$ のとき

$$y=x^2+x-2=\left(x+\frac{1}{2}\right)^2-\frac{9}{4}$$

(ii)　$x^2+x-2<0$ すなわち $(x+2)(x-1)<0$ より

$-2<x<1$ のとき

$$y=-(x^2+x-2)=-\left(x+\frac{1}{2}\right)^2+\frac{9}{4}$$

したがって，グラフは下の図の実線部分である。

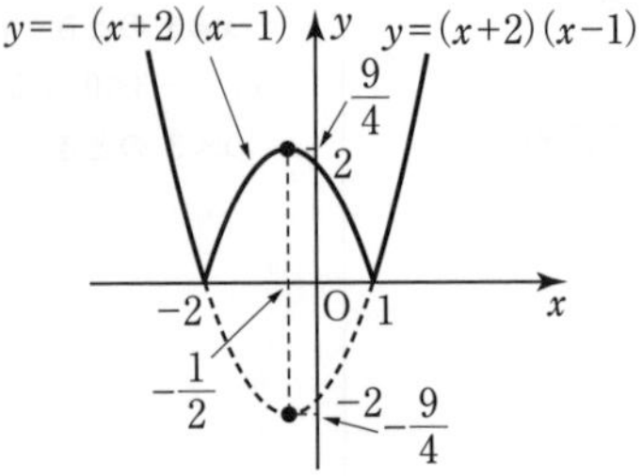

← $y=x^2-4$ のグラフの x 軸より下の部分を x 軸に関して対称に折り返したものである。

$y=|f(x)|$ のグラフ

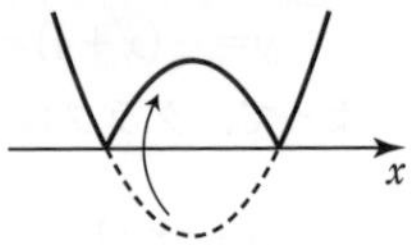

$y=f(x)$ のグラフを x 軸に関して対称に折り返す。

← $y=x^2+x-2$
$=(x+2)(x-1)$
と因数分解してグラフをかいてもよい。

← $y=-(x^2+x-2)$
$=-(x+2)(x-1)$
と因数分解してグラフをかいてもよい。

← $y=x^2+x-2$ のグラフの x 軸より下の部分を x 軸に関して対称に折り返したものである。

$y=|f(x)|$ のグラフ
➡ $y=f(x)$ のグラフの x 軸より下の部分を x 軸に関して対称に折り返す

192　(1)　$y=|x+1|+|x-3|$

(i)　$x \geqq 3$ のとき

$y=(x+1)+(x-3)=2x-2$

(ii)　$-1 \leqq x<3$ のとき

$y=(x+1)+\{-(x-3)\}=4$

(iii)　$x<-1$ のとき

$y=-(x+1)+\{-(x-3)\}=-2x+2$

← $x+1=0$，$x-3=0$ となる，$x=-1$ と 3 が場合分けの分岐点になる。

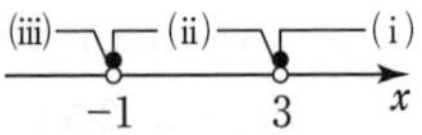

← $x+1$ と $x-3$ の符号を調べると

x	…	-1	…	3	…
$x+1$	−	0	+	+	+
$x-3$	−	−	−	0	+

したがって，グラフは下の図の実線部分である。

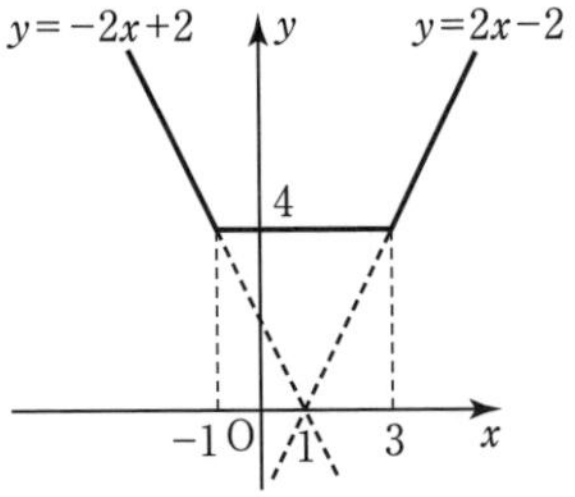

(2)　$y=|x+2|-|x-1|$

(i)　$x \geqq 1$ のとき

$y=(x+2)-(x-1)=3$

(ii)　$-2 \leqq x<1$ のとき

$y=(x+2)-\{-(x-1)\}=2x+1$

(iii)　$x<-2$ のとき

$y=-(x+2)-\{-(x-1)\}=-3$

したがって，グラフは下の図の実線部分である。

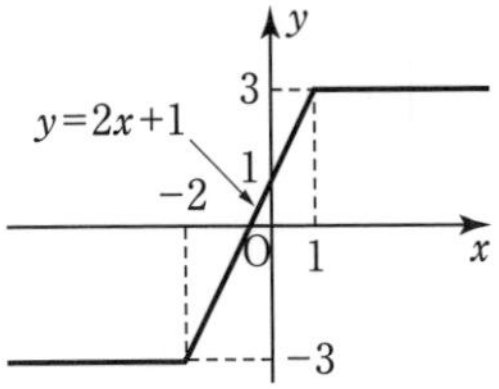

⬅ $x+2=0$，$x-1=0$ となる，$x=-2$ と 1 が場合分けの分岐点になる。

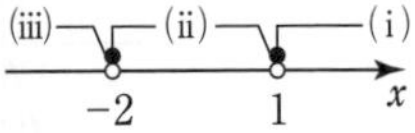

⬅ $x+2$ と $x-1$ の符号を調べると

x	…	-2	…	1	…
$x+2$	−	0	+	+	+
$x-1$	−	−	−	0	+

絶対値記号 |○| をはずすには ➡ { ○≧0 のとき |○|=○ ／ ○<0 のとき |○|=−○

193　(1)　$y=x^2-2|x|+3$

(i)　$x \geqq 0$ のとき

$y=x^2-2x+3=(x-1)^2+2$

(ii)　$x<0$ のとき

$y=x^2-2(-x)+3=x^2+2x+3=(x+1)^2+2$

したがって，グラフは下の図の実線部分である。

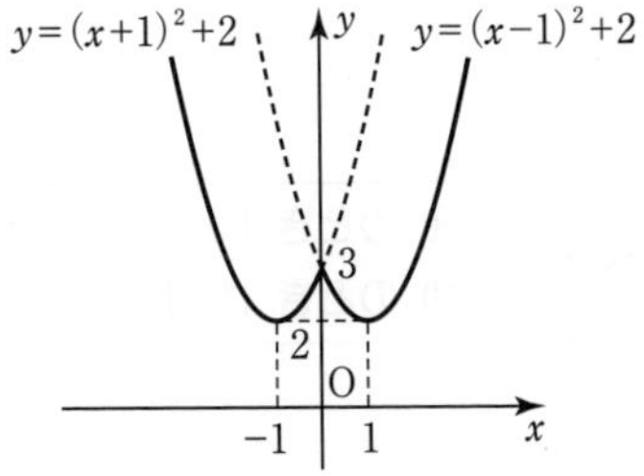

(2)　$y=x|x-2|$

(i)　$x-2 \geqq 0$ すなわち $x \geqq 2$ のとき

$y=x(x-2)=x^2-2x=(x-1)^2-1$

(ii)　$x-2<0$ すなわち $x<2$ のとき

$y=x\{-(x-2)\}=-x(x-2)$

$=-x^2+2x=-(x-1)^2+1$

したがって，グラフは下の図の実線部分である。

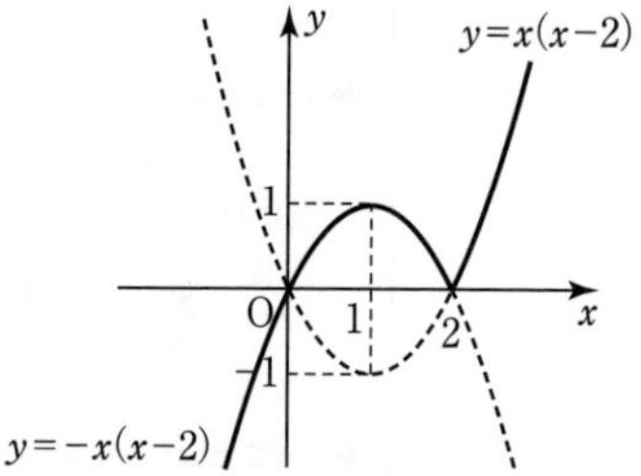

(3)　$y=|x^2-9|+2x$

(i)　$x^2-9 \geqq 0$ すなわち $(x+3)(x-3) \geqq 0$ より

$x \leqq -3$，$3 \leqq x$ のとき

$y=x^2-9+2x=(x+1)^2-10$

(ii)　$x^2-9<0$ すなわち $(x+3)(x-3)<0$ より

$-3<x<3$ のとき

$y=-(x^2-9)+2x$

$=-x^2+2x+9=-(x-1)^2+10$

したがって，グラフは下の図の実線部分である。

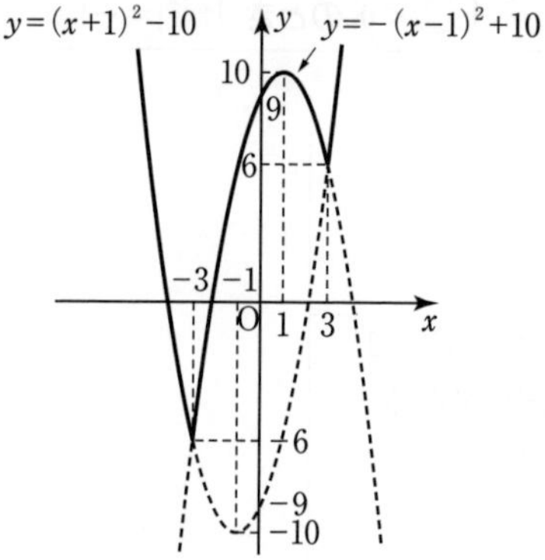

⬅ グラフが変わる点は|　|の中が0になるところで

$x^2-9=0$ より　$x=\pm 3$

すなわち，$(-3,\ -6)$，$(3,\ 6)$ の座標も記入する。

絶対値記号 |●| をはずすには ➡ $\begin{cases} ●\geqq 0 \text{ のとき } |●|=● \\ ●<0 \text{ のとき } |●|=-● \end{cases}$

4章 図形と計量

194 (1) 三平方の定理より　$AC^2+BC^2=AB^2$

$8^2+6^2=AB^2$　よって　$AB^2=100$

$AB>0$ であるから　$AB=10$

ゆえに　$\boldsymbol{\sin A=\frac{3}{5}}$, $\boldsymbol{\cos A=\frac{4}{5}}$, $\boldsymbol{\tan A=\frac{3}{4}}$

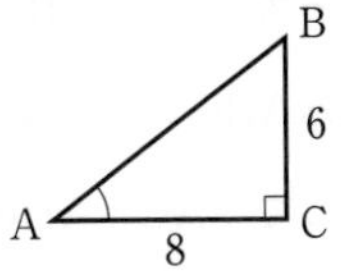

(2) 三平方の定理より　$AC^2+BC^2=AB^2$

$AC^2+5^2=6^2$　よって　$AC^2=11$

$AC>0$ であるから　$AC=\sqrt{11}$

ゆえに　$\boldsymbol{\sin A=\frac{5}{6}}$, $\boldsymbol{\cos A=\frac{\sqrt{11}}{6}}$, $\boldsymbol{\tan A=\frac{5\sqrt{11}}{11}}$

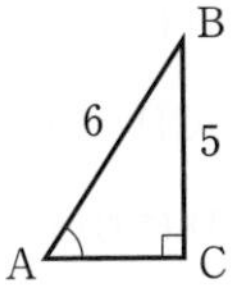

⬅ $\tan A=\frac{5}{\sqrt{11}}=\frac{5\sqrt{11}}{11}$

三角比は，直角を右下，着目する角を左下にして考える

195 (1) $\cos 30^\circ+2\sin 45^\circ\cos 45^\circ$

$=\frac{\sqrt{3}}{2}+2\cdot\frac{1}{\sqrt{2}}\cdot\frac{1}{\sqrt{2}}=\frac{\sqrt{3}}{2}+1=\boldsymbol{\frac{2+\sqrt{3}}{2}}$

(2) $\sin 30^\circ\cos 60^\circ+\cos 30^\circ\sin 60^\circ$

$=\frac{1}{2}\cdot\frac{1}{2}+\frac{\sqrt{3}}{2}\cdot\frac{\sqrt{3}}{2}=\frac{1}{4}+\frac{3}{4}=\boldsymbol{1}$

(3) $\tan 30^\circ\tan 60^\circ=\frac{1}{\sqrt{3}}\cdot\sqrt{3}=\boldsymbol{1}$

(4) $(\sin 60^\circ-\tan 45^\circ)(\cos 30^\circ+\tan 45^\circ)$

$=\left(\frac{\sqrt{3}}{2}-1\right)\left(\frac{\sqrt{3}}{2}+1\right)=\frac{3}{4}-1=\boldsymbol{-\frac{1}{4}}$

⬅ $(a-b)(a+b)=a^2-b^2$

196 (1) $\sin 32^\circ=\boldsymbol{0.5299}$

(2) $\cos 66^\circ=\boldsymbol{0.4067}$

(3) $\tan 43^\circ=\boldsymbol{0.9325}$

197 (1) $\sin A=\frac{5}{8}=0.625$

正弦の値が最も 0.625 に近い角を三角比の表から求めると

$\boldsymbol{A\fallingdotseq 39^\circ}$

⬅ $\sin 38^\circ=0.6157$ ⟩ 0.0093
$\sin A\ \ =0.625$ ⟩ 0.0043
$\sin 39^\circ=0.6293$

(2) $\tan A=\frac{1}{5}=0.2$

正接の値が最も 0.2 に近い角を三角比の表から求めると

$\boldsymbol{A\fallingdotseq 11^\circ}$

⬅ $\tan 11^\circ=0.1944$ ⟩ 0.0056
$\tan A\ \ =0.2$ ⟩ 0.0126
$\tan 12^\circ=0.2126$

198 (1) △ABC において　$\sin A=\dfrac{BC}{AB}$

よって　$BC=AB\sin A=\boldsymbol{c\sin A}$

(2) △ABC において　$\cos A=\dfrac{AC}{AB}$

よって　$AC=AB\cos A=\boldsymbol{c\cos A}$

(3) △ACD において　$\sin A=\dfrac{CD}{AC}$

よって　$CD=AC\sin A=\boldsymbol{c\sin A\cos A}$

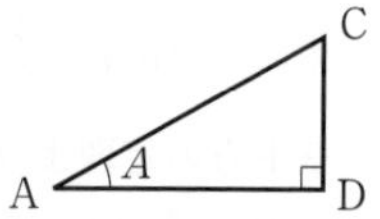

(4) △ACD において　$\cos A=\dfrac{AD}{AC}$

よって　$AD=AC\cos A=c\cos A\cos A$

$=\boldsymbol{c\cos^2 A}$

⬅ $\cos A\times\cos A=(\cos A)^2$ は $\cos^2 A$ とかく。

(5) △BCD において，∠BCD＝A より　$\sin A=\dfrac{BD}{BC}$

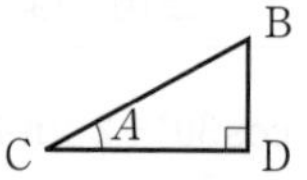

よって　$BD=BC\sin A=c\sin A\sin A$

$=\boldsymbol{c\sin^2 A}$

⬅ $\sin A\times\sin A=(\sin A)^2$ は $\sin^2 A$ とかく。

(別解)　$BD=AB-AD=c-c\cos^2 A=c(1-\cos^2 A)$

$=\boldsymbol{c\sin^2 A}$

三角比の図形問題 ➡ 直角三角形に着目し，求める辺を三角比で表す

199 (1) △ABD において　$BD=\boldsymbol{2}$

△ABC において　$BC=\boldsymbol{\sqrt{6}}$

⬅ △ABC は直角二等辺三角形

$DC=\boldsymbol{\sqrt{3}-1}$

⬅ DC＝AC－AD

(2) △CDE において　$\sin 45^\circ=\dfrac{DE}{DC}$

よって　$DE=DC\sin 45^\circ=(\sqrt{3}-1)\times\dfrac{1}{\sqrt{2}}$

$=\boldsymbol{\dfrac{\sqrt{6}-\sqrt{2}}{2}}$

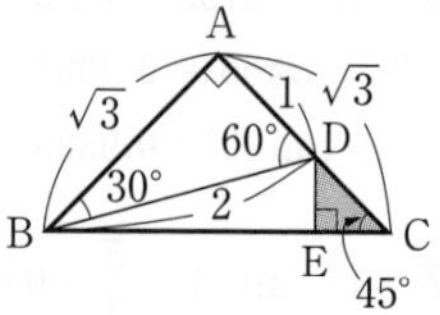

$BE=BC-CE=BC-DE$

$=\sqrt{6}-\dfrac{\sqrt{6}-\sqrt{2}}{2}=\boldsymbol{\dfrac{\sqrt{6}+\sqrt{2}}{2}}$

(3) △BDE において

⬅ 15° を含む直角三角形で考える。

$\sin 15^\circ=\dfrac{DE}{BD}=\dfrac{\sqrt{6}-\sqrt{2}}{2}\div 2=\boldsymbol{\dfrac{\sqrt{6}-\sqrt{2}}{4}}$

$\cos 15^\circ=\dfrac{BE}{BD}=\dfrac{\sqrt{6}+\sqrt{2}}{2}\div 2=\boldsymbol{\dfrac{\sqrt{6}+\sqrt{2}}{4}}$

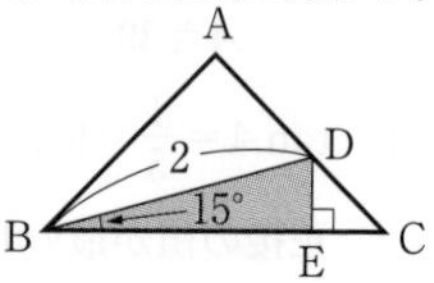

三角比の図形問題 ➡ 直角三角形に着目し，求める辺を三角比で表す

200 右の図のようにA，B，Cを定める。

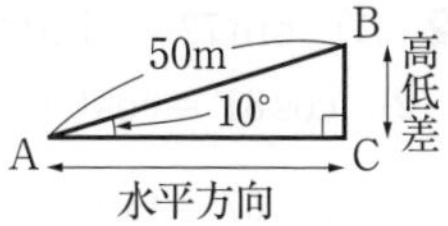

$\sin 10° = \dfrac{BC}{AB}$ より

$BC = AB\sin 10° = 50 \times 0.1736$

$= 8.68 \fallingdotseq 8.7$

よって　高低差は **8.7 m**

また　$\cos 10° = \dfrac{AC}{AB}$ より

$AC = AB\cos 10° = 50 \times 0.9848$

$= 49.24 \fallingdotseq 49.2$

よって　水平方向は **49.2 m**

三角比の図形問題 ➡ 直角三角形に着目し，求める辺を三角比で表す

201 (1) $\sin^2 A + \cos^2 A = 1$ から

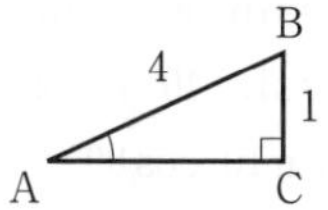

$\cos^2 A = 1 - \sin^2 A = 1 - \left(\dfrac{1}{4}\right)^2 = \dfrac{15}{16}$

$\cos A > 0$ より　$\cos A = \sqrt{\dfrac{15}{16}} = \boldsymbol{\dfrac{\sqrt{15}}{4}}$

また　$\tan A = \dfrac{\sin A}{\cos A} = \dfrac{1}{4} \div \dfrac{\sqrt{15}}{4} = \dfrac{1}{4} \times \dfrac{4}{\sqrt{15}} = \boldsymbol{\dfrac{\sqrt{15}}{15}}$

(2) $\sin^2 A + \cos^2 A = 1$ から

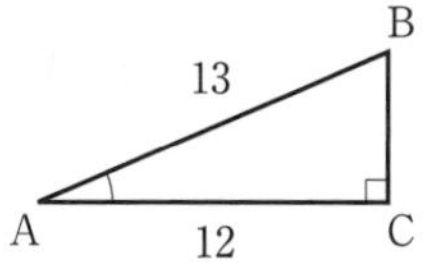

$\sin^2 A = 1 - \cos^2 A = 1 - \left(\dfrac{12}{13}\right)^2 = \dfrac{25}{169}$

$\sin A > 0$ より　$\sin A = \sqrt{\dfrac{25}{169}} = \boldsymbol{\dfrac{5}{13}}$

また　$\tan A = \dfrac{\sin A}{\cos A} = \dfrac{5}{13} \div \dfrac{12}{13} = \dfrac{5}{13} \times \dfrac{13}{12} = \boldsymbol{\dfrac{5}{12}}$

(3) $1 + \tan^2 A = \dfrac{1}{\cos^2 A}$ から

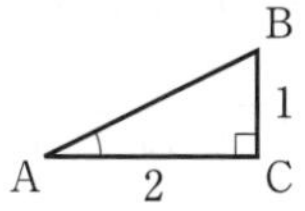

$\dfrac{1}{\cos^2 A} = 1 + \left(\dfrac{1}{2}\right)^2 = \dfrac{5}{4}$ すなわち $\cos^2 A = \dfrac{4}{5}$

$\cos A > 0$ より　$\cos A = \sqrt{\dfrac{4}{5}} = \boldsymbol{\dfrac{2\sqrt{5}}{5}}$

また　$\tan A = \dfrac{\sin A}{\cos A}$ より

⬅ 両辺に $\cos A$ を掛けて分母を払う。

$\sin A = \tan A \cos A = \dfrac{1}{2} \times \dfrac{2\sqrt{5}}{5} = \boldsymbol{\dfrac{\sqrt{5}}{5}}$

$0° < A < 90°$ の三角比 ➡ $\sin A$，$\cos A$，$\tan A$ の値は，すべて正

4章 図形と計量

202 (1) $\sin 72° = \sin(90° - 18°) = \mathbf{\cos 18°}$

(2) $\cos 81° = \cos(90° - 9°) = \mathbf{\sin 9°}$

(3) $\tan 67° = \tan(90° - 23°) = \mathbf{\dfrac{1}{\tan 23°}}$

$$\mathbf{\sin(90° - A) = \cos A,\ \cos(90° - A) = \sin A,\ \tan(90° - A) = \frac{1}{\tan A}}$$

203 (1) $\cos^2 A + \cos^2(90° - A) = \cos^2 A + \sin^2 A$

$= \mathbf{1}$

(2) $\tan A \times \tan(90° - A) = \tan A \times \dfrac{1}{\tan A} = \mathbf{1}$

⬅ $\cos(90° - A) = \sin A$

⬅ $\tan(90° - A) = \dfrac{1}{\tan A}$

204 (1) $\sin^2 40° + \sin^2 50°$

$= \sin^2 40° + \sin^2(90° - 40°)$

$= \sin^2 40° + \cos^2 40° = \mathbf{1}$

(2) $\sin 10° \cos 80° + \cos 10° \sin 80°$

$= \sin 10° \cos(90° - 10°) + \cos 10° \sin(90° - 10°)$

$= \sin 10° \sin 10° + \cos 10° \cos 10°$

$= \sin^2 10° + \cos^2 10° = \mathbf{1}$

⬅ $\sin(90° - A) = \cos A$ で $A = 40°$ のとき

⬅ $\cos^2 50° + \sin^2 50° = 1$ と変形してもよい。

⬅ $\cos(90° - A) = \sin A$ と $\sin(90° - A) = \cos A$ で $A = 10°$ のとき

⬅ $\cos^2 80° + \sin^2 80° = 1$ と変形してもよい。

角 A の大きさには関係なく $\sin^2 A + \cos^2 A = 1$（A は同じ値）

205 $\sin^2 A + \cos^2 A = 1$ から

$\cos^2 A = 1 - \sin^2 A = 1 - \left(\dfrac{3}{4}\right)^2 = \dfrac{7}{16}$

$0° < A < 90°$ であるから，$\cos A > 0$ より

$\cos A = \sqrt{\dfrac{7}{16}} = \dfrac{\sqrt{7}}{4}$

$\triangle$ACD において，$\cos A = \dfrac{\text{AD}}{\text{AC}}$ であるから

$\text{AD} = \text{AC} \cos A = 5 \times \dfrac{\sqrt{7}}{4} = \mathbf{\dfrac{5\sqrt{7}}{4}}$

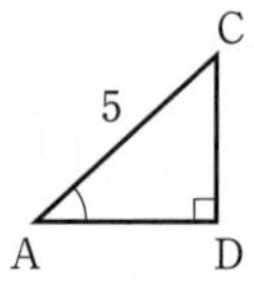

206 (1) $\cos(90° - A) = \sin A = \mathbf{\dfrac{2}{3}}$

(2) $\sin^2 A + \cos^2 A = 1$ から

$\cos^2 A = 1 - \sin^2 A = 1 - \left(\dfrac{2}{3}\right)^2 = \dfrac{5}{9}$

$0° < A < 90°$ であるから，$\cos A > 0$ より

$$\cos A = \sqrt{\frac{5}{9}} = \frac{\sqrt{5}}{3}$$

よって　$\sin(90° - A) = \cos A = \boldsymbol{\frac{\sqrt{5}}{3}}$

(3)　$\tan A = \frac{\sin A}{\cos A} = \frac{2}{3} \div \frac{\sqrt{5}}{3} = \frac{2}{\sqrt{5}}$

よって　$\tan(90° - A) = \frac{1}{\tan A} = \boldsymbol{\frac{\sqrt{5}}{2}}$

⬅ $\tan(90° - A) = \frac{\sin(90° - A)}{\cos(90° - A)}$
$= \frac{\sqrt{5}}{3} \div \frac{2}{3} = \frac{\sqrt{5}}{2}$
と計算してもよい。

> **$\sin(90° - A) = \cos A$，$\cos(90° - A) = \sin A$，$\tan(90° - A) = \frac{1}{\tan A}$**

207　(1)　$A + B + C = 180°$ から

$A + B = 180° - C$

よって　$\frac{A+B}{2} = 90° - \frac{C}{2}$

(左辺) $= \sin\frac{A+B}{2}$

$= \sin\left(90° - \frac{C}{2}\right) = \cos\frac{C}{2} =$ (右辺)　終

⬅ $\sin(90° - A) = \cos A$

(2)　$A + B + C = 180°$ から

$B + C = 180° - A$

よって　$\frac{B+C}{2} = 90° - \frac{A}{2}$

(左辺) $= \tan\frac{A}{2} \times \tan\frac{B+C}{2}$

$= \tan\frac{A}{2} \times \tan\left(90° - \frac{A}{2}\right)$

⬅ $\tan(90° - A) = \frac{1}{\tan A}$

$= \tan\frac{A}{2} \times \frac{1}{\tan\frac{A}{2}} = 1 =$ (右辺)　終

> △ABC における証明 ➡ $A + B + C = 180°$ を利用する

208　(1)　$\cos 70° = \cos(90° - 20°)$

$= \sin 20°$

$= \boldsymbol{a}$

⬅ $\cos(90° - A) = \sin A$

(2)　$\sin^2 20° + \cos^2 20° = 1$ から

$\cos^2 20° = 1 - \sin^2 20° = 1 - a^2$

$\cos 20° > 0$ より　$\cos 20° = \boldsymbol{\sqrt{1 - a^2}}$

(3) $\tan 70^\circ = \tan(90^\circ - 20^\circ)$

$$= \frac{1}{\tan 20^\circ}$$

$$= \frac{\cos 20^\circ}{\sin 20^\circ} = \boldsymbol{\frac{\sqrt{1-a^2}}{a}}$$

⬅ $\sin 70^\circ = \sin(90^\circ - 20^\circ)$
$= \cos 20^\circ$
$= \sqrt{1-a^2}$ より
$\tan 70^\circ = \frac{\sin 70^\circ}{\cos 70^\circ}$
$= \frac{\sqrt{1-a^2}}{a}$
と計算してもよい。

209 (1) $(\sin A - \cos A)^2 + (\sin A + \cos A)^2$
$= (\sin^2 A - 2\sin A\cos A + \cos^2 A)$
$\quad + (\sin^2 A + 2\sin A\cos A + \cos^2 A)$
$= (1 - 2\sin A\cos A) + (1 + 2\sin A\cos A) = \mathbf{2}$

⬅ $\sin^2 A + \cos^2 A = 1$

(2) $\tan^2 A(1 - \sin^2 A) - \sin^2 A$
$= \frac{\sin^2 A}{\cos^2 A} \cdot \cos^2 A - \sin^2 A = \mathbf{0}$

⬅ $\tan A = \frac{\sin A}{\cos A}$,
$\sin^2 A + \cos^2 A = 1$

$\sin^2 A + \cos^2 A = 1$ は頻出公式 ➡ フル活用！　$\tan A$ は $\frac{\sin A}{\cos A}$ に直す

210 (1) (左辺)$= \sin^2 A(1 - \sin^2 A) = \sin^2 A\cos^2 A$
(右辺)$= \cos^2 A(1 - \cos^2 A) = \cos^2 A\sin^2 A$
よって，(左辺)=(右辺) 終

⬅ $\sin^2 A\cos^2 A$
$= (1 - \cos^2 A)\cos^2 A$
$= \cos^2 A - \cos^4 A =$(右辺)
としてもよい。

(2) (左辺)$= \frac{\sin A}{\cos A} + \frac{\cos A}{\sin A} = \frac{\sin^2 A + \cos^2 A}{\sin A\cos A}$
$= \frac{1}{\sin A\cos A} =$(右辺) 終

⬅ $\frac{A}{B} + \frac{C}{D} = \frac{AD+BC}{BD}$ (通分)

$\sin^2 A + \cos^2 A = 1$ は頻出公式 ➡ フル活用！　$\tan A$ は $\frac{\sin A}{\cos A}$ に直す

211

θ	0°	30°	45°	60°	90°	120°	135°	150°	180°
$\sin\theta$	0	$\frac{1}{2}$	$\frac{1}{\sqrt{2}}$	$\frac{\sqrt{3}}{2}$	1	$\frac{\sqrt{3}}{2}$	$\frac{1}{\sqrt{2}}$	$\frac{1}{2}$	0
$\cos\theta$	1	$\frac{\sqrt{3}}{2}$	$\frac{1}{\sqrt{2}}$	$\frac{1}{2}$	0	$-\frac{1}{2}$	$-\frac{1}{\sqrt{2}}$	$-\frac{\sqrt{3}}{2}$	-1
$\tan\theta$	0	$\frac{1}{\sqrt{3}}$	1	$\sqrt{3}$	／	$-\sqrt{3}$	-1	$-\frac{1}{\sqrt{3}}$	0

⬅ $\theta = 90^\circ$ のとき，$\tan\theta$ の値は定義されない。

212 (1) $\sin 160^\circ = \sin(180^\circ - 20^\circ)$
$= \mathbf{\sin 20^\circ = 0.3420}$

(2) $\cos 102^\circ = \cos(180^\circ - 78^\circ)$
$= \mathbf{-\cos 78^\circ = -0.2079}$

(3) $\tan 123^\circ = \tan(180^\circ - 57^\circ)$
$= \mathbf{-\tan 57^\circ = -1.5399}$

$180^\circ - \theta$ の三角比
$\sin(180^\circ - \theta) = \sin\theta$
$\cos(180^\circ - \theta) = -\cos\theta$
$\tan(180^\circ - \theta) = -\tan\theta$

213 (1) $\sin\theta=\frac{\sqrt{3}}{2}$

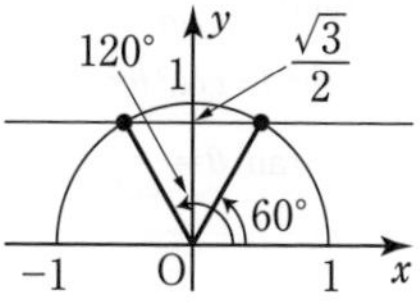

$\boldsymbol{\theta=60°,\ 120°}$

(2) $\cos\theta=-1$

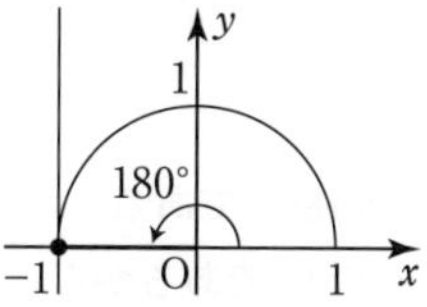

$\boldsymbol{\theta=180°}$

(3) $\tan\theta=-\frac{\sqrt{3}}{3}$

$=-\frac{1}{\sqrt{3}}$

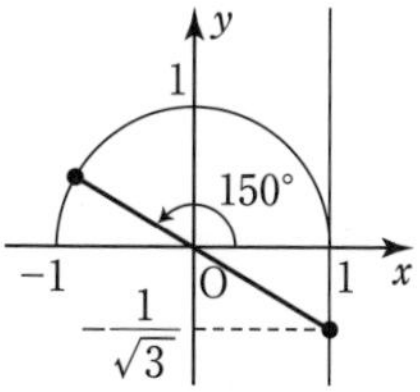

$\boldsymbol{\theta=150°}$

> 三角方程式 ➡ 単位円上で考える
> **sinθ** は ***y*** 座標，**cosθ** は ***x*** 座標，**tanθ** は傾き(直線 ***x*=1** 上の ***y*** 座標)を表す

214 求める角を θ とすると，

$\tan\theta=5$ であるから，三角比の表より

$\boldsymbol{\theta\fallingdotseq 79°}$

⬅ $\tan 78°=4.7046$ ⟩ 0.2954
$\tan\theta\ \ =5$ ⟩ 0.1446
$\tan 79°=5.1446$

> 直線 ***y*=*mx*** と ***x*** 軸の正の向きとのなす角 ***θ*** ➡ ***m*=tanθ**

215 (1) $m=\tan 60°$

$=\boldsymbol{\sqrt{3}}$

(2) $m=\tan 135°$

$=\boldsymbol{-1}$

(3) $m=\tan 150°$

$=\boldsymbol{-\frac{1}{\sqrt{3}}}$

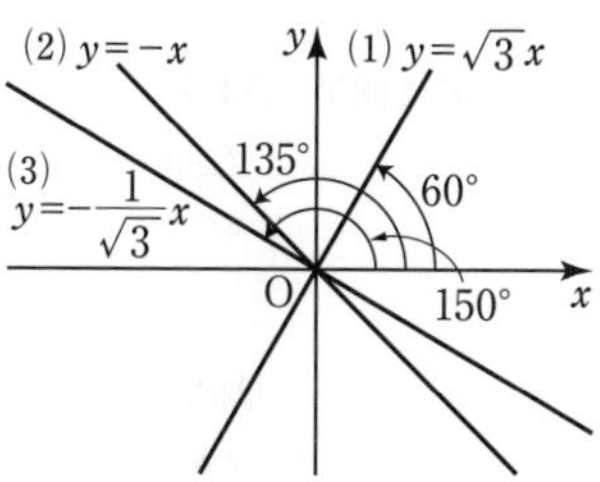

> 直線 ***y*=*mx*** と ***x*** 軸の正の向きとのなす角 ***θ*** ➡ ***m*=tanθ**

216 (1) $\sin^2\theta+\cos^2\theta=1$ から

$$\cos^2\theta=1-\sin^2\theta=1-\left(\frac{\sqrt{3}}{3}\right)^2=\frac{2}{3}$$

$\sin\theta=\frac{\sqrt{3}}{3}>0$ より,

$0°<\theta<90°$ または $90°<\theta<180°$ である。

(i) $0°<\theta<90°$ のとき　$\cos\theta>0$ であるから

$$\cos\theta=\sqrt{\frac{2}{3}}=\frac{\sqrt{6}}{3}$$

$$\tan\theta=\frac{\sin\theta}{\cos\theta}=\frac{\sqrt{3}}{3}\div\frac{\sqrt{6}}{3}=\frac{\sqrt{2}}{2}$$

(ii) $90°<\theta<180°$ のとき　$\cos\theta<0$ であるから

$$\cos\theta=-\frac{\sqrt{6}}{3}$$

$$\tan\theta=\frac{\sqrt{3}}{3}\div\left(-\frac{\sqrt{6}}{3}\right)=-\frac{\sqrt{2}}{2}$$

(2) $\sin^2\theta+\cos^2\theta=1$ から

$$\sin^2\theta=1-\cos^2\theta=1-\left(-\frac{2}{3}\right)^2=\frac{5}{9}$$

$\cos\theta=-\frac{2}{3}<0$ より　$90°<\theta<180°$ である。

よって　$\sin\theta>0$ であるから

$$\sin\theta=\sqrt{\frac{5}{9}}=\frac{\sqrt{5}}{3}$$

$$\tan\theta=\frac{\sin\theta}{\cos\theta}=\frac{\sqrt{5}}{3}\div\left(-\frac{2}{3}\right)=-\frac{\sqrt{5}}{2}$$

(3) $1+\tan^2\theta=\frac{1}{\cos^2\theta}$ から

$$\frac{1}{\cos^2\theta}=1+(-\sqrt{15})^2=16$$

すなわち　$\cos^2\theta=\frac{1}{16}$

$\tan\theta=-\sqrt{15}<0$ より　$90°<\theta<180°$ である。

よって　$\cos\theta<0$ であるから

$$\cos\theta=-\sqrt{\frac{1}{16}}=-\frac{1}{4}$$

また, $\tan\theta=\frac{\sin\theta}{\cos\theta}$ から

$$\sin\theta=\tan\theta\cos\theta$$

$$=-\sqrt{15}\times\left(-\frac{1}{4}\right)=\frac{\sqrt{15}}{4}$$

三角比の相互関係

$\tan\theta=\frac{\sin\theta}{\cos\theta}$

$\sin^2\theta+\cos^2\theta=1$

$1+\tan^2\theta=\frac{1}{\cos^2\theta}$

$90°<\theta<180°$ の三角比 ➡ $\sin\theta>0$, $\cos\theta<0$, $\tan\theta<0$

217 (1) $\cos(90°-\theta)\cos(180°-\theta)$
$+\sin(90°-\theta)\sin(180°-\theta)$
$=\sin\theta(-\cos\theta)+\cos\theta\sin\theta$
$=-\sin\theta\cos\theta+\sin\theta\cos\theta=0$

⬅ $\cos(90°-\theta)=\sin\theta$
$\cos(180°-\theta)=-\cos\theta$
$\sin(90°-\theta)=\cos\theta$
$\sin(180°-\theta)=\sin\theta$

(2) $\sin 125°+\cos 145°+\tan 10°+\tan 170°$
$=\sin(180°-55°)+\cos(180°-35°)$
$+\tan 10°+\tan(180°-10°)$
$=\sin 55°-\cos 35°+\tan 10°-\tan 10°$
$=\sin(90°-35°)-\cos 35°$
$=\cos 35°-\cos 35°=0$

⬅ $\sin(180°-\theta)=\sin\theta$
$\cos(180°-\theta)=-\cos\theta$
$\tan(180°-\theta)=-\tan\theta$

⬅ $\sin(90°-\theta)=\cos\theta$

218 (1) $A+B+C=180°$ から
$A+B=180°-C$
(左辺)$=\sin(A+B)\cos C+\cos(A+B)\sin C$
$=\sin(180°-C)\cos C+\cos(180°-C)\sin C$
$=\sin C\cos C+(-\cos C)\sin C=0=$(右辺)
終

(2) $A+B+C=180°$ から
$B+C=180°-A$
(左辺)$=\tan A+\tan(B+C)$
$=\tan A+\tan(180°-A)$
$=\tan A-\tan A=0=$(右辺) 終

△ABC における証明 ➡ $A+B+C=180°$ を利用する

219 (1)

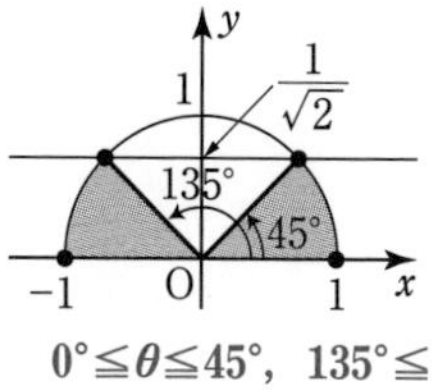

$0°\leqq\theta\leqq 45°$, $135°\leqq\theta\leqq 180°$

⬅ $\sin\theta\leqq\frac{1}{\sqrt{2}}$ より，単位円の半円周上の点で y 座標が $\frac{1}{\sqrt{2}}$ 以下の部分を考える。

(2)

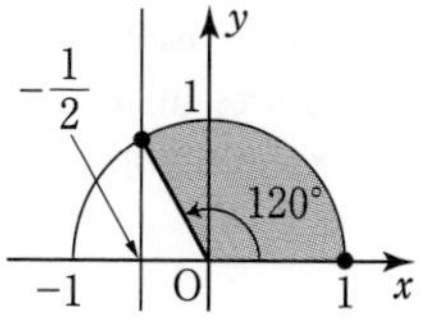

$0°\leqq\theta\leqq 120°$

⬅ $\cos\theta\geqq-\frac{1}{2}$ より，単位円の半円周上で x 座標が $-\frac{1}{2}$ 以上の部分を考える。

4章 図形と計量

(3)

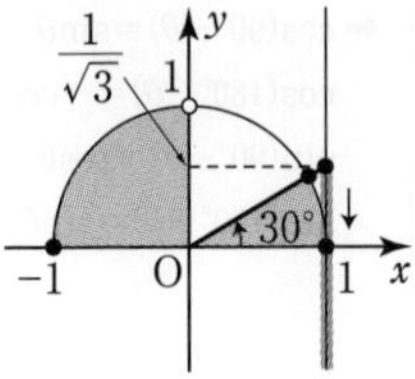

$0° \leqq \theta \leqq 30°,\ 90° < \theta \leqq 180°$

⬅ $\tan\theta \leqq \frac{1}{\sqrt{3}}$ より，直線 $x=1$ 上の点で y 座標(傾き)が $\frac{1}{\sqrt{3}}$ 以下の部分を考える。

⬅ $\tan\theta$ の値が負になるとき，つまり θ が鈍角のとき注意が必要。

三角不等式 ➡ 不等号を等号に置き換えて，境目となる角を求める

220 (1) $\sin\theta+\cos\theta=\frac{\sqrt{3}}{2}$ の両辺を 2 乗して

$$\sin^2\theta+2\sin\theta\cos\theta+\cos^2\theta=\frac{3}{4}$$

⬅ $\sin^2\theta+\cos^2\theta=1$

$$1+2\sin\theta\cos\theta=\frac{3}{4}$$

よって　$\sin\theta\cos\theta=-\frac{1}{8}$

(2) $\sin^3\theta+\cos^3\theta$

$$=(\sin\theta+\cos\theta)(\sin^2\theta-\sin\theta\cos\theta+\cos^2\theta)$$

$$=\frac{\sqrt{3}}{2}\cdot\left\{1-\left(-\frac{1}{8}\right)\right\}=\frac{\sqrt{3}}{2}\cdot\frac{9}{8}=\frac{9\sqrt{3}}{16}$$

⬅ 因数分解
$a^3+b^3=(a+b)(a^2-ab+b^2)$

別解 $\sin^3\theta+\cos^3\theta$

$$=(\sin\theta+\cos\theta)^3-3\sin\theta\cos\theta(\sin\theta+\cos\theta)$$

$$=\left(\frac{\sqrt{3}}{2}\right)^3-3\cdot\left(-\frac{1}{8}\right)\cdot\frac{\sqrt{3}}{2}$$

$$=\frac{3\sqrt{3}}{8}+\frac{3\sqrt{3}}{16}=\frac{9\sqrt{3}}{16}$$

⬅ 対称式の変形
$a^3+b^3=(a+b)^3-3ab(a+b)$

(3) $(\sin\theta-\cos\theta)^2=\sin^2\theta-2\sin\theta\cos\theta+\cos^2\theta$

$$=1-2\sin\theta\cos\theta$$

$$=1-2\cdot\left(-\frac{1}{8}\right)=\frac{5}{4}$$

ゆえに　$\sin\theta-\cos\theta=\pm\frac{\sqrt{5}}{2}$

ここで，$0° \leqq \theta \leqq 180°$ より　$\sin\theta \geqq 0$

(1)から　$\sin\theta\cos\theta<0$ であるから　$\cos\theta<0$

よって，$\sin\theta-\cos\theta>0$ となるから

$$\sin\theta-\cos\theta=\frac{\sqrt{5}}{2}$$

⬅ $(\sin\theta-\cos\theta)^2$ の値を求めているので，$\sin\theta-\cos\theta$ に戻すときに解が適切かどうか調べる。

$\sin\theta+\cos\theta=a$ のとき ➡ 両辺を 2 乗して，まず $\sin\theta\cos\theta$ の値を求める

221 (1) $\cos^2\theta=\sin\theta$ を $\sin^2\theta+\cos^2\theta=1$ に代入すると

$\sin^2\theta+\sin\theta-1=0$

よって　$\sin\theta=\dfrac{-1\pm\sqrt{5}}{2}$

$0°\leqq\theta\leqq180°$ より　$0\leqq\sin\theta\leqq1$

ゆえに　$\sin\theta=\dfrac{-1+\sqrt{5}}{2}$

⬅ $\sin\theta=x$ とおくと $x^2+x-1=0$ の解になる。

(2) $\sin\theta+\cos\theta=\dfrac{1}{5}$ より

$\cos\theta=\dfrac{1}{5}-\sin\theta$

これを $\sin^2\theta+\cos^2\theta=1$ に代入すると

$\sin^2\theta+\left(\dfrac{1}{5}-\sin\theta\right)^2=1$

$\sin^2\theta+\dfrac{1}{25}-\dfrac{2}{5}\sin\theta+\sin^2\theta=1$

$25\sin^2\theta-5\sin\theta-12=0$

$(5\sin\theta+3)(5\sin\theta-4)=0$

よって　$\sin\theta=-\dfrac{3}{5},\ \dfrac{4}{5}$

$0°\leqq\theta\leqq180°$ より　$0\leqq\sin\theta\leqq1$

ゆえに　$\sin\theta=\dfrac{4}{5}$

$\cos\theta=\dfrac{1}{5}-\sin\theta=-\dfrac{3}{5}$

⬅ $\sin\theta=x$ とおくと $25x^2-5x-12=0$ より $(5x+3)(5x-4)=0$ となる。

(別解)　$\sin\theta+\cos\theta=\dfrac{1}{5}$ の両辺を 2 乗して

$\sin^2\theta+2\sin\theta\cos\theta+\cos^2\theta=\dfrac{1}{25}$

整理すると $\sin\theta\cos\theta=-\dfrac{12}{25}$ …①

ここで，$\cos\theta=\dfrac{1}{5}-\sin\theta$ を①に代入すると

$\sin\theta\left(\dfrac{1}{5}-\sin\theta\right)=-\dfrac{12}{25}$

$-\sin^2\theta+\dfrac{1}{5}\sin\theta+\dfrac{12}{25}=0$

$25\sin^2\theta-5\sin\theta-12=0$

として計算してもよい。

4章 図形と計量

222 等式の左辺の分母，分子を $\cos\theta$ $(\cos\theta \neq 0)$ で割ると

$$\frac{1+\dfrac{\sin\theta}{\cos\theta}}{1-\dfrac{\sin\theta}{\cos\theta}}=\frac{1+\tan\theta}{1-\tan\theta}=\sqrt{3}-2 \text{ より}$$

$$1+\tan\theta=(\sqrt{3}-2)(1-\tan\theta)$$

$$(\sqrt{3}-1)\tan\theta=\sqrt{3}-3$$

よって　$\tan\theta=\dfrac{-\sqrt{3}(\sqrt{3}-1)}{\sqrt{3}-1}=-\sqrt{3}$

$0°\leqq\theta\leqq180°$ より　$\boldsymbol{\theta=120°}$

⬅ $\cos\theta=0$ のとき，$\sin\theta=1$ より $\dfrac{\cos\theta+\sin\theta}{\cos\theta-\sin\theta}=\dfrac{0+1}{0-1}\neq\sqrt{3}-2$

⬅ $\dfrac{\dfrac{\cos\theta}{\cos\theta}+\dfrac{\sin\theta}{\cos\theta}}{\dfrac{\cos\theta}{\cos\theta}-\dfrac{\sin\theta}{\cos\theta}}$（$\dfrac{\cos\theta}{\cos\theta}=1$）

⬅ $\sqrt{3}-3=\sqrt{3}-\sqrt{3}\times\sqrt{3}$
$=\sqrt{3}(1-\sqrt{3})$
$=-\sqrt{3}(\sqrt{3}-1)$

223 (1) $2\cos^2\theta+\sin\theta-1=0$

$2(1-\sin^2\theta)+\sin\theta-1=0$

$2\sin^2\theta-\sin\theta-1=0$

$(2\sin\theta+1)(\sin\theta-1)=0$

ここで，$0°\leqq\theta\leqq180°$ より　$\sin\theta\geqq0$ であるから

$2\sin\theta+1>0$

よって　$\sin\theta-1=0$　すなわち　$\sin\theta=1$

したがって　$\boldsymbol{\theta=90°}$

⬅ $\sin\theta$ だけで表す。

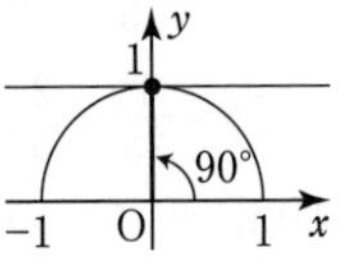

(2) $2\sin^2\theta-\cos\theta-1=0$

$2(1-\cos^2\theta)-\cos\theta-1=0$

$2\cos^2\theta+\cos\theta-1=0$

$(2\cos\theta-1)(\cos\theta+1)=0$

よって　$\cos\theta=\dfrac{1}{2}$ または $\cos\theta=-1$

$0°\leqq\theta\leqq180°$ より

$\cos\theta=\dfrac{1}{2}$ のとき　$\theta=60°$

$\cos\theta=-1$ のとき　$\theta=180°$

ゆえに　$\boldsymbol{\theta=60°,\ 180°}$

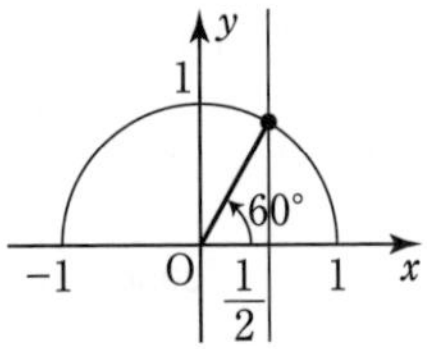

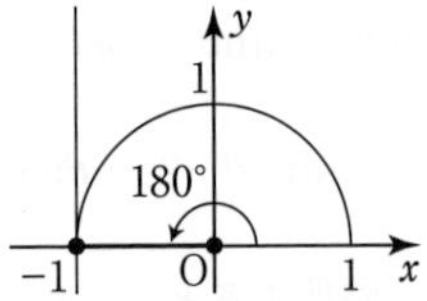

(3) $\tan^2\theta-\tan\theta=0$

$\tan\theta(\tan\theta-1)=0$

よって　$\tan\theta=0$ または $\tan\theta=1$

$0°\leqq\theta\leqq180°$ より

$\tan\theta=0$ のとき　$\theta=0°,\ 180°$

$\tan\theta=1$ のとき　$\theta=45°$

ゆえに　$\boldsymbol{\theta=0°,\ 45°,\ 180°}$

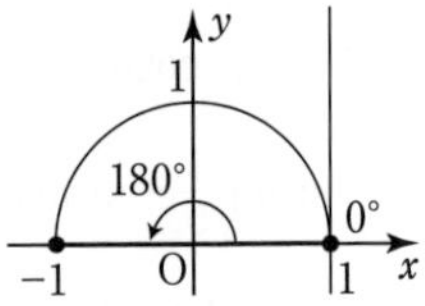

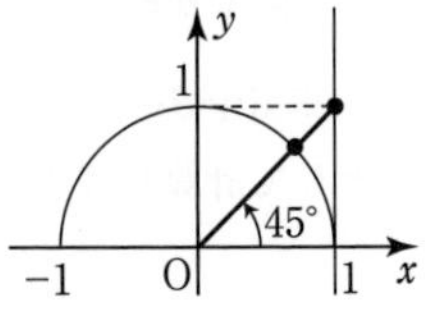

224 (1)

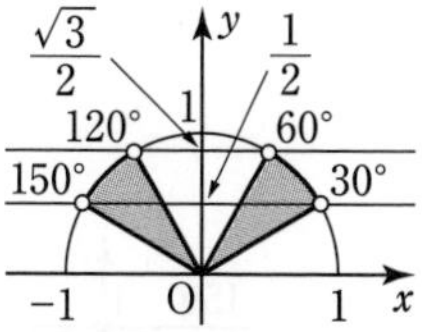

$30° < \theta < 60°$, $120° < \theta < 150°$

← 単位円の半円周上で考える。
$\sin\theta = y$ であるから

$$\frac{1}{2} < y < \frac{\sqrt{3}}{2}$$

となる θ の範囲を求める。

(2)

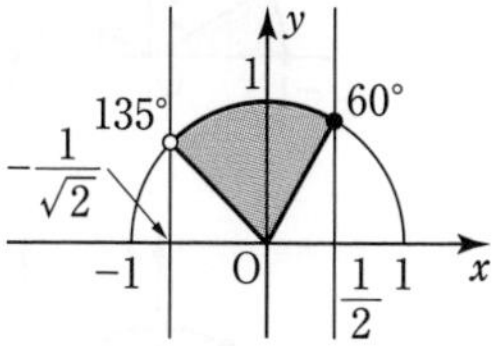

$60° \leqq \theta < 135°$

← 単位円の半円周上で考える。
$\cos\theta = x$ であるから

$$-\frac{1}{\sqrt{2}} < x \leqq \frac{1}{2}$$

となる θ の範囲を求める。

(3)

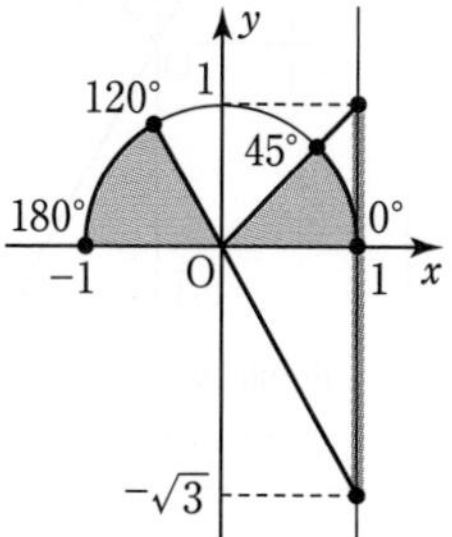

$0° \leqq \theta \leqq 45°$, $120° \leqq \theta \leqq 180°$

← $\tan\theta$ は傾きを表すから
直線 $x=1$ 上の y 座標が

$$-\sqrt{3} \leqq y \leqq 1$$

となる θ の範囲を求める。
鈍角に注意する。

(4) $4\sin^2\theta - 1 > 0$ は $(2\sin\theta)^2 - 1^2 > 0$ より

$(2\sin\theta + 1)(2\sin\theta - 1) > 0$

ここで $0° \leqq \theta \leqq 180°$ より

$\sin\theta \geqq 0$ であるから $2\sin\theta + 1 > 0$

よって $2\sin\theta - 1 > 0$ ゆえに $\sin\theta > \frac{1}{2}$

← $\sin\theta = x$ とすると
$(2x)^2 - 1^2 > 0$
$(2x+1)(2x-1) > 0$

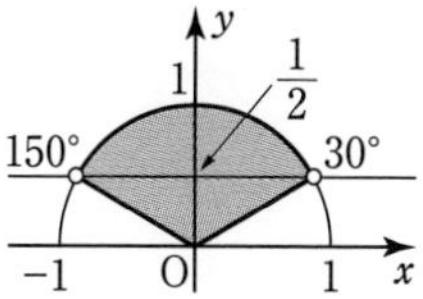

$30° < \theta < 150°$

225 (1) $(\sqrt{2}\cos\theta - 1)\cos\theta < 0$ より

$0 < \cos\theta < \frac{1}{\sqrt{2}}$

よって $45° < \theta < 90°$

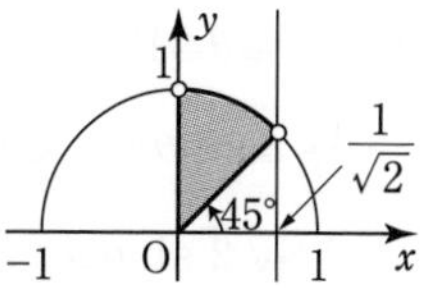

(2) $2\cos^2\theta+3\sin\theta-3\leqq 0$

$2(1-\sin^2\theta)+3\sin\theta-3\leqq 0$

$2\sin^2\theta-3\sin\theta+1\geqq 0$

$(2\sin\theta-1)(\sin\theta-1)\geqq 0$ より

$\sin\theta\leqq\dfrac{1}{2}$，$1\leqq\sin\theta$…①

ここで，$0°\leqq\theta\leqq 180°$ より　$0\leqq\sin\theta\leqq 1$…②

①，②より $0\leqq\sin\theta\leqq\dfrac{1}{2}$，$\sin\theta=1$

よって　$\boldsymbol{0°\leqq\theta\leqq 30°}$，$\boldsymbol{\theta=90°}$，$\boldsymbol{150°\leqq\theta\leqq 180°}$

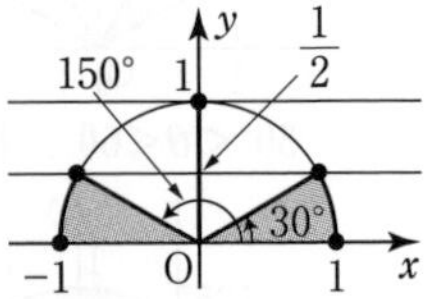

(3) $\tan^2\theta+(\sqrt{3}-1)\tan\theta-\sqrt{3}\geqq 0$

$(\tan\theta+\sqrt{3})(\tan\theta-1)\geqq 0$ より

$\tan\theta\leqq-\sqrt{3}$，$1\leqq\tan\theta$

よって　$\boldsymbol{45°\leqq\theta<90°}$，$\boldsymbol{90°<\theta\leqq 120°}$

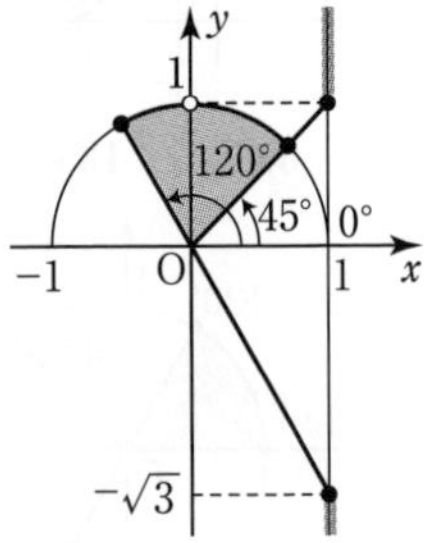

$\theta=90°$ のとき $\tan\theta$ の値は定義されないことに注意する。

$\sin^2\theta$，$\cos^2\theta$ を含む方程式・不等式
➡ $\sin^2\theta+\cos^2\theta=1$ を利用し，$\sin\theta$ か $\cos\theta$ だけで表す

226 (1) $0°\leqq\theta\leqq 180°$ のとき

$-1\leqq\cos\theta\leqq 1$ であるから

$-2\leqq 2\cos\theta\leqq 2$

$-3\leqq 2\cos\theta-1\leqq 1$

よって　$-3\leqq y\leqq 1$

ゆえに　$\cos\theta=1$ のとき最大となり，

$\cos\theta=-1$ のとき最小となる。

このとき，$\cos\theta=1$ より　$\theta=0°$

$\cos\theta=-1$ より　$\theta=180°$

したがって　**最大値 1 ($\theta=0°$ のとき)**

最小値 -3 ($\theta=180°$ のとき)

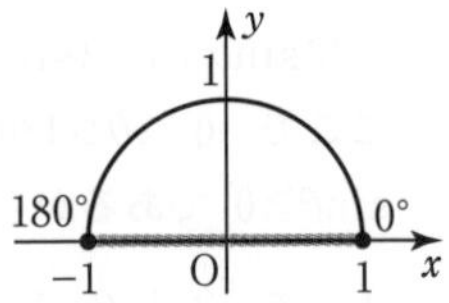

(2) $45°\leqq\theta\leqq 135°$ のとき

$\dfrac{1}{\sqrt{2}}\leqq\sin\theta\leqq 1$ であるから

$1\leqq\sqrt{2}\sin\theta\leqq\sqrt{2}$

$2\leqq\sqrt{2}\sin\theta+1\leqq 1+\sqrt{2}$

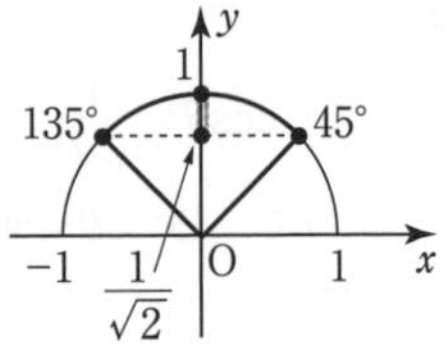

よって　$2 \leqq y \leqq 1+\sqrt{2}$

ゆえに　$\sin\theta=1$ のとき最大となり,

$\sin\theta=\dfrac{1}{\sqrt{2}}$ のとき最小となる。

このとき, $\sin\theta=1$ より　$\theta=90°$

$\sin\theta=\dfrac{1}{\sqrt{2}}$ より　$\theta=45°,\ 135°$

したがって　**最大値 $1+\sqrt{2}$ ($\theta=90°$ のとき)**

最小値 2 ($\theta=45°,\ 135°$ のとき)

227　$y=(1-\sin^2\theta)+\sin\theta=-\sin^2\theta+\sin\theta+1$

$\sin\theta=t$ とおくと

$0° \leqq \theta \leqq 180°$ のとき　$0 \leqq t \leqq 1$…①

与式は　$y=-t^2+t+1=-\left(t-\dfrac{1}{2}\right)^2+\dfrac{5}{4}$

と変形できる。

①から, グラフより　$t=\dfrac{1}{2}$ のとき最大値 $\dfrac{5}{4}$

このとき, $\sin\theta=\dfrac{1}{2}$ より　$\theta=30°,\ 150°$

$t=0,\ 1$ のとき最小値 1

このとき, $\sin\theta=0,\ 1$ より　$\theta=0°,\ 90°,\ 180°$

よって　**$\theta=30°,\ 150°$ のとき　最大値 $\dfrac{5}{4}$**

$\theta=0°,\ 90°,\ 180°$ のとき　最小値 1

⬅ $\cos^2\theta=1-\sin^2\theta$ で $\sin\theta$ だけで表す。

⬅ t の範囲をおさえる。

⬅ 2 次関数の最大・最小はグラフをかいて考える。

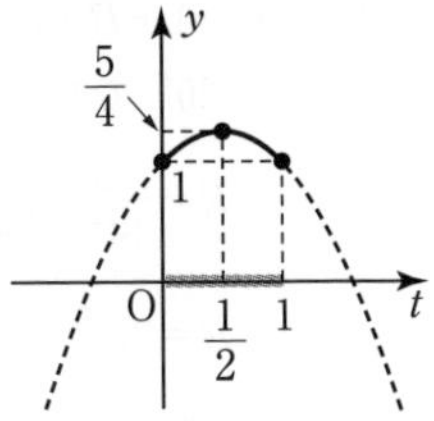

$\sin^2\theta$, $\cos^2\theta$ を含む式の最大・最小 ➡ $\sin^2\theta+\cos^2\theta=1$ を利用し, $\sin\theta=t$ または $\cos\theta=t$ とおいて変形, t の変域に注意

228　(1)　正弦定理から

$$\frac{b}{\sin 45°}=\frac{8}{\sin 30°}$$

よって　$b=\dfrac{8\sin 45°}{\sin 30°}=8\times\dfrac{1}{\sqrt{2}}\div\dfrac{1}{2}=8\sqrt{2}$

また　$2R=\dfrac{8}{\sin 30°}$ であるから

$R=8\div\dfrac{1}{2}\times\dfrac{1}{2}=8$

正弦定理

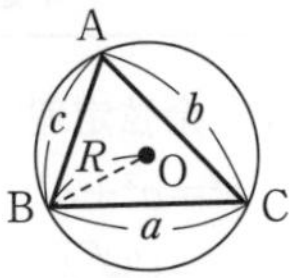

$$\frac{a}{\sin A}=\frac{b}{\sin B}=\frac{c}{\sin C}=2R$$

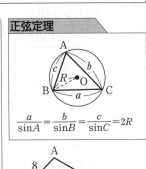

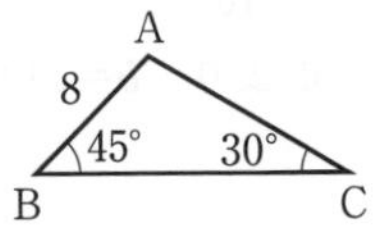

(2) $C=180°-(A+B)$

$=180°-(45°+75°)=60°$ であるから

正弦定理より

$$\frac{6}{\sin 45°}=\frac{c}{\sin 60°}$$

よって $c=\dfrac{6\sin 60°}{\sin 45°}=6\times\dfrac{\sqrt{3}}{2}\div\dfrac{1}{\sqrt{2}}=\mathbf{3\sqrt{6}}$

また $2R=\dfrac{6}{\sin 45°}$ であるから

$$R=6\div\frac{1}{\sqrt{2}}\times\frac{1}{2}=\mathbf{3\sqrt{2}}$$

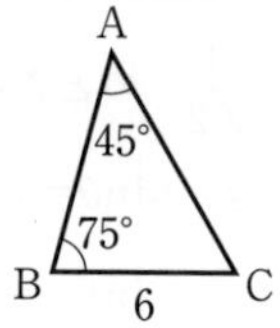

(3) 正弦定理から

$\dfrac{3}{\sin A}=\dfrac{3\sqrt{3}}{\sin 120°}$ より $3\sqrt{3}\sin A=3\sin 120°$

よって $\sin A=\dfrac{\sin 120°}{\sqrt{3}}=\dfrac{\sqrt{3}}{2}\div\sqrt{3}=\dfrac{1}{2}$

ここで $A+B+C=180°$，$C=120°$ より，

$0°<A<60°$ であるから $A=\mathbf{30°}$

また $2R=\dfrac{3\sqrt{3}}{\sin 120°}$ であるから

$$R=3\sqrt{3}\div\frac{\sqrt{3}}{2}\times\frac{1}{2}=\mathbf{3}$$

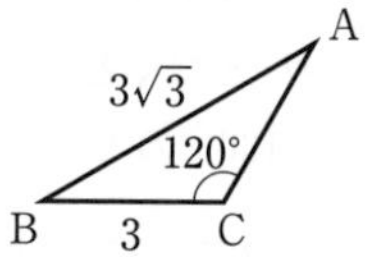

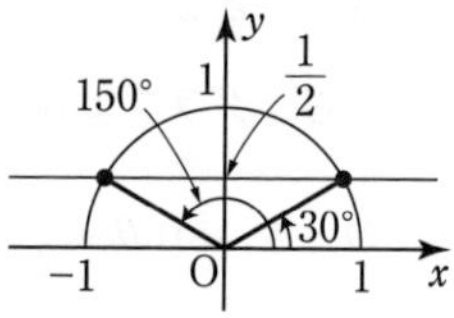

(4) 正弦定理から

$$\frac{5\sqrt{2}}{\sin A}=2\times 5$$

よって $\sin A=\dfrac{\sqrt{2}}{2}\left(=\dfrac{1}{\sqrt{2}}\right)$

$0°<A<180°$ より

$A=\mathbf{45°,\ 135°}$

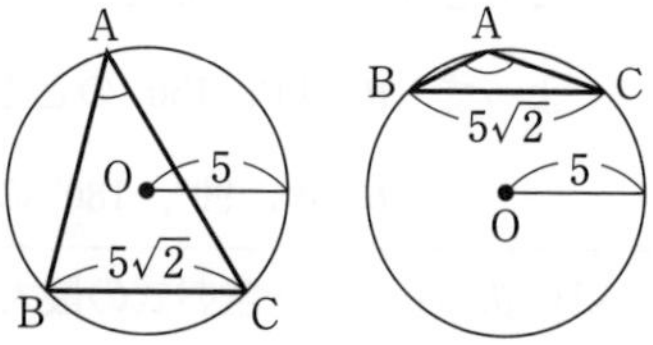

1辺と2つの角がわかっている ➡ 正弦定理を利用

229 (1) 余弦定理から

$b^2=c^2+a^2-2ca\cos B$

$=(3\sqrt{2})^2+2^2-2\cdot 3\sqrt{2}\cdot 2\cdot\cos 45°$

$=18+4-12$

$=10$

$b>0$ より $b=\mathbf{\sqrt{10}}$

余弦定理

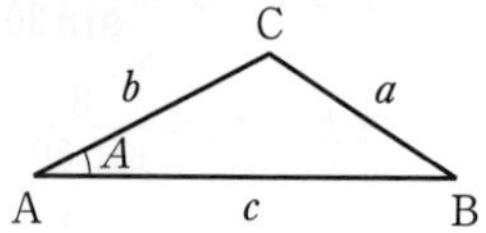

$a^2=b^2+c^2-2bc\cos A$
$b^2=c^2+a^2-2ca\cos B$
$c^2=a^2+b^2-2ab\cos C$

(2) 余弦定理から

$c^2=a^2+b^2-2ab\cos C$

$4^2=a^2+(2\sqrt{3})^2-2\cdot a\cdot 2\sqrt{3}\cdot\cos 150°$

$16=a^2+12+6a$

よって　$a^2+6a-4=0$

$a=-3\pm\sqrt{13}$

$a>0$ より　$\boldsymbol{a=-3+\sqrt{13}}$

(3) 余弦定理から

$\cos B=\dfrac{c^2+a^2-b^2}{2ca}$

$=\dfrac{(\sqrt{2})^2+1^2-(\sqrt{5})^2}{2\cdot\sqrt{2}\cdot 1}$

$=\dfrac{-2}{2\sqrt{2}}=-\dfrac{1}{\sqrt{2}}$

$0°<B<180°$ より　$\boldsymbol{B=135°}$

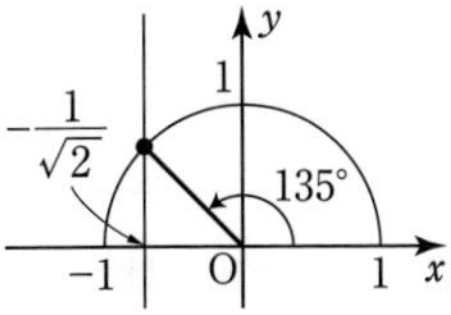

(4) 余弦定理から

$\cos A=\dfrac{b^2+c^2-a^2}{2bc}$

$=\dfrac{(\sqrt{2})^2+(1+\sqrt{3})^2-2^2}{2\cdot\sqrt{2}\cdot(1+\sqrt{3})}$

$=\dfrac{2+2\sqrt{3}}{2\sqrt{2}(1+\sqrt{3})}$

$=\dfrac{2(1+\sqrt{3})}{2\sqrt{2}(1+\sqrt{3})}=\dfrac{1}{\sqrt{2}}$

$0°<A<180°$ より　$\boldsymbol{A=45°}$

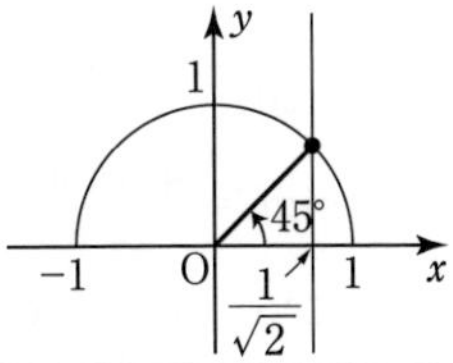

> 2辺と1つの角
> または　3辺　} がわかっている ➡ 余弦定理を利用

230 (1) $a<b<c$ より　C が最大角である。

ここで，$6^2>3^2+4^2$ であるから　$c^2>a^2+b^2$

よって　$C>90°$ より　**鈍角三角形**

(2) $b<c<a$ より　A が最大角である。

ここで，$10^2<7^2+8^2$ であるから　$a^2<b^2+c^2$

よって　$A<90°$ より　**鋭角三角形**

(3) $c<a<b$ より　B が最大角である。

ここで，$13^2=5^2+12^2$ であるから　$b^2=c^2+a^2$

よって　$B=90°$ より　**直角三角形**

⬅ 最大角に着目する。

⬅ $\cos C=\dfrac{a^2+b^2-c^2}{2ab}$ であるから

C が鈍角のとき

$\cos C<0 \iff a^2+b^2-c^2<0$

$\iff c^2>a^2+b^2$

⬅ 三平方の定理が成り立つ。

231 (1) $a<b<c$ より，C が最大角である。

余弦定理から

$$\cos C=\frac{(\sqrt{3})^2+(\sqrt{6})^2-(\sqrt{15})^2}{2\cdot\sqrt{3}\cdot\sqrt{6}}=\frac{3+6-15}{6\sqrt{2}}$$

$$=\frac{-6}{6\sqrt{2}}=-\frac{1}{\sqrt{2}}$$

$0°<C<180°$ であるから　$\boldsymbol{C=135°}$

(2) 正弦定理から

$$2R=\frac{\sqrt{15}}{\sin 135°}$$

よって　$R=\sqrt{15}\div\frac{1}{\sqrt{2}}\times\frac{1}{2}=\frac{\sqrt{30}}{2}$

⬅ $\cos C=\frac{a^2+b^2-c^2}{2ab}$

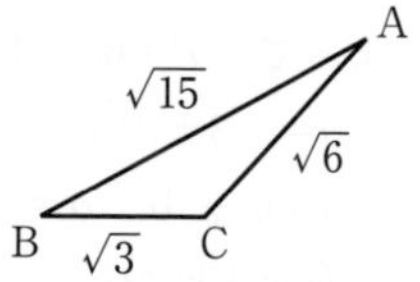

⬅ $2R=\frac{c}{\sin C}$

三角形の最大角 ➡ 最大辺の対角が最大角

232 (1) 余弦定理から

$$a^2=(2+2\sqrt{3})^2+4^2-2\cdot(2+2\sqrt{3})\cdot 4\cdot\cos 60°$$

$$=4+8\sqrt{3}+12+16-8(2+2\sqrt{3})\cdot\frac{1}{2}=24$$

$a>0$ より　$a=\sqrt{24}=2\sqrt{6}$

正弦定理から

$\frac{2\sqrt{6}}{\sin 60°}=\frac{4}{\sin C}$ より

$$\sin C=\frac{4\sin 60°}{2\sqrt{6}}=\frac{2}{\sqrt{6}}\times\frac{\sqrt{3}}{2}=\frac{1}{\sqrt{2}}$$

ここで　$A+B+C=180°$，$A=60°$ より

$0°<C<120°$ であるから　$C=45°$

ゆえに　$B=180°-(A+C)$

$=180°-(60°+45°)=75°$

したがって　$\boldsymbol{a=2\sqrt{6}}$，$\boldsymbol{B=75°}$，$\boldsymbol{C=45°}$

⬅ 2 辺とそのはさむ角がわかっている。

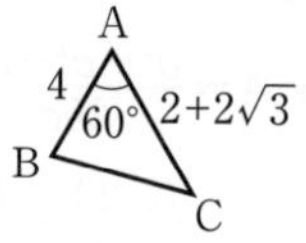

(2) 正弦定理から

$\frac{\sqrt{2}}{\sin 30°}=\frac{2}{\sin C}$ より

$$\sin C=\frac{2\sin 30°}{\sqrt{2}}=\frac{2}{\sqrt{2}}\times\frac{1}{2}=\frac{1}{\sqrt{2}}$$

ここで　$A+B+C=180°$，$B=30°$ より

$0°<C<150°$ であるから　$C=45°$ または $135°$

⬅ 2 辺と 1 対角がわかっていて，他の角を求める。

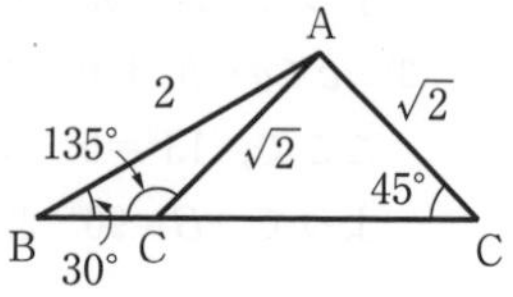

(i)　$C=45°$ のとき

$A=180°-(30°+45°)=105°$

余弦定理から

$2^2=a^2+(\sqrt{2})^2-2\cdot a\cdot\sqrt{2}\cdot\cos 45°$

これを整理して　$a^2-2a-2=0$

$$a=\frac{-(-1)\pm\sqrt{(-1)^2-1\cdot(-2)}}{1}=1\pm\sqrt{3}$$

$a>0$ より　$a=1+\sqrt{3}$

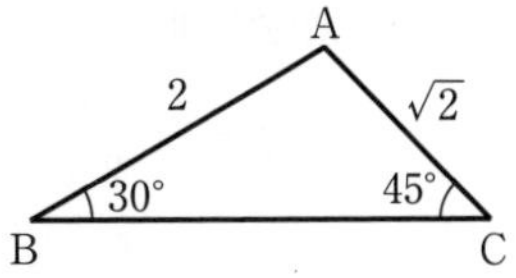

⬅ $ax^2+2b'x+c=0$ の解は

$x=\dfrac{-b'\pm\sqrt{b'^2-ac}}{a}$

(ii)　$C=135°$ のとき

$A=180°-(30°+135°)=15°$

余弦定理から

$2^2=a^2+(\sqrt{2})^2-2\cdot a\cdot\sqrt{2}\cdot\cos 135°$

これを整理して　$a^2+2a-2=0$

$$a=\frac{-1\pm\sqrt{1^2-1\cdot(-2)}}{1}=-1\pm\sqrt{3}$$

$a>0$ より　$a=-1+\sqrt{3}$

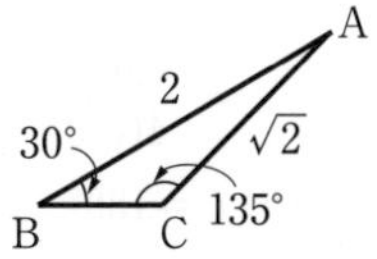

(i), (ii)から　$\boldsymbol{a=1+\sqrt{3}}$，$\boldsymbol{A=105°}$，$\boldsymbol{C=45°}$

または　$\boldsymbol{a=-1+\sqrt{3}}$，$\boldsymbol{A=15°}$，$\boldsymbol{C=135°}$

(別解)　余弦定理から

⬅ 2辺と1対角がわかっていて，第3辺を求める。

⬅ $b^2=c^2+a^2-2ca\cos B$

$(\sqrt{2})^2=2^2+a^2-2\cdot2\cdot a\cdot\cos 30°$

$a^2-2\sqrt{3}a+2=0$

$$a=\frac{-(-\sqrt{3})\pm\sqrt{(-\sqrt{3})^2-1\cdot2}}{1}=\sqrt{3}\pm1$$

正弦定理から

$$\frac{\sqrt{2}}{\sin 30°}=\frac{2}{\sin C}$$

よって，$\sin C=\dfrac{2\sin 30°}{\sqrt{2}}=\dfrac{2}{\sqrt{2}}\times\dfrac{1}{2}=\dfrac{1}{\sqrt{2}}$

$0°<C<150°$ より

$C=45°,\ 135°$　このとき　$A=105°,\ 15°$

(i)　$a=\sqrt{3}+1$ のとき

$b<c<a$ より　$B<C<A$ であるから

$C=45°$，$A=105°$

(ii)　$a=\sqrt{3}-1$ のとき

$a<b<c$ より　$A<B<C$ であるから

$A=15°$，$C=135°$

ゆえに　$\boldsymbol{a=\sqrt{3}+1}$，$\boldsymbol{A=105°}$，$\boldsymbol{C=45°}$

または　$\boldsymbol{a=\sqrt{3}-1}$，$\boldsymbol{A=15°}$，$\boldsymbol{C=135°}$

(3) 余弦定理から

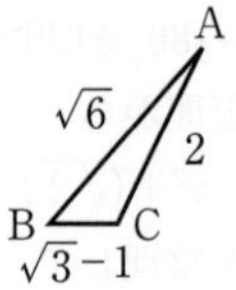

$$\cos B = \frac{(\sqrt{6})^2 + (\sqrt{3}-1)^2 - 2^2}{2 \cdot \sqrt{6} \cdot (\sqrt{3}-1)}$$

$$= \frac{6 - 2\sqrt{3}}{2\sqrt{6}(\sqrt{3}-1)}$$

$$= \frac{2\sqrt{3}(\sqrt{3}-1)}{2\sqrt{6}(\sqrt{3}-1)} = \frac{1}{\sqrt{2}}$$

$0° < B < 180°$ より $B = 45°$

$$\cos C = \frac{(\sqrt{3}-1)^2 + 2^2 - (\sqrt{6})^2}{2 \cdot (\sqrt{3}-1) \cdot 2} = \frac{2 - 2\sqrt{3}}{4(\sqrt{3}-1)}$$

$$= \frac{-2(\sqrt{3}-1)}{4(\sqrt{3}-1)} = -\frac{1}{2}$$

$A + B + C = 180°$, $B = 45°$ より $0° < C < 135°$

よって $C = 120°$

$A = 180° - (B + C) = 180° - (45° + 120°) = 15°$

(4) $A = 180° - (45° + 120°) = 15°$

正弦定理から

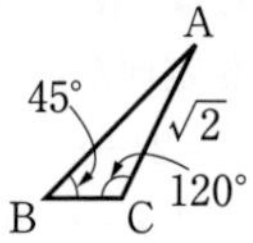

$$\frac{c}{\sin 120°} = \frac{\sqrt{2}}{\sin 45°}$$

$$c = \frac{\sqrt{2}\sin 120°}{\sin 45°} = \sqrt{2} \times \frac{\sqrt{3}}{2} \div \frac{1}{\sqrt{2}} = \sqrt{3}$$

余弦定理から

$$(\sqrt{3})^2 = a^2 + (\sqrt{2})^2 - 2 \cdot a \cdot \sqrt{2}\cos 120°$$

$$3 = a^2 + 2 - 2\sqrt{2}\,a \cdot \left(-\frac{1}{2}\right)$$

$$a^2 + \sqrt{2}\,a - 1 = 0$$

$$a = \frac{-\sqrt{2} \pm \sqrt{(\sqrt{2})^2 - 4 \cdot 1 \cdot (-1)}}{2 \cdot 1}$$

$$= \frac{-\sqrt{2} \pm \sqrt{6}}{2}$$

$a > 0$ であるから $a = \dfrac{-\sqrt{2} + \sqrt{6}}{2}$

←3辺がわかっている。

←$6 - 2\sqrt{3} = 2\sqrt{3} \cdot \sqrt{3} - 2\sqrt{3}$
$= 2\sqrt{3}(\sqrt{3}-1)$

←正弦定理で $\sin C$ を求めても
よい。

←$\cos A$ で考えると計算が途中で
止まってしまう（$A = 15°$ のため）。
B, C で考えるとよい。

←1辺と2つの角がわかっている。

←$c^2 = a^2 + b^2 - 2ab\cos C$

←係数がルートであっても，解の
公式に代入する。

三角形の要素を求めるとき

・1辺と2つの角がわかっている　➡　正弦定理

・2辺とその間の角がわかっている ⎫
・3辺がわかっている　　　　　　 ⎬ ➡　余弦定理

・2辺と1対角がわかっている　➡ ⎰ 第3辺を求めるなら余弦定理で2次方程式
　　　　　　　　　　　　　　　　 ⎱ 他の角を求めるなら正弦定理で

233 右の図のように考えて

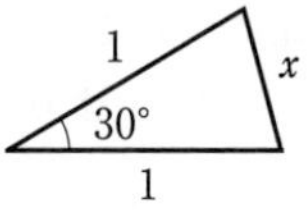

余弦定理から

$x^2=1^2+1^2-2\cdot1\cdot1\cdot\cos 30°$

$\quad=2-\sqrt{3}$

$x>0$ より

$x=\sqrt{2-\sqrt{3}}=\sqrt{\dfrac{4-2\sqrt{3}}{2}}$

$\quad=\dfrac{\sqrt{3}-1}{\sqrt{2}}=\dfrac{\sqrt{6}-\sqrt{2}}{2}$

よって，求める長さは

$\dfrac{\sqrt{6}-\sqrt{2}}{2}\times12=\mathbf{6(\sqrt{6}-\sqrt{2})}$

⬅ 正十二角形を 12 個の二等辺三角形に切り分けたうちの1つ

⬅ $a>b>0$ のとき
$\sqrt{(a+b)-2\sqrt{ab}}=\sqrt{(\sqrt{a}-\sqrt{b})^2}$
$=\sqrt{a}-\sqrt{b}$

234 (1) △ABC において，余弦定理から

$BC^2=6^2+4^2-2\cdot6\cdot4\cdot\cos 60°=28$

$BC>0$ より　$BC=2\sqrt{7}$

よって　$\cos B=\dfrac{6^2+(2\sqrt{7})^2-4^2}{2\cdot6\cdot2\sqrt{7}}=\mathbf{\dfrac{2}{\sqrt{7}}}$

(2) $BM=\dfrac{1}{2}BC=\sqrt{7}$ より，

△ABM に余弦定理を用いると

$AM^2=6^2+(\sqrt{7})^2-2\cdot6\cdot\sqrt{7}\cdot\cos B$

$\quad=36+7-24=19$

$AM>0$ より　$\mathbf{AM=\sqrt{19}}$

別解

△ABC において，余弦定理から

$BC^2=6^2+4^2-2\cdot6\cdot4\cdot\cos 60°=28$

$BC>0$ より　$BC=2\sqrt{7}$

よって　$BM=CM=\sqrt{7}$

$\angle AMB=\theta$ とすると　$\angle AMC=180°-\theta$

△AMB と △AMC に余弦定理を用いて

$6^2=AM^2+(\sqrt{7})^2-2\cdot AM\cdot\sqrt{7}\cdot\cos\theta$ …①

$4^2=AM^2+(\sqrt{7})^2-2\cdot AM\cdot\sqrt{7}\cdot\cos(180°-\theta)$ …②

ここで，$\cos(180°-\theta)=-\cos\theta$ であるから

①＋②より　$52=2AM^2+14$

$AM^2=19$

$AM>0$ より　$\mathbf{AM=\sqrt{19}}$

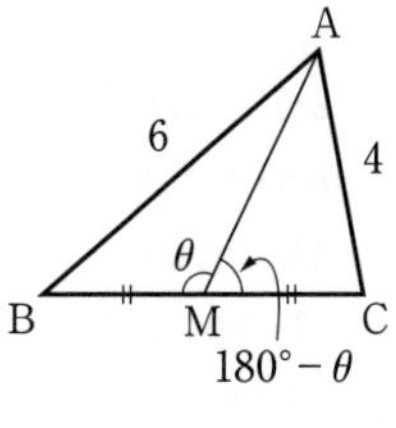

(参考)

中線定理

$AB^2+AC^2=2(AM^2+BM^2)$

中線の長さ ➡ 2つの三角形に余弦定理を利用

235 ∠A の二等分線と対辺の比について

BD：DC＝AB：AC＝12：15＝4：5 より

$BD=\frac{4}{4+5}BC=8 \qquad DC=BC-BD=18-8=10$

∠ADB＝θ とすると　∠ADC＝$180^\circ-\theta$

△ADB と △ADC に余弦定理を用いて

$12^2=AD^2+8^2-2\cdot AD\cdot 8\cdot\cos\theta$ …①

$15^2=AD^2+10^2-2\cdot AD\cdot 10\cdot\cos(180^\circ-\theta)$ …②

ここで，$\cos(180^\circ-\theta)=-\cos\theta$ より

①より　$80=AD^2-16AD\cos\theta$

$400=5AD^2-80AD\cos\theta$ …③

②より　$125=AD^2+20AD\cos\theta$

$500=4AD^2+80AD\cos\theta$ …④

③＋④より　$900=9AD^2$

$AD^2=100$

AD＞0 より　**AD＝10**

(別)(解)

[1. ∠BAD と ∠CAD に着目する]

BD＝8，DC＝10 までは同様。

∠BAD＝∠CAD＝θ とする。

△ABD と △ACD に余弦定理を用いて

$$\cos\theta=\frac{12^2+AD^2-8^2}{2\cdot 12\cdot AD}=\frac{80+AD^2}{2\cdot 12\cdot AD}$$

$$\cos\theta=\frac{15^2+AD^2-10^2}{2\cdot 15\cdot AD}=\frac{125+AD^2}{2\cdot 15\cdot AD}$$ より

$$\frac{80+AD^2}{2\cdot 12\cdot AD}=\frac{125+AD^2}{2\cdot 15\cdot AD}$$

$5(80+AD^2)=4(125+AD^2)$

$AD^2=100$

AD＞0 より　**AD＝10**

[2. △ABD と △ABC に着目する]

BD＝8 までは同様。

∠ABD＝θ とする。

△ABD と △ABC に余弦定理を用いて

$$\cos\theta=\frac{12^2+8^2-AD^2}{2\cdot 12\cdot 8}=\frac{208-AD^2}{2\cdot 12\cdot 8}$$

$$\cos\theta=\frac{12^2+18^2-15^2}{2\cdot 12\cdot 18}=\frac{243}{2\cdot 12\cdot 18}$$ より

角の二等分線と線分の比

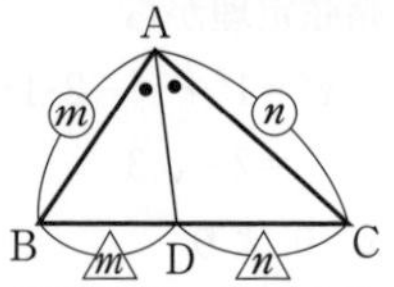

BD：DC＝AB：AC

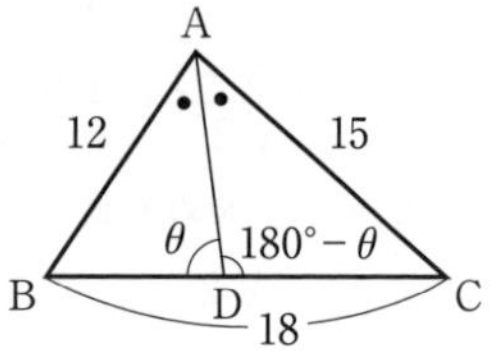

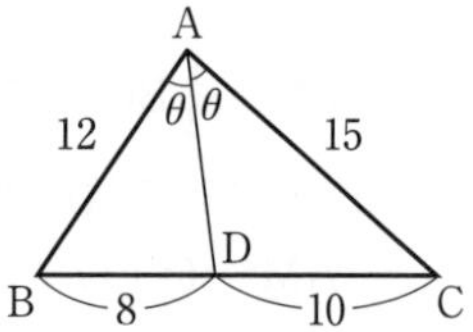

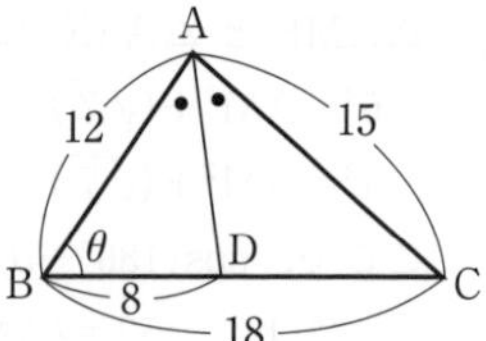

$$\frac{208-\mathrm{AD}^2}{2\cdot12\cdot8}=\frac{243}{2\cdot12\cdot18}$$

$$9(208-\mathrm{AD}^2)=4\cdot243$$

$$208-\mathrm{AD}^2=108$$

$$\mathrm{AD}^2=100$$

$\mathrm{AD}>0$ より　$\mathbf{AD=10}$

頂角がわからない角の二等分線の長さ ➡ 2つの三角形に余弦定理を利用

236 (1)　$S=\frac{1}{2}\cdot6\cdot8\cdot\sin30^\circ$

$$=\frac{1}{2}\cdot6\cdot8\cdot\frac{1}{2}=\mathbf{12}$$

(2)　$C=180^\circ-(A+B)$

$$=180^\circ-(15^\circ+45^\circ)=120^\circ$$ より

$$S=\frac{1}{2}\cdot4\cdot5\cdot\sin120^\circ$$

$$=\frac{1}{2}\cdot4\cdot5\cdot\frac{\sqrt{3}}{2}=\mathbf{5\sqrt{3}}$$

三角形の面積

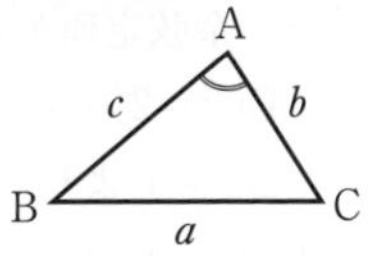

$$S=\frac{1}{2}bc\sin A$$

$$=\frac{1}{2}ca\sin B$$

$$=\frac{1}{2}ab\sin C$$

237 (1)　余弦定理から

$$\cos C=\frac{4^2+7^2-9^2}{2\cdot4\cdot7}=-\frac{2}{7}$$

$\sin C>0$ より

$$\sin C=\sqrt{1-\cos^2 C}$$

$$=\sqrt{1-\left(-\frac{2}{7}\right)^2}=\frac{3\sqrt{5}}{7}$$

よって

$$S=\frac{1}{2}ab\sin C=\frac{1}{2}\cdot4\cdot7\cdot\frac{3\sqrt{5}}{7}=\mathbf{6\sqrt{5}}$$

⬅ 計算しやすいように
分母を小さくするため，
$a<b<c$ より
$\cos C=\frac{a^2+b^2-c^2}{2ab}$ を使う。

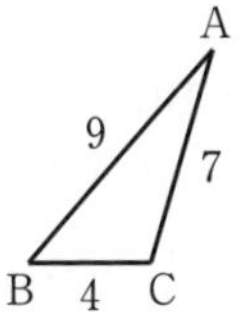

(2)　余弦定理から

$$\cos B=\frac{6^2+7^2-8^2}{2\cdot6\cdot7}=\frac{1}{4}$$

$\sin B>0$ より

$$\sin B=\sqrt{1-\cos^2 B}$$

$$=\sqrt{1-\left(\frac{1}{4}\right)^2}=\frac{\sqrt{15}}{4}$$

よって

$$S=\frac{1}{2}ca\sin B=\frac{1}{2}\cdot6\cdot7\cdot\frac{\sqrt{15}}{4}=\mathbf{\frac{21\sqrt{15}}{4}}$$

⬅ 計算しやすいように
分母を小さくするため，
$c<a<b$ より
$\cos B=\frac{c^2+a^2-b^2}{2ca}$ を使う。

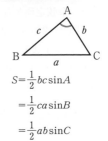

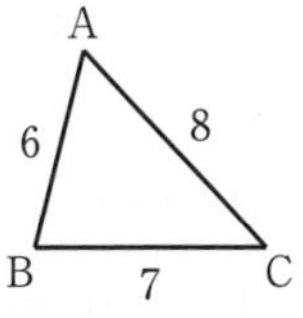

238 AD$=x$ とおく。

$\triangle$ABC$=\triangle$ABD$+\triangle$ACD であるから

$\frac{1}{2}\cdot 2\cdot 6\cdot \sin 60°$

$=\frac{1}{2}\cdot 2\cdot x\cdot \sin 30°+\frac{1}{2}\cdot 6\cdot x\cdot \sin 30°$

すなわち　$3\sqrt{3}=\frac{1}{2}x+\frac{3}{2}x$ より　$2x=3\sqrt{3}$

よって　$x=\mathrm{AD}=\boldsymbol{\frac{3\sqrt{3}}{2}}$

また，余弦定理から

$\mathrm{BC}^2=2^2+6^2-2\cdot 2\cdot 6\cos 60°=28$

BC>0 より　BC$=2\sqrt{7}$

AD は ∠A の二等分線であるから，

BD：DC＝AB：AC＝2：6＝1：3 より

$\mathrm{BD}=\frac{1}{1+3}\mathrm{BC}=\boldsymbol{\frac{\sqrt{7}}{2}}$

$\mathrm{DC}=\mathrm{BC}-\mathrm{BD}=2\sqrt{7}-\frac{\sqrt{7}}{2}=\boldsymbol{\frac{3\sqrt{7}}{2}}$

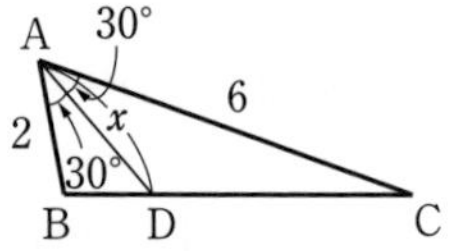

角の二等分線と線分の比

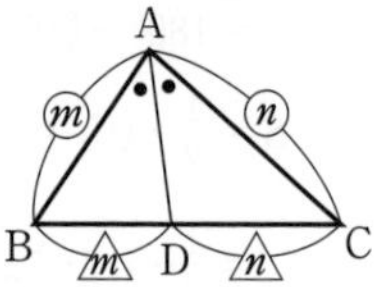

BD：DC＝AB：AC

角の二等分線の長さ ➡ 面積を利用

239 (1)　$S=2\times\triangle\mathrm{ABC}$

$=2\times\frac{1}{2}\cdot 5\cdot 3\cdot \sin 45°$

$=15\cdot\frac{1}{\sqrt{2}}=\boldsymbol{\frac{15\sqrt{2}}{2}}$

⬅ $\triangle$ABC≡$\triangle$CDA

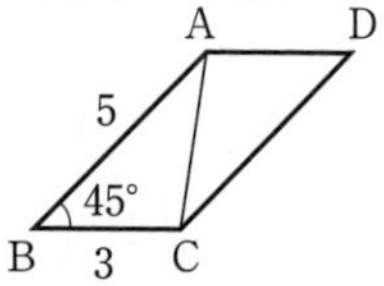

(2)　AC と BD の交点を O とすると

$S=2\times\triangle\mathrm{OAB}+2\times\triangle\mathrm{OBC}$

$=2\times\frac{1}{2}\cdot 3\cdot 4\cdot \sin 30°+2\times\frac{1}{2}\cdot 4\cdot 3\cdot \sin 150°$

$=12\cdot\frac{1}{2}+12\cdot\frac{1}{2}=\mathbf{12}$

⬅ 平行四辺形の対角線は互いに他方を 2 等分する。

また，∠BOC＝180°−30°＝150°

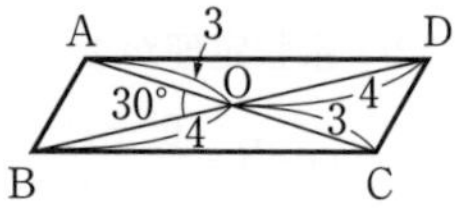

(別解)　$\triangle$OAB と $\triangle$OBC の面積は等しいから

$S=4\times\triangle\mathrm{OAB}=4\cdot\frac{1}{2}\cdot 3\cdot 4\cdot \sin 30°=\mathbf{12}$

240 (1)　$\triangle$ABC に余弦定理を用いると

$\mathrm{AC}^2=2^2+(\sqrt{3}+1)^2-2\cdot 2\cdot(\sqrt{3}+1)\cdot\cos 60°$

$=4+3+2\sqrt{3}+1-4(\sqrt{3}+1)\cdot\frac{1}{2}=6$

AC>0 より　AC$=\boldsymbol{\sqrt{6}}$

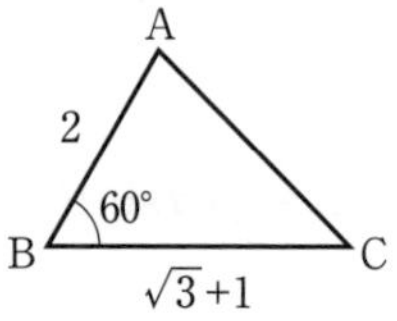

(2) △ABC に正弦定理を用いると

$$\frac{2}{\sin\angle\mathrm{ACB}}=\frac{\sqrt{6}}{\sin 60^\circ}$$

$$\sin\angle\mathrm{ACB}=\frac{2\sin 60^\circ}{\sqrt{6}}=\frac{2}{\sqrt{6}}\cdot\frac{\sqrt{3}}{2}=\frac{1}{\sqrt{2}}$$

$\angle\mathrm{ACB}<\angle\mathrm{DCB}=75^\circ$ であるから

$\angle\mathrm{ACB}=\mathbf{45^\circ}$

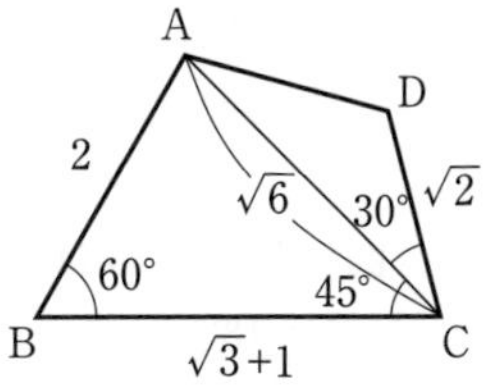

(3) $S=\triangle\mathrm{ABC}+\triangle\mathrm{ACD}$

$$=\frac{1}{2}\cdot 2\cdot(\sqrt{3}+1)\cdot\sin 60^\circ$$

$$+\frac{1}{2}\cdot\sqrt{6}\cdot\sqrt{2}\cdot\sin 30^\circ$$

⬅ $\angle\mathrm{ACD}=75^\circ-45^\circ=30^\circ$

$$=(\sqrt{3}+1)\cdot\frac{\sqrt{3}}{2}+\sqrt{3}\cdot\frac{1}{2}=\frac{3}{2}+\frac{\sqrt{3}}{2}+\frac{\sqrt{3}}{2}$$

$$=\mathbf{\frac{3}{2}+\sqrt{3}}$$

四角形の面積 ➡ 2つの三角形の面積の和として求める

241 (1) △ABC に余弦定理を用いると

$\mathrm{AC}^2=8^2+5^2-2\cdot 8\cdot 5\cdot\cos 60^\circ=49$

$\mathrm{AC}>0$ より

$\mathrm{AC}=\mathbf{7}$

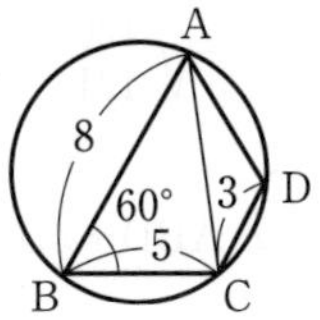

(2) 四角形 ABCD は円に内接しているから

$\angle\mathrm{ADC}=180^\circ-60^\circ=120^\circ$

⬅ 対角の和は 180°

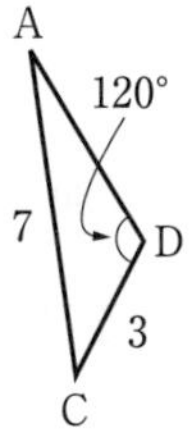

$\mathrm{AD}=x$ とおいて，△ACD に余弦定理を用いると

⬅ 2 辺と 1 対角がわかっているから，第 3 辺は余弦定理で 2 次方程式を作る。

$7^2=x^2+3^2-2\cdot x\cdot 3\cdot\cos 120^\circ$

$x^2+3x-40=0$

$(x+8)(x-5)=0$

$x>0$ より　$x=5$

よって　$\mathrm{AD}=\mathbf{5}$

(3) $S=\triangle\mathrm{ABC}+\triangle\mathrm{ACD}$

$$=\frac{1}{2}\cdot 8\cdot 5\cdot\sin 60^\circ+\frac{1}{2}\cdot 5\cdot 3\cdot\sin 120^\circ$$

$$=10\sqrt{3}+\frac{15}{4}\sqrt{3}=\mathbf{\frac{55\sqrt{3}}{4}}$$

円に内接する四角形

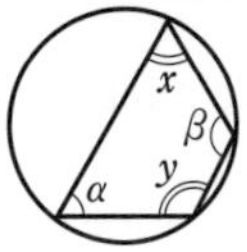

$\alpha+\beta=180^\circ$，$x+y=180^\circ$

円に内接する四角形 ➡ 対角の和が 180°

242 (1) △ABD に余弦定理を用いると

$BD^2=5^2+2^2-2\cdot5\cdot2\cdot\cos A$

$=29-20\cos A$ …①

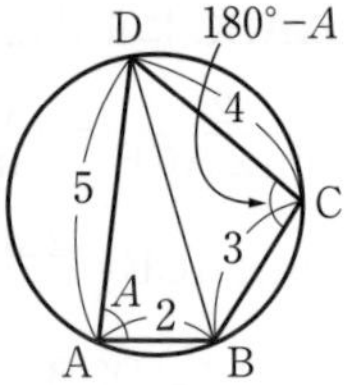

四角形 ABCD は円に内接しているから

$C=180°-A$

△BCD に余弦定理を用いると

$BD^2=4^2+3^2-2\cdot4\cdot3\cdot\cos C$

$=25-24\cos(180°-A)$

$=25+24\cos A$ …②

⬅ 共通な辺 BD に対して余弦定理を適用する。

⬅ $\cos(180°-A)=-\cos A$

①，②より

$$29-20\cos A=25+24\cos A$$

よって　$\cos A=\dfrac{4}{44}=\mathbf{\dfrac{1}{11}}$

(2) $0°<A<180°$ から $\sin A>0$ より

$\sin A=\sqrt{1-\cos^2 A}$

$=\sqrt{1-\left(\dfrac{1}{11}\right)^2}$

$=\sqrt{\dfrac{120}{121}}=\dfrac{2\sqrt{30}}{11}$

⬅ $\sin^2 A+\cos^2 A=1$

よって

$S=\triangle ABD+\triangle BCD$

$=\dfrac{1}{2}\cdot5\cdot2\sin A+\dfrac{1}{2}\cdot4\cdot3\sin(180°-A)$

$=5\sin A+6\sin A$

$=11\sin A=11\cdot\dfrac{2\sqrt{30}}{11}=\mathbf{2\sqrt{30}}$

⬅ $\sin(180°-A)=\sin A$

円に内接する四角形 ➡ 対角の和が 180°

243 $a:b:c=3:\sqrt{2}:\sqrt{5}$ より

$a=3k$，$b=\sqrt{2}k$，$c=\sqrt{5}k$ $(k>0)$ とおくと

余弦定理から

$$\cos C=\frac{(3k)^2+(\sqrt{2}k)^2-(\sqrt{5}k)^2}{2\cdot3k\cdot\sqrt{2}k}=\frac{6k^2}{6\sqrt{2}k^2}=\frac{1}{\sqrt{2}}$$

$0°<C<180°$ より　$\mathbf{C=45°}$

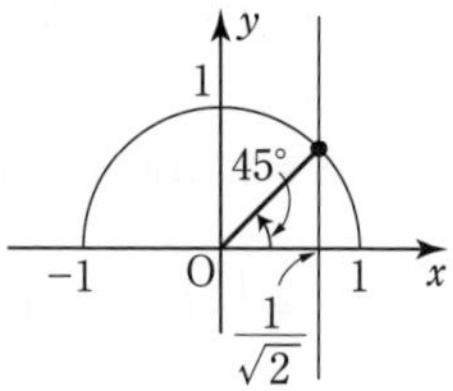

244 △ABC の外接円の半径を R とすると,

正弦定理から

$\sin A=\dfrac{a}{2R}$, $\sin B=\dfrac{b}{2R}$, $\sin C=\dfrac{c}{2R}$ より

$\sin A:\sin B:\sin C=2:3:4$

であるから

$\dfrac{a}{2R}:\dfrac{b}{2R}:\dfrac{c}{2R}=2:3:4$

よって $a:b:c=2:3:4$

これより, $a=2k$, $b=3k$, $c=4k$ $(k>0)$ とおくと,

余弦定理から

$$\cos A=\frac{(3k)^2+(4k)^2-(2k)^2}{2\cdot 3k\cdot 4k}=\frac{21k^2}{24k^2}=\frac{7}{8}$$

$$\cos B=\frac{(4k)^2+(2k)^2-(3k)^2}{2\cdot 4k\cdot 2k}=\frac{11k^2}{16k^2}=\frac{11}{16}$$

$$\cos C=\frac{(2k)^2+(3k)^2-(4k)^2}{2\cdot 2k\cdot 3k}=\frac{-3k^2}{12k^2}=-\frac{1}{4}$$

ゆえに

$$\cos A:\cos B:\cos C=\frac{7}{8}:\frac{11}{16}:\left(-\frac{1}{4}\right)$$

$$=\mathbf{14:11:(-4)}$$

⬅ $a:b:c$ は比であるから
$a=2$, $b=3$, $c=4$
として計算しないようにする。
たとえば, $a=4$, $b=6$, $c=8$ のときもあるので, k を用いて
$a=2k$, $b=3k$, $c=4k$
として一般的に表す。

正弦定理から ➡ $\sin A:\sin B:\sin C=a:b:c$ が成り立つ

245 △ABC の外接円の半径を R とすると,

正弦定理から

$\sin A=\dfrac{a}{2R}$, $\sin B=\dfrac{b}{2R}$, $\sin C=\dfrac{c}{2R}$ より

$\sin A:\sin B:\sin C=\sqrt{3}:\sqrt{7}:1$

であるから

$\dfrac{a}{2R}:\dfrac{b}{2R}:\dfrac{c}{2R}=\sqrt{3}:\sqrt{7}:1$

よって $a:b:c=\sqrt{3}:\sqrt{7}:1$

これより, $a=\sqrt{3}k$, $b=\sqrt{7}k$, $c=k$ $(k>0)$ とおくと,

$c<a<b$ となるから, △ABC の最大角は B である。

余弦定理から

$$\cos B=\frac{k^2+(\sqrt{3}k)^2-(\sqrt{7}k)^2}{2\cdot k\cdot\sqrt{3}k}=\frac{-3k^2}{2\sqrt{3}k^2}=-\frac{\sqrt{3}}{2}$$

$0°<B<180°$ より $\boldsymbol{B=150°}$

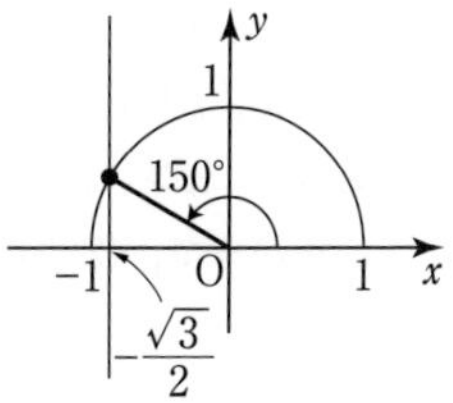

三角形の最大角 ➡ 最大辺の対角が最大角

4章 図形と計量

246 $a-b=(x^2+x+1)-(2x+1)=x^2-x=x(x-1)$

$x>1$ であるから　$x(x-1)>0$ より　$a>b$

また，同様にして

$a-c=(x^2+x+1)-(x^2-1)=x+2>0$

であるから　$a>c$

よって，$a=x^2+x+1$ が △ABC の最大の辺である。

ゆえに，△ABC の最大角は A であるから，

余弦定理より

$$\cos A=\frac{(2x+1)^2+(x^2-1)^2-(x^2+x+1)^2}{2(2x+1)(x^2-1)}$$

$$=\frac{(2x+1)^2+(2x^2+x)(-x-2)}{2(2x+1)(x^2-1)}$$

$$=\frac{(2x+1)^2-x(2x+1)(x+2)}{2(2x+1)(x^2-1)}$$

$$=\frac{(2x+1)\{(2x+1)-x(x+2)\}}{2(2x+1)(x^2-1)}$$

$$=\frac{(2x+1)(-x^2+1)}{2(2x+1)(x^2-1)}=-\frac{1}{2}$$

$0°<A<180°$ より　$\boldsymbol{A=120°}$

⬅ 具体的な数値を代入して，a，b，c の大小を予想する。たとえば，$x=2$ のとき

$a=7$，$b=5$，$c=3$

から a が最大と予想できる。

⬅ $(x^2-1)^2-(x^2+x+1)^2$

$=\{(x^2-1)+(x^2+x+1)\}$

$\times\{(x^2-1)-(x^2+x+1)\}$

$=(2x^2+x)(-x-2)$

⬅ $2x+1$ でくくる。

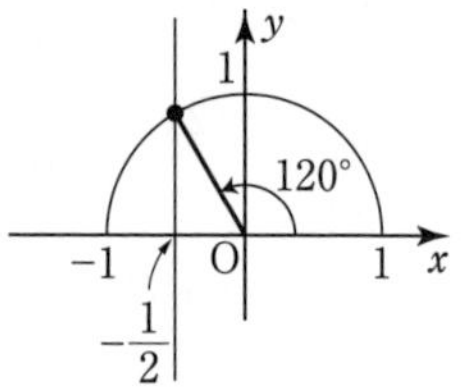

247 (1)　3，4，x は，三角形の 3 辺であるから

$|3-4|<x<3+4$ より　$\boldsymbol{1<x<7}$

(2)　$0°<C<90°$ より　$\cos C=\dfrac{3^2+4^2-x^2}{2\cdot3\cdot4}>0$

$x^2<25$　よって　$-5<x<5$…①

ゆえに　(1)の結果と①より　$\boldsymbol{1<x<5}$

(3)　(2)が成り立つとき，C は鋭角である。

一方，$a<b$ より　$A<B$ であるから，B が鋭角すなわち　$0°<B<90°$ である条件は

$$\cos B=\frac{x^2+3^2-4^2}{2\cdot x\cdot3}=\frac{x^2-7}{6x}>0$$

$x>0$ より $x^2-7>0$

$(x+\sqrt{7})(x-\sqrt{7})>0$

よって　$x>\sqrt{7}$　…②

したがって，(2)の結果と②より　$\boldsymbol{\sqrt{7}<x<5}$

三角形の 3 辺となる条件

a，b，c が三角形の 3 辺

$\Longleftrightarrow |a-b|<c<a+b$

⬅ 最大角が鋭角であれば鋭角三角形となるから，最大角となりうる B，C に着目して範囲をおさえる。

⬅ $x+\sqrt{7}>0$ より $x-\sqrt{7}>0$

248 (1)　$S=\frac{1}{2}\cdot 8\cdot 7\cdot \sin 120^\circ=\mathbf{14\sqrt{3}}$

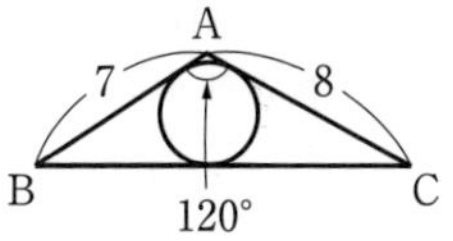

(2)　余弦定理から

$a^2=8^2+7^2-2\cdot 8\cdot 7\cdot \cos 120^\circ=169$

$a>0$ より　$a=\mathbf{13}$

(3)　$S=\frac{1}{2}r(a+b+c)$ より　$14\sqrt{3}=\frac{1}{2}r(13+8+7)$

よって　$r=\mathbf{\sqrt{3}}$

249 (1)　余弦定理から　$\cos A=\frac{7^2+8^2-9^2}{2\cdot 7\cdot 8}=\frac{2}{7}$

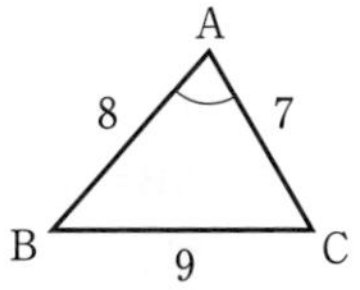

$\sin A>0$ より

$\sin A=\sqrt{1-\cos^2 A}=\sqrt{1-\left(\frac{2}{7}\right)^2}=\frac{3\sqrt{5}}{7}$

よって　$S=\frac{1}{2}\cdot 7\cdot 8\cdot \frac{3\sqrt{5}}{7}=\mathbf{12\sqrt{5}}$

(別)(解)　ヘロンの公式より

$s=\frac{1}{2}(a+b+c)=\frac{1}{2}(9+7+8)=12$

とすると

$S=\sqrt{s(s-a)(s-b)(s-c)}$

$=\sqrt{12(12-9)(12-7)(12-8)}$

$=\sqrt{12\cdot 3\cdot 5\cdot 4}=\mathbf{12\sqrt{5}}$

(2)　正弦定理から，$2R=\frac{a}{\sin A}$ より

$R=\frac{9}{2\sin A}=\frac{9}{2}\div\frac{3\sqrt{5}}{7}=\mathbf{\frac{21\sqrt{5}}{10}}$

(3)　$S=\frac{1}{2}r(a+b+c)$ より

$12\sqrt{5}=\frac{1}{2}r(9+7+8)$　よって　$r=\mathbf{\sqrt{5}}$

ヘロンの公式

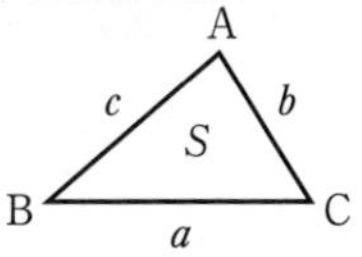

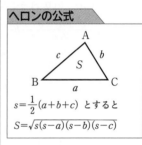

$s=\frac{1}{2}(a+b+c)$ とすると

$S=\sqrt{s(s-a)(s-b)(s-c)}$

3辺 a，b，c がわかっているとき

$\cos A=\frac{b^2+c^2-a^2}{2bc}$ ➡ $\sin A=\sqrt{1-\cos^2 A}$ ➡ $S=\frac{1}{2}bc\sin A$

➡ $\left\{\begin{array}{l}\frac{a}{\sin A}=2R \text{ から } R\text{（外接円の半径）}\\ S=\frac{1}{2}r(a+b+c) \text{ から } r\text{（内接円の半径）}\end{array}\right.$

は，出題の「頻出パターン」

---

250 (1) △ABC の外接円の半径を R とすると
正弦定理から

$$\sin B=\frac{b}{2R},\ \sin C=\frac{c}{2R}$$

← $\frac{b}{\sin B}=2R$ より
$b=2R\sin B$
よって $\sin B=\frac{b}{2R}$

$b\sin B=c\sin C$ に代入して

$$b\cdot\frac{b}{2R}=c\cdot\frac{c}{2R}$$

$$b^2-c^2=0$$

$$(b+c)(b-c)=0$$

$b>0$, $c>0$ より, $b+c>0$ であるから
$b-c=0$ より $b=c$
よって **AB=AC の二等辺三角形**

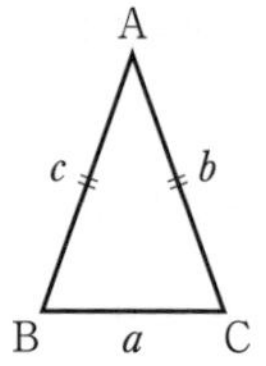

(2) 余弦定理から

$$\cos B=\frac{c^2+a^2-b^2}{2ca},\ \cos A=\frac{b^2+c^2-a^2}{2bc}$$

$a\cos B-b\cos A=c$ に代入して

$$a\cdot\frac{c^2+a^2-b^2}{2ca}-b\cdot\frac{b^2+c^2-a^2}{2bc}=c$$

← 3 辺 a, b, c だけで表す。

$$\frac{c^2+a^2-b^2}{2c}-\frac{b^2+c^2-a^2}{2c}=c$$

← 両辺に $2c$ を掛けて分母を払う。

$$(c^2+a^2-b^2)-(b^2+c^2-a^2)=2c^2$$

$$2a^2-2b^2=2c^2$$

よって $a^2=b^2+c^2$
ゆえに **$A=90°$ の直角三角形**

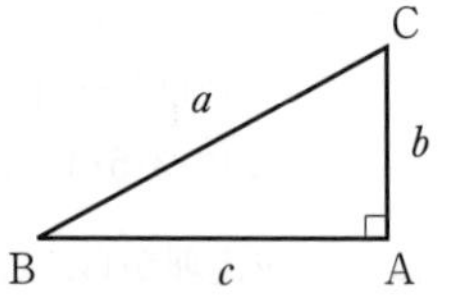

三角形の形状決定 ➡ 正弦・余弦定理で，辺 a, b, c だけの関係式にする

251 (1) △ABC の外接円の半径を R とすると，
正弦定理から

$\sin A=\frac{a}{2R}$, $\sin B=\frac{b}{2R}$, $\sin C=\frac{c}{2R}$ であるから

$$(\text{左辺})=a(\sin B+\sin C)$$

← 左辺と右辺を 3 辺 a, b, c と R で表す。

$$=a\left(\frac{b}{2R}+\frac{c}{2R}\right)=\frac{a(b+c)}{2R}$$

$$(\text{右辺})=(b+c)\sin A$$

$$=(b+c)\cdot\frac{a}{2R}=\frac{a(b+c)}{2R}$$

よって (左辺)=(右辺) 終

(2) △ABC の外接円の半径を R とすると，

正弦定理から　(左辺)$=\sin A=\dfrac{a}{2R}$

余弦定理から

$$\cos B=\frac{c^2+a^2-b^2}{2ca},\ \cos C=\frac{a^2+b^2-c^2}{2ab}$$

であるから

$$\begin{aligned}(\text{右辺})&=\sin B\cos C+\cos B\sin C\\&=\frac{b}{2R}\cdot\frac{a^2+b^2-c^2}{2ab}+\frac{c^2+a^2-b^2}{2ca}\cdot\frac{c}{2R}\\&=\frac{a^2+b^2-c^2}{4aR}+\frac{c^2+a^2-b^2}{4aR}\\&=\frac{2a^2}{4aR}=\frac{a}{2R}\end{aligned}$$

よって　(左辺)=(右辺)　終

三角形の等式証明 ➡ 正弦・余弦定理で，a，b，c，R だけの関係式にする

252 △ABC において

$\angle\text{ACB}=180°-(45°+105°)=30°$

であるから，△ABC に正弦定理を用いると

$$\frac{\text{BC}}{\sin 45°}=\frac{1000}{\sin 30°}$$

よって　$\text{BC}=\dfrac{1000\sin 45°}{\sin 30°}=1000\times\dfrac{\sqrt{2}}{2}\div\dfrac{1}{2}$

$=1000\sqrt{2}$

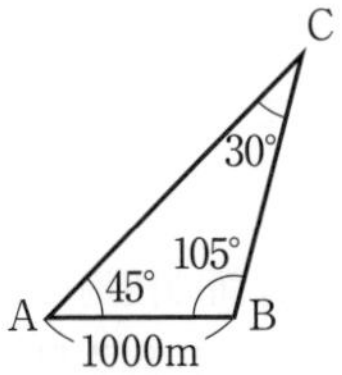

△BCH は，∠CHB=90° の直角三角形であるから

$\text{CH}=\text{BC}\sin 30°=1000\sqrt{2}\cdot\dfrac{1}{2}=$ **$500\sqrt{2}$ (m)**

⬅ $\sin 30°=\dfrac{\text{CH}}{\text{BC}}$

253 正四面体の各面は1辺の長さが3の正三角形であるから，△OAP において，余弦定理より

$\text{OP}^2=3^2+1^2-2\cdot3\cdot1\cdot\cos 60°$

$=9+1-3=7$

OP>0 より　$\text{OP}=\sqrt{7}$

同様にして　$\text{OQ}=\sqrt{7}$

また，△PBQ において，余弦定理から

$\text{PQ}^2=2^2+1^2-2\cdot2\cdot1\cdot\cos 60°$

$=4+1-2=3$

PQ>0 より　$\text{PQ}=\sqrt{3}$

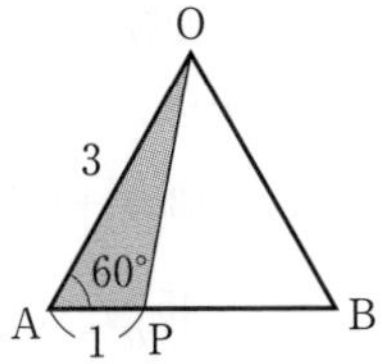

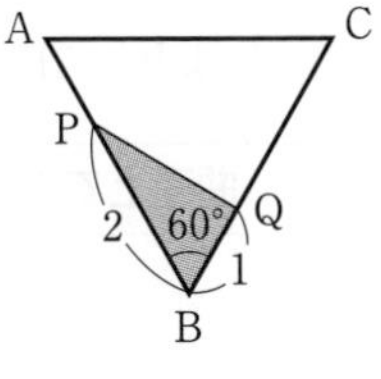

よって，△OPQ において，余弦定理から

$$\cos\theta=\frac{(\sqrt{7})^2+(\sqrt{7})^2-(\sqrt{3})^2}{2\cdot\sqrt{7}\cdot\sqrt{7}}=\boldsymbol{\frac{11}{14}}$$

254 (1) △BDE は

$$BD=DE=EB=\sqrt{a^2+a^2}=\sqrt{2}\,a$$

の正三角形であるから

$$S=\frac{1}{2}\cdot BD\cdot EB\cdot\sin 60^\circ$$

$$=\frac{1}{2}\cdot\sqrt{2}\,a\cdot\sqrt{2}\,a\cdot\frac{\sqrt{3}}{2}=\boldsymbol{\frac{\sqrt{3}}{2}a^2}$$

(2) △ADE⊥AB であるから

$$V=\frac{1}{3}\cdot\triangle ADE\cdot AB$$

$$=\frac{1}{3}\cdot\left(\frac{1}{2}\cdot a\cdot a\right)\cdot a=\boldsymbol{\frac{1}{6}a^3}$$

(3) $V=\frac{1}{3}\cdot\triangle BDE\cdot AI$ と表せるから

$$\frac{1}{6}a^3=\frac{1}{3}\cdot\frac{\sqrt{3}}{2}a^2\cdot AI$$

よって　$AI=\boldsymbol{\frac{\sqrt{3}}{3}a}$

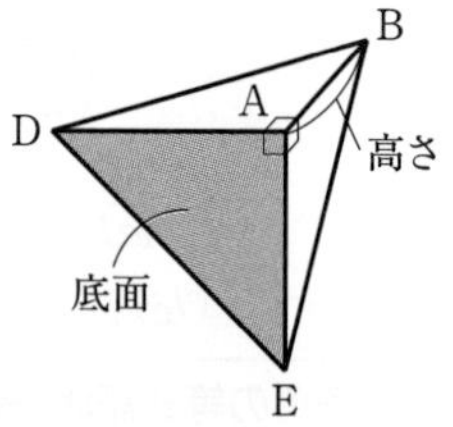

⬅三角錐 A-BDE の体積を
底面 △ADE，高さ AB…(2)
の場合と
底面 △BDE，高さ AI…(3)
の場合の 2 通りで表す。

255 (1) 底面の円周の長さは $2\pi a$

これが，円錐を母線に沿って切り開いたときにできる扇形の弧の長さに等しいから，中心角 θ は

$$2\pi a=2\pi\cdot 3a\times\frac{\theta}{360^\circ}$$

よって　$\boldsymbol{\theta=120^\circ}$

⬅半径 $3a$ の円の周の長さは $2\pi\cdot 3a$

(2) 最短の曲線は，右の展開図において，線分 AB であるから，△OAB に余弦定理を用いて

$$AB^2=(3a)^2+\left(\frac{3}{2}a\right)^2-2\cdot 3a\cdot\frac{3}{2}a\cdot\cos 120^\circ$$

$$=\frac{45}{4}a^2-2\cdot 3a\cdot\frac{3}{2}a\left(-\frac{1}{2}\right)=\frac{63}{4}a^2$$

AB>0 より　$AB=\boldsymbol{\frac{3\sqrt{7}}{2}a}$

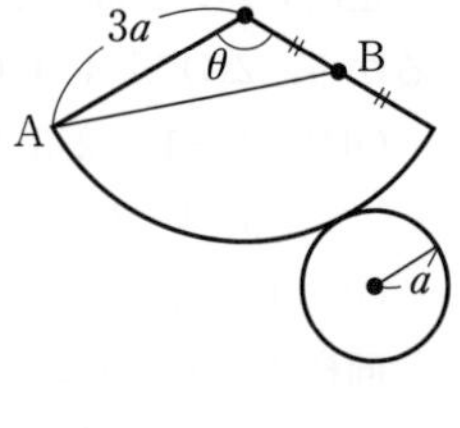

曲面上での最短経路 ➡ 展開図では，始点・終点を結ぶ線分

256 (1) 正四面体の各面は正三角形である。

また，H が △ABC の重心であるから

$\text{AH}=\dfrac{2}{3}\text{AM}$

$=\dfrac{2}{3}\cdot\dfrac{\sqrt{3}}{2}a$

$=\dfrac{\sqrt{3}}{3}a$

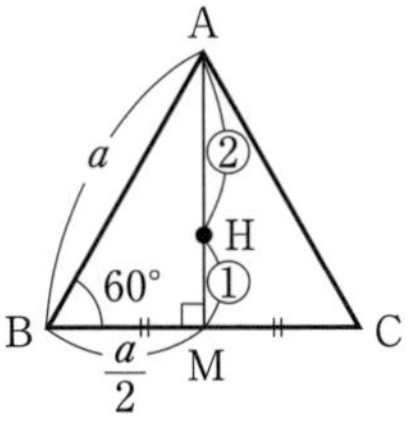

△PAH において，

∠PHA=90° より

$\text{PA}^2=\text{PH}^2+\text{AH}^2$

したがって

$a^2=\text{PH}^2+\left(\dfrac{\sqrt{3}}{3}a\right)^2$

$\text{PH}^2=\dfrac{2}{3}a^2$

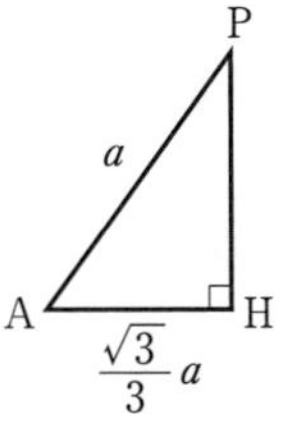

PH>0 より　$\text{PH}=\boldsymbol{\dfrac{\sqrt{6}}{3}a}$

← 下の図のように，正四面体 PABC で頂点 P から底面に垂線 PH を引くと

△PAH≡△PBH≡△PCH

より HA=HB=HC であるから H は △ABC の外心となる。正三角形の外心と重心は一致するから，H は △ABC の重心である。

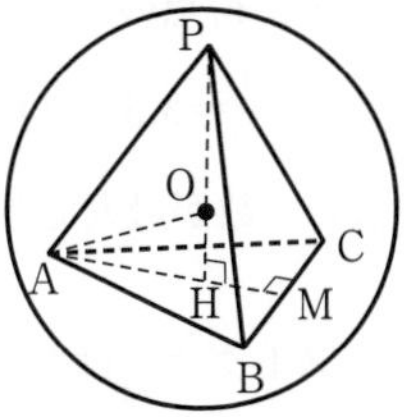

← 1 辺の長さ a の正四面体の高さは $\dfrac{\sqrt{6}}{3}a$ であることがわかる。

(2) △OAH において，∠OHA=90° より

$\text{OA}^2=\text{OH}^2+\text{AH}^2$

$\text{OH}=\text{PH}-\text{OP}=\dfrac{\sqrt{6}}{3}a-r$ であるから

$r^2=\left(\dfrac{\sqrt{6}}{3}a-r\right)^2+\left(\dfrac{\sqrt{3}}{3}a\right)^2$

これより　$a^2-\dfrac{2\sqrt{6}}{3}ar=0$

$a\left(a-\dfrac{2\sqrt{6}}{3}r\right)=0$

$a>0$ より　$a=\boldsymbol{\dfrac{2\sqrt{6}}{3}r}$

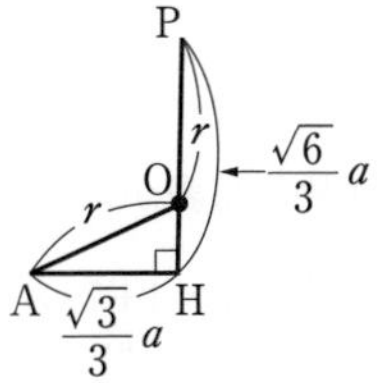

(3) $V=\dfrac{1}{3}\cdot\triangle\text{ABC}\cdot\text{PH}$

ここで，$\triangle\text{ABC}=\dfrac{\sqrt{3}}{4}a^2$，$\text{PH}=\dfrac{\sqrt{6}}{3}a$ であるから

← $\triangle\text{ABC}=\dfrac{1}{2}\cdot\text{BC}\cdot\text{AM}$

$V=\dfrac{1}{3}\cdot\dfrac{\sqrt{3}}{4}a^2\cdot\dfrac{\sqrt{6}}{3}a=\dfrac{\sqrt{2}}{12}a^3$

$=\dfrac{\sqrt{2}}{12}\left(\dfrac{2\sqrt{6}}{3}r\right)^3=\boldsymbol{\dfrac{8\sqrt{3}}{27}r^3}$

← 1 辺の長さ a の正四面体の体積は $\dfrac{\sqrt{2}}{12}a^3$ であることがわかる。

> **正四面体 PABC の頂点 P から，対面の △ABC に垂線 PH を下ろす**
> **➡ 点 H は △ABC の重心**

5章 データの分析

257 得点の平均値 $\overline{x}$ は

$$\overline{x}=\frac{1}{40}(1\times3+2\times6+3\times11+4\times12+5\times8)$$

$$=\frac{136}{40}=\mathbf{3.4}\ \textbf{(点)}$$

得点を小さい順に並べたとき

20 番目は 3 点，21 番目は 4 点

よって，得点の中央値は

$$\frac{3+4}{2}=\mathbf{3.5}\ \textbf{(点)}$$

← データが偶数個のときの中央値は中央に並ぶ 2 つの値の平均値

4 点の人数が最大であるから，最頻値は **4 点**

← データの中で最も多い値

258 ヒストグラムは次のようになる。

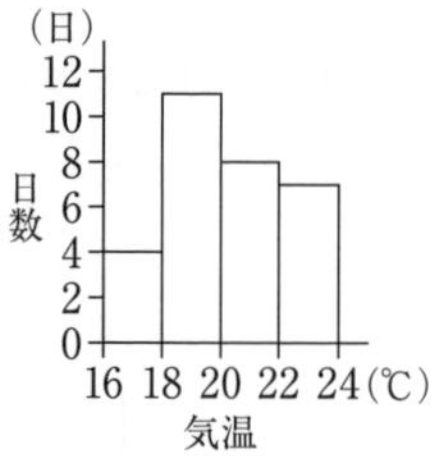

度数分布表から，平均値は

$$\frac{1}{30}(17\times4+19\times11+21\times8+23\times7)=\frac{606}{30}$$

$$=\mathbf{20.2}\ \textbf{(℃)}$$

← 各階級に入るデータの値はすべてその階級の階級値（各階級の区間の中央の値）と等しいものとみなして計算する。

最頻値は **19℃**

← 度数が最大の変量の値

259 (1)

Q_1 Q_2 Q_3

[10, 13, 18, 19, 22], 25, [27, 29, 30, 32, 39]

最大値 39，最小値 10 であるから，範囲は

$39-10=\mathbf{29}$

← 範囲は（最大値）−（最小値）

第 2 四分位数 $Q_2=25$

← 11 個の中央値は小さい方からも大きい方からも 6 番目の値

第 1 四分位数 $Q_1=18$

← Q_2 より小さい前半 5 個の中央値

第 3 四分位数 $Q_3=30$

← Q_2 より大きい後半 5 個の中央値

であるから，四分位範囲 R は

$R=Q_3-Q_1=30-18=12$

また　$Q_1-1.5R=18-1.5\times12=0$

$Q_3+1.5R=30+1.5\times12=48$

より，外れ値とみなせる値はない。

したがって，箱ひげ図に表すと下の通り。

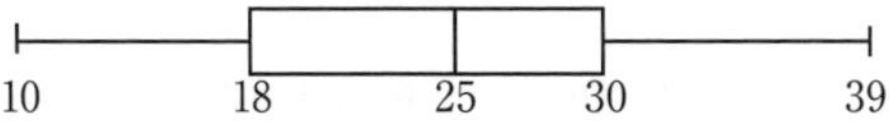

⬅ $Q_1-1.5R$ より小さい値と $Q_3+1.5R$ より大きい値を外れ値とみなす。

箱ひげ図

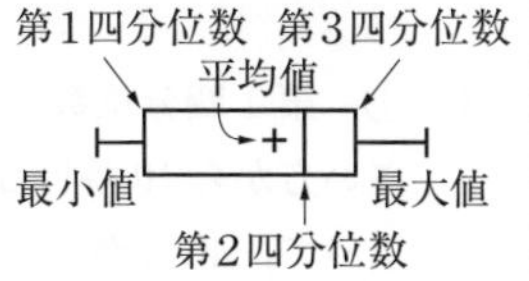

(2)　Q_1　Q_2　Q_3

11, 13, 22, 26, 26, 28, 29, 29, 30, 34, 37, 45

最大値 45，最小値 11 であるから，範囲は

$45-11=$**34**

⬅ 範囲は（最大値）−（最小値）

第 2 四分位数 $Q_2=\dfrac{28+29}{2}=28.5$

⬅ 12 個（偶数個）あるから中央値は中央に並ぶ 2 個の平均値

第 1 四分位数 $Q_1=\dfrac{22+26}{2}=24$

⬅ Q_2 より小さい前半 6 個の中央値

第 3 四分位数 $Q_3=\dfrac{30+34}{2}=32$

⬅ Q_2 より大きい後半 6 個の中央値

であるから，四分位範囲 R は

$R=Q_3-Q_1=32-24=8$

また　$Q_1-1.5R=24-1.5\times8=12$

$Q_3+1.5R=32+1.5\times8=44$

より，外れ値は **11，45**

⬅ $Q_1-1.5R$ より小さい値と $Q_3+1.5R$ より大きい値を外れ値とみなす。

したがって，箱ひげ図に表すと下の通り。

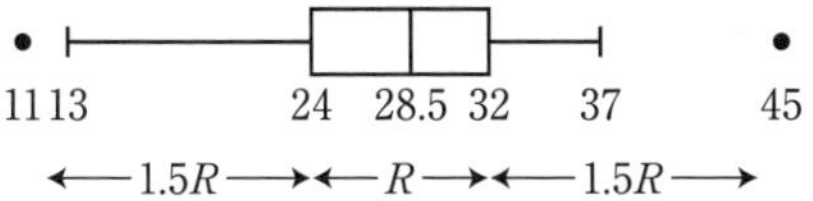

⬅ 外れ値は • で示す。

260　(1)　人数が 20 人であるから　$3+x+7+y=20$

よって　$x+y=10\times3$　…①

平均値が 13 点であるから

$\dfrac{1}{20}(5\times3+10\times x+15\times7+20\times y)=13$

よって　$x+2y=14$　…②

①，②を解いて　$\boldsymbol{x=6,\ y=4}$

(2)　中央値が 12.5 点であるから，10 番目が 10 点，11 番目が 15 点である。

⬅ 20 個（偶数個）あるから中央値は中央に並ぶ 2 個の平均値

よって　$3+x=10$，$7+y=10$

⬅ 10 点以下が 10 人，15 点以上が 10 人である。

これを解いて　$\boldsymbol{x=7,\ y=3}$

(3)　最頻値が 15 点であるから

$x<7$ かつ $y=10-x<7$ より

$3<x<7$

よって　$x=4$, 5, 6

← 10 点と 20 点の人数が最頻値の 15 点の人数より少ない。

261　①　第 1 四分位数が 50 点であるから，得点の小さい方から 10 番目は 50 点の場合がある。

よって，40 点台の生徒は 10 人であるとはいえないから，①は正しくない。

← Q_1 は 10 番目と 11 番目の平均値

②　第 2 四分位数(中央値)が 68 点であるから，68 点以下の生徒は少なくとも 20 人いる。

よって，70 点以下の生徒は半数以上いるから，②は正しい。

← Q_2 は 20 番目と 21 番目の平均値

③　第 3 四分位数が 81 点であるから，得点の小さい方から 30 番目は 81 点の場合がある。

よって，80 点以下の生徒は 30 人であるとはいえないから，③は正しくない。

← Q_3 は 30 番目と 31 番目の平均値

④　最大値が 92 点であるから，90 点台の生徒は少なくとも 1 人はいる。

よって，④は正しい。

⑤　四分位範囲 $R=81-50=31$ より，

$Q_1-1.5R=50-1.5\times31=3.5$ より小さい値と

$Q_3+1.5R=81+1.5\times31=127.5$ より大きい値はない。

よって，⑤は正しい。

以上より，正しいものは②，④，⑤

262　(1)　平均値 $\overline{x}$ は

$$\overline{x}=\frac{1}{6}(6+3+2+8+6+5)=\frac{30}{6}=5 \text{ (点)}$$

← $\overline{x}=\frac{1}{n}(x_1+x_2+\cdots+x_n)$

(2)　2 乗の平均値 $\overline{x^2}$ は

$$\overline{x^2}=\frac{1}{6}(6^2+3^2+2^2+8^2+6^2+5^2)=\frac{174}{6}=29$$

(3)　分散 s^2 は

$s^2=29-5^2=4$

← $s^2=(x^2 \text{ の平均値})-(x \text{ の平均値})^2$

よって，標準偏差 s は

$s=\sqrt{4}=2$ (点)

← 標準偏差 $s=\sqrt{(\text{分散})}$

別解 $s^2=\frac{1}{6}\{(6-5)^2+(3-5)^2+(2-5)^2+(8-5)^2+(6-5)^2+(5-5)^2\}$

$=\frac{24}{6}=\mathbf{4}$

← $s^2=(\text{偏差})^2$ の平均値

263 冊数の平均値 $\overline{x}$ は

$\overline{x}=\frac{1}{10}(1\times2+2\times4+3\times3+4\times1)$

$=\frac{23}{10}=2.3$ (冊)

2 乗の平均値 $\overline{x^2}$ は

$\overline{x^2}=\frac{1}{10}(1^2\times2+2^2\times4+3^2\times3+4^2\times1)$

$=\frac{61}{10}=6.1$

よって，分散 s^2 は　$s^2=6.1-2.3^2=\mathbf{0.81}$

← $s^2=(x^2\text{ の平均値})-(x\text{ の平均値})^2$

ゆえに，標準偏差 s は　$s=\sqrt{0.81}=\mathbf{0.9}$ **(冊)**

← 標準偏差 $s=\sqrt{(\text{分散})}$

別解 $s^2=\frac{1}{10}\{(1-2.3)^2\times2+(2-2.3)^2\times4+(3-2.3)^2\times3+(4-2.3)^2\times1\}$

$=\frac{8.1}{10}=\mathbf{0.81}$

← $s^2=(\text{偏差})^2$ の平均値

264 (1) テスト A の得点の平均値 $\overline{x}$ は

$\overline{x}=\frac{1}{8}(3+8+1+4+8+3+10+3)$

← $\overline{x}=\frac{1}{n}(x_1+x_2+\cdots+x_n)$

$=\frac{40}{8}=\mathbf{5}$ **(点)**

2 乗の平均値 $\overline{x^2}$ は

$\overline{x^2}=\frac{1}{8}(3^2+8^2+1^2+4^2+8^2+3^2+10^2+3^2)$

$=\frac{272}{8}=34$

よって，分散 $s_x{}^2=34-5^2=9$

← $(x^2\text{ の平均値})-(x\text{ の平均値})^2$

標準偏差 $s_x=\sqrt{9}=\mathbf{3}$ **(点)**

テスト B の得点の平均値 $\overline{y}$ は

$\overline{y}=\frac{1}{8}(6+7+5+7+10+4+10+7)$

$=\frac{56}{8}=\mathbf{7}$ **(点)**

2乗の平均値 $\overline{y^2}$ は

$$\overline{y^2}=\frac{1}{8}(6^2+7^2+5^2+7^2+10^2+4^2+10^2+7^2)$$

$$=\frac{424}{8}=53$$

よって，分散 $s_y{}^2=53-7^2=4$

標準偏差 $s_y=\sqrt{4}=2$ (点)

(2) (1)より $s_x>s_y$ であるから，得点の平均値からの**散らばりの度合いが大きいと考えられるのは A の方である。**

← 標準偏差が小さいほど，平均値のまわりにデータが集まっている。

(3) 共分散 s_{xy} は

$$s_{xy}=\frac{1}{8}\{(3-5)(6-7)+(8-5)(7-7)+(1-5)(5-7)+(4-5)(7-7)+(8-5)(10-7)+(3-5)(4-7)+(10-5)(10-7)+(3-5)(7-7)\}$$

$$=\frac{40}{8}=5$$

よって，テスト A と B の得点の相関係数 r は

$$r=\frac{s_{xy}}{s_xs_y}=\frac{5}{3\times2}=\frac{5}{6}\fallingdotseq\mathbf{0.83}$$

別解 テスト A，B の得点をそれぞれ x，y，平均値をそれぞれ $\overline{x}$，$\overline{y}$ とする。

番号	x	y	$x-\overline{x}$	$y-\overline{y}$	$(x-\overline{x})^2$	$(y-\overline{y})^2$	$(x-\overline{x})(y-\overline{y})$
1	3	6	−2	−1	4	1	2
2	8	7	3	0	9	0	0
3	1	5	−4	−2	16	4	8
4	4	7	−1	0	1	0	0
5	8	10	3	3	9	9	9
6	3	4	−2	−3	4	9	6
7	10	10	5	3	25	9	15
8	3	7	−2	0	4	0	0
計	40	56	0	0	72	32	40

← 偏差や偏差の2乗など，計算に必要な値をあらかじめ求めて，まとめておくと便利である。

上の表から，テスト A と B の得点の相関係数 r は

$$r=\frac{40}{\sqrt{72}\sqrt{32}}=\frac{40}{6\sqrt{2}\cdot4\sqrt{2}}$$

$$=\frac{5}{6}\fallingdotseq\mathbf{0.83}$$

← $r=\dfrac{(x-\overline{x})(y-\overline{y})\text{ の和}}{\sqrt{\{(x-\overline{x})^2\text{ の和}\}}\sqrt{\{(y-\overline{y})^2\text{ の和}\}}}$

265 (1) 平均値を b とすると

$$b=\frac{1}{4}\{7+9+a+(4-a)\}=5$$

← a が消去され，平均値 b が求められる。

よって，**平均値は 5**

また，分散が 10 であるから

$$\frac{1}{4}\{7^2+9^2+a^2+(4-a)^2\}-5^2=10$$

← $\frac{2a^2-8a+146}{4}-35=0$

整理して，$a^2-4a+3=0$

$(a-1)(a-3)=0$

よって　$\boldsymbol{a=1,\ 3}$

(2) 平均値を b とすると

$b=\frac{1}{5}(3+5+7+a+4a)$　より　$a+3=b$ …①

標準偏差が 2，すなわち分散が 4 であるから

$$\frac{1}{5}\{3^2+5^2+7^2+a^2+(4a)^2\}-b^2=4$$

整理して　$17a^2-5b^2+63=0$　…②

①と②より b を消去して

$17a^2-5(a+3)^2+63=0$

整理して　$2a^2-5a+3=0$

$(a-1)(2a-3)=0$

よって　$a=1,\ 1.5$

①より　**$\boldsymbol{a=1}$ のとき，平均値は 4**

$\boldsymbol{a=1.5}$ のとき，平均値は 4.5

←「$a=\frac{3}{2}$ のとき平均値 $\frac{9}{2}$」としても誤りではないが，統計分野では小数を用いることが多い。

266 A グループの点数の合計は　$20\times80=1600$

B グループの点数の合計は　$30\times70=2100$

よって，全体の平均値は

$$\frac{1600+2100}{20+30}=\frac{3700}{50}=\mathbf{74}\ \textbf{(点)}$$

← $\frac{全体の合計}{全体の人数}$

次に，A，B グループの点数の 2 乗の合計をそれぞれ u，v とすると

$$\sqrt{\frac{u}{20}-80^2}=5,\ \sqrt{\frac{v}{30}-70^2}=15$$

← $\sqrt{(x^2 の平均値)-(x の平均値)^2}$ ＝標準偏差

であるから　$u=128500$，$v=153750$

よって，全体の標準偏差は

$$\sqrt{\frac{128500+153750}{20+30}-74^2}=\sqrt{169}=\mathbf{13}\ \textbf{(点)}$$

5章 データの分析

267 (1) x と y の相関係数 r は

$$r=\frac{s_{xy}}{s_x s_y}=\frac{-2.28}{\sqrt{2.5}\sqrt{3.6}}$$

$$=\frac{-2.28}{\sqrt{\frac{25}{10}}\sqrt{\frac{36}{10}}}$$

$$=-\frac{2.28}{3}=-\mathbf{0.76}$$

(2) (1)より　$r=-0.76$ であるから，x と y は負の相関がある。よって，②

相関係数と相関

相関係数 r は $-1\leqq r\leqq 1$ で
正の相関が強いとき
r の値は 1 に近づく
負の相関が強いとき
r の値は -1 に近づく
相関がみられないとき
r は 0 に近い値をとる

268 (1) 散布図の点は右上がりに分布しており，点の散らばり具合は直線的な傾向が強くない。

よって，相関係数に最も近い値は

0.6

← 相関係数は正

← 相関係数 r は $-1\leqq r\leqq 1$ で，点が右上がりに分布し，直線的傾向が強いときの相関係数は 1 に近い。

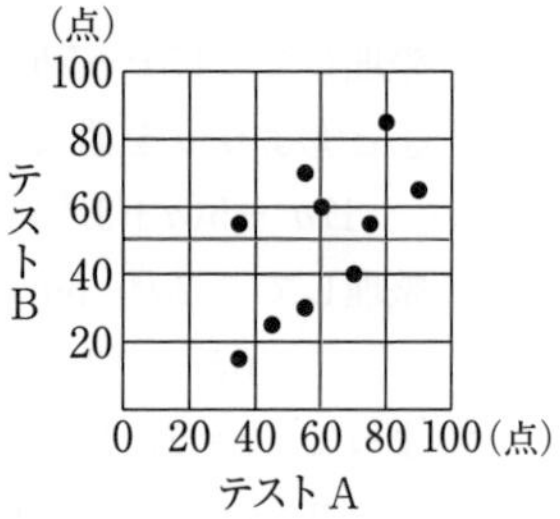

(2) 2 直線 $x=60$，$y=50$ で分割された 4 つの領域のうち

右下 ($x>60$，$y<50$) と

左上 ($x<60$，$y>50$)

にある点を数えて

$1+2=$**3** (人)

(3) ① A の最高得点 90 点の生徒は，B の得点が 65 点で B の最高得点 85 点でないから，正しくない。

② 平均値より高い得点の生徒は

A が 4 人，B は 6 人で

B の方が多いから，正しくない。

← A は直線 $x=60$ の右側の点，B は直線 $y=50$ の上側の点を調べる。

③ 四分位範囲は

A が $75-45=30$ (点)

B は $65-30=35$ (点)

で B の方が大きいから，正しい。

← A は右から 3 番目と左から 3 番目の得点を読み取り，B は上から 3 番目と下から 3 番目の得点を読み取る。

④ 散布図の点の散らばり具合は，A の方が B よりも小さいから，正しい。

← 横方向と縦方向の点の散らばり具合を比較する。

⑤ 散布図の点が右上がりの直線の近くに分布し，A の得点が高いほど B の得点も高い傾向があるから，正しい。

以上より，正しいものは　③，④，⑤

269 (1) 検証したいことは

「これまでに比べて注文個数が増えた」

かどうかであるから

「これまでに比べて注文個数が増えていない」

と仮説を立てる。

棄却域は

「これまでの1日あたりの注文個数の平均値から標準偏差の2倍以上離れた値となること」

これは，$2517.6+2\times34.9=2587.4$ より

「2587.4個以上」である。

2591個は棄却域に含まれるから仮説は棄却される。

よって，これまでに比べて注文個数が増えたといえる。

(2) 検証したいことは

「これまでに比べて注文個数が減った」

かどうかであるから

「これまでに比べて注文個数が減っていない」

と仮説を立てる。

棄却域は

「これまでの1日あたりの注文個数の平均値から標準偏差の2倍以上離れた値となること」

これは，$2517.6-2\times34.9=2447.8$ より

「2447.8個以下」である。

2453個は棄却域に含まれないから仮説は棄却されない。

よって，これまでに比べて注文個数が減ったとはいえない。

⬅「検証したいこと」の反対を仮説にする。

⬅「めったに起こらないこと」と判定される値の範囲

⬅増えたかどうかを考えるから，注文個数が増える側の棄却域を考える。

⬅「検証したいこと」の反対を仮説にする。

⬅「めったに起こらないこと」と判定される値の範囲

⬅減ったかどうかを考えるから，注文個数が減る側の棄却域を考える。

⬅「仮説は正しい」ではなく，「仮説が正しくないという結論は得られなかった」と判定される。

270 もとの得点を x 点，調整後の得点を y 点とすると

$y=4x+10$

y の平均値を $\overline{y}$，分散を $s_y{}^2$，標準偏差を s_y とすると

$\overline{y}=4\overline{x}+10=4\times12.8+10=\mathbf{61.2}$ **(点)**

$s_y{}^2=4^2s_x{}^2=16\times9=\mathbf{144}$

$s_y=\sqrt{s_y{}^2}=\sqrt{144}=\mathbf{12}$ **(点)**

別解 $s_y=|4|s_x=4\times3=\mathbf{12}$ **(点)**

⬅ $y=ax+b$

⬅ $\overline{y}=a\overline{x}+b$

⬅ $s_y{}^2=a^2s_x{}^2$

⬅ $s_y=\sqrt{a^2s_x{}^2}=|a|s_x$

変量 x に対して，変量 y を $y=ax+b$ と定めるとき

➡ 平均：$\overline{y}=a\overline{x}+b$，標準偏差 $s_y=|a|s_y$

5章 データの分析

271 (1) 平均値は

$$\frac{1}{11}(13+11+25+14+3+17+8+12+27+11+13)$$

$$=\frac{154}{11}=14\ (点)$$

← $\bar{x}=\frac{1}{n}(x_1+x_2+\cdots+x_n)$

(2) データを小さい順に並べると

3, 8, 11, 11, 12, 13, 13, 14, 17, 25, 27

第1四分位数 $Q_1=11$

← 前半5個の中央値

第3四分位数 $Q_3=17$

← 後半5個の中央値

であるから，四分位範囲 R は

$R=Q_3-Q_1=17-11=6$

また　$Q_1-1.5R=11-1.5\times6=2$

$Q_3+1.5R=17+1.5\times6=26$

← $Q_1-1.5R$ より小さい値と $Q_3+1.5R$ より大きい値を外れ値とみなす。

より，外れ値は2より小さい値と26より大きい値であるから　27点

(3) 3点を9点に，27点を21点に修正してもデータの総和は変化しない。

← 3点が9点に＋6点，27点が21点に－6点

よって，平均値は変化しない。

データのうち，3点と27点が，ともに平均値14点に近づく。

よって，分散は減少する。

← 修正後，平均値は変化しないで，偏差の2乗が $(3-14)^2=11^2$ から $(9-14)^2=5^2$ に，$(27-14)^2=13^2$ から $(21-14)^2=7^2$ に減少するから偏差の2乗の総和は減少する。

(4) 加えた1人の得点は，はじめの11人の平均値14点と等しい。

よって，1人を加える前と加えた後で平均値は変化しない。

また，加えた1人の偏差は0であるから，加える前と加えた後の偏差の2乗の総和は変化しない。

よって，分散は減少する。

← 加える前の偏差の2乗の総和を a とすると，分散は $\frac{a}{11}$ で，加えた後の分散は $\frac{a}{12}$ である。

272 相関係数 r は

$$r=\frac{-17.2}{4.0\times5.6}\fallingdotseq-0.77$$

より，負の相関があるから

③，④

のいずれかである。

← 傾きが負の直線の近くに点が分布しているもの

また，標準偏差が x の方が y より小さいから　④

← 点の散らばりの度合いが x の方が y より小さいもの

x の最大値は 27，最小値は 13　　← 一番右の点と一番左の点

$Q_1=18$　　← 左から 3 番目の点

$Q_2=\dfrac{22+22}{2}=22$　　← 左から 5 番目と 6 番目の点

$Q_3=24$　　← 右から 3 番目の点

であるから　キ

y の最大値は 28，最小値は 12　　← 一番上の点と一番下の点

$Q_1=14$　　← 下から 3 番目の点

$Q_2=\dfrac{21+21}{2}=21$　　← 下から 5 番目と 6 番目の点

$Q_3=25$　　← 上から 3 番目の点

であるから　イ

数学Ⅰ　復習問題

1

(1) $(x-2y+z)^2$

$=x^2+(-2y)^2+z^2+2\cdot x\cdot(-2y)+2\cdot(-2y)\cdot z+2z\cdot x$

$=\boldsymbol{x^2+4y^2+z^2-4xy-4yz+2zx}$

乗法公式

$(a+b+c)^2$
$=a^2+b^2+c^2+2ab+2bc+2ca$

(2) $(a+2b-3c)(a-2b-3c)$

$=\{(a-3c)+2b\}\{(a-3c)-2b\}$

⬅ $a-3c=A$ とおくと
$(A+2b)(A-2b)=A^2-4b^2$

$=(a-3c)^2-4b^2$

$=a^2-6ac+9c^2-4b^2$

$=\boldsymbol{a^2-4b^2+9c^2-6ac}$

(3) $(x+2y)^2(-x+2y)^2$

⬅ $-x+2y=-(x-2y)$

$=\{-(x+2y)(x-2y)\}^2$

⬅ y を手前に並びかえて
$\{(2y+x)(2y-x)\}^2$
$=(4y^2-x^2)^2$
と計算してもよい。

$=(x^2-4y^2)^2$

$=\boldsymbol{x^4-8x^2y^2+16y^4}$

(4) $(a-1)(a-2)(a-3)(a-4)$

$=\{(a-1)(a-4)\}\{(a-2)(a-3)\}$

⬅ 共通な部分ができる組合せを考える。

$=(a^2-5a+4)(a^2-5a+6)$

⬅ $a^2-5a=A$ とおくと
$(A+4)(A+6)=A^2+10A+24$

$=(a^2-5a)^2+10(a^2-5a)+24$

$=a^4-10a^3+25a^2+10a^2-50a+24$

$=\boldsymbol{a^4-10a^3+35a^2-50a+24}$

2

(1) $6x^3-11x^2y-10xy^2$

⬅ まず共通因数をくくり出す。

$=x(6x^2-11xy-10y^2)$

$=\boldsymbol{x(2x-5y)(3x+2y)}$

⬅ $\begin{array}{ccccc} 2 & \times & -5y & \longrightarrow & -15y \\ 3 & & 2y & \longrightarrow & 4y \\ \hline & & & & -11y \end{array}$

(2) $x^2-2xy+y^2-4z^2$

$=(x-y)^2-(2z)^2$

⬅ A^2-B^2 の形になるように項の組合せを工夫する。

$=\boldsymbol{(x-y+2z)(x-y-2z)}$

(3) $(x^2+2)(x^2-3)-6$

⬅ 展開して整理する。

$=x^4-x^2-12$

⬅ $x^2=A$ とおくと
$A^2-A-12=(A+3)(A-4)$

$=(x^2+3)(x^2-4)$

$=\boldsymbol{(x^2+3)(x+2)(x-2)}$

(4) $3x^2-3y^2-7x-5y+2$

⬅ x について整理する。

$=3x^2-7x-3y^2-5y+2$

⬅ $-3y^2-5y+2$ を因数分解する。

$=3x^2-7x-(y+2)(3y-1)$

$=\boldsymbol{(x-y-2)(3x+3y-1)}$

⬅ $\begin{array}{ccccc} 1 & \times & -(y+2) & \longrightarrow & -3y-6 \\ 3 & & 3y-1 & \longrightarrow & 3y-1 \\ \hline & & & & -7 \end{array}$

3 $\sqrt{11-6\sqrt{2}}=\sqrt{11-2\sqrt{18}}=\sqrt{9}-\sqrt{2}=3-\sqrt{2}$

(1) $1<\sqrt{2}<2$ より $-2<-\sqrt{2}<-1$

$1<3-\sqrt{2}<2$

よって $a=\mathbf{1}$

(2) $b=(3-\sqrt{2})-1=\mathbf{2-\sqrt{2}}$

(3) $b^2+\dfrac{1}{b^2}=(2-\sqrt{2})^2+\dfrac{1}{(2-\sqrt{2})^2}$

$=6-4\sqrt{2}+\dfrac{1}{6-4\sqrt{2}}$

$=6-4\sqrt{2}+\dfrac{6+4\sqrt{2}}{(6-4\sqrt{2})(6+4\sqrt{2})}$

$=6-4\sqrt{2}+\dfrac{6+4\sqrt{2}}{4}$

$=\mathbf{\dfrac{15-6\sqrt{2}}{2}}$

二重根号のはずし方

$a>b>0$ のとき
$\sqrt{a+b+2\sqrt{ab}}=\sqrt{a}+\sqrt{b}$
$\sqrt{a+b-2\sqrt{ab}}=\sqrt{a}-\sqrt{b}$

⬅ A の小数部分は $A-(A$ の整数部分$)$ で表す。

⬅ 分母を有理化する。
$\dfrac{1}{b}=\dfrac{1}{2-\sqrt{2}}$ を先に有理化して
$\dfrac{1}{b}=\dfrac{2+\sqrt{2}}{(2-\sqrt{2})(2+\sqrt{2})}=\dfrac{2+\sqrt{2}}{2}$
$\dfrac{1}{b^2}=\left(\dfrac{2+\sqrt{2}}{2}\right)^2=\dfrac{6+4\sqrt{2}}{4}$
と計算してもよい。

4 (1) $x+y=\dfrac{1}{\sqrt{5}+2}+\dfrac{1}{\sqrt{5}-2}$

$=\dfrac{\sqrt{5}-2}{(\sqrt{5}+2)(\sqrt{5}-2)}+\dfrac{\sqrt{5}+2}{(\sqrt{5}-2)(\sqrt{5}+2)}$

$=\dfrac{2\sqrt{5}}{(\sqrt{5}+2)(\sqrt{5}-2)}=\dfrac{2\sqrt{5}}{5-4}=\mathbf{2\sqrt{5}}$

(2) $xy=\dfrac{1}{\sqrt{5}+2}\cdot\dfrac{1}{\sqrt{5}-2}=\dfrac{1}{5-4}=\mathbf{1}$

(3) $x^2+y^2=(x+y)^2-2xy$

$=(2\sqrt{5})^2-2\cdot1=20-2=\mathbf{18}$

⬅ 通分をすると分母が有理化される。

⬅ $(x+y)^2=x^2+2xy+y^2$
x, y を直接代入せず, $x+y$, xy の値を代入する。

5 $3|x-1|\leqq -x+7$

(i) $x-1\geqq 0$ すなわち $x\geqq 1$ のとき

$3(x-1)\leqq -x+7$ よって $x\leqq\dfrac{5}{2}$

これと $x\geqq 1$ の共通範囲は $1\leqq x\leqq\dfrac{5}{2}$

(ii) $x-1<0$ すなわち $x<1$ のとき

$-3(x-1)\leqq -x+7$ よって $x\geqq -2$

これと $x<1$ の共通範囲は $-2\leqq x<1$

(i), (ii)より $-2\leqq x\leqq\dfrac{5}{2}$

これを満たす整数 x は $\mathbf{-2,\ -1,\ 0,\ 1,\ 2}$

絶対値

$A\geqq 0$ のとき $|A|=A$
$A<0$ のとき $|A|=-A$

(i)
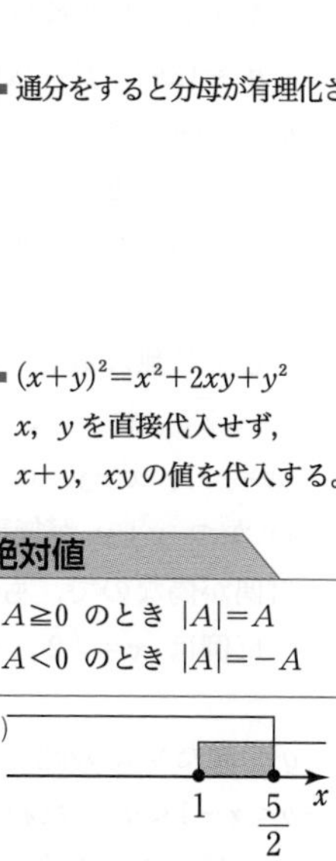

(ii)
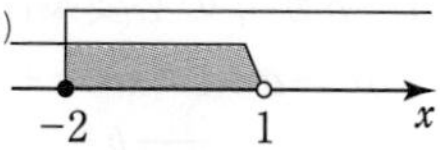

(i)と(ii)の範囲を合わせると
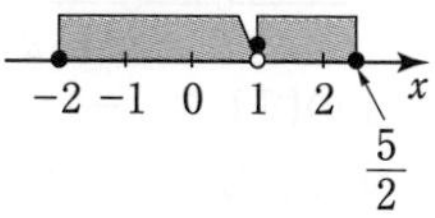

6 $A\cap B=\{4,\ b\}$ より $4\in B$ である。

← $B=\{2,\ a+1,\ 2a\}$ と $A\cap B=\{4,\ b\}$ いずれか

(i) $a+1=4$ すなわち $a=3$ のとき

$A=\{4,\ 7,\ 3\}$, $B=\{2,\ 4,\ 6\}$

となり，$A\cap B=\{4\}$

これは $A\cap B=\{4,\ b\}$ を満たさない。

(ii) $2a=4$ すなわち $a=2$ のとき

$A=\{4,\ 7,\ 2\}$, $B=\{2,\ 3,\ 4\}$

となり，$A\cap B=\{2,\ 4\}$　よって，$b=2$

(i), (ii)より　$\boldsymbol{a=2,\ b=2}$

このとき　$\boldsymbol{A\cup B=\{2,\ 3,\ 4,\ 7\}}$

7 (1) $|x|=|y|$ のとき，両辺を 2 乗して

$|x|^2=|y|^2$ より　$x^2=y^2$

← $|a|^2=a^2$

よって，命題「$|x|=|y| \Longrightarrow x^2=y^2$」は真

(2) もとの命題の対偶は

← もとの命題と対偶の真偽は一致するので，対偶の真偽を考える。

「n が奇数ならば，n^2 も奇数である」

奇数 n は，k を整数として $n=2k+1$ と表される。

$n^2=(2k+1)^2=4k^2+4k+1=2(2k^2+2k)+1$

n^2 は奇数となり，対偶は真

よって，もとの命題は真

(3) もとの命題の対偶は

← もとの命題と対偶の真偽は一致するので，対偶の真偽を考える。

「x と y がともに無理数」ならば「xy と $x+y$ がともに無理数」

$x=\sqrt{2}$, $y=-\sqrt{2}$ のとき

$xy=-2$, $x+y=0$ となり

xy かつ $x+y$ が無理数であることに矛盾する。

対偶が偽なので，もとの命題も偽である。

反例は　$\boldsymbol{x=\sqrt{2},\ y=-\sqrt{2}}$

「かつ」「または」の否定

$\overline{p \text{ かつ } q} \iff \overline{p}$ または $\overline{q}$

$\overline{p \text{ または } q} \iff \overline{p}$ かつ $\overline{q}$

8 q を満たす x の範囲は，$|x-1|<a$ を解くと

$-a<x-1<a$ すなわち $-a+1<x<a+1$

(1) p が q の必要条件になるためには，$-1<x<4$ が $-a+1<x<a+1$ を含めばよい。

← p が q の必要条件 $\iff$ 「$q \Rightarrow p$」が真 $\iff Q\subset P$

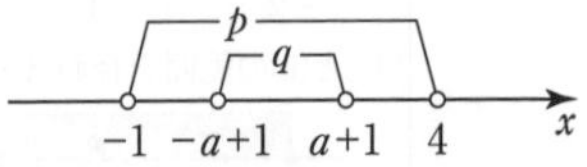

上の図より　$-1\leqq -a+1$ かつ $a+1\leqq 4$

すなわち　$a\leqq 2$ かつ $a\leqq 3$ となる。

よって，a の値の範囲は $a>0$ より $0<a\leqq 2$ （②）

(2) p が q の十分条件になるためには，$-1<x<4$ が $-a+1<x<a+1$ に含まれればよい。

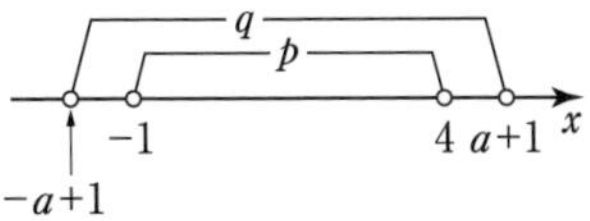

上の図より　$-a+1\leqq -1$ かつ $4\leqq a+1$

すなわち　$a\geqq 2$ かつ $a\geqq 3$ となる。

よって，a の値の範囲は $a\geqq 3$ （⑤）

(3) p が q の必要条件でも十分条件でもないのは，下の図のような関係のときである。

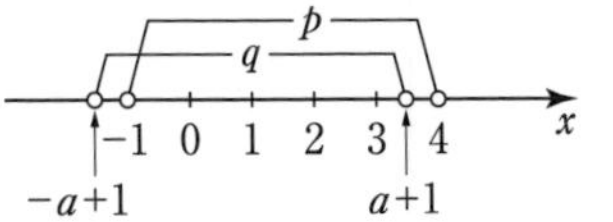

上の図より　$-a+1<-1$ かつ $a+1<4$

すなわち　$a>2$ かつ $a<3$ となる。

よって，a の値の範囲は $2<a<3$ （⑥）

← $a=2$ のとき左端の○が重なったときも $Q\subset P$ となる。

← $a=3$ のとき右端の○が重なったときも $P\subset Q$ となる。

← $-a+1$ と $a+1$ の中央の値は $\dfrac{(-a+1)+(a+1)}{2}$ より1となる。よって，q の範囲は1が中央にあり，左右に a ずつ広がっていくと考えるとイメージしやすい。

← $2<a<3$ は(1)と(2)を除いた範囲と考えてもよい。

9　放物線 $y=\dfrac{1}{2}x^2$ を平行移動し，

点$(-2,\ 0)$，$(4,\ 0)$ を通る放物線は

$$y=\frac{1}{2}(x+2)(x-4)$$

と表すことができる。

$$\begin{aligned} y&=\frac{1}{2}(x+2)(x-4)\\ &=\frac{1}{2}(x^2-2x-8)\\ &=\frac{1}{2}\{(x-1)^2-1-8\}\\ &=\frac{1}{2}(x-1)^2-\frac{9}{2} \end{aligned}$$

より，この放物線のグラフの頂点は点$\left(1,\ -\dfrac{9}{2}\right)$

よって $y=\dfrac{1}{2}x^2$ のグラフを，x 軸方向に1，

y 軸方向に $-\dfrac{9}{2}$ だけ平行移動すればよい。

← $y=\dfrac{1}{2}x^2$ を平行移動したことより x^2 の係数は $\dfrac{1}{2}$，$(-2,\ 0)(4,\ 0)$ を通ることより $y=a(x+2)(x-4)$

← 平方完成して，$y=\dfrac{1}{2}x^2$ のグラフとの関係を調べる。

10 (1) $y=2x^2+4ax+3\ (-2 \leqq x \leqq 1)$

$=2(x^2+2ax)+3$

$=2\{(x+a)^2-a^2\}+3$

$=2(x+a)^2-2a^2+3$

この関数のグラフの軸は直線 $x=-a$

頂点は点 $(-a,\ -2a^2+3)$

この関数が $x=1$ で最大値をとるためには，下の図のようになればよい。

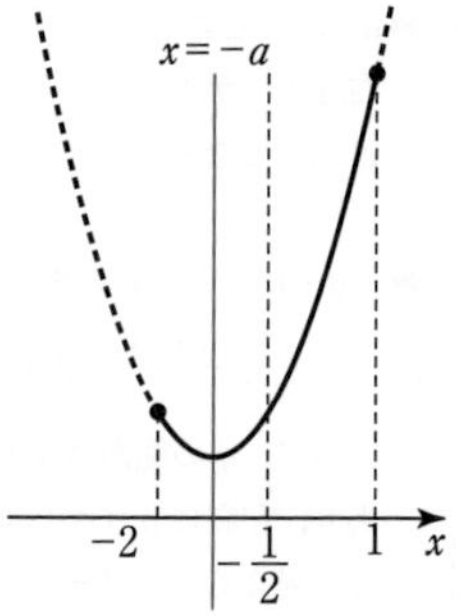

← 軸が定義域の中央 $\left(x=-\frac{1}{2}\right)$，またはそれより左側にあればよい。

よって　$-a \leqq -\frac{1}{2}$　すなわち　$\boldsymbol{a \geqq \frac{1}{2}}$

(2) $y=-x^2+2x+1\ (0<x \leqq a)$

$=-(x^2-2x)+1$

$=-\{(x-1)^2-1\}+1$

$=-(x-1)^2+2$

この関数のグラフの軸は直線 $x=1$

頂点は点 $(1,\ 2)$

この関数が $x=a$ で最大値をとるためには，下の図のようになればよい。

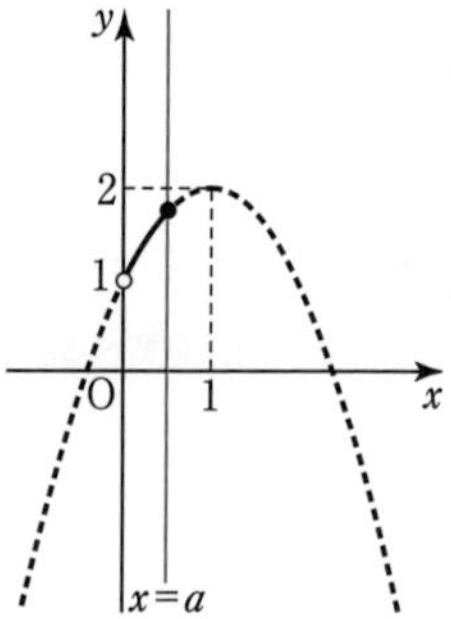

← 軸，またはそれより左側に定義域の右端がくればよい。

よって　$\boldsymbol{0<a \leqq 1}$

← $a=1$ のときも OK

11 $f(x)=3x^2+6x-2$ とおくと

$f(x)=3(x^2+2x)-2$

$\quad=3\{(x+1)^2-1\}-2$

$\quad=3(x+1)^2-5$

この関数のグラフの軸は直線 $x=-1$

頂点は点 $(-1,\ -5)$

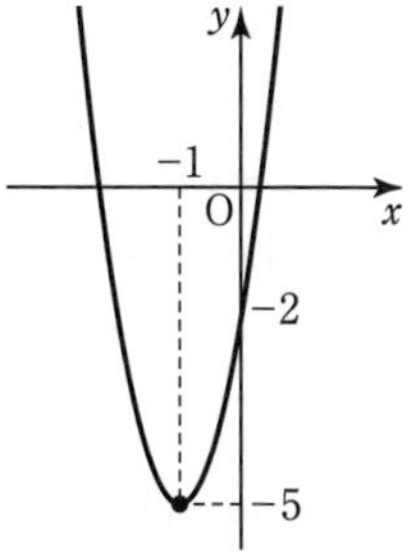

(i) 定義域 $a \leqq x \leqq a+2$ に頂点が含まれないとき，

すなわち　$a+2<-1$ または $-1<a$ のとき

$\qquad a<-3$ または $-1<a$ …①

このとき，最大値，最小値は，$f(a)$，$f(a+2)$ のいずれかであるので，最大値と最小値の差は

$|f(a+2)-f(a)|$

$=|\{3(a+2)^2+6(a+2)-2\}-(3a^2+6a-2)|$

$=|12a+24|$

①の範囲において

$|12a+24|=12|a+2|>12>9$

であるから，最大値と最小値の差は 9 にはならない。

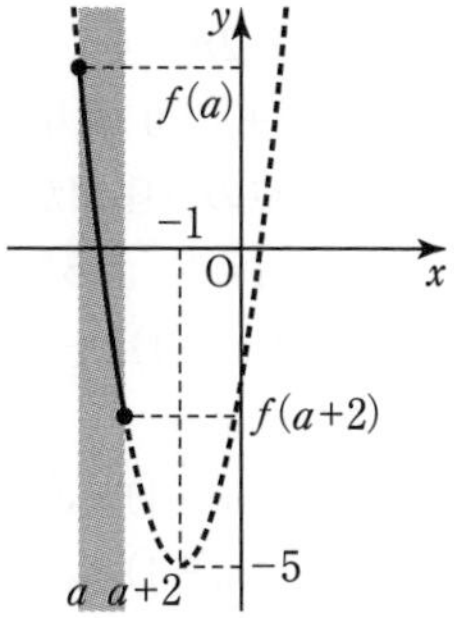

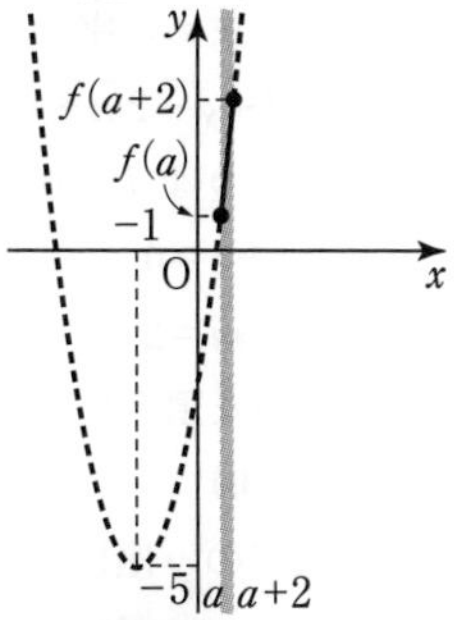

(ii) 定義域 $a \leqq x \leqq a+2$ に頂点が含まれるとき，

すなわち　$a \leqq -1 \leqq a+2$ のとき

$\qquad -3 \leqq a \leqq -1$ …②

最小値は -5 であるので，最大値は 4 となればよい。

$y=4$ と $y=f(x)$ の交点の x 座標は，

$3x^2+6x-2=4$ より

$x^2+2x-2=0$　よって　$x=-1\pm\sqrt{3}$

定義域と頂点の位置関係を考えて，

$x=-1-\sqrt{3}$ のとき　$a=-1-\sqrt{3}$

$x=-1+\sqrt{3}$ のとき　$a+2=-1+\sqrt{3}$

ゆえに

$a=-1-\sqrt{3}$ または $a=-3+\sqrt{3}$

いずれも②を満たす。

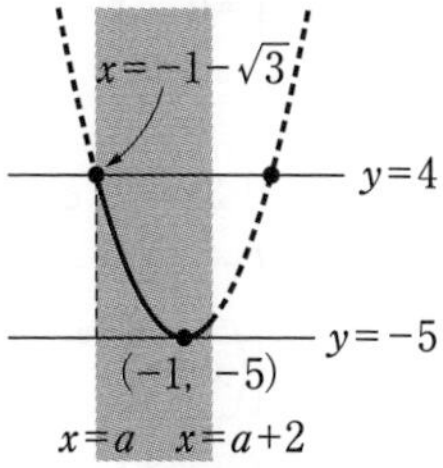

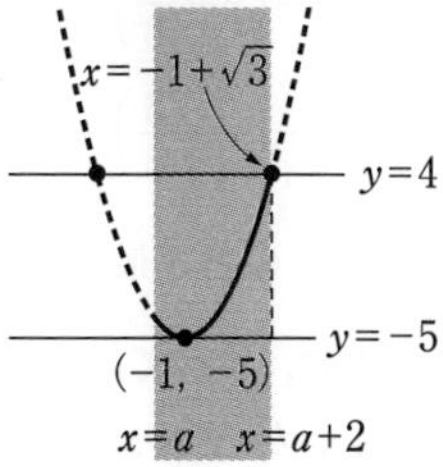

(i)，(ii)より　**$a=-1-\sqrt{3}$ または $a=-3+\sqrt{3}$**

12 (1) $y=x^2+2(m-1)x+m^2-3$

$=\{x+(m-1)\}^2-(m-1)^2+m^2-3$

$=\{x+(m-1)\}^2+2m-4$

頂点の座標は **$(-m+1,\ 2m-4)$**

(2) $x^2+2(m-1)x+m^2-3=0$ の判別式を D とすると　$D>0$

$\frac{D}{4}=(m-1)^2-(m^2-3)$

$=-2m+4$

$-2m+4>0$ より　**$m<2$**

別解　頂点の y 座標が負のときであるから，(1)より

$2m-4<0$　よって　**$m<2$**

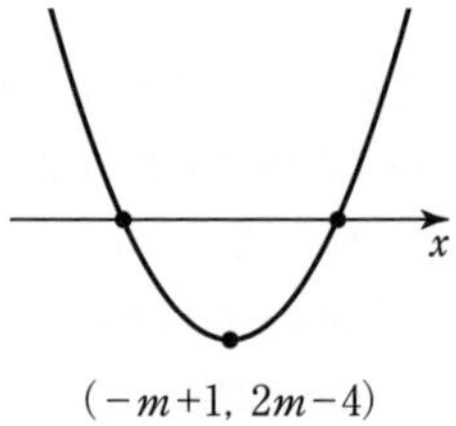

(3) $x^2+2(m-1)x+m^2-3=0$

解の公式より

$x=-(m-1)\pm\sqrt{(m-1)^2-(m^2-3)}$

$=-(m-1)\pm\sqrt{-2m+4}$

よって，求める座標は

$(-m+1+\sqrt{-2m+4},\ 0),\ (-m+1-\sqrt{-2m+4},\ 0)$

(4) 接するのは $D=0$ のときであるから

$-2m+4=0$

よって　**$m=2$**

(1)で求めた頂点に代入して

$(-1,\ 0)$

別解　頂点の y 座標が 0 のときであるから，(1)より

$2m-4=0$　よって　**$m=2$**（以下同様）

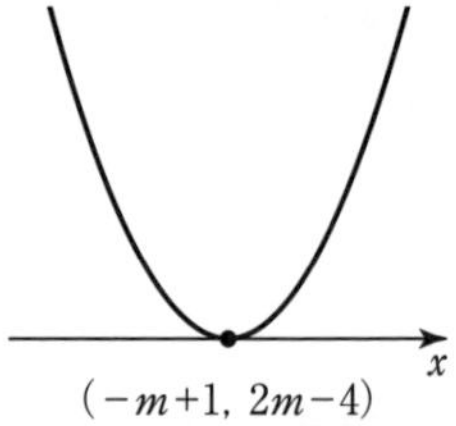

13 $y=-x^2+3x-3$ とおくと

$y=-(x^2-3x)-3$

$=-\left\{\left(x-\frac{3}{2}\right)^2-\frac{9}{4}\right\}-3$

$=-\left(x-\frac{3}{2}\right)^2+\frac{9}{4}-3$

$=-\left(x-\frac{3}{2}\right)^2-\frac{3}{4}$

$x=\frac{3}{2}$ のとき最大値 $-\frac{3}{4}$

ゆえに，すべての実数 x について y の値は 0 より小さいから $-x^2+3x-3<0$ が成り立つ。 終

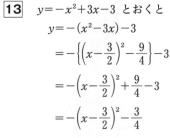

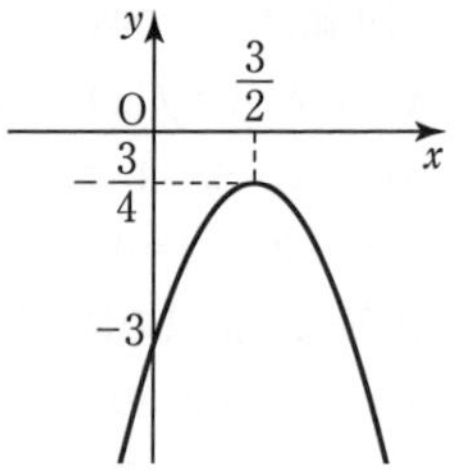

14 $f(x)=x^2-mx+m^2-5m$ とおくと

$$f(x)=\left(x-\frac{m}{2}\right)^2-\frac{m^2}{4}+m^2-5m$$
$$=\left(x-\frac{m}{2}\right)^2+\frac{3}{4}m^2-5m$$

$f(x)=0$ が1より大きい異なる2つの解をもつとき，グラフは下の図のようになればよい。

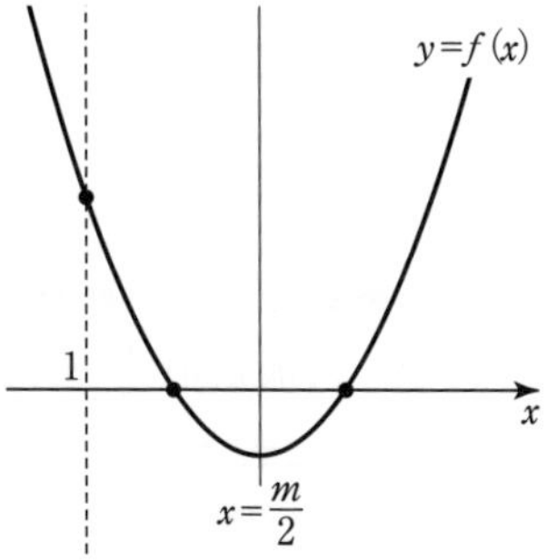

次の(i)，(ii)，(iii)が同時に成り立つことが必要十分条件である。

⬅(i)判別式 D(頂点の y 座標)
(ii)軸の位置
(iii)境界線とグラフの交点に着目する。

(i) 2次方程式 $f(x)=0$ の判別式を D とすると
$D>0$

(ii) 軸 $x=\frac{m}{2}$ が直線 $x=1$ より右側にある。

(iii) $f(1)>0$

(i)より $D=(-m)^2-4(m^2-5m)$
$=-3m^2+20m>0$
$3m\left(m-\frac{20}{3}\right)<0$

よって $0<m<\frac{20}{3}$ …①

(ii)より $\frac{m}{2}>1$ すなわち $m>2$ …②

(iii)より $f(1)=1-m+m^2-5m$
$=m^2-6m+1>0$

よって $m<3-2\sqrt{2}$，$3+2\sqrt{2}<m$ …③

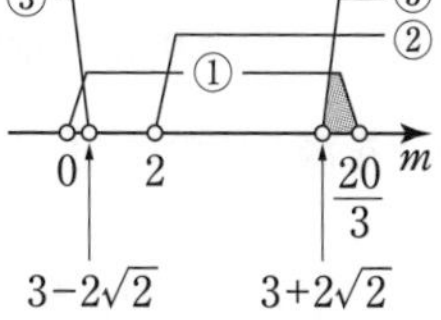

①，②，③より $3+2\sqrt{2}<m<\frac{20}{3}$

数Ⅰ 復習問題

15 $y=-x^2+3x+5$

$=-(x^2-3x)+5$

$=-\left\{\left(x-\frac{3}{2}\right)^2-\frac{9}{4}\right\}+5$

$=-\left(x-\frac{3}{2}\right)^2+\frac{29}{4}$

$y=-x^2+3x+5$ について，$y=1$ のとき

$-x^2+3x+5=1$

$x^2-3x-4=0$

$(x-4)(x+1)=0$

$x=-1,\ 4$

よって，この関数のグラフは下のようになる。

⬅ x がすべての実数値をとるとき，y の最大値は $\frac{29}{4}$ である。そこで，最大値が 1 となるような x の値の範囲を考える。

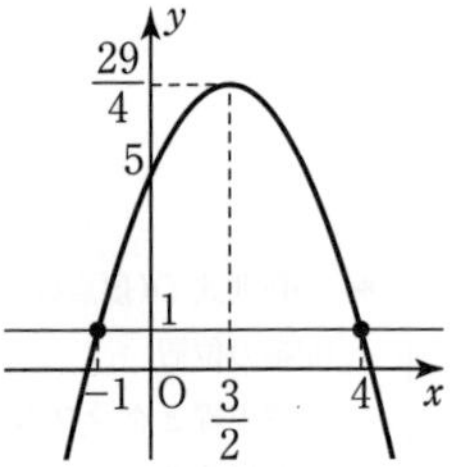

① $x=t^2-4t+7$

$=(t-2)^2+3$

より　$x \geqq 3$

② $x=-t^2-2t-2$

$=-(t+1)^2-1$

より　$x \leqq -1$

ゆえに $x \leqq -1$ のとき y の最大値は 1 となるので，②が適当である。

⬅ x と t の関係式があることで，x の値の範囲に制限ができる。

⬅ $x \geqq 3$ のとき，y の最大値は $x=3$ で 5 となる。

16 $a>0$ より下に凸のグラフであり，

$b^2-4ac>0$ より x 軸と異なる 2 点で交わる。

また，$-\frac{b}{2a}>0$ より軸が y 軸の右側にある。

以上を満たすのは ④ である。

⬅ 判別式 $D=b^2-4ac$

⬅ $y=ax^2+bx+c$ のグラフの軸は直線 $x=-\frac{b}{2a}$

17 (1) 三平方の定理より $AC^2+BC^2=AB^2$

$(2\sqrt{6})^2+1^2=AB^2$

よって　$AB^2=25$

$AB>0$ であるから $AB=5$

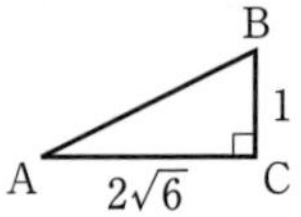

ゆえに　$\sin A=\dfrac{1}{5}$，$\cos A=\dfrac{2\sqrt{6}}{5}$，

$\tan A=\dfrac{\sqrt{6}}{12}$

← $\tan A=\dfrac{1}{2\sqrt{6}}=\dfrac{\sqrt{6}}{12}$

(2)　C から辺 AB に垂線 CH を引くと

CA＝CB の二等辺三角形であるから

$AH=BH=2$

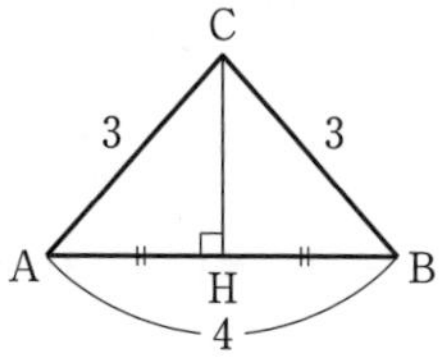

△ACH で三平方の定理より

$AH^2+CH^2=AC^2$

$2^2+CH^2=3^2$

よって　$CH^2=5$

$CH>0$ であるから $CH=\sqrt{5}$

ゆえに　$\sin A=\dfrac{\sqrt{5}}{3}$，$\cos A=\dfrac{2}{3}$，$\tan A=\dfrac{\sqrt{5}}{2}$

18　$\cos\theta=\dfrac{3}{4}=\dfrac{\sqrt{9}}{4}$ として考えると

$\dfrac{\sqrt{8}}{4}<\dfrac{\sqrt{9}}{4}<\dfrac{\sqrt{12}}{4}$ より $\dfrac{2\sqrt{2}}{4}<\dfrac{3}{4}<\dfrac{2\sqrt{3}}{4}$

よって $\dfrac{\sqrt{2}}{2}<\dfrac{3}{4}<\dfrac{\sqrt{3}}{2}$ であるから

$0°<\theta<90°$ のとき

$\cos 45°<\cos\theta<\cos 30°$

$\cos\theta$ は値が大きいほど θ は小さくなるから

$30°<\theta<45°$（②）

$\cos 0°=1$

$\cos 30°=\dfrac{\sqrt{3}}{2}=\dfrac{2\sqrt{3}}{4}=\dfrac{\sqrt{12}}{4}$

$\cos 45°=\dfrac{\sqrt{2}}{2}=\dfrac{2\sqrt{2}}{4}=\dfrac{\sqrt{8}}{4}$

$\cos 60°=\dfrac{1}{2}=\dfrac{2}{4}=\dfrac{\sqrt{4}}{4}$

$\cos 90°=0$

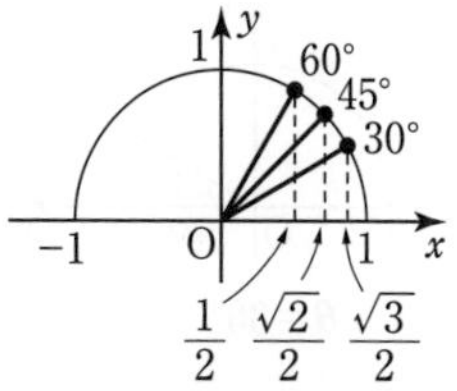

19 (1)　$\sin^2\theta+\cos^2\theta=1$ から

$\cos^2\theta=1-\sin^2\theta=1-\left(\dfrac{1}{\sqrt{6}}\right)^2=\dfrac{5}{6}$

$\sin\theta=\dfrac{1}{\sqrt{6}}>0$ から $0°<\theta<90°$ または

$90°<\theta<180°$ である。

(i)　$0°<\theta<90°$ のとき　$\cos\theta>0$ であるから

$\cos\theta=\sqrt{\dfrac{5}{6}}=\dfrac{\sqrt{30}}{6}$

$\tan\theta=\dfrac{\sin\theta}{\cos\theta}=\dfrac{1}{\sqrt{6}}\div\dfrac{\sqrt{30}}{6}=\dfrac{\sqrt{5}}{5}$

三角比の相互関係

$\tan\theta=\dfrac{\sin\theta}{\cos\theta}$

$\sin^2\theta+\cos^2\theta=1$

$1+\tan^2\theta=\dfrac{1}{\cos^2\theta}$

(ii)　$90^\circ<\theta<180^\circ$ のとき　$\cos\theta<0$ であるから

$$\cos\theta=-\frac{\sqrt{30}}{6}$$

$$\tan\theta=\frac{1}{\sqrt{6}}\div\left(-\frac{\sqrt{30}}{6}\right)=-\frac{\sqrt{5}}{5}$$

(2)　$1+\tan^2\theta=\frac{1}{\cos^2\theta}$ から

$$\frac{1}{\cos^2\theta}=1+(-3)^2=10$$

すなわち　$\cos^2\theta=\frac{1}{10}$

ここで，$\tan\theta=-3<0$ から $90^\circ<\theta<180^\circ$

よって，$\cos\theta<0$ であるから

$$\cos\theta=-\sqrt{\frac{1}{10}}=-\frac{\sqrt{10}}{10}$$

また，$\tan\theta=\frac{\sin\theta}{\cos\theta}$ から

$$\sin\theta=\tan\theta\cos\theta$$

$$=-3\times\left(-\frac{\sqrt{10}}{10}\right)=\frac{3\sqrt{10}}{10}$$

20 (1)　$\cos\theta=\frac{\sqrt{3}}{2}$

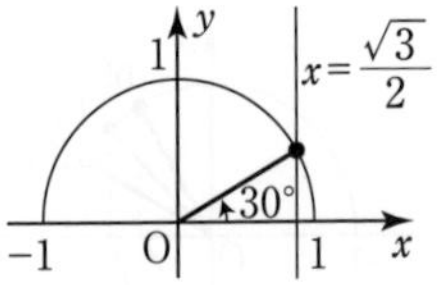

$\boldsymbol{\theta=30^\circ}$

(2)　$\tan\theta=-1$

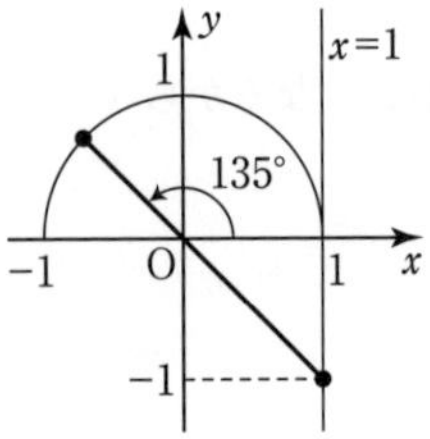

$\boldsymbol{\theta=135^\circ}$

(3)　$\sin\theta<\frac{\sqrt{3}}{2}$

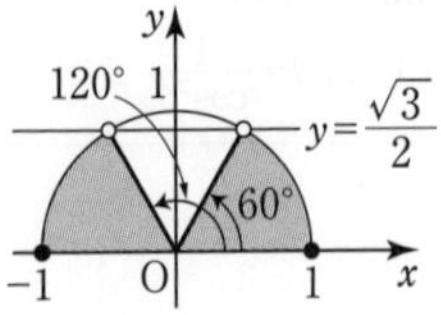

$\boldsymbol{0^\circ\leqq\theta<60^\circ,\ 120^\circ<\theta\leqq180^\circ}$

← 単位円の半円周上の点で y 座標が $\frac{\sqrt{3}}{2}$ より小さい部分を考える。

21 $y=-\sin^2\theta+\cos\theta+1$

$=-(1-\cos^2\theta)+\cos\theta+1$

$=\cos^2\theta+\cos\theta$ …①

⬅ $\cos\theta$ だけで表す。

$\cos\theta=t$ とおくと

$0^\circ\leqq\theta\leqq180^\circ$ のとき $-1\leqq t\leqq1$ …②

⬅ t の範囲をおさえる。

このとき，①の式は

$$y=t^2+t=\left(t+\frac{1}{2}\right)^2-\frac{1}{4}$$

と変形できる。

⬅ 2 次関数の最大・最小はグラフをかいて考える。

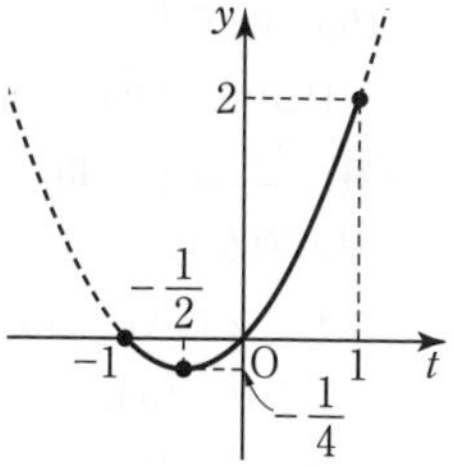

②からグラフより

$t=1$ のとき最大値 2

このとき $\cos\theta=1$ より $\theta=0^\circ$

$t=-\frac{1}{2}$ のとき最小値 $-\frac{1}{4}$

このとき $\cos\theta=-\frac{1}{2}$ より $\theta=120^\circ$

よって **$\theta=0^\circ$ のとき 最大値 2**

$\theta=120^\circ$ のとき 最小値 $-\frac{1}{4}$

22 直線 $y=-\sqrt{3}x$ と x 軸の正の向きとのなす角を θ とすると

$\tan\theta=-\sqrt{3}$ より $\theta=120^\circ$

よって，求める直線と x 軸の正の向きとのなす角は

$120^\circ\pm60^\circ$

60° のとき，傾きは $\tan60^\circ=\sqrt{3}$ より **$y=\sqrt{3}x$**

180° のとき，傾きは $\tan180^\circ=0$ より **$y=0$**

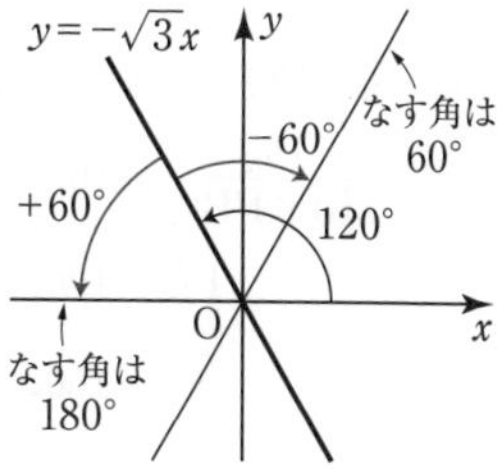

23 (1) △ABQ において

$\angle AQB=180^\circ-(\angle BAQ+\angle ABQ)$

$=180^\circ-(60^\circ+75^\circ)$

$=45^\circ$ より

正弦定理から

$$\frac{BQ}{\sin60^\circ}=\frac{100}{\sin45^\circ}$$

$$BQ=\frac{100\sin60^\circ}{\sin45^\circ}=100\times\frac{\sqrt{3}}{2}\div\frac{1}{\sqrt{2}}$$

$=50\sqrt{6}$ (m)

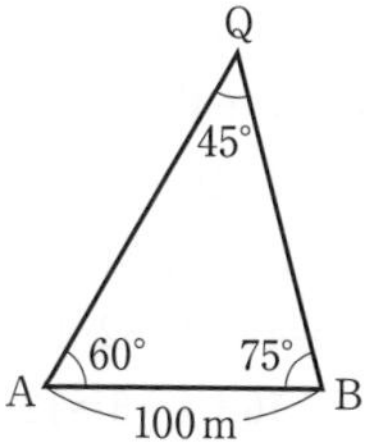

数 I 復習問題

(2) △ABP は直角二等辺三角形であるから

$BP=100\sqrt{2}$ (m)

△BPQ において　$\angle PBQ=75°-45°=30°$

余弦定理から

$$PQ^2=(100\sqrt{2})^2+(50\sqrt{6})^2-2\cdot 100\sqrt{2}\cdot 50\sqrt{6}\cdot\cos 30°$$
$$=20000+15000-30000$$
$$=5000$$

$PQ>0$ であるから

$PQ=\sqrt{5000}=$ **$50\sqrt{2}$ (m)**

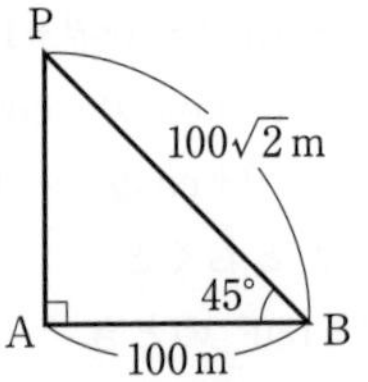

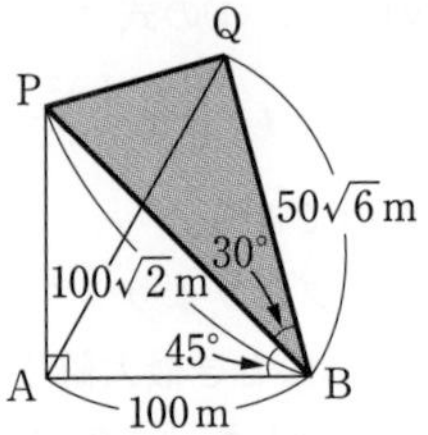

別解　$\angle APB=45°$, $\angle AQB=45°$ より，円周角の定理の逆から，4 点 A, B, P, Q は同じ円周上にある。また，$\angle BAP=90°$ より BP がその円の直径になり，$BP=100\sqrt{2}$

(1) △ABQ について，正弦定理から

$$\frac{BQ}{\sin\angle BAQ}=100\sqrt{2}$$
$$BQ=100\sqrt{2}\cdot\sin 60°$$
$$=100\sqrt{2}\cdot\frac{\sqrt{3}}{2}=\mathbf{50\sqrt{6}\ (m)}$$

(2) △BPQ について，正弦定理から

$$\frac{PQ}{\sin\angle PBQ}=100\sqrt{2}$$
$$PQ=100\sqrt{2}\cdot\sin 30°$$
$$=100\sqrt{2}\cdot\frac{1}{2}=\mathbf{50\sqrt{2}\ (m)}$$

円周角の定理の逆

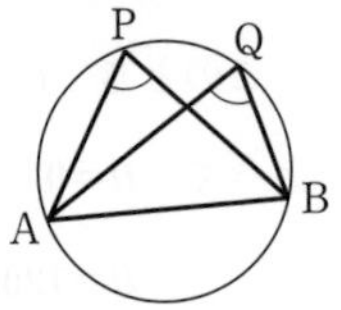

$\angle APB=\angle AQB$ ならば 4 点 A, B, P, Q は同じ円周上にある。

24　△OLM, △OMN, △OLN において余弦定理を用いると

$$LM^2=3^2+4^2-2\cdot 3\cdot 4\cdot\cos 60°$$
$$=9+16-12=13$$

$LM>0$ より　$LM=\sqrt{13}$

$$MN^2=4^2+2^2-2\cdot 4\cdot 2\cdot\cos 60°$$
$$=16+4-8=12$$

$MN>0$ より　$MN=2\sqrt{3}$

$$LN^2=3^2+2^2-2\cdot 3\cdot 2\cos 60°$$
$$=9+4-6=7$$

⬅ 正四面体の各面は正三角形であるから，∠LOM, ∠MON, ∠LON はすべて 60°

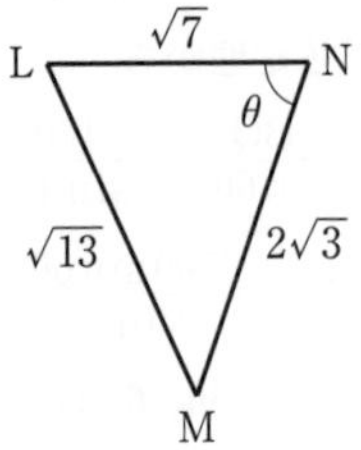

LN>0 より　$LN=\sqrt{7}$

$\angle LNM=\theta$ とおくと

$$\cos\theta=\frac{(2\sqrt{3})^2+(\sqrt{7})^2-(\sqrt{13})^2}{2\cdot 2\sqrt{3}\cdot\sqrt{7}}=\frac{\sqrt{21}}{14}$$

← 計算しやすく，分母を小さくするため
LN<MN<LM より，最大辺の対角を $\angle LNM=\theta$ とおく。

$\sin\theta>0$ より

$$\sin\theta=\sqrt{1-\cos^2\theta}=\sqrt{1-\left(\frac{\sqrt{21}}{14}\right)^2}$$

$$=\frac{5\sqrt{7}}{14}$$

よって　$\triangle LMN=\frac{1}{2}\cdot 2\sqrt{3}\cdot\sqrt{7}\cdot\frac{5\sqrt{7}}{14}$

$$=\mathbf{\frac{5\sqrt{3}}{2}}$$

25 (1)　データを小さい順に並べると

6, 9, 11, 11, 12, 13, 13, 13, 14, 18

5番目は12，6番目は13であるから

← データが偶数個のときの中央値は，中央に並ぶ2つの値の平均値である。

中央値は　$\frac{12+13}{2}=\mathbf{12.5}$

最頻値は　**13**

← データの中で最も多い値

(2)　平均値 $\overline{x}$ は

← $\overline{x}=\frac{1}{n}(x_1+x_2+\cdots+x_n)$

$$\overline{x}=\frac{1}{10}(6+9+11\times2+12+13\times3+14+18)$$

$$=\frac{120}{10}=\mathbf{12}$$

分散 s^2 は

← 分散 s^2=(偏差)^2 の総和の平均値

$$s^2=\frac{1}{10}\{(6-12)^2+(9-12)^2+(11-12)^2\times2+(12-12)^2+(13-12)^2\times3+(14-12)^2+(18-12)^2\}$$

$$=\frac{90}{10}=\mathbf{9}$$

標準偏差 s は

$s=\sqrt{9}=\mathbf{3}$

← 標準偏差 $s=\sqrt{(\text{分散})}$

数I　復習問題

別解　$u=x-13$ とすると

u：$-7,\ -4,\ -2,\ -2,\ -1,\ 0,\ 0,\ 0,\ 1,\ 5$

u の平均値を $\overline{u}$，分散を $s_u{}^2$ とすると

$$\overline{u}=\frac{1}{10}(-7-4-2\times2-1+1+5)$$

$$=-\frac{10}{10}=-1$$

$$s_u{}^2=\frac{1}{10}\{(-7+1)^2+(-4+1)^2+(-2+1)^2\times2+(-1+1)^2+(0+1)^2\times3+(1+1)^2+(5+1)^2\}$$

$$=\frac{90}{10}=9$$

よって，x の平均値 $\overline{x}$，分散 $s_x{}^2$，標準偏差 s_x は

$\overline{x}=\overline{u}+13=-1+13=\mathbf{12}$

$s_x{}^2=s_u{}^2=\mathbf{9}$

$s_x=\sqrt{9}=\mathbf{3}$

(3)　第１四分位数 $Q_1=11$

第３四分位数 $Q_3=13$ より

四分位範囲 $R=13-11=2$

であるから

$Q_1-1.5R=11-1.5\times2=8$

$Q_3+1.5R=13+1.5\times2=16$

より，外れ値は 8 より小さい値と 16 より大きい値であるから　**6，18**

(4)　外れ値を除いた 8 個のデータの総和は，除く前より $6+18=24$ だけ減少する。$24=12\times2$ であるから，除く 2 個のデータの平均値は，除く前の 10 個のデータの平均値と等しい。

よって，平均値は変化しない。

また，除く前の分散が 9 であるから，偏差の 2 乗の総和は $9\times10=90$ である。

外れ値を除いても平均値は変わらないから，8 個の偏差の 2 乗の総和は，外れ値の偏差の 2 乗を引いて

$90-\{(6-12)^2+(18-12)^2\}=18$

よって，8 個の分散は $18\div8=2.25$ より

分散は減少する。

⬅ 仮平均を 13(最頻値)とする。

変量の変換

変量 x に対して，変量 u を $u=ax+b$ と定めるとき

$\overline{u}=a\overline{x}+b$

$s_u=|a|s_x$

⬅ 前半 5 個の中央値

⬅ 後半 5 個の中央値

⬅ $R=Q_3-Q_1$

⬅ $Q_1-1.5R$ より小さい値と $Q_3+1.5R$ より大きい値を外れ値とみなす。

⬅ 8 個の総和は

$12\times10-(6+18)$

$=12\times10-24$

$=12\times10-12\times2$

$=12\times8$ より　8 個の平均値は 12 で変化しない。

⬅ 外れ値の偏差の 2 乗はそれぞれ $(6-12)^2=36$，$(18-12)^2=36$ で，分散(偏差の 2 乗の平均値)9 より大きい。

よって，8 個の偏差の 2 乗の総和は $9\times8=72$ よりも小さくなるから分散は減少する。

26 31 個のデータを小さい順に並べたとき，次のようになる。

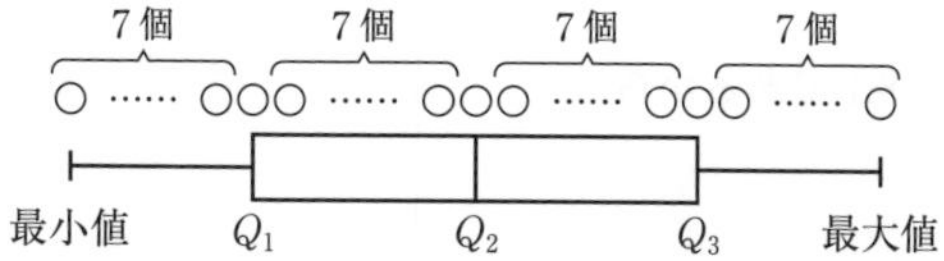

(1) 来店者数が 350 人以上の日が 8 日以上あったのは，第 3 四分位数 Q_3 が 350 人以上の店であるから
A 店，C 店

← Q_3 から最大値までが 8 個

(2) 来店者数が 300 人未満の日が 16 日以上あったのは，中央値 Q_2 が 300 人未満の店であるから **B 店**

← 最小値から Q_2 までが 16 個

(3) B 店の最小値は 250 人未満で，第 1 四分位数 Q_1 は 250 人である。

← 小さい方から 8 番目までが 250 人以下である。

よって，250 人未満の日は
最大で 7 日，最小で 1 日
あった可能性がある。

← Q_1 より左にひげがあるので，少なくとも 1 日は 250 人未満であるが，その他は $Q_1=250$ (人) と等しい可能性がある。

27 (1) x の平均値を $\bar{x}$，標準偏差を s_x とすると

$$\bar{x}=\frac{1}{4}(5+1+4+2)=\frac{12}{4}=3$$

$$s_x{}^2=\frac{1}{4}\{(5-3)^2+(1-3)^2+(4-3)^2+(2-3)^2\}$$

$$=\frac{10}{4}=2.5$$

← $s_x{}^2=\frac{1}{4}(5^2+1^2+4^2+2^2)-3^2$ から求めることもできる。

よって　$s_x=\sqrt{2.5}$

x と y の分散は等しく，相関係数が 0.6 であるから

$$\frac{s_{xy}}{\sqrt{2.5}\times\sqrt{2.5}}=0.6 \text{ より } \quad \boldsymbol{s_{xy}=1.5}$$

(2) y の平均値は 4 であるから

$$\frac{1}{4}(6+a+3+b)=4 \text{ より}$$

$$a+b=7 \qquad \cdots ①$$

(1)より　$s_{xy}=1.5$ であるから

$$\frac{1}{4}\{(5-3)(6-4)+(1-3)(a-4)$$
$$+(4-3)(3-4)+(2-3)(b-4)\}=1.5 \text{ より}$$

$$4-2(a-4)-1-(b-4)=6$$

$$2a+b=9 \qquad \cdots ②$$

①，②を解いて　$\boldsymbol{a=2,\ b=5}$

← y の標準偏差 $\sqrt{2.5}$ を利用して求めようとすると
$\frac{1}{4}(6^2+a^2+3^2+b^2)-4^2=2.5$
整理して　$a^2+b^2=29\cdots③$
①，③を解くと，$a=2$，$b=5$ と $a=5$，$b=2$ の 2 組が求められ，吟味が必要になる。

28 (1) 10個のデータの総和は280であるから

平均値は $\frac{280}{10}=\mathbf{28.0}$ (℃)

また，偏差の2乗の総和は8.1であるから

分散は $\frac{8.1}{10}=0.81$

よって，標準偏差は $\sqrt{0.81}=\mathbf{0.9}$ (℃)

(別解) データを小さい順に並べると

x：26.3，26.8，27.9，27.9，28.0，28.0，28.1，28.3，29.3，29.4

$u=x-28$ とすると

u：-1.7，-1.2，-0.1，-0.1，0，0，0.1，0.3，1.3，1.4

u の総和は0であるから

u の平均値 $\overline{u}=0$

$$分散\ s_u{}^2=\frac{1}{10}\{(-1.7)^2+(-1.2)^2+(-0.1)^2\times 2+0.1^2+0.3^2+1.3^2+1.4^2\}$$

$$=\frac{8.1}{10}=0.81$$

よって，x の平均値 $\overline{x}$，分散 $s_x{}^2$，標準偏差 s_x は

$\overline{x}=\overline{u}+28=0+28=\mathbf{28}$(℃)

$s_x{}^2=s_u{}^2=0.81$

$s_x=\sqrt{0.81}=\mathbf{0.9}$(℃)

(2) 検証したいことは

「平均気温が例年より高かった」

かどうかであるから

「平均気温が例年より高くなかった」

と仮説を立てる。

棄却域を

「昨年まで10年間の平均気温の平均値から標準偏差の2倍以上離れた値となること」

とすると

28.0＋2×0.9＝29.8 より

棄却域は「**29.8℃以上**」である。

(3) 今年の平均気温30.0℃は棄却域に含まれるから仮説は棄却される。

よって，**例年より高かったといえる。**

⬅ 仮平均を28(中央値)とする。

⬅ $x=au+b$ のとき

⬅ $\overline{x}=a\overline{u}+b$

⬅ $s_x{}^2=a^2s_u{}^2$

⬅ $s_x=\sqrt{(a^2s_u{}^2)}=|a|s_u$

⬅「検証したいこと」の反対を仮説にする。

⬅ 棄却域は「めったに起こらないこと」と判定される値の範囲

⬅ 28.0−2×0.9＝26.2 より「26.2℃以下」も棄却域になり得るが，高かったのかを考えるので，気温が高くなる側だけを考える。

29 (1) 表から，番号1の x の得点が11，偏差 $x-\overline{x}$ が2であるから，x の平均値 b は

$b=11-2=9$

よって，x の合計 a は　$a=20\times9=180$

← 番号2，20の得点，偏差から求めてもよい。

(2) 表から，x，y の分散はそれぞれ27，12であるから，標準偏差 s_x，s_y は

← $(x-\overline{x})^2$，$(y-\overline{y})^2$ の平均値

$s_x=\sqrt{27}=3\sqrt{3}$，$s_y=\sqrt{12}=2\sqrt{3}$

← 標準偏差 $=\sqrt{(\text{分散})}$

また，表から，x，y の共分散は　$s_{xy}=13.5$

← $(x-\overline{x})(y-\overline{y})$ の平均値

よって，相関係数 r は

$$r=\frac{s_{xy}}{s_xs_y}=\frac{13.5}{3\sqrt{3}\times2\sqrt{3}}=0.75$$

← $r=\dfrac{(x-\overline{x})(y-\overline{y})\text{ の平均値}}{\sqrt{(x-\overline{x})^2\text{ の平均値}}\sqrt{(y-\overline{y})^2\text{ の平均値}}}$

別解　$$r=\frac{270}{\sqrt{540}\times\sqrt{240}}=\frac{270}{6\sqrt{15}\times4\sqrt{15}}=0.75$$

← $r=\dfrac{(x-\overline{x})(y-\overline{y})\text{ の合計}}{\sqrt{(x-\overline{x})^2\text{ の合計}}\sqrt{(y-\overline{y})^2\text{ の合計}}}$

(3) 相関係数が正であるから，①，②のいずれか。

← 傾きが正の直線の近くに点が集まっている散布図。

次に，中央値について，①，②ともに x の中央値は8.5であるが，y の中央値が11である散布図は，②である。

← $x=8.5$ の左側と右側に，$y=11$ の上側と下側にほぼ同数の点があるもの。

また，②の点のばらつき具合は，変量 x の方が y よりも大きく，標準偏差について，$s_x>s_y$ に適する。

よって，②

← $s_x>s_y$ なので，y 軸方向よりも x 軸方向にばらついていることを吟味する。

(4) $u=x-3$ より

← $u=ax+b$ のとき

$\overline{u}=\overline{x}-3=9-3=6$

← $\overline{u}=a\overline{x}+b$

$s_u=s_x=3\sqrt{3}$

← $s_u=|a|s_x$

$v=2y$ より

$\overline{v}=2\overline{y}=2\times11=22$

$s_v=|2|s_y=2\times2\sqrt{3}=4\sqrt{3}$

u と v の共分散 s_{uv} は

$$\begin{aligned}s_{uv}&=(u-\overline{u})(v-\overline{v})\\&=\{(x-3)-(\overline{x}-3)\}(2y-2\overline{y})\\&=2(x-\overline{x})(y-\overline{y})\\&=2s_{xy}=2\times13.5=27\end{aligned}$$

よって，u と v の相関係数 r は

$$r=\frac{27}{3\sqrt{3}\times4\sqrt{3}}=\frac{27}{36}=0.75$$

← $u=x-3$，$v=2y$ のとき
$s_u=s_x$，$s_v=2s_y$，$s_{uv}=2s_{xy}$
$r=\dfrac{s_{uv}}{s_us_v}=\dfrac{2s_{xy}}{s_x\cdot2s_y}$
$=\dfrac{s_{xy}}{s_xs_y}$ であるから，x と y の相関係数と等しい。

数Ⅰ　復習問題

273 (1) $A=\{9\times1,\ 9\times2,\ 9\times3,\ \cdots,\ 9\times22\}$ より
$n(A)=22$

← $200\div9=22.2\cdots$ より $n(A)=22$ と求めてもよい。

(2) $B=\{12\times1,\ 12\times2,\ 12\times3,\ \cdots,\ 12\times16\}$ より
$n(B)=16$

← $200\div12=16.6\cdots$ より $n(B)=16$ と求めてもよい。

(3) $A\cap B$ は 9 と 12 の最小公倍数 36 の倍数の集合であるから
$A\cap B=\{36\times1, 36\times2, 36\times3, 36\times4, 36\times5\}$ より
$n(A\cap B)=5$

← $9=\quad 3\times3$
$12=2\times2\times3$
最小公倍数$=2\times2\times3\times3=36$

(4) $n(A\cup B)=n(A)+n(B)-n(A\cap B)$
$=22+16-5=33$

和集合 $A\cup B$ の要素の個数
$n(A\cup B)$
$=n(A)+n(B)-n(A\cap B)$

(5) $n(\overline{B})=n(U)-n(B)=200-16=184$

(6) $n(\overline{A}\cup\overline{B})=n(\overline{A\cap B})=n(U)-n(A\cap B)$
ド・モルガンの法則 $\overline{A}\cup\overline{B}=\overline{A\cap B}$
$=200-5=195$

(7) $n(\overline{A}\cap B)=n(B)-n(A\cap B)$
$=16-5=11$

← $\overline{A}\cap B$ は B であり A でないものであるから，B から $A\cap B$ を除いたもの。

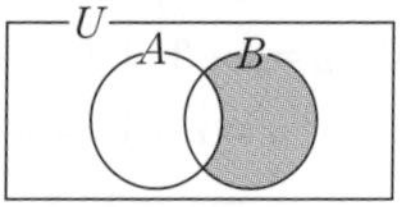

(8) $n(A\cup\overline{B})=n(\overline{\overline{A}\cap B})=n(U)-n(\overline{A}\cap B)$
ド・モルガンの法則 $A\cup\overline{B}=\overline{\overline{A}\cap B}$
$=200-11=189$

274 全体集合を U，英語の合格者の集合を A，国語の合格者の集合を B とすると
$n(U)=40,\ n(A)=29,\ n(B)=24,\ n(A\cap B)=17$

←
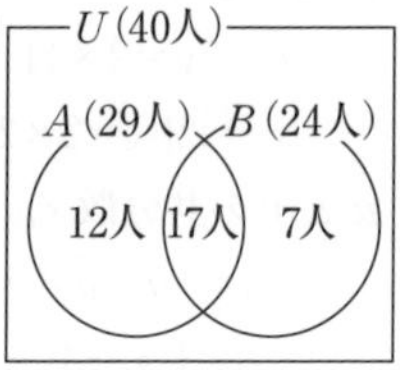

(1) 少なくとも 1 科目を合格した者の集合は $A\cup B$ であるから，その人数は
$n(A\cup B)=n(A)+n(B)-n(A\cap B)$
$=29+24-17=$**36 (人)**

(2) 2 科目とも不合格であった者の集合は
$\overline{A}\cap\overline{B}=\overline{A\cup B}$ であるから，その人数は
ド・モルガンの法則
$n(\overline{A\cup B})=n(U)-n(A\cup B)$
$=40-36=$**4 (人)**

← $\overline{A}\cap\overline{B}=\overline{A\cup B}$

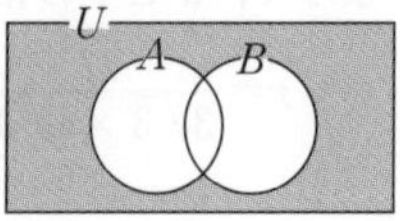

(3) 英語のみ合格した者の集合は $A\cap\overline{B}$ であるから，
その人数は $n(A\cap\overline{B})=n(A)-n(A\cap B)$
$=29-17=$**12**（人）

← $A\cap\overline{B}$

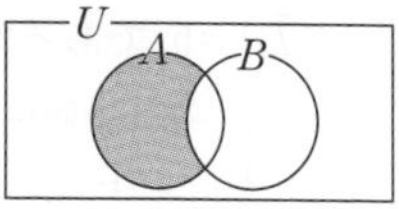

275 60 から 200 までの整数を全体集合 U とし，3 で割り切れる数の集合を A，5 で割り切れる数の集合を B とする。

(1) 3 で割り切れる数の集合は
$A=\{3\times 20,\ 3\times 21,\ \cdots,\ 3\times 66\}$
であるから，その個数は
$n(A)=66-20+1=$**47**（個）

← $60\leqq 3k\leqq 200$ より $20\leqq k\leqq 66.6\cdots$
よって $n(A)=66-19=47$（個）
として求めてもよい。

(2) 5 で割り切れる数の集合は
$B=\{5\times 12,\ 5\times 13,\ \cdots,\ 5\times 40\}$
であるから，その個数は
$n(B)=40-12+1=29$（個）

← $60\leqq 5k\leqq 200$ より $12\leqq k\leqq 40$
よって $n(B)=40-11=29$（個）
として求めてもよい。

また　$n(U)=200-60+1=141$
よって，5 で割り切れない数の個数は
$n(\overline{B})=n(U)-n(B)=141-29=$**112**（個）

(3) 3 と 5 の両方で割り切れる数の集合は
$A\cap B=\{15\times 4,\ 15\times 5,\ \cdots,\ 15\times 13\}$
であるから，その個数は
$n(A\cap B)=13-4+1=10$（個）

← 3 と 5 の最小公倍数 15 の倍数

← $60\leqq 15k\leqq 200$ より $4\leqq k\leqq 13.3\cdots$
よって
$n(A\cap B)=13-3=10$（個）
として求めてもよい。

3 または 5 で割り切れる数の個数は
$n(A\cup B)=n(A)+n(B)-n(A\cap B)$
$=47+29-10=66$（個）

3 でも 5 でも割り切れない数の集合は
$\overline{A}\cap\overline{B}=\overline{A\cup B}$ であるから，その個数は
$n(\overline{A\cup B})=n(U)-n(A\cup B)$
$=141-66=$**75**（個）

← $\overline{A\cup B}$

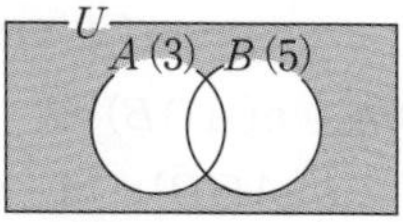

(4) 3 か 5 のどちらか一方のみで割り切れる数の集合は右のベン図より
$n(A\cup B)-n(A\cap B)=66-10=$**56**（個）

← A か B のどちらか一方を表す。

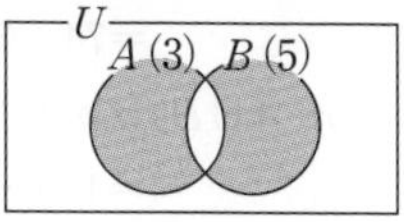

別解　3 か 5 のどちらか一方のみで割り切れる数の集合は $(A\cap\overline{B})\cup(\overline{A}\cap B)$ であるから，
その個数は　$n(A\cap\overline{B})+n(\overline{A}\cap B)$
$=n(A)+n(B)-2\times n(A\cap B)$
$=47+29-2\times 10=$**56**（個）

← $n(A\cap\overline{B})=n(A)-n(A\cap B)$，
$n(\overline{A}\cap B)=n(B)-n(A\cap B)$

276 $n(U)=60$, $n(A\cup B)=35$, $n(A\cap B)=10$, $n(A\cap\overline{B})=5$ であるから下の図のようになる。

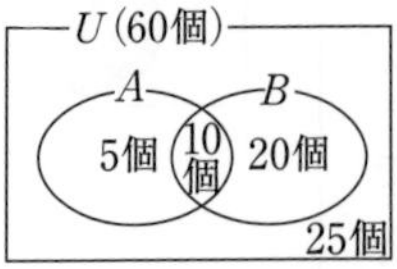

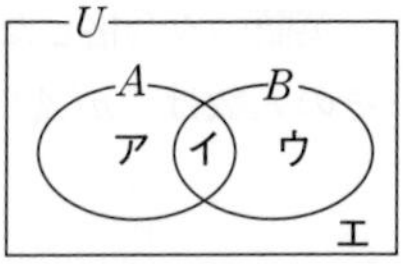

⬅ アイウ：$n(A\cup B)=35$,
ア：$n(A\cap\overline{B})=5$,
イ：$n(A\cap B)=10$ より,
ウ：$n(\overline{A}\cap B)=20$,
エ：$n(\overline{A\cup B})=25$ となる。

(1) $n(A)=n(A\cap\overline{B})+n(A\cap B)=5+10=$ **15（個）**

(2) $n(B)=n(A\cup B)-n(A\cap\overline{B})=35-5=$ **30（個）**

別解 $n(B)=n(A\cup B)-n(A)+n(A\cap B)$
$=35-15+10=$ **30（個）**

⬅ $n(A\cup B)$
$=n(A)+n(B)-n(A\cap B)$

(3) $n(\overline{A}\cap B)=n(B)-n(A\cap B)=30-10=$ **20（個）**

別解 $n(\overline{A}\cap B)=n(A\cup B)-n(A)$
$=35-15=$ **20（個）**

(4) $n(\overline{A}\cap\overline{B})=n(\overline{A\cup B})=n(U)-n(A\cup B)$
$=60-35=$ **25（個）**

277 $n(A)>n(B)$ であるから，$A\supset B$ のとき
$n(A\cap B)$ は最大となり，$n(A\cup B)$ は最小となる。

⬅ $A\supset B$ のとき

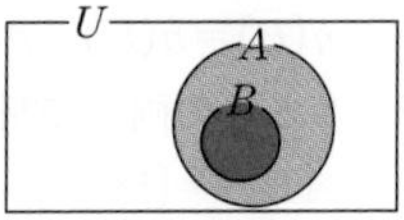

このとき $n(A\cap B)=n(B)=68$,
$n(A\cup B)=n(A)=74$

また，$n(A)+n(B)>n(U)$ であるから
$A\cup B=U$ のとき $n(A\cap B)$ は最小となり，
$n(A\cup B)$ は最大となる。

⬅ $A\cup B=U$ のとき

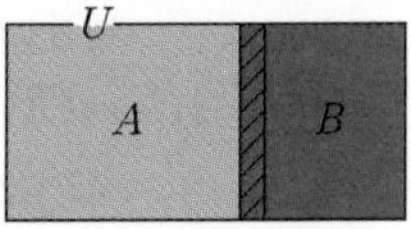

このとき $n(A\cup B)=n(U)=100$
$n(A\cap B)=n(A)+n(B)-n(A\cup B)$
$=74+68-100=42$

よって **$42\leqq n(A\cap B)\leqq 68$, $74\leqq n(A\cup B)\leqq 100$**

別解 $n(A\cap B)=x$ とおくと

⬅

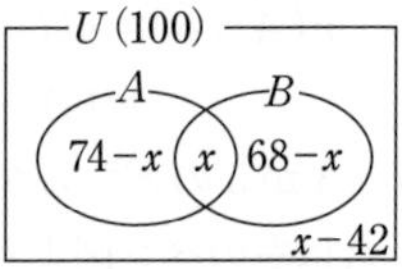

$n(A\cap\overline{B})=74-x$, $n(\overline{A}\cap B)=68-x$
$n(A\cup B)=n(A)+n(B)-n(A\cap B)$
$=74+68-x=142-x$
$n(\overline{A\cup B})=n(U)-n(A\cup B)$
$=100-(142-x)=x-42$

となる。

$n(A\cap B)=x\geqq 0$, $n(A\cap\overline{B})=74-x\geqq 0$
$n(\overline{A}\cap B)=68-x\geqq 0$, $n(\overline{A\cup B})=x-42\geqq 0$
を同時に満たす x を求めると $42\leqq x\leqq 68$

⬅ ベン図の 4 つの部分
$A\cap B$, $A\cap\overline{B}$, $\overline{A}\cap B$, $\overline{A\cup B}$
の要素の個数は 0 以上となる。

このとき　$-68 \leqq -x \leqq -42$

$-68+142 \leqq -x+142 \leqq -42+142$

$74 \leqq 142-x \leqq 100$

よって

$42 \leqq n(A \cap B) \leqq 68$，$74 \leqq n(A \cup B) \leqq 100$

278　2 で割り切れる数の集合を A

3 で割り切れる数の集合を B

7 で割り切れる数の集合を C とすると

$A=\{2\times1,\ 2\times2,\ \cdots,\ 2\times150\}$ より　$n(A)=150$

$B=\{3\times1,\ 3\times2,\ \cdots,\ 3\times100\}$ より　$n(B)=100$

$C=\{7\times1,\ 7\times2,\ \cdots,\ 7\times42\}$ より　$n(C)=42$

⇐ $300\div2=150$ より $n(A)=150$ と求めてもよい。

(1)　2，3，7 のいずれでも割り切れる数は

$2\times3\times7=42$ の倍数であるから

⇐ 2，3，7 の最小公倍数

$A\cap B\cap C=\{42\times1,\ 42\times2,\ \cdots,\ 42\times7\}$

よって　$n(A\cap B\cap C)=$**7（個）**

(2)　2 でも 3 でも割り切れる数は 6 の倍数で

$A\cap B=\{6\times1,\ 6\times2,\ \cdots,\ 6\times50\}$ より

$n(A\cap B)=50$

3 でも 7 でも割り切れる数は 21 の倍数で

$B\cap C=\{21\times1,\ 21\times2,\ \cdots,\ 21\times14\}$ より

$n(B\cap C)=14$

7 でも 2 でも割り切れる数は 14 の倍数で

$C\cap A=\{14\times1,\ 14\times2,\ \cdots,\ 14\times21\}$ より

$n(C\cap A)=21$

よって，2,3,7 の少なくとも 1 つで割り切れる数は

⇐ 2 または 3 または 7 で割り切れる数

$n(A\cup B\cup C)$

$=n(A)+n(B)+n(C)$

$\quad -n(A\cap B)-n(B\cap C)-n(C\cap A)$

$\quad +n(A\cap B\cap C)$

$=150+100+42-50-14-21+7$

$=$**214（個）**

(3)　2 で割り切れるが，3 でも 7 でも割り切れない数は

⇐ 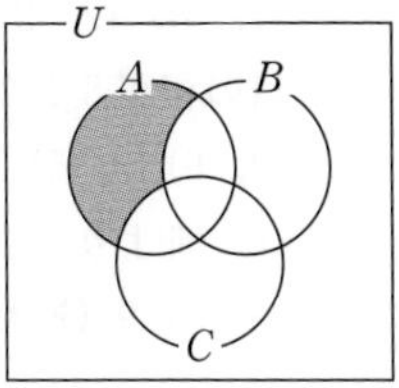

$n(A)-n(A\cap B)-n(A\cap C)+n(A\cap B\cap C)$

$=150-50-21+7=$**86（個）**

279 樹形図で考える。

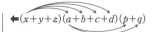

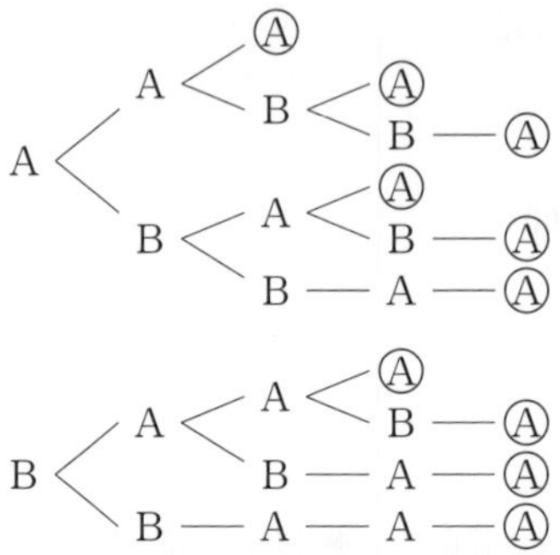

よって　6+4=10（通り）

樹形図 ➡ もれなく，重複なく，順序よく数え上げる

280 (1)「x，y，z の 3 つのうちの 1 つ」と，
「a，b，c，d の 4 つのうちの 1 つ」と，
「p，q の 2 つのうちの 1 つ」
を掛け合わせて，1 つの項ができるから
$3\times4\times2=24$（個）

⬅ $(x+y+z)(a+b+c+d)(p+q)$

(2) 赤色のさいころの目の出方が 6 通り，そのそれぞれについて，青色のさいころの目の出方が 6 通り，さらにそのそれぞれについて，黄色のさいころの目の出方が 6 通りであるから
$6\times6\times6=216$（通り）

281 大きいさいころの目を a，小さいさいころの目を b とし，$(a,\ b)$ で表す。

(1) 8 の約数は，1，2，4，8 であるが，目の和が 1 となる場合はない。

(i) 目の和が 2 となる場合
(1，1) の 1 通り

(ii) 目の和が 4 となる場合
(1，3)，(2，2)，(3，1) の 3 通り

(iii) 目の和が 8 となる場合
(2，6)，(3，5)，(4，4)，(5，3)，(6，2) の 5 通り

(i)，(ii)，(iii)より，求める場合の数は
$1+3+5=9$（通り）

⬅ (i)，(ii)，(iii)は同時に起こらない。

和の法則

事柄 A と B の起こる場合がそれぞれ m，n 通りあり，それらが同時には起こらないとき，A または B の起こる場合の数は
$m+n$（通り）

(2)　36 以下で，9 の倍数は 9，18，27，36 であるが，目の積が 27 となる場合はない。

(i)　目の積が 9 となる場合
(3，3) の 1 通り

(ii)　目の積が 18 となる場合
(3，6)，(6，3) の 2 通り

(iii)　目の積が 36 となる場合
(6，6) の 1 通り

(i)，(ii)，(iii)より，求める場合の数は
1+2+1=4 (通り)

別解
大小のさいころでともに 3 の倍数の目，すなわち 3 または 6 が出るときであるから
$2\times2=4$ (通り)

(3)　目の和が奇数となるのは次のいずれかの場合である。

(i)　大きいさいころの目が偶数で，小さいさいころの目が奇数
$3\times3=9$ (通り)

(ii)　大きいさいころの目が奇数で，小さいさいころの目が偶数
$3\times3=9$ (通り)

(i)，(ii)より，求める場合の数は
9+9=18 (通り)

(偶数)＋(偶数)＝(偶数)
(偶数)＋(奇数)＝(奇数)…(i)
(奇数)＋(偶数)＝(奇数)…(ii)
(奇数)＋(奇数)＝(偶数)

積の法則
事柄 A と B が起こる場合がそれぞれ m，n 通りあるとき，A と B がともに起こる場合の数は
$m\times n$ (通り)

(4)　目の積が偶数となるのは，次のいずれかの場合である。

(i)　大きいさいころの目と小さいさいころの目がともに偶数　$3\times3=9$ (通り)

(ii)　大きいさいころの目が偶数で，小さいさいころの目が奇数　$3\times3=9$ (通り)

(iii)　大きいさいころの目が奇数で，小さいさいころの目が偶数　$3\times3=9$ (通り)

(i)，(ii)，(iii)より，求める場合の数は
9+9+9=27 (通り)

(偶数)×(偶数)＝(偶数)…(i)
(偶数)×(奇数)＝(偶数)…(ii)
(奇数)×(偶数)＝(偶数)…(iii)
(奇数)×(奇数)＝(奇数)

別解　奇数となるのは大きいさいころと小さいさいころの目がともに奇数のときであるから，全体の総数から奇数となる場合を引けばよい。
よって　$6\times6-3\times3=36-9=$**27 (通り)**

和／積が○○となる場合の数 ➡ まずは条件に合う目の組合せを考える

282 (1) 素因数分解すると　$288=2^5\cdot 3^2$

よって，約数の個数は

$(5+1)(2+1)=6\times 3=$ **18（個）**

約数の和は

$(2^0+2^1+2^2+2^3+2^4+2^5)(3^0+3^1+3^2)$

を展開したものである。

よって

$(1+2+4+8+16+32)(1+3+9)$

$=63\times 13=$ **819**

(2) 素因数分解すると　$375=3^1\cdot 5^3$

よって，約数の個数は

$(1+1)(3+1)=2\times 4=$ **8（個）**

約数の和は

$(3^0+3^1)(5^0+5^1+5^2+5^3)$

を展開したものである。

よって

$(1+3)(1+5+25+125)=4\times 156=$ **624**

(3) 素因数分解すると　$504=2^3\cdot 3^2\cdot 7^1$

よって，約数の個数は

$(3+1)(2+1)(1+1)=4\times 3\times 2=$ **24（個）**

約数の和は

$(2^0+2^1+2^2+2^3)(3^0+3^1+3^2)(7^0+7^1)$

を展開したものである。

よって

$(1+2+4+8)(1+3+9)(1+7)=15\times 13\times 8$

$=$ **1560**

⬅ A：2^0，2^1，2^2，2^3，2^4，2^5
B：3^0，3^1，3^2
A のグループから 1 つ，B のグループから 1 つ選んで掛けると，約数が 1 つできる（たとえば，$2^0\cdot 3^1=3$，$2^2\cdot 3^1=12$ など）。
また，約数の和は展開式で表される。
（参考：数学Ⅱ）指数の拡張
$a\neq 0$ のとき　$a^0=1$

$a^l\cdot b^m\cdot c^n$ の約数の個数 ➡ $(l+1)(m+1)(n+1)$ 個

283 (1) (i) $x=1$ のとき，$y+z=6$ であるから

$(y,\ z)=(1,\ 5)$，$(2,\ 4)$，$(3,\ 3)$，$(4,\ 2)$，$(5,\ 1)$ の 5 通り

(ii) $x=2$ のとき，$y+z=4$ であるから

$(y,\ z)=(1,\ 3)$，$(2,\ 2)$，$(3,\ 1)$ の 3 通り

(iii) $x=3$ のとき，$y+z=2$ であるから

$(y,\ z)=(1,\ 1)$ の 1 通り

(i)，(ii)，(iii)より　$5+3+1=$ **9（個）**

⬅ x，y，z の係数の中で，最大の値に着目し，この場合は x で場合分けするとよい。

(2) (1)で，x，y，z に同じものが含まれる場合を除けばよいので

$2+2+0=$**4**（個）

284 (1) 各位の数字がすべて奇数の場合であるから

$5\times5\times5=$**125**（通り）

⬅各位の中に偶数が1つでもあると，各位の数字の積は偶数となる。

(2) 3桁の自然数は全部で

$999-100+1=900$（個）

⬅100から999までの自然数の個数

よって，偶数となるのは

(1)より　$900-125=$**775**（通り）

(3) 各位の数字が3の倍数にならないのは

$6\times6\times6=216$（通り）であるから，

⬅0，3，6，9以外の6通り

3の倍数となるのは

$900-216=$**684**（通り）

285 (1) A→B→E　$2\times2=4$（通り）

⬅積の法則

A→C→E　$3\times1=3$（通り）

A→D→E　$1\times3=3$（通り）

よって　$4+3+3=$**10**（通り）

⬅和の法則

(2) A→B→E→B→A　$2\times2\times1\times1=4$　（通り）

　　　　　→C→A　$2\times2\times1\times3=12$（通り）

　　　　　→D→A　$2\times2\times3\times1=12$（通り）

A→C→E→B→A　$3\times1\times2\times2=12$（通り）

　　　　　→D→A　$3\times1\times3\times1=9$　（通り）

A→D→E→B→A　$1\times3\times2\times2=12$（通り）

　　　　　→C→A　$1\times3\times1\times3=9$　（通り）

よって　$4+12+12+12+9+12+9=$**70**（通り）

286 素因数分解すると　$360=2^3\cdot3^2\cdot5^1$

(1) 偶数となるのは

$(2^1+2^2+2^3)(3^0+3^1+3^2)(5^0+5^1)$

⬅$2^0=1$ が入ると展開して奇数になるものが出てきてしまう。

を展開したときの項である。

よって，その個数は　$3\times3\times2=$**18**（個）

(2) 5の倍数とならないのは

⬅5の因数を含まない展開を考える。

$(2^0+2^1+2^2+2^3)(3^0+3^1+3^2)\cdot5^0$

を展開したときの項である。

よって，その個数は　$4\times3\times1=$**12**（個）

287 (1) 10円硬貨6枚, 100円硬貨4枚, 500円硬貨2枚を用いるとき

10円硬貨は0〜6枚の7通り

100円硬貨は0〜4枚の5通り

500円硬貨は0〜2枚の3通り

このうち, すべて0枚の組は除くから, 求める場合の数は　$7\times5\times3-1=\mathbf{104}$ **(通り)**

(2) 10円硬貨4枚, 100円硬貨6枚, 500円硬貨2枚を用いるとき, 硬貨の選び方は(1)と同様に考えると　$5\times7\times3-1=104$ (通り)

このうち, 金額が同じになるのは, 10円硬貨x枚, 100円硬貨y枚, 500円硬貨z枚とすると

$(x,\ y,\ z)=(x,\ y-5,\ z+1)$

$y-5\geqq0$, $z+1\leqq2$ より

$(x=0,\ 1,\ 2,\ 3,\ 4,\ y=5,\ 6,\ z=0,\ 1)$

のときであるから　$5\times2\times2=20$ (通り)

よって, 求める場合の数は　$104-20=\mathbf{84}$ **(通り)**

⬅ 100円硬貨5枚でも500円を表せることに注意する。

⬅ 次の4通りは同じ金額

$y=5,\ z=0$ と $y=0,\ z=1$

$y=5,\ z=1$ と $y=0,\ z=2$

$y=6,\ z=0$ と $y=1,\ z=1$

$y=6,\ z=1$ と $y=1,\ z=2$

(別解) 100円硬貨と500円硬貨だけを用いると, 0円, 100円, 200円, ……, 1600円の17通りの金額が表せる。また, 10円硬貨で0円, 10円, ……, 40円の5通りの金額が表せる。

よって, 求める場合の数は　$5\times17-1=\mathbf{84}$ **(通り)**

⬅ すべてが0枚の場合を除く。

288 (1) ${}_7P_2=7\cdot6=\mathbf{42}$

(2) ${}_9P_3=9\cdot8\cdot7=\mathbf{504}$

(3) ${}_8P_4=8\cdot7\cdot6\cdot5=\mathbf{1680}$

(4) ${}_5P_1=\mathbf{5}$

(5) ${}_nP_2=\boldsymbol{n(n-1)}$

順列と階乗

$${}_nP_r=\underbrace{n(n-1)\cdots(n-r+1)}_{r\text{個}}$$

$${}_nP_n=n!=\underbrace{n(n-1)\cdots3\cdot2\cdot1}_{n\text{個}}$$

289 (1) 異なる8個の文字をすべて用いて, 1列に並べる順列であるから

$8!=8\cdot7\cdot6\cdot5\cdot4\cdot3\cdot2\cdot1=\mathbf{40320}$ **(通り)**

(2) 異なる10人から3人を選んで1列に並べる順列であるから　${}_{10}P_3=10\cdot9\cdot8=\mathbf{720}$ **(通り)**

(3) 異なる6冊から4冊を選んで1列に並べる順列であるから　${}_6P_4=6\cdot5\cdot4\cdot3=\mathbf{360}$ **(通り)**

290 (1) 選手 5 人を 1 つにまとめると，4 人の順列であるから，4! 通り
選手 5 人の並べ方が 5! 通りあるから，全部で
$4!\times5!=24\times120=$**2880（通り）**

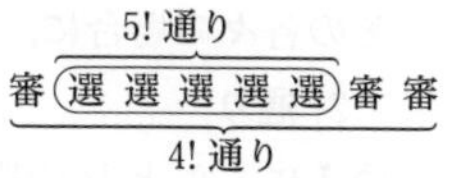

← 5!=120 は覚えておくと便利。

(2) 両端に審判を並べる並べ方は ${}_3P_2$ 通り
残りの審判 1 人と選手 5 人の計 6 人を並べる並べ方が 6! 通りあるから，全部で
${}_3P_2\times6!=6\times720=$**4320（通り）**

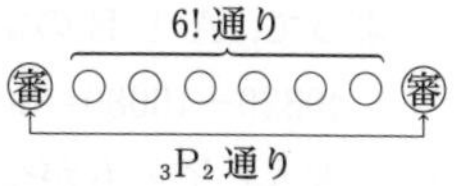

291 (1) 百の位には，0 以外の数字が入るから，選び方は 6 通り
その各々に対して十，一の位には，0 を含めた残り 6 個の数字から，2 個を選んで並べればよいから，並べ方は ${}_6P_2$ 通り
よって　$6\times{}_6P_2=6\times(6\cdot5)=$**180（個）**

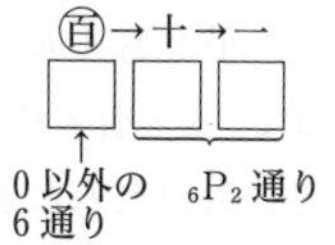

(2) 一の位が 1，3，5 のいずれかで 3 通り
百の位は 0 以外の 5 通り，十の位は残りの 5 通り
であるから
$3\times5\times5=$**75（個）**

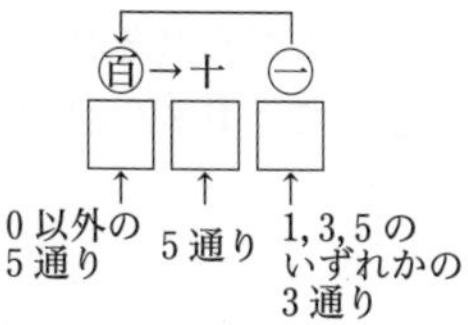

(3) 一の位は，0，2，4，6 のいずれかである。
(i) 一の位が 0 のとき，百，十の位は残りの 6 個の数字から 2 個を選んで並べればよいから
${}_6P_2=6\cdot5=30$（個）
(ii) 一の位が 2，4，6 のとき(2)と同様に考えて
$3\times5\times5=75$（個）
(i)，(ii)より　$30+75=$**105（個）**

← 別解
(1)のうち，(2)以外のものであるから
$180-75=105$（個）

(4) 4 3□　4 通り
4 5□
4 6□ } $2\times5=10$（通り）
5 □□
6 □□ } $2\times6\times5=60$（通り）
よって　$4+10+60=$**74（個）**

←「430 より大きい」であるから，0 を除いた 4 通り

292 (1) 8 人が 1 列に並ぶ並び方の総数は
$8!=8\cdot7\cdot6\cdot5\cdot4\cdot3\cdot2\cdot1=40320$（通り）
A と B の組の子ども 2 人をまとめて 1 人と考えると，7 人が 1 列に並ぶ順列で 7! 通り

← A と B の組の子どもが隣り合う場合の数を全体から引く。

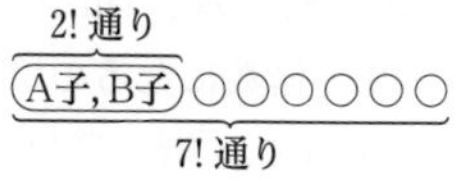

その各々の場合に，2 人の子どもの並べ方が

　2! 通り

ゆえに，A と B の組の子どもが隣り合うのは

　$7! \times 2! = 5040 \times 2 = 10080$（通り）

よって，A と B の組の子どもが隣り合わないのは

　$40320 - 10080 =$ **30240（通り）**

(2) 大人と子どもが交互になるのは次の 2 通り

　大子大子大子大子 と 子大子大子大子大

その各々の場合に，大人 4 人の並べ方が 4! 通りあり，子ども 4 人の並べ方も同様に 4! 通りある。

よって　$2 \times 4! \times 4! = 2 \times 24 \times 24 =$ **1152（通り）**

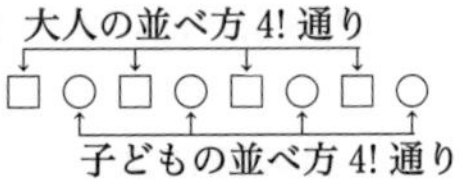

(3) 同じ組の大人と子どもをそれぞれ 1 つにまとめて考えると，4 組の並べ方は 4! 通り

その各々の場合に，各組の中で，大人と子どもの並び方がそれぞれ 2! 通りずつある。

よって　$4! \times 2! \times 2! \times 2! \times 2! = 24 \times 2 \times 2 \times 2 \times 2$

　　　　　　　　　　　$=$ **384（通り）**

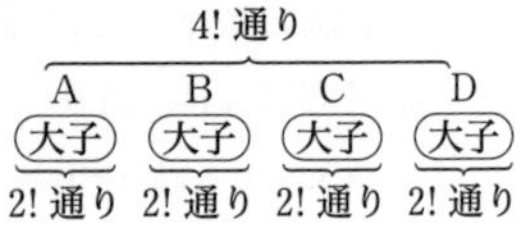

293 (1) 一の位が 0 であればよい。千，百，十の位は ${}_5P_3$ 通りあるから，全部で

　$1 \times {}_5P_3 = 1 \times 5 \cdot 4 \cdot 3 =$ **60（個）**

(2) 一の位が 0 または 5 の数である。

(i) 一の位が 0 のとき，(1)より，60 個

(ii) 一の位が 5 のとき，千の位は 0 以外の 4 通り，百，十の位は ${}_4P_2$ 通りあるから

　$1 \times 4 \times {}_4P_2 = 1 \times 4 \times (4 \cdot 3) = 48$（個）

よって，(i)，(ii)より　$60 + 48 =$ **108（個）**

(3) 各位の数の和が 3 の倍数となればよい。

(0, 1, 2, 3)，(0, 1, 3, 5)，(0, 2, 3, 4)，(0, 3, 4, 5) から作られる 4 桁の整数は

　$(3 \times 3 \times 2 \times 1) \times 4 = 72$（個）

(1, 2, 4, 5) から作られる 4 桁の整数は

　$4! = 24$（個）

よって，求める個数は　$72 + 24 =$ **96（個）**

(4) 各位の数の和が 9 の倍数になればよく，9 の倍数になるのは (0, 1, 3, 5)，(0, 2, 3, 4)

よって，4 桁の整数は　$(3 \times 3 \times 2 \times 1) \times 2 =$ **36（個）**

（参考）倍数の判定法

・2 の倍数（偶数）
　一の位が偶数

・3 の倍数
　各位の数の和が 3 の倍数

・4 の倍数
　下 2 桁が 4 の倍数

・5 の倍数
　一の位が 0 または 5

・8 の倍数
　下 3 桁が 8 の倍数

・9 の倍数
　各位の数の和が 9 の倍数

・10 の倍数
　一の位が 0

294 (1) 母音字 A, I, O を 1 つにまとめて，6 文字を 1 列に並べるから 6! 通り

母音字 3 個の並べ方が 3! 通りある。

よって　$6! \times 3! = 720 \times 6 =$ **4320**（通り）

(2) 子音字 5 個を 1 列に並べる並べ方は 5! 通り

母音字は右の図の ↑ に入れればよいから，${}_6P_3$ 通り

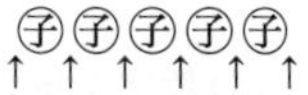

よって　$5! \times {}_6P_3 = 120 \times (6\cdot5\cdot4) =$ **14400**（通り）

(3) 両端に母音字がくるのは

$ {}_3P_2 \times 6! = (3\cdot2) \times 720 = 4320$（通り）

並べ方の総数は　$8! = 40320$（通り）

よって，求める場合の数は

$40320 - 4320 =$ **36000**（通り）

← (並べ方の総数)
　−(両端に母音字がくる)
　＝(少なくとも一端に子音字)

(4) C と M の間にくる 2 文字は 6 個の文字から 2 個取って並べればよいから ${}_6P_2$ 通り

C○○M を 1 つにまとめて，5 個を 1 列に並べる並べ方が 5! 通り

C と M の並べ方が 2! 通り

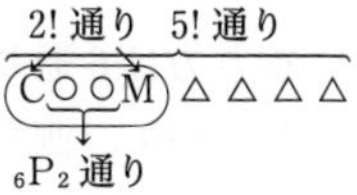

よって

${}_6P_2 \times 5! \times 2! = 30 \times 120 \times 2 =$ **7200**（通り）

295 (1) A□□□□　$4! = 24$（通り）

BAC□□　$2! = 2$（通り）

BADCE　1 通り

BADEC　1 通り

よって　$24 + 2 + 1 + 1 =$ **28**（番目）

← 最後の方は 1 つ 1 つかき出していくのがよい。

(2) A□□□□　$4! = 24$（通り）

B□□□□　$4! = 24$（通り）

CA□□□　$3! = 6$（通り）

ここまでで　$24 + 24 + 6 = 54$（個）

よって，55 番目は　**CBADE**

296 (1) 5 人の円順列で　$(5-1)! = 4! =$ **24**（通り）

(2) 子ども 3 人を 1 つにまとめて，3 人の円順列で $(3-1)! = 2! = 2$（通り）

子ども 3 人の並べ方が 3! 通りある。

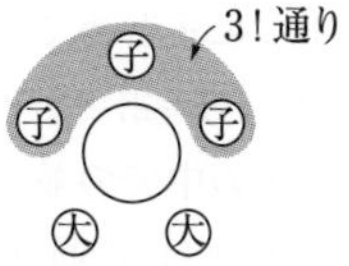

よって　$2 \times 3! = 2 \times 6 =$ **12**（通り）

297 高校生3人を円形に並べるのは3人の円順列で

$(3-1)!=2!=2$（通り）

高校生が決まれば大学生3人は，高校生3人の間の3か所に並べればよいので　$3!$（通り）

よって　$2\times3!=2\times6=$**12**（通り）

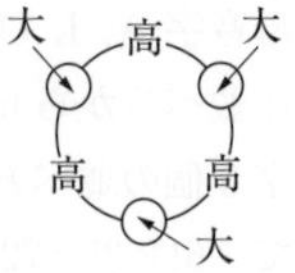

298 (1)　4つの数字を重複を許して，5個並べる重複順列であるから

$4^5=$**1024**（個）

(2)　3個のものを重複を許して，5個並べる重複順列であるから

$3^5=$**243**（通り）

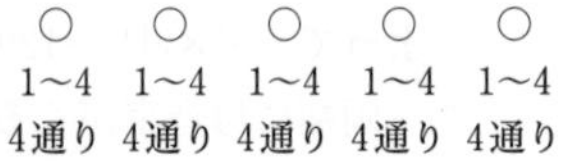

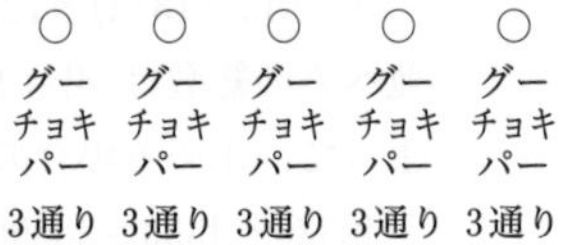

299 底面の塗り方は6通り

その各々について，側面の5面は5色の円順列で

$(5-1)!=4!=24$（通り）

よって　$6\times24=$**144**（通り）

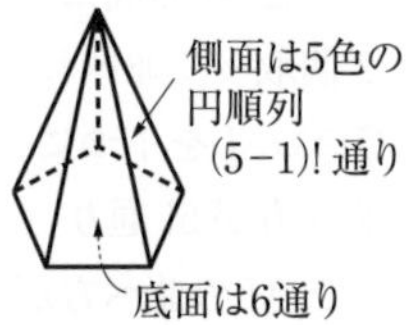

300 (1)　百の位には0はこないから

$3\times4\times4=$**48**（個）

(2)　一の位は1, 3のいずれかで，万の位には0はこない。

よって　$3\times4\times4\times4\times2=$**384**（個）

(3)　4桁の整数は千の位に0はこないから

$3\times4\times4\times4=192$（個）

このうち，0が1つも用いられていないのは

$3\times3\times3\times3=81$（個）

よって，0が少なくとも1つ用いられている4桁の整数は

$192-81=$**111**（個）

(1)

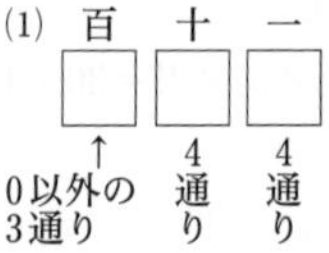

(2)

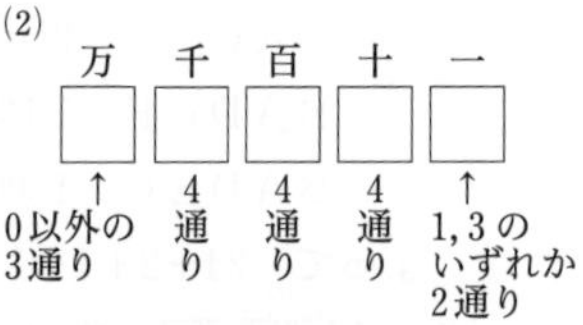

(3)

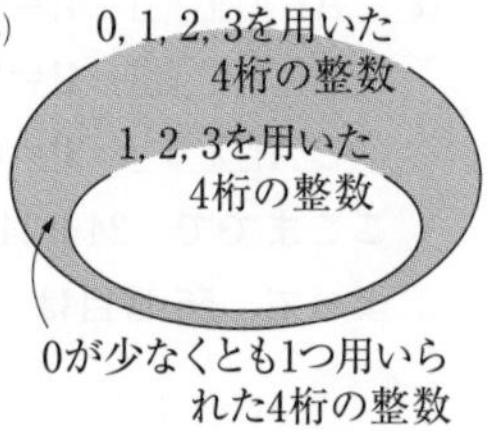

301 (1)　1年生2人，2年生3人，3年生3人をそれぞれ1つにまとめて，3つの円順列で

$(3-1)!=2!=2$（通り）

各学年の中での並べかえが，1年生は2! 通り，2, 3年生は3! 通りずつある。

よって，求める場合の数は

$2\times2!\times3!\times3!=2\times2\times6\times6=$**144**（通り）

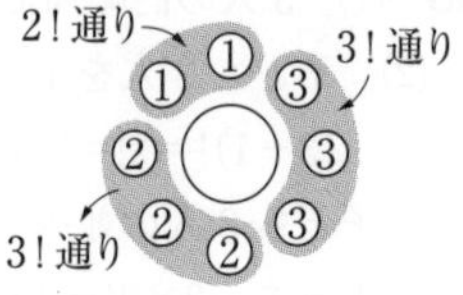

(2) 1年生の1人を固定すると，もう1人の1年生は向かいに決まる。
残り6人の順列は $6!=720$（通り）
よって，求める場合の数は **720通り**

(3) 1年生2人の間に入る2人を2，3年生6人の中から選んで並べる並べ方は，${}_6P_2$ 通り
1年生2人とその間に入る2人の合計4人を1つにまとめると，5つの円順列で $(5-1)!=4!$（通り）
1年生2人の並べ方が $2!$ 通りある。
よって，求める場合の数は
$${}_6P_2\times4!\times2!=(6\cdot5)\times24\times2=\mathbf{1440}\text{（通り）}$$

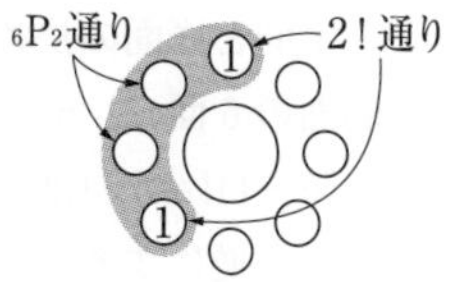

(4) 1，2年生5人を円形に並べる並べ方は
$(5-1)!=4!$（通り）
3年生は間の5か所の中から3個を選んで並べればよいので，${}_5P_3$ 通り
よって，求める場合の数は
$$4!\times{}_5P_3=24\times(5\cdot4\cdot3)=\mathbf{1440}\text{（通り）}$$

302 (1) 右の図のように座席に番号をつけると，この順に6人を並べる並べ方は $6!$ 通り

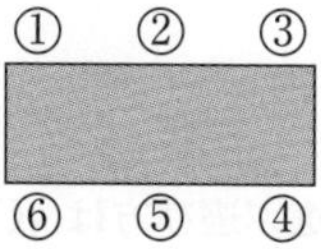

そのうち，回転して上下が入れかわると同じになるものが対で出てくる。
よって，座り方は $6!\div2=\mathbf{360}$（通り）

(2) ①にa，⑥にbを入れるとする。残り4人を②，③，④，⑤に並べる並べ方は $4!$（通り）
また，②にa，⑤にbと，③にa，④にbの場合も同様に $4!$ 通りずつある。
よって $4!\times3=24\times3=\mathbf{72}$（通り）

(1)
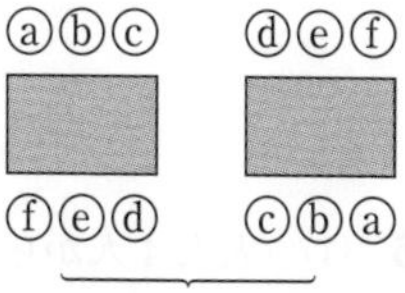

回転させると同じ並び方になる。
(2) aとbの位置を固定したので，回転して同じになるものはない。①にb，⑥にaと入れかえると，回転させたとき③にa，④にbの場合と同じになってしまうことを確認する。

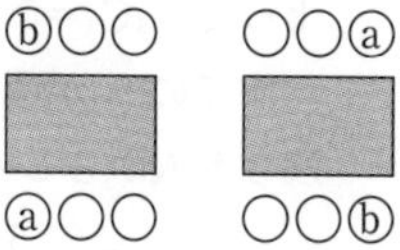

303 次の(i)，(ii)のとき，4300より大きい数になる。
(i) 千の位が4のとき，百の位は3，4，5のいずれかで，十と一の位は1～5のどれでもよいから
$3\times5\times5=75$（個）

← 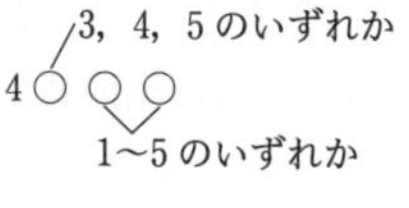

(ii) 千の位が5のとき，百，十，一の位は1～5のどれでもよいから $5\times5\times5=125$（個）
よって $75+125=\mathbf{200}$（個）

← 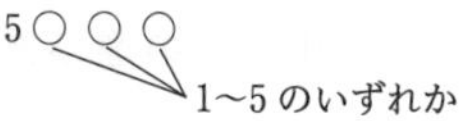

304 (1) 5個のものを円形に並べる円順列は

$(5-1)!=4!=24$（通り）

首飾りにするので裏がえしにすると同じものがあるから2で割る。

よって　$24\div2=\mathbf{12}$（通り）

(2) 上面と底面の決め方は　${}_8P_2$ 通り

側面の6面は，6色の円順列で

$(6-1)!=5!$（通り）

上下を逆にすると同じものが2通りずつあるから

${}_8P_2\times5!\div2=(8\cdot7)\times120\div2=\mathbf{3360}$（通り）

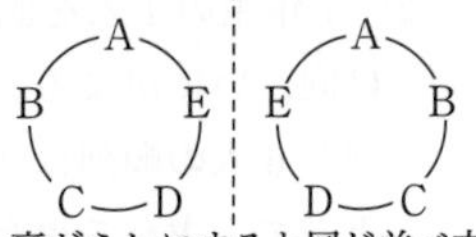

裏がえしにすると同じ並べ方

n 個のじゅず順列

$\dfrac{(n-1)!}{2}$ 通り

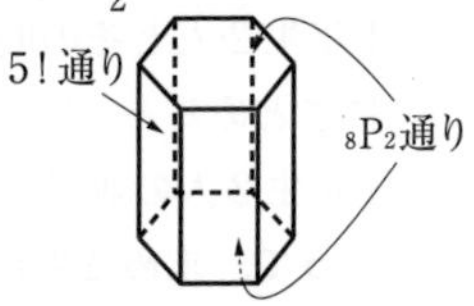

305 (1) ${}_9C_2=\dfrac{9\cdot8}{2\cdot1}=\mathbf{36}$

(2) ${}_7C_3=\dfrac{7\cdot6\cdot5}{3\cdot2\cdot1}=\mathbf{35}$

(3) ${}_6C_1=\mathbf{6}$

(4) ${}_4C_4=\mathbf{1}$

(5) ${}_nC_{n-2}={}_nC_2=\boldsymbol{\dfrac{n(n-1)}{2}}$

組合せ

$${}_nC_r=\frac{{}_nP_r}{r!}=\frac{\overbrace{n(n-1)\cdots(n-r+1)}^{r\text{個}}}{\underbrace{r(r-1)\cdots3\cdot2\cdot1}_{r\text{個}}}=\frac{n!}{r!(n-r)!}$$

とくに　${}_nC_1=n$，${}_nC_n=1$

${}_nC_r={}_nC_{n-r}$

306 (1) 大人4人から2人を選ぶ選び方は ${}_4C_2$ 通り

その各々について，子ども3人から1人を選ぶ選び方は　${}_3C_1$ 通り

よって　${}_4C_2\times{}_3C_1=\dfrac{4\cdot3}{2\cdot1}\times3=6\times3=\mathbf{18}$（通り）

⬅ 大 大 大 大　子 子 子

↓ 2人 ${}_4C_2$ 通り　↓ 1人 ${}_3C_1$ 通り

(2) A，Bの2人は，すでに選ばれているので，残り5人から1人の出演者を選べばよい。

よって　${}_5C_1=\mathbf{5}$（通り）

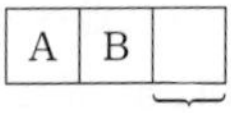

残り5人から1人

${}_5C_1$ 通り

(3) すでにAが選ばれ，Bは選ばれていないから，残り5人から2人の出演者を選べばよい。

よって　${}_5C_2=\dfrac{5\cdot4}{2\cdot1}=\mathbf{10}$（通り）

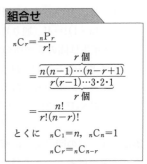

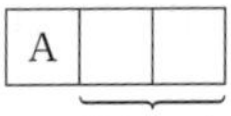

残り5人から2人

${}_5C_2$ 通り

(4) 3人の出演者がすべて大人である選び方は

${}_4C_3={}_4C_1=4$（通り）

すべての選び方は　${}_7C_3=\dfrac{7\cdot6\cdot5}{3\cdot2\cdot1}=35$（通り）であるから，求める場合の数は　$35-4=\mathbf{31}$（通り）

⬅（少なくとも1人は子ども）
=(全体)−(すべて大人)

307 (1) 10 個の頂点から 2 個の頂点を選んで引くと

$_{10}C_2$ 通り

ただし，隣りどうしの頂点を結んでも対角線にならないから

$$_{10}C_2-10=\frac{10\cdot 9}{2\cdot 1}-10=45-10=\mathbf{35}\ (本)$$

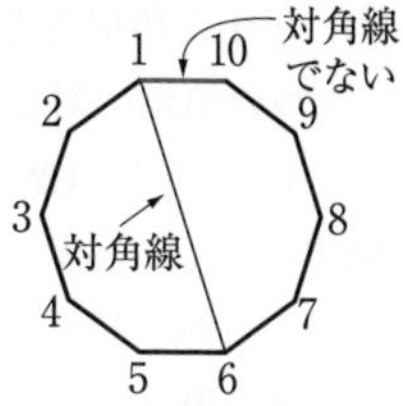

(2) 8 個の頂点から 6 つの頂点を選んで，六角形を作ればよいから　$_8C_6={}_8C_2=\frac{8\cdot 7}{2\cdot 1}=\mathbf{28}$ (個)

308 (1) 1 を除いた 19 個の数から 2 個選べばよいから

$$_{19}C_2=\frac{19\cdot 18}{2\cdot 1}=\mathbf{171}\ (組)$$

⬅ 1 を必ず含むから，1 ははじめから除いておく。

(2) 1 から 20 の中に 3 の倍数は 6 個ある。

6 個から 2 個を選び，1 個は他の数を選ぶ選び方は

$$_6C_2\times{}_{14}C_1=\frac{6\cdot 5}{2\cdot 1}\times 14=\mathbf{210}\ (組)$$

⬅ $\{3\times 1,\ 3\times 2,\ \cdots,\ 3\times 6\}$

(3) 全部の組合せから 3 個とも 1 桁である場合の組合せを除けばよい。

よって　$_{20}C_3-{}_9C_3=\frac{20\cdot 19\cdot 18}{3\cdot 2\cdot 1}-\frac{9\cdot 8\cdot 7}{3\cdot 2\cdot 1}$

$$=1140-84=\mathbf{1056}\ (組)$$

特定のものが選ばれる(選ばれない) ➡ はじめから除いて考える

309 (1) 12 個の頂点から 3 個の頂点を選べば 1 つの三角形ができる。

よって　$_{12}C_3=\frac{12\cdot 11\cdot 10}{3\cdot 2\cdot 1}=\mathbf{220}$ (個)

(2) 正十二角形の 1 つの直径に対して，10 個の直角三角形ができる。直径の選び方は 6 通りある。

よって　$6\times 10=\mathbf{60}$ (個)

(2)

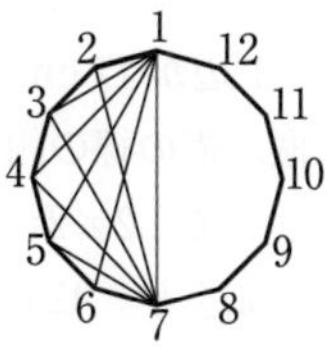

(3) 正十二角形と辺を共有する三角形として，次の(i)，(ii)が考えられる。

(i) 正十二角形と 1 辺のみを共有する三角形

1 つの辺に対して 8 個の三角形ができるから

$8\times 12=96$ (個)

(3)(i)

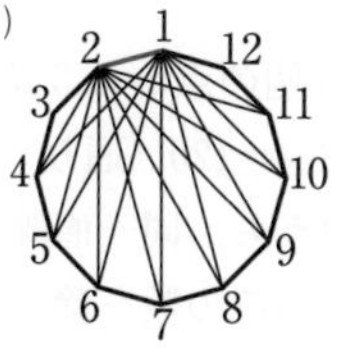

(ii) 正十二角形と 2 辺を共有する三角形

1 つの頂点に対して 1 つの三角形ができるから

$1\times12=12$（個）

全体から，(i)，(ii)の場合を除けばよいので

$220-(96+12)=$ **112（個）**

(4) 1 つの頂点に対して，正三角形でない二等辺三角形は，右の図のように 4 通りできる。

よって　$4\times12=$ **48（個）**

(ii)

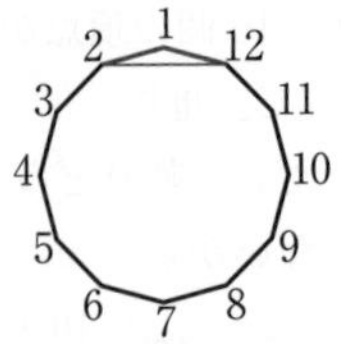

(4)

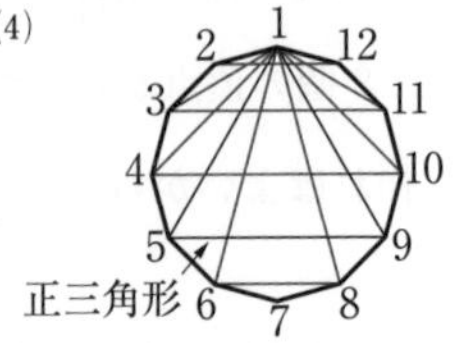

310 (1) 縦の平行線 8 本から 2 本，横の平行線 6 本から 2 本選べば四角形ができる。

縦は ${}_8C_2$ 通り，横は ${}_6C_2$ 通りあるから，

四角形は全部で　${}_8C_2\times{}_6C_2=28\times15=$ **420（個）**

(2) 縦，横の 1 目盛を 1 とすると

1 辺の長さが 1 の正方形は　$7\times5=35$（個）

1 辺の長さが 2 の正方形は　$6\times4=24$（個）

1 辺の長さが 3 の正方形は　$5\times3=15$（個）

1 辺の長さが 4 の正方形は　$4\times2=8$（個）

1 辺の長さが 5 の正方形は　$3\times1=3$（個）

よって，全部で　$35+24+15+8+3=$ **85（個）**

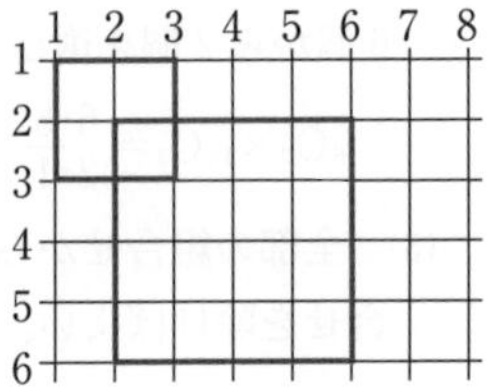

1 目盛ずつ，まず左右へ，次に上下に動かしてみる。

(3) 正方形となる場合の 1 辺は 6 cm と 12 cm である。

⬅1 辺の長さは，2 と 3 の最小公倍数である 6 の倍数になる。

(i) 1 辺が 6 cm の正方形は

縦の線の組合せは 5 通り

横の線の組合せは 4 通り

よって　$5\times4=20$（個）

(ii) 1 辺が 12 cm の正方形は

縦，横の線の組合せはどちらも 2 通り

よって　$2\times2=4$（通り）

(i)，(ii)より　$420-(20+4)=$ **396（個）**

(i) 横 2×3，縦 3×2

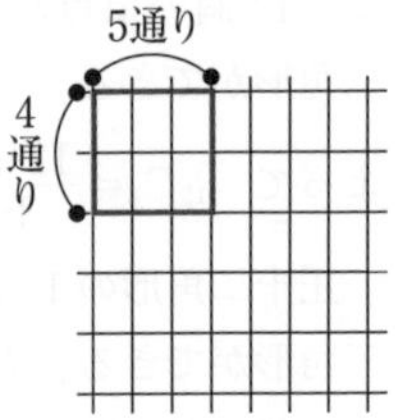

(ii) 横 2×6，縦 3×4

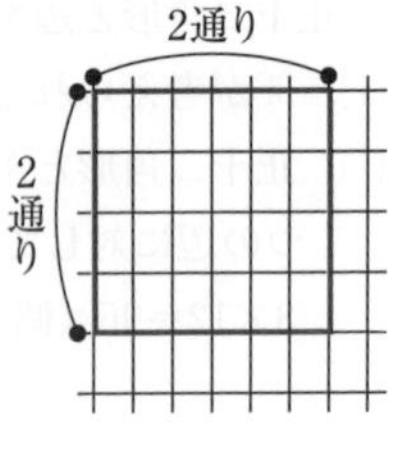

311 10 個の点から 3 個の点を選ぶ選び方は

${}_{10}C_3=120$（通り）

このうち，同一直線上の 3 点では，三角形はできないからその数を除けばよい。

(i) 6 点 A～F から 3 点を選ぶのが　${}_6C_3=20$（通り）

(ii) 4 点 G～J から 3 点を選ぶのが　${}_4C_3=4$（通り）

(i)，(ii)より　$120-(20+4)=$ **96（個）**

別解 (i) A〜F から 2 点，G〜J から 1 点選ぶのが
$_6C_2\times{}_4C_1=60$ (通り)
(ii) A〜F から 1 点，G〜J から 2 点選ぶのが
$_6C_1\times{}_4C_2=36$ (通り)
(i), (ii)より　$60+36=$ **96 (個)**

312 (1) 8 人から 4 人を選んで A 部屋に入れる方法は　$_8C_4$ 通り
このとき，残りの 4 人を B 部屋に入れるのは自動的に決まる。
よって　$_8C_4\times{}_4C_4=\dfrac{8\cdot7\cdot6\cdot5}{4\cdot3\cdot2\cdot1}\times1=$ **70 (通り)**

← 部屋の人数は同じであるが，部屋が A，B と区別されているので 2! で割らない。

(2) (1)の 70 通りのうち A，B の区別をしないから 2! 個だけ同じものがある。
よって　$70\div2!=$ **35 (通り)**

←
A	B	
1234	5678	A，B の区別がなければ同じ分け方になる。
5678	1234	

313 (1) 同じ数字 1 が 4 個，2 が 2 個，3 が 3 個の全部で 9 個であるから
$\dfrac{9!}{4!2!3!}=$ **1260 (通り)**

(2) 同じ文字 s が 3 個，c が 2 個の全部で 7 個であるから
$\dfrac{7!}{3!2!}=$ **420 (通り)**

同じものを含む順列

a が p 個，b が q 個，c が r 個，全部で n 個の文字を 1 列に並べる並べ方の総数は
$\dfrac{n!}{p!q!r!}$
$(p+q+r=n)$

← $\dfrac{7!}{3!2!1!1!}=\dfrac{7!}{3!2!}$

314 (1) 12 冊から 6 冊を選ぶ選び方は　$_{12}C_6$ 通り
その各々について，残りの 6 冊から 4 冊を選ぶ選び方は　$_6C_4$ 通り
その各々について，残りの 2 冊から 2 冊を選ぶ選び方は　$_2C_2$ 通り
よって　$_{12}C_6\times{}_6C_4\times{}_2C_2$
$=\dfrac{12\cdot11\cdot10\cdot9\cdot8\cdot7}{6\cdot5\cdot4\cdot3\cdot2\cdot1}\times\dfrac{6\cdot5}{2\cdot1}\times1$
$=924\times15=$ **13860 (通り)**

← 冊数が異なるので組の区別がつくから，割らない。

(2) 12 冊から 4 冊を選ぶ選び方は　$_{12}C_4$ 通り
その各々について，残り 8 冊から 4 冊を選ぶ選び方は $_8C_4$ 通りで，残りは $_4C_4$ 通り

← 冊数は同じだが，受け取る子どもの区別がつくので，割らない。

よって　${}_{12}C_4 \times {}_8C_4 \times {}_4C_4$

$$=\frac{12\cdot11\cdot10\cdot9}{4\cdot3\cdot2\cdot1}\times\frac{8\cdot7\cdot6\cdot5}{4\cdot3\cdot2\cdot1}\times1$$

$=495\times70=$**34650（通り）**

(3)　(2)の 34650 通りに対して，冊数が同じ 4 冊の 3 組は区別がつかない。よって，各々 3! 通り同じものがあるから　$34650\div3!=$**5775（通り）**

(4)　12 冊から 3 冊を選ぶ選び方は ${}_{12}C_3$ 通り
その各々について，残りの 9 冊から 3 冊を選ぶ選び方は ${}_9C_3$ 通り
その各々について，残り 6 冊から 3 冊を選ぶ選び方は ${}_6C_3$ 通りで，残りは ${}_3C_3$ 通り
さらに(3)と同様に，4! 通り同じものがある。
よって　${}_{12}C_3\times{}_9C_3\times{}_6C_3\times{}_3C_3\div4!$

$$=\frac{12\cdot11\cdot10}{3\cdot2\cdot1}\times\frac{9\cdot8\cdot7}{3\cdot2\cdot1}\times\frac{6\cdot5\cdot4}{3\cdot2\cdot1}\times1\div4!$$

$=220\times84\times20\div24=$**15400（通り）**

(5)　12 冊から 5 冊を選ぶ選び方は ${}_{12}C_5$ 通り
その各々について，残り 7 冊から 5 冊を選ぶ選び方は ${}_7C_5$ 通りで，残りは ${}_2C_2$ 通り
このとき，5 冊の 2 組は区別がつかないから，(3)と同様に，2! 通り同じものがある。
よって　${}_{12}C_5\times{}_7C_5\times{}_2C_2\div2!$

$$=\frac{12\cdot11\cdot10\cdot9\cdot8}{5\cdot4\cdot3\cdot2\cdot1}\times\frac{7\cdot6}{2\cdot1}\times1\div2!$$

$=792\times21\div2=$**8316（通り）**

⬅ A　－　B
$\begin{cases}12345 - 678910\\678910 - 12345\end{cases}$
A，B の区別がなければ同じ分け方になる。

⬅ ${}_7C_5={}_7C_2$

(6)　12 冊から 2 冊を選ぶ選び方は ${}_{12}C_2$ 通り
その各々について，残り 10 冊から 2 冊を選ぶ選び方は ${}_{10}C_2$ 通り
その各々について，残り 8 冊から 4 冊を選ぶ選び方は ${}_8C_4$ 通りで，残りは ${}_4C_4$ 通り
このとき，2 冊の 2 組，4 冊の 2 組は区別がつかないから，$2!\times2!$ 通り同じものがある。
よって　${}_{12}C_2\times{}_{10}C_2\times{}_8C_4\times{}_4C_4\div(2!\times2!)$

$$=\frac{12\cdot11}{2\cdot1}\times\frac{10\cdot9}{2\cdot1}\times\frac{8\cdot7\cdot6\cdot5}{4\cdot3\cdot2\cdot1}\times1\div4$$

$=66\times45\times70\div4=$**51975（通り）**

⬅ A　－　B
$\begin{cases}12 - 34\\34 - 12\end{cases}$ A，B の区別がなければ同じ分け方になる。

A　－　B
$\begin{cases}1234 - 5678\\5678 - 1234\end{cases}$
A，B の区別がなければ同じ分け方になる。

「同じ数」かつ「区別がつかない」➡（組数）! で割る

315 (1) 同じ文字はeを3個，lを2個含むから

$\frac{9!}{3!2!}=\mathbf{30240}$ **(通り)**

(2) eが3個続くのは，e3個を1つとみて

$\frac{7!}{2!}=2520$ (通り)

全体からこの場合を除けばよいから

$30240-2520=\mathbf{27720}$ **(通り)**

← (eが3文字続かない)
=(全体の総数)
−(eが3文字続く)

(3) 3個のeを除いた残りの6個の文字の並べ方は

$\frac{6!}{2!}=360$ (通り)

← x，c，l，l，n，tを並べる。
↑○↑○↑○↑○↑○↑○↑
${}_7C_3$ でe，e，eの入る場所を決める。

並べた6文字の前後とその間にeを入れればよいから，その並べ方は　${}_7C_3=\frac{7\cdot6\cdot5}{3\cdot2\cdot1}=35$ (通り)

よって　$360\times35=\mathbf{12600}$ **(通り)**

316 (1) AからBまで最短経路で行くとき，5個の→，5個の↑を並べると考える。

← 横に1区画進むことを→
縦に1区画進むことを↑
で表す。

よって　$\frac{10!}{5!5!}=\mathbf{252}$ **(通り)**

(2) AからCまでは2個の→，2個の↑を並べればよいから　$\frac{4!}{2!2!}=6$ (通り)

CからBまでは3個の→，3個の↑を並べればよいから　$\frac{6!}{3!3!}=20$ (通り)

よって　$6\times20=\mathbf{120}$ **(通り)**

(3) AからCまでは2個の→，2個の↑を並べればよいから　$\frac{4!}{2!2!}=6$ (通り)

CからDまでは2個の→，1個の↑を並べればよいから　$\frac{3!}{2!1!}=3$ (通り)

DからBまでは1個の→，2個の↑を並べればよいから　$\frac{3!}{1!2!}=3$ (通り)

よって　$6\times3\times3=\mathbf{54}$ **(通り)**

(4) 「Cを通る」経路から「CとDをともに通る」経路を除けばよい。

(2)，(3)より　$120-54=\mathbf{66}$ **(通り)**

(5)　AからDまでは4個の →，3個の ↑ を並べればよいから　$\dfrac{7!}{4!3!}=35$（通り）

DからBまでは1個の →，2個の ↑ を並べればよいから　$\dfrac{3!}{1!2!}=3$（通り）

よって，A〜D〜Bの最短経路は

$35\times3=105$（通り）

ゆえに，CまたはDを通るのは

$120+105-54=$ **171（通り）**

← （CまたはDを通る）
＝（Cを通る）…(2)
＋（Dを通る）
－（C，Dともに通る）…(3)

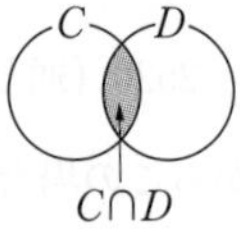

(6)　右の図のようにE，Fをとると

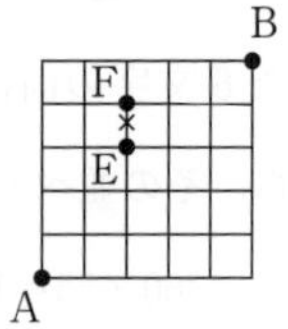

AからEまでは2個の →，3個の ↑ を並べればよいから　$\dfrac{5!}{2!3!}=10$（通り）

FからBまでは3個の →，1個の ↑ を並べればよいから　$\dfrac{4!}{3!1!}=4$（通り）

よって，×を通るA〜E〜F〜Bの最短経路は

$10\times4=40$（通り）

ゆえに，×を通らないのは，(1)の全部の最短経路から×を通る場合を引いて

$252-40=$ **212（通り）**

317　(1)　奇数を2個，または偶数を2個選べばよいから

$_{15}C_2+{}_{15}C_2=2\times\dfrac{15\cdot14}{2\cdot1}=$ **210（通り）**

← 1から30までの数では，偶数と奇数はどちらも15個ある。

(2)　全体の総数は

$_{30}C_2=\dfrac{30\cdot29}{2\cdot1}=435$（通り）

このうち，奇数になるのは

$_{15}C_2=\dfrac{15\cdot14}{2\cdot1}=105$（通り）

← 奇数を2個選ぶ。

よって　$435-105=$ **330（通り）**

← （2数の積が偶数）
＝（全体）－（2数の積が奇数）

別解

2個とも偶数の組合せは $_{15}C_2=105$（通り）

偶数と奇数の組合せは $_{15}C_1\times{}_{15}C_1=225$（通り）

よって　$105+225=$ **330（通り）**

(3)　1から30までの数の中で

(i)　3で割り切れる数は10個

← 3，6，9，…，30

(ii) 3で割ると1余る数は10個

(iii) 3で割ると2余る数は10個

2数の和が3の倍数になるのは

(i)から2個または，(ii)，(iii)からそれぞれ1個選ぶ場合である。

よって　${}_{10}C_2+{}_{10}C_1\times{}_{10}C_1$

$=\frac{10\cdot9}{2\cdot1}+10\times10=$**145（通り）**

⬅ 1，4，7，…，28

⬅ 2，5，8，…，29

⬅「3で割ると1余る数」と「3で割ると2余る数」の和は3で割り切れる。

318 (1)　$\frac{11!}{6!5!}=\frac{11\cdot10\cdot9\cdot8\cdot7}{5\cdot4\cdot3\cdot2\cdot1}=$**462（通り）**

⬅ $\frac{11\cdot10\cdot9\cdot8\cdot7\cdot\cancel{6\cdot5\cdot4\cdot3\cdot2\cdot1}}{\cancel{6\cdot5\cdot4\cdot3\cdot2\cdot1}\times5\cdot4\cdot3\cdot2\cdot1}$

(2)　赤球が偶数個，青球が奇数個あるから中央の1個は青球である。

まず，左側の5個には赤球3個と青球2個を並べる。

その並べ方は　$\frac{5!}{3!2!}=10$（通り）

左側の並べ方が決まれば，それと対称に右側を並べればよいから，全部で**10通り**

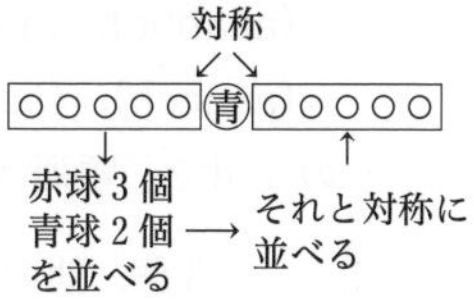

319 (1)　4個の奇数1，3，5，7を同じものとして1列に並べればよい。

よって　$\frac{8!}{4!}=8\cdot7\cdot6\cdot5=$**1680（通り）**

⬅ 2，4，6，8，○，○，○，○と並べて，○の中に左から7，5，3，1を入れると考える。

別解　8か所から4か所を選んで左から7，5，3，1を並べ，残りの4か所に偶数を並べればよい。

よって　${}_8C_4\times{}_4P_4=\frac{8\cdot7\cdot6\cdot5}{4\cdot3\cdot2\cdot1}\times(4\cdot3\cdot2\cdot1)$

$=$**1680（通り）**

(2)　1と2，7と8をそれぞれ同じものとして1列に並べればよい。

よって　$\frac{8!}{2!2!}=\frac{8\cdot7\cdot6\cdot5\cdot4\cdot3\cdot2\cdot1}{2\cdot1\cdot2\cdot1}$

$=$**10080（通り）**

⬅ ○，○，3，4，5，6，□，□と並べて，○の中に左から1，2を入れ，□の中に左から8，7を入れると考える。

別解　8か所から1，2を入れる2か所，さらに，7，8を入れる2か所を選び，残りの4か所に，3，4，5，6を並べればよい。

⬅ 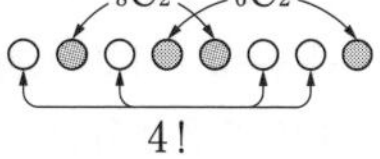

よって，${}_8C_2\times{}_6C_2\times4!=\frac{8\cdot7}{2\cdot1}\times\frac{6\cdot5}{2\cdot1}\times4!$

$=$**10080（通り）**

⬅ $\frac{8\cdot7}{2\cdot1}\times\frac{6\cdot5}{2\cdot1}\times4!=\frac{8!}{2!2!}$

320 (1) 区別のつかないさいころであるから，目の出方は(1, 2, 6)，(1, 3, 5)，(1, 4, 4)，(2, 2, 5)，(2, 3, 4)，(3, 3, 3) よって **6通り**

(2) 3個の区別がつくから，(1)で順序も考えると，
(1, 2, 6)，(1, 3, 5)，(2, 3, 4) は
$3!\times3=18$ (通り)
(1, 4, 4)，(2, 2, 5) は $\dfrac{3!}{2!}\times2=6$ (通り)
(3, 3, 3) は 1通り よって $18+6+1=$**25 (通り)**

⬅ $x\leqq y\leqq z$ として $(x,\ y,\ z)$ の組を考える。

⬅ 同じものを含む順列

321 (1) (i) aを3個，他のものを2個と1個のとき
(aaabbc)，(aaabbd)
(aaaccb)，(aaaccd)
の4組で，順列はそれぞれ $\dfrac{6!}{3!2!1!}=60$ (通り)

(ii) aを3個，他のものを1個，1個，1個のとき
(aaabcd) の組だけで，順列は
$\dfrac{6!}{3!1!1!1!}=120$ (通り)

(i)，(ii)より $4\times60+1\times120=$**360 (通り)**

(2) (i) aを2個，他のものを2個と2個のとき
(aabbcc) の組だけで，順列は
$\dfrac{6!}{2!2!2!}=90$ (通り)

(ii) aを2個，他のものを2個と1個と1個のとき
(aabbcd)，(aaccbd) の2組で，順列はそれぞれ
$\dfrac{6!}{2!2!1!1!}=180$ (通り)

(i)，(ii)より $90+2\times180=$**450 (通り)**

⬅ それぞれの場合をもれなく，重複なく，順序よくかき出す。

同じものを含む順列

$\dfrac{n!}{p!q!r!}$
$(p+q+r=n)$

⬅ 組合せの内容によって別々に順列を計算する。

同じものを含む
繰り返し使える } ものの中から一部を取り出す順列
➡ 取り出す組分けをして，その順列を数え上げる

322 (i) 5色で塗り分けるとき
${}_5P_5=5!=120$ (通り)

(ii) 4色で塗り分けるとき
同じ色で塗るのはBとD，BとE，CとEの3通りあるから $3\times{}_5P_4=360$ (通り)

⬅ A→B→C→D→E の順に塗る。

⬅ BとDを同じ色で塗る場合
A→(BとD)→C→E の順に塗る。
BとE，CとEを同じ色で塗る場合も同様にする。

(iii) 3色で塗り分けるとき

BとD，CとEをそれぞれ同じ色で塗ればよいから

$_5P_3=60$（通り）

よって　120＋360＋60＝**540（通り）**

← A→(BとD)→(CとE)の順に塗る。

323 (1) 中心の塗り方は　7通り

まわりを塗るのは，6色の円順列で

$(6-1)!=5!=120$（通り）

よって　$7\times120=$**840（通り）**

(2) 中心の塗り方は　6通り

まわりの6か所のうち2か所を同じ色で塗るから，塗り方は右の図の(i)，(ii)のいずれかであり，それぞれ5通りある。

(i)

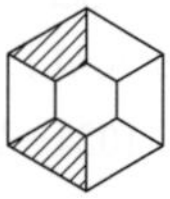

(ii)

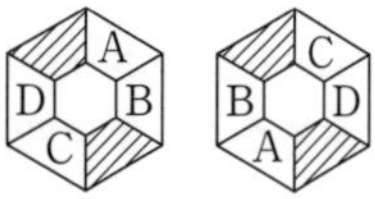

(a)　(b)

(i)の場合

残りの部分の塗り方は4色の順列で $_4P_4$ 通り

よって　$6\times5\times{}_4P_4=720$（通り）

(ii)の場合

図(a)と(b)が同じ塗り方なので　$_4P_4\div2$ 通り

よって　$6\times5\times{}_4P_4\div2=360$（通り）

以上より　720＋360＝**1080（通り）**

(3) 中心の塗り方は　4通り

まわりは，右の図の(i)，(ii)，(iii)の3通りある。

(i)

(ii)

(iii)

(i)のとき $(3-1)!=2!=2$（通り）

(ii)のとき，向かい合う色の決め方は　3通り

(iii)のとき，A〜Cを塗る色の決め方は　$_3P_3=6$（通り）

よって　$4\times(2+3+6)=$**44（通り）**

← (i)のもう1つの塗り方

(ii)はBを決めればA，Cは決まる。

324 (1) まず，上面をどれか1つの色で塗って固定する。

底面は残り5色のいずれかであるから　5通り

それぞれについて，側面4か所に4色塗るのは，円順列で　$(4-1)!=3!=6$（通り）

よって　$5\times6=$**30（通り）**

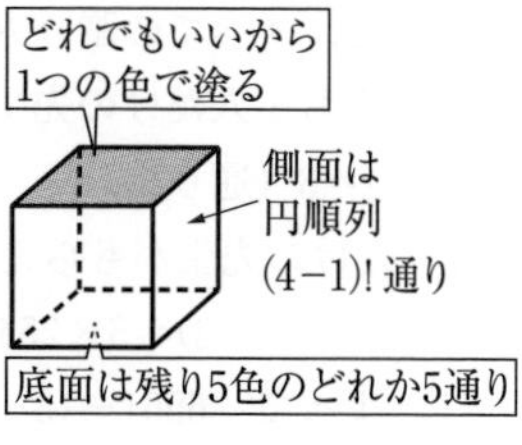

(2) 6面のうち2面は同じ色で塗らなくてはならない。

まず，上面と底面を同じ色で塗るのは　5通り

残り4色を側面に塗るのは

$(4-1)!=3!=6$ (通り)

そのうち，上下を入れかえると同じものが対で存在するから2で割る。

よって　$5\times6\div2=$ **15** (通り)

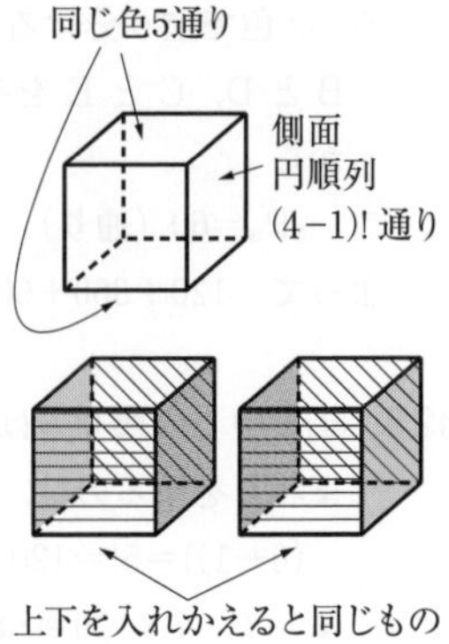

325 Aの部分の塗り方は　4通り

B，C，Dを順に塗るとき，左隣の部分と異なる色を選べばよいから，それぞれ塗り方は　3通り

よって　$4\times3^3=$ **108** (通り)

326 (1) 10人がそれぞれAかBの部屋を選ぶから

$2^{10}=$ **1024** (通り)

(2) (1)で，10人が「すべてA」「すべてB」の2通りを除いて　$1024-2=$ **1022** (通り)

327 (1) 1つのボールは，A，B，C 3通りの入れ方があるから　$3^6=$ **729** (通り)

(2) A，B，Cのどれか1つの箱に6個のボールが入ることであるから　**3通り**

(3) 空き箱の選び方が　${}_3C_1=3$ (通り)

たとえば，Cが空き箱とすると，A，Bのどちらかに必ず1個は入るから

$2^6-2=64-2=62$ (通り)

よって　$3\times62=$ **186** (通り)

← 「すべてA」,「すべてB」の2通りを除く。

(4) (1)−(2)−(3) であるから

$729-(3+186)=729-189=$ **540** (通り)

← (どの箱にも1個は入る)
=(全体)−(1つが空き箱)
−(2つが空き箱)

328 1人の生徒がA，B，Cのいずれかの先生にプレゼントを送るのは　3通り

よって，すべての贈り方は　$3^8=6561$ (通り)

← 8^3 と間違わないように注意する。

このうち1人だけの先生がもらえる場合は

${}_3C_1=3$ (通り)

2人だけの先生がもらえる場合は

${}_3C_2\times(2^8-2)=3\times254=762$ (通り)

よって　$6561-(3+762)=$ **5796** (通り)

329 (1) A 室の 3 人の選び方は $_5C_3$ 通り
B 室は残り 2 人から 2 人を選ぶから $_2C_2$ 通り
よって $_5C_3\times{}_2C_2=\mathbf{10}$ **(通り)**

(2) (1)において，A 室の 3 人と B 室の 2 人を入れかえる場合が加わるから
$_5C_3\times{}_2C_2\times2=\mathbf{20}$ **(通り)**

(3) 5 人それぞれが A，B 室のいずれかを選べばよいから
$2^5=\mathbf{32}$ **(通り)**

重複順列
n 個から r 個とる重複順列の総数は n^r

(4) (3)のうち，5 人全員が A 室に入るときと，B 室に入るときを除けばよいから
$2^5-2=\mathbf{30}$ **(通り)**

← (3)のうち，空室があるときを除けばよい。

330 (1) 11 個の○と 2 本の仕切り | を並べればよい。
$\dfrac{13!}{11!2!}=\mathbf{78}$ **(個)**

← ○○|○○○○○|○○○○
↓ ↓ ↓
x y z
2 5 4

(2) $x=u+1$，$y=v+1$，$z=w+1$ とおくと
$u+v+w=8$ となり，自然数 $(x,\ y,\ z)$ の個数は 0 以上の整数の組 $(u,\ v,\ w)$ の個数に一致する。
8 個の○と 2 本の仕切り | を並べればよい。
$\dfrac{10!}{8!2!}=\mathbf{45}$ **(個)**

← ○○○○○○○○○○○
∧∧∧∧∧∧∧∧∧∧
10 個の∧から 2 か所，仕切りを入れる場所を選んで
$_{10}C_2=45$ (個) としてもよい。

(別解) はじめに x，y，z に○を 1 個ずつ与えておき，それから残り 8 個の○と 2 本の仕切り | を並べると考えてもよい。

← ○ | ○ | ○
○○○|○|○○○○
↓ ↓ ↓
x y z
4 2 5

331 赤，青，黒のボールペンの本数をそれぞれ x，y，z とする。
$x+y+z=12$ を満たす自然数 $(x,\ y,\ z)$ の個数を求めればよい。$x=u+1$，$y=v+1$，$z=w+1$ とおくと，$u+v+w=9$ を満たす 0 以上の整数の組 $(u,\ v,\ w)$ の個数と一致する。
9 個の○と 2 本の仕切り | を並べればよい。
$\dfrac{11!}{9!2!}=\mathbf{55}$ **(通り)**

← ○○○○○○○○○○○○
∧∧∧∧∧∧∧∧∧∧∧
11 個の∧から 2 か所，仕切りを入れる場所を選んで
$_{11}C_2=55$ (通り) としてもよい。

(別解) はじめに赤，青，黒のボールペンを 1 本ずつ入れておき，残り 9 本は，9 個の○と 2 本の仕切り | を並べると考えてもよい。

← ○ | ○ | ○
○○○| |○○○○○○
↓ ↓ ↓
x y z
4 1 7

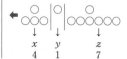

332 (1) (i) 2種類の数字に0を含まない場合

2種類の数字の選び方が ${}_9C_2$ 通り

2種類の数字で4桁の数は (2^4-2) 個

← 1111, 2222, … などは除く。

ゆえに ${}_9C_2\times(2^4-2)=504$ (個)

(ii) 2種類の数字に0を含む場合

他の1種類の数字の選び方は9通りある。

← (1, 0), (2, 0), …, (9, 0) の9通り

たとえば (1, 0) でできる4桁の数は千の位に0は入らず，1111は除くから (2^3-1) 個

← 1 ○ ○ ○
2通り 2通り 2通り

ゆえに $9\times(2^3-1)=63$ (個)

(i), (ii)より $504+63=$**567 (個)**

(2) 千の位には0はこないので，千の位にはじめに○を1個与えて，9個の○と3本の仕切り｜を並べればよい。

← ○
○○｜○○｜○○○○｜○
千 百 十 一
3 2 4 1

$\dfrac{12!}{9!3!}=220$ (個)

このうち，10000は題意に合わないので

← ○
○○○○○○○○○｜｜｜
上のとき，10000を表す。

$220-1=$**219 (個)**

333 (1) 0から9までの10個の数字から4個を選んで，大きい方から a, b, c, d とすればよい。

よって ${}_{10}C_4=$**210 (個)**

(2) $a>b>c>d$ となるものは，(1)より 210 (個)

$a=b>c>d$ となるものは，10個の数字から3個を選んで，大きい方から $a=b$, c, d とすればよいから ${}_{10}C_3=120$ (個)

← a と b は同じ数字になる。

よって $210+120=$**330 (個)**

(3) 0から9までの10個の数字から重複を許して4個を選んで大きい方から a, b, c, d とすればよい。ただし，0を4個選んだ場合は除く。

← (例)
｜｜｜○｜｜｜｜○○｜○｜
0 1 2 3 4 5 6 7 8 9
(d は3，c, b は7，a は8)
のとき，8773となる。

4個の○と9本の仕切り｜を並べればよいから

← 数字が0～9の10種類であるから，仕切り｜は9本用意する。

$\dfrac{13!}{4!9!}=715$ (個)

よって $715-1=$**714 (個)**

(別解) 異なる10個の数字から重複を許して4個取る重複組合せであるから

$${}_{10+4-1}C_4={}_{13}C_4=\frac{13\cdot12\cdot11\cdot10}{4\cdot3\cdot2\cdot1}=715$$

0を4個取る場合を除くと $715-1=$**714 (個)**

334 (1) 8枚から4枚の選び方は　${}_8C_4$ 通り

4枚と4枚のグループは同じ枚数で区別がつかないから，求める場合の数は

${}_8C_4 \div 2! = 70 \div 2 = \mathbf{35}$ **（通り）**

また，どの同じ数字も別のグループに分かれる場合，4組の同じ数字の赤のカードの方を2つのグループのどちらに入るか決めれば，白のカードの入るグループが自動的に決まる。その分け方は，重複順列により 2^4 通りある。しかし，2つのグループは同じ枚数で区別がつかないから，求める場合の数は

$2^4 \div 2! = \mathbf{8}$ **（通り）**

(2) 8枚を2枚以上の2つのグループに分ける場合は，次の3通りある。

(i) 2枚と6枚

8枚から2枚を選び，1つのグループを作る。残った6枚が，あと1つのグループに自動的に決まる。

よって，分け方は　${}_8C_2 = 28$（通り）

(ii) 3枚と5枚

(i)と同様に考えて　${}_8C_3 = 56$（通り）

(iii) 4枚と4枚

(1)より　${}_8C_4 \div 2! = 35$（通り）

よって，求める場合の数は(i)，(ii)，(iii)を合わせて

$28 + 56 + 35 = \mathbf{119}$ **（通り）**

また，赤のカードだけのグループができる8枚の分け方は，次の3通りある。

(iv) 赤のカードが2枚と残りの6枚

赤のカード4枚から2枚を選び，1つのグループを作る。残った6枚が，あと1つのグループに自動的に決まる。

よって，分け方は　${}_4C_2 = 6$（通り）

(v) 赤のカードが3枚と残りの5枚

(iv)と同様に考えて　${}_4C_3 = 4$（通り）

(vi) 赤のカードが4枚と残りの4枚

(iv)，(v)と同様に考えて　${}_4C_4 = 1$（通り）

⇐（選んだ4枚）(残りの4枚)

Ⓐ②③④ と 4̲3̲2̲A̲ ← 同じ
4̲3̲2̲A̲ と Ⓐ②③④ ← 分け方

${}_8C_4$ 通りの分け方のうち，同じ分け方が 2! ずつ出てくる。

⇐赤のカードがグループ1なら，白のカードはグループ2。
赤のカードがグループ2なら，白のカードはグループ1。

⇐2つのグループの選択
赤のカード4枚

○　○　○　○
↑　↑　↑　↑
2通り 2通り 2通り 2通り

⇐同じ枚数で，2つのグループの区別がつかないので 2! で割る。

⇐枚数が異なるので，2つのグループの区別がつく。

⇐枚数が異なるので，2つのグループの区別がつく。

⇐枚数が同じで，2つのグループの区別がつかないため，2! で割る。

⇐和の法則

1章 場合の数と確率

よって，求める場合の数は(iv)，(v)，(vi)を合わせて

$6+4+1=11$（通り）

区別のつかない同数の k 組に分ける ➡ 組分けしてから $k!$ で割る

335 目の出方は全部で $6\times6=36$（通り）

← 各々の目の出方は，同様に確からしい。

事象 A の起こる確率

$P(A)=\dfrac{\text{事象 } A \text{ の起こる場合の数}}{\text{起こりうるすべての場合の数}}$

(1) 2個とも同じ目が出るのは

(1, 1)，(2, 2)，(3, 3)，(4, 4)，(5, 5)，(6, 6) の6通りある。

よって，求める確率は $\dfrac{6}{36}=\dfrac{1}{6}$

(2) 目の和が8となるのは

(2, 6)，(3, 5)，(4, 4)，(5, 3)，(6, 2) の5通りある。

よって，求める確率は $\dfrac{5}{36}$

(3) 目の差が4となるのは

(1, 5)，(2, 6)，(5, 1)，(6, 2) の4通りある。

よって，求める確率は $\dfrac{4}{36}=\dfrac{1}{9}$

(4) 目の積が12となるのは

(2, 6)，(3, 4)，(4, 3)，(6, 2) の4通りある。

よって，求める確率は $\dfrac{4}{36}=\dfrac{1}{9}$

336 4桁の整数は，全部で ${}_7P_4=7\cdot6\cdot5\cdot4=840$（通り）

(1) 4500以上となるのは

千の位が4のとき

$3\times{}_5P_2=3\times(5\cdot4)=60$（通り）

← 45□□，46□□，47□□

千の位が5，6，7のとき

$3\times{}_6P_3=3\times(6\cdot5\cdot4)=360$（通り）

← 5□□□，6□□□，7□□□

より　$60+360=420$（通り）

よって，求める確率は $\dfrac{420}{840}=\dfrac{1}{2}$

(2) 一の位は1，3，5，7の4通りであるから，

奇数となる場合の数は

$4\times{}_6P_3=4\times(6\cdot5\cdot4)=480$（通り）

← 千　百　十　一

□□□□

${}_6P_3$ 通り　1, 3, 5, 7 の4通り

よって，求める確率は $\dfrac{480}{840}=\dfrac{4}{7}$

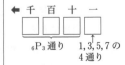

337 8文字を1列に並べる並べ方の総数は　$8!$ 通り

(1)　r と t を1つにまとめて，7個の文字を1列に並べる並べ方は　$7!$ 通り

r と t の並べ方は　$2!$ 通り

r と t が隣り合うのは　$7!\times 2!$（通り）

よって，求める確率は　$\dfrac{7!\times 2!}{8!}=\dfrac{2}{8}=\dfrac{1}{4}$

← 2! 通り
(rt) b i h d a y
7! 通り

← $8!=8\times 7!$

(2)　r と t が両端にくる並べ方は　$2!$ 通り

残りの文字の並べ方は　$6!$ 通り

ゆえに，r と t が両端にくる場合の数は

$2!\times 6!$（通り）

よって，求める確率は　$\dfrac{2!\times 6!}{8!}=\dfrac{2\cdot 1}{8\cdot 7}=\dfrac{1}{28}$

← 2! 通り
(r) b i h d a y (t)
6! 通り

338 15本のくじから3本引く場合の数の総数は

${}_{15}C_3$ 通り

(1)　3本とも当たるのは　${}_5C_3$ 通り

よって，求める確率は

$\dfrac{{}_5C_3}{{}_{15}C_3}=\dfrac{10}{455}=\dfrac{2}{91}$

(2)　1本が当たり，2本がはずれるのは

${}_5C_1\times{}_{10}C_2$（通り）

よって，求める確率は

$\dfrac{{}_5C_1\times{}_{10}C_2}{{}_{15}C_3}=\dfrac{5\times 45}{455}=\dfrac{45}{91}$

← 「1本だけ当たる」
⇕
「1本当たり，2本がはずれる」

確率の計算では，約分を上手にすると計算が楽になる

339 10個の球から3個の球を取り出す場合の数の総数は　${}_{10}C_3$ 通り

(1)　すべて白球が出る場合の数は　${}_6C_3$ 通り

よって，求める確率は

$\dfrac{{}_6C_3}{{}_{10}C_3}=\dfrac{20}{120}=\dfrac{1}{6}$

(2)　赤球1個，白球2個が出る場合の数は

${}_4C_1\times{}_6C_2$（通り）

よって，求める確率は

$\dfrac{{}_4C_1\times{}_6C_2}{{}_{10}C_3}=\dfrac{4\times 15}{120}=\dfrac{1}{2}$

340 1個のさいころを3回投げるときの出る目の場合の数の総数は

$6\times6\times6=216$（通り）

(1) 目の和が偶数になるのは，次のいずれかの場合である。

(i) 3回とも偶数

$3\times3\times3=27$（通り）

(ii) 1回が偶数，2回が奇数

(偶，奇，奇)，(奇，偶，奇)，(奇，奇，偶)

の場合があるから

$(3\times3\times3)\times3=81$（通り）

よって，求める確率は $\dfrac{27+81}{216}=\dfrac{108}{216}=\dfrac{1}{2}$

⬅ 偶＋偶＋偶＝偶 …(i)
偶＋偶＋奇＝奇
偶＋奇＋奇＝偶 …(ii)
奇＋奇＋奇＝奇

(2) 目の積が奇数となるのは，3回とも奇数の場合である。

$3^3=27$（通り）

よって，求める確率は $\dfrac{27}{216}=\dfrac{1}{8}$

⬅ 偶×偶×偶＝偶
偶×偶×奇＝偶
偶×奇×奇＝偶
奇×奇×奇＝奇

⬅ $\dfrac{3^3}{6^3}=\left(\dfrac{3}{6}\right)^3=\dfrac{1}{8}$ としてもよい。

目の和や積が偶数 or 奇数となる ➡ 偶数・奇数の組合せを考える

341 (1) 6人が1列に並ぶ並び方の総数は

$6!=720$（通り）

大人と子どもが交互に並ぶのは，次の2通りある。

大子大子大子 と 子大子大子大

大人3人の並び方は　3! 通り

子ども3人の並び方は　3! 通り

全部で　$3!\times3!\times2=72$（通り）

よって，求める確率は $\dfrac{72}{720}=\dfrac{1}{10}$

(2) 6人が円形に並ぶ並び方の総数は

$(6-1)!=5!=120$（通り）

子ども3人を1つにまとめると，4人の円順列で

$(4-1)!=3!=6$（通り）

子ども3人の並び方は　$3!=6$（通り）

よって，全部で　$6\times6=36$（通り）

ゆえに，求める確率は $\dfrac{36}{120}=\dfrac{3}{10}$

342 百の位は 0 以外の 5 通り, 十, 一の位は $_5P_2$ 通りあるから, 3 桁の整数は全部で

$5\times{}_5P_2=5\times(5\cdot4)=100$ (個)

3 の倍数となるのは, 各位の数の和が 3 の倍数となればよい。

その組合せは

(0, 1, 2), (0, 1, 5), (0, 2, 4), (0, 4, 5)…①

(1, 2, 3), (1, 3, 5), (2, 3, 4), (3, 4, 5)…②

①の場合は $4\times(2\times{}_2P_2)=16$ (通り)

②の場合は $4\times3!=24$ (通り)

よって, 全部で $16+24=40$ (通り)

ゆえに, 求める確率は $\dfrac{40}{100}=\mathbf{\dfrac{2}{5}}$

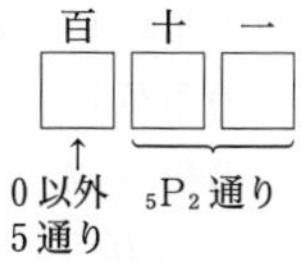

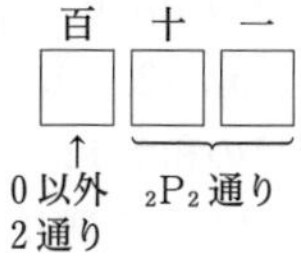

343 15 個の中から 3 個を取り出す場合の数の総数は

$_{15}C_3$ (通り)

(1) 不良品が 2 個以上含まれるのは, 次のいずれかの場合である。

(i) 不良品が 2 個, 良品が 1 個

$_4C_2\times{}_{11}C_1$ (通り)

(ii) 不良品が 3 個

$_4C_3$ (通り)

(i), (ii)は互いに排反であるから, 求める確率は

$$\frac{{}_4C_2\times{}_{11}C_1}{{}_{15}C_3}+\frac{{}_4C_3}{{}_{15}C_3}=\frac{66}{455}+\frac{4}{455}=\frac{70}{455}=\mathbf{\frac{2}{13}}$$

⬅「良品が 1 個ある」確率も計算に入れることを忘れない。

(2) 余事象は,「不良品が 1 個も含まれない」であり, 不良品を含まないのは $_{11}C_3$ (通り)

よって, 求める確率は

$$1-\frac{{}_{11}C_3}{{}_{15}C_3}=1-\frac{165}{455}=\mathbf{\frac{58}{91}}$$

⬅ 3 個とも良品である確率を求める。

「少なくとも…」の確率 ➡ 余事象の確率を使う

344 2 個のさいころを投げるとき, 目の出方の総数は

$6\times6=36$ (通り)

(1) 目の和が 10 以上となるのは, 次のいずれかの場合である。

和事象の確率(1)

事象 A と B が互いに排反である (同時に起こらない) とき
$P(A\cup B)=P(A)+P(B)$

(i)　目の和が 10　(4, 6), (5, 5), (6, 4) の 3 通り

(ii)　目の和が 11　(5, 6), (6, 5) の 2 通り

(iii)　目の和が 12　(6, 6) の 1 通り

(i), (ii), (iii)は互いに排反であるから，求める確率は

$$\frac{3}{36}+\frac{2}{36}+\frac{1}{36}=\frac{6}{36}=\frac{1}{6}$$

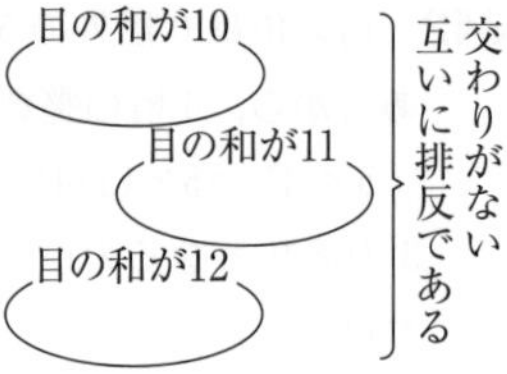

(2)　目の和が 6 の倍数となるのは，次のいずれかの場合である。

(i)　目の和が 6

(1, 5), (2, 4), (3, 3), (4, 2), (5, 1) の 5 通り

(ii)　目の和が 12

(6, 6) の 1 通り

(i), (ii)は互いに排反であるから，求める確率は

$$\frac{5}{36}+\frac{1}{36}=\frac{6}{36}=\frac{1}{6}$$

(3)　目の積が 4 以下になる場合を考える。

(1, 1), (1, 2), (1, 3), (1, 4)

(2, 1), (2, 2), (3, 1), (4, 1) の 8 通り

目の積が 4 以下となる確率は　$\frac{8}{36}=\frac{2}{9}$

よって，求める確率は　$1-\frac{2}{9}=\frac{7}{9}$

余事象の確率

$P(\overline{A})=1-P(A)$

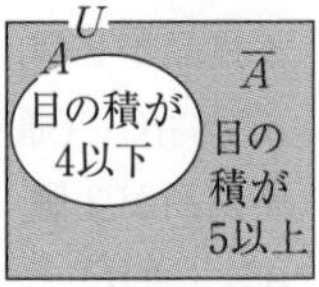

(4)　目の積が奇数になる場合を考える。

3×3=9（通り）であるから

目の積が奇数となる確率は　$\frac{9}{36}=\frac{1}{4}$

よって，求める確率は　$1-\frac{1}{4}=\frac{3}{4}$

← 偶 × 偶 ＝ 偶
偶 × 奇 ＝ 偶
奇 × 偶 ＝ 偶
奇 × 奇 ＝ 奇
奇数の目は 1, 3, 5 の 3 通り

345　4 の倍数の集合を A，6 の倍数の集合を B とする。

100 以上 200 以下の自然数は全部で

200−100+1=101（個）

200 以下の 4 の倍数は

4·1, 4·2, 4·3, …, 4·24, 4·25, …, 4·50

← 4·25=100

であり，このうち 100 以上 200 以下のものは

50−24=26（個）

200 以下の 6 の倍数は

6·1, 6·2, 6·3, …, 6·16, 6·17, …, 6·33

← 6·16=96, 6·17=102

であり，このうち 100 以上 200 以下のものは

$33-16=17$（個）

200 以下の 12 の倍数は

$12\cdot1,\ 12\cdot2,\ 12\cdot3,\ \cdots,\ 12\cdot8,\ 12\cdot9,\ \cdots,\ 12\cdot16$

⬅ $12\cdot8=96,\ 12\cdot9=108$

であり，このうち 100 以上 200 以下のものは

$16-8=8$（個）

(1) $P(A\cup B)$

$=P(A)+P(B)-P(A\cap B)$

$=\dfrac{26}{101}+\dfrac{17}{101}-\dfrac{8}{101}$

$=\mathbf{\dfrac{35}{101}}$

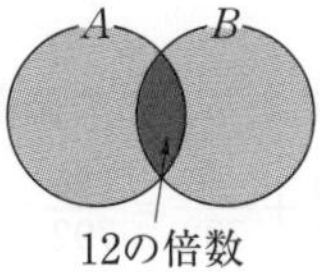

(2) $P(\overline{A}\cap\overline{B})=P(\overline{A\cup B})=1-P(A\cup B)$

$=1-\dfrac{35}{101}=\mathbf{\dfrac{66}{101}}$

⬅ ド・モルガンの法則
$\overline{A}\cap\overline{B}=\overline{A\cup B}$
$\overline{A}\cup\overline{B}=\overline{A\cap B}$

(3) $P(A\cap\overline{B})$

$=P(A)-P(A\cap B)$

$=\dfrac{26}{101}-\dfrac{8}{101}=\mathbf{\dfrac{18}{101}}$

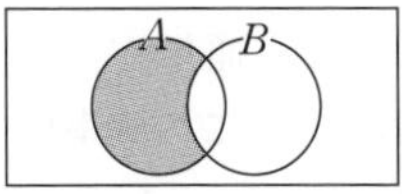

和事象の確率(2)

事象 A と B が互いに排反でない（同時に起こる場合がある）とき
$P(A\cup B)=P(A)+P(B)-P(A\cap B)$

346 20 人から 5 人を選ぶのは ${}_{20}\mathrm{C}_5$ 通り

余事象は,「特定の 2 人がともに選ばれない」である。

特定の 2 人が選ばれないのは ${}_{18}\mathrm{C}_5$ 通り

よって，求める確率は

$$1-\frac{{}_{18}\mathrm{C}_5}{{}_{20}\mathrm{C}_5}=1-\frac{18\cdot17\cdot16\cdot15\cdot14}{20\cdot19\cdot18\cdot17\cdot16}=1-\frac{21}{38}=\mathbf{\frac{17}{38}}$$

⬅ 確率の計算では約分を上手にする。

347 2 個のさいころを投げるときの目の出方は

6^2 通り

(1) 余事象は,「2 個とも 3 の目以外が出る」である。

2 個とも 3 の目以外の目が出るのは 5^2 通り

よって，求める確率は $1-\dfrac{5^2}{6^2}=\mathbf{\dfrac{11}{36}}$

(2) 余事象は,「2 個とも同じ目が出る」である。

2 個とも同じ目が出るのは (1, 1), (2, 2), (3, 3), (4, 4), (5, 5), (6, 6) の 6 通りある。

よって，求める確率は $1-\dfrac{6}{6^2}=\mathbf{\dfrac{5}{6}}$

⬅「少なくとも…」以外にも余事象を考えた方がわかりやすい場合がある。

348 12本から5本を引く場合の数の総数は
$_{12}C_5$ 通り

(1) 余事象は，「当たりが1本以下」である。 ⬅余事象を考える。

(i) 当たりが1本のとき ⬅はずれが4本

$_5C_1\times{}_7C_4$ (通り)

(ii) 当たりが0本のとき ⬅はずれが5本

$_7C_5$ 通り

(i)，(ii)は互いに排反であるから，この確率は

$$\frac{{}_5C_1\times{}_7C_4}{{}_{12}C_5}+\frac{{}_7C_5}{{}_{12}C_5}=\frac{175}{792}+\frac{21}{792}=\frac{196}{792}=\frac{49}{198}$$

よって，求める確率は $1-\frac{49}{198}=\mathbf{\frac{149}{198}}$

(2) 余事象は，「5本とも当たるまたは5本ともはずれる」である。 ⬅余事象を考える。

(i) 5本とも当たるのは $_5C_5$ 通り

(ii) 5本ともはずれるのは $_7C_5$ 通り

(i)，(ii)は互いに排反であるから，この確率は

$$\frac{{}_5C_5}{{}_{12}C_5}+\frac{{}_7C_5}{{}_{12}C_5}=\frac{1}{792}+\frac{21}{792}=\frac{22}{792}=\frac{1}{36}$$

よって，求める確率は $1-\frac{1}{36}=\mathbf{\frac{35}{36}}$

349 起こりうるすべての場合の総数は
$10\times15=150$ (通り)

箱Aには偶数5枚，奇数5枚，箱Bには偶数7枚，奇数8枚が入っている。

(1) 数字の和が偶数となるのは，次のいずれかの場合であり，互いに排反である。

(i) ともに偶数のとき $5\times7=35$ (通り)

(ii) ともに奇数のとき $5\times8=40$ (通り)

(i)，(ii)より，求める確率は

$$\frac{35}{150}+\frac{40}{150}=\frac{75}{150}=\mathbf{\frac{1}{2}}$$

(2) 余事象は，「数字の積が5の倍数でない」である。 ⬅5の倍数を1つも含まない余事象を考える。

この場合の数は箱A，箱Bからともに5の倍数以外の数字が出ればよい。

よって $8\times12=96$ (通り)

ゆえに，求める確率は $1-\frac{96}{150}=\frac{54}{150}=\mathbf{\frac{9}{25}}$ ⬅$P(\overline{A})=1-P(A)$

350 12個から4個を取り出す場合の数の総数は

$_{12}C_4$ 通り

(1) 赤球が3個以上出るのは，次のいずれかの場合であり，これらは排反である。

 (i) 赤球が3個のとき $_5C_3 \times _7C_1$ （通り）

 (ii) 赤球が4個のとき $_5C_4$ 通り

 (i)，(ii)より，求める確率は

$$\frac{_5C_3 \times _7C_1}{_{12}C_4} + \frac{_5C_4}{_{12}C_4} = \frac{70}{495} + \frac{5}{495} = \frac{75}{495} = \frac{5}{33}$$

← 赤球3個，青か白の球1個

(2) 余事象は，「赤球が1個も出ない」である。

 赤球が1個も出ないのは $_7C_4$ 通り

 よって，求める確率は

$$1 - \frac{_7C_4}{_{12}C_4} = 1 - \frac{\overset{7}{35}}{\underset{99}{495}} = \frac{92}{99}$$

←「少なくとも…」は余事象を考える。

(3) 球の色が3種類となるのは，次のいずれかの場合であり，これらは排反である。

 (i) 白球2個，赤球1個，青球1個

$$_4C_2 \times _5C_1 \times _3C_1 = 6 \times 5 \times 3 = 90 \text{（通り）}$$

 (ii) 白球1個，赤球2個，青球1個

$$_4C_1 \times _5C_2 \times _3C_1 = 4 \times 10 \times 3 = 120 \text{（通り）}$$

 (iii) 白球1個，赤球1個，青球2個

$$_4C_1 \times _5C_1 \times _3C_2 = 4 \times 5 \times 3 = 60 \text{（通り）}$$

 (i)，(ii)，(iii)より，求める確率は

$$\frac{90}{495} + \frac{120}{495} + \frac{60}{495} = \frac{270}{495} = \frac{6}{11}$$

← まず，球の色が3種類となる場合の各球の個数をすべてかき出す。

(4) 余事象は，「球の色が1種類」である。

 球の色が1種類であるのは，次のいずれかの場合であり，互いに排反である。

 (i) すべて白球のとき $_4C_4$ 通り

 (ii) すべて赤球のとき $_5C_4$ 通り

 (i)，(ii)より，この確率は

$$\frac{_4C_4}{_{12}C_4} + \frac{_5C_4}{_{12}C_4} = \frac{1}{495} + \frac{5}{495} = \frac{6}{495} = \frac{2}{165}$$

 よって，求める確率は

$$1 - \frac{2}{165} = \frac{163}{165}$$

←「少なくとも…」は余事象を考える。

351 (1) $\frac{3}{8}\times\frac{3}{8}=\mathbf{\frac{9}{64}}$

(2) $\frac{3}{8}\times\frac{5}{8}=\mathbf{\frac{15}{64}}$

(3) 余事象は，「A，B ともにはずれる」であるから，

求める確率は　$1-\frac{5}{8}\times\frac{5}{8}=1-\frac{25}{64}=\mathbf{\frac{39}{64}}$

⬅ A の引いたくじをもとに戻すので，A の当たりはずれに B は影響されない。⇒ 独立

独立試行の確率

2 つの試行 T_1 と T_2 が互いに独立であるとき，T_1 で事象 A が起こり T_2 で事象 B が起こる確率は　$P(A)P(B)$

352 各回の試行は互いに独立である。

(1) 赤赤赤白の順に出るときで，その確率は

$\frac{4}{10}\times\frac{4}{10}\times\frac{4}{10}\times\frac{6}{10}=\mathbf{\frac{24}{625}}$

(2) 4 回とも同じ色が出るのは次のいずれかの場合であり，これらは互いに排反である。

(i) 4 回とも赤球のとき　$\left(\frac{4}{10}\right)^4=\frac{16}{625}$

(ii) 4 回とも白球のとき　$\left(\frac{6}{10}\right)^4=\frac{81}{625}$

(i), (ii)より，求める確率は　$\frac{16}{625}+\frac{81}{625}=\mathbf{\frac{97}{625}}$

(3) 赤球と白球が交互に出るのは，次のいずれかの場合であり，これらは互いに排反である。

(i) 赤白赤白の順に出るとき

$\frac{4}{10}\times\frac{6}{10}\times\frac{4}{10}\times\frac{6}{10}=\frac{36}{625}$

(ii) 白赤白赤の順に出るとき

$\frac{6}{10}\times\frac{4}{10}\times\frac{6}{10}\times\frac{4}{10}=\frac{36}{625}$

(i), (ii)より，求める確率は　$\frac{36}{625}+\frac{36}{625}=\mathbf{\frac{72}{625}}$

(4) 赤球が 3 回連続，白球が 1 回出るのは，次のいずれかの場合であり，これらは互いに排反である。

⬅ まず，題意に合うような赤球と白球の出る順序を考える。

(i) 白赤赤赤の順に出るとき

$\frac{6}{10}\times\frac{4}{10}\times\frac{4}{10}\times\frac{4}{10}=\frac{24}{625}$

(ii) 赤赤赤白の順に出るとき

$\frac{4}{10}\times\frac{4}{10}\times\frac{4}{10}\times\frac{6}{10}=\frac{24}{625}$

(i), (ii)より，求める確率は　$\frac{24}{625}+\frac{24}{625}=\mathbf{\frac{48}{625}}$

353 (1) $\frac{1}{3}\times\frac{2}{5}\times\frac{3}{4}=\mathbf{\frac{1}{10}}$

(2) 1人だけ合格する場合は次のいずれかの場合であり，これらは互いに排反である。

⬅A，B，Cの試行はそれぞれ互いに独立である。

(i) Aだけが合格するとき

$$\frac{1}{3}\times\left(1-\frac{2}{5}\right)\times\left(1-\frac{3}{4}\right)=\frac{1}{3}\times\frac{3}{5}\times\frac{1}{4}=\frac{3}{60}$$

⬅B，Cは合格しない。

(ii) Bだけが合格するとき

$$\left(1-\frac{1}{3}\right)\times\frac{2}{5}\times\left(1-\frac{3}{4}\right)=\frac{2}{3}\times\frac{2}{5}\times\frac{1}{4}=\frac{4}{60}$$

⬅A，Cは合格しない。

(iii) Cだけが合格するとき

$$\left(1-\frac{1}{3}\right)\times\left(1-\frac{2}{5}\right)\times\frac{3}{4}=\frac{2}{3}\times\frac{3}{5}\times\frac{3}{4}=\frac{18}{60}$$

⬅A，Bは合格しない。

(i)，(ii)，(iii)より，求める確率は

$$\frac{3}{60}+\frac{4}{60}+\frac{18}{60}=\frac{25}{60}=\mathbf{\frac{5}{12}}$$

(3) 余事象は，「3人とも合格しない」であり，この確率は

$$\left(1-\frac{1}{3}\right)\times\left(1-\frac{2}{5}\right)\times\left(1-\frac{3}{4}\right)=\frac{2}{3}\times\frac{3}{5}\times\frac{1}{4}=\frac{1}{10}$$

よって，求める確率は　$1-\frac{1}{10}=\mathbf{\frac{9}{10}}$

354 (1) 3人がグー，チョキ，パーをでたらめに出すとき，その出方は　$3^3=27$（通り）

3人が“あいこ”になる場合は次の2通りある。

㋐3人とも同じものを出す　3通り

㋑3人が互いに異なるものを出す　$3!=6$（通り）

⬅A，B，Cの順にグー，チョキ，パーを割り当てるのが3!通り

よって，“あいこ”になる確率は　$\frac{3}{27}+\frac{6}{27}=\frac{1}{3}$

2回目にAだけが勝つのは3通りであるから

$$\frac{3}{27}=\frac{1}{9}$$

⬅A：(グ)(チ)(パ)
B：(チ)(パ)(グ)
C：(チ)(パ)(グ)

よって，求める確率は　$\frac{1}{3}\times\frac{1}{9}=\mathbf{\frac{1}{27}}$

⬅1回目と2回目のじゃんけんは独立試行

(2) Aだけが負ける場合は3通りあるから，その確率は　$\frac{3}{27}=\frac{1}{9}$

⬅A：(グ)(チ)(パ)
B：(パ)(グ)(チ)
C：(パ)(グ)(チ)

よって，2 回続けて“あいこ”になり，3 回目に A だけが負ける確率は　$\left(\frac{1}{3}\right)^2\times\frac{1}{9}=\mathbf{\frac{1}{81}}$

← 1回目　2回目　3回目
$\frac{1}{3}\times\frac{1}{3}\times\frac{1}{9}$
（あいこ）（あいこ）（A が負け）

参考　(i)　3 人が 1 回じゃんけんをする

手の出し方は　$3^3=27$（通り）

・1 人が勝つのは（グー，チョキ，チョキ），（チョキ，パー，パー），（パー，グー，グー）の 3 通りあるから　$3\times{}_3C_1=9$（通り）

1 人が勝つ確率は　$\frac{9}{27}=\frac{1}{3}$

・2 人が勝つのは，（グー，グー，チョキ），（チョキ，チョキ，パー），（パー，パー，グー）の 3 通りあるから　$3\times{}_3C_2=9$（通り）

よって，2 人が勝つ確率は　$\frac{9}{27}=\frac{1}{3}$

・あいこになるのは「3 人とも同じ手を出す」か「3 人とも違う手を出す」であるから　$3+3!=9$（通り）

あいこになる確率は　$\frac{9}{27}=\frac{1}{3}$

(ii)　2 人が 1 回じゃんけんをする

手の出し方は $3^2=9$（通り）

・1 人が勝つのは（グー，チョキ），（チョキ，パー），（パー，グー）の 3 通りあるから $3\times{}_2C_1=6$（通り）

1 人が勝つ確率は　$\frac{6}{9}=\frac{2}{3}$

・あいこになるのは，「2 人とも同じ手を出す」場合であるから　3 通り

よって，あいこになる確率は　$\frac{3}{9}=\frac{1}{3}$

3 人のじゃんけん

1 人が勝つ確率	$\frac{1}{3}$
2 人が勝つ確率	$\frac{1}{3}$
あいこになる確率	$\frac{1}{3}$

勝つ 2 人の選び方

← $3\times{}_3C_2$

← 違う手を出す

A	B	C	
グ	チ	パ	3!
グ	パ	チ	
⋮	⋮	⋮	
パ	チ	グ	

じゃんけんの勝負 ➡ グー，チョキ，パーで表したとき，どのパターンで勝負が決まるかを考える ➡「誰が」「何で」勝つかを考える

355　(1)　球の色が異なるのは，次のいずれかの場合であり，互いに排反である。

(i)　A から赤球を取り B から白球を取るとき

$\frac{2}{8}\times\frac{3}{10}=\frac{6}{80}$

(ii)　A から白球を取り B から赤球を取るとき

$\frac{6}{8}\times\frac{7}{10}=\frac{42}{80}$

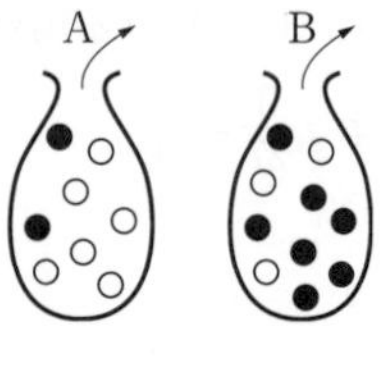

(i), (ii)より，求める確率は

$$\frac{6}{80}+\frac{42}{80}=\frac{48}{80}=\mathbf{\frac{3}{5}}$$

(2) 球の色がすべて同じになるのは，次のいずれかの場合であり，互いに排反である。

(i) すべて赤球のとき

$$\frac{{}_2C_2}{{}_8C_2}\times\frac{{}_7C_2}{{}_{10}C_2}=\frac{1}{28}\times\frac{21}{45}=\frac{1}{60}$$

(ii) すべて白球のとき

$$\frac{{}_6C_2}{{}_8C_2}\times\frac{{}_3C_2}{{}_{10}C_2}=\frac{15}{28}\times\frac{3}{45}=\frac{1}{28}$$

(i), (ii)より，求める確率は $\frac{1}{60}+\frac{1}{28}=\mathbf{\frac{11}{210}}$

(3) 赤球2個と白球3個となるのは，次のいずれかの場合であり，互いに排反である。

(i) Aから赤球2個と白球1個，Bから白球2個を取るとき

$$\frac{{}_2C_2\times{}_6C_1}{{}_8C_3}\times\frac{{}_3C_2}{{}_{10}C_2}=\frac{1\times6}{56}\times\frac{3}{45}=\frac{1}{140}$$

(ii) Aから赤球1個と白球2個，Bから赤球1個と白球1個を取るとき

$$\frac{{}_2C_1\times{}_6C_2}{{}_8C_3}\times\frac{{}_7C_1\times{}_3C_1}{{}_{10}C_2}=\frac{2\times15}{56}\times\frac{21}{45}=\frac{1}{4}$$

(iii) Aから白球3個，Bから赤球2個を取るとき

$$\frac{{}_6C_3}{{}_8C_3}\times\frac{{}_7C_2}{{}_{10}C_2}=\frac{20}{56}\times\frac{21}{45}=\frac{1}{6}$$

(i), (ii), (iii)より，求める確率は

$$\frac{1}{140}+\frac{1}{4}+\frac{1}{6}=\mathbf{\frac{89}{210}}$$

⬅ Aから赤球2個取る確率 $\frac{{}_2C_2}{{}_8C_2}$

Bから赤球2個取る確率 $\frac{{}_7C_2}{{}_{10}C_2}$

⬅ Aから白球2個取る確率 $\frac{{}_6C_2}{{}_8C_2}$

Bから白球2個取る確率 $\frac{{}_3C_2}{{}_{10}C_2}$

⬅ (i) Bから白球2個

(ii) Bから赤球1個，白球1個

(iii) Bから赤球2個

356 (1) AとBが1回戦で戦うのは，AとBが2と3に割り当てられるときである。

$$\frac{2}{5}\times\frac{1}{4}=\mathbf{\frac{1}{10}}$$

(2) AとBが2回戦で戦うのは

(i) Aが1に，Bが2か3に割り当てられ，さらにBが1回戦で勝つときである。

AとBが反対の場合も考えて

$$2\times\frac{1}{5}\times\frac{2}{4}\times\frac{1}{2}=\frac{1}{10}$$

⬅ C, D, Eは1, 4, 5のどこでもよい。

⬅ Aは2か3の2通り，Bは残りの1通りである。

⬅

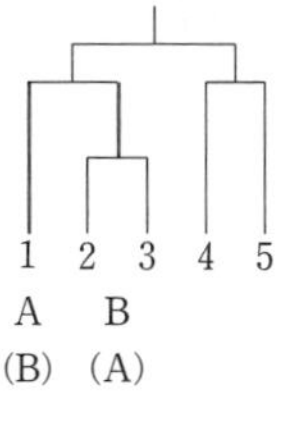

(ii) AとBが4と5に割り当てられるときで

$$\frac{2}{5}\times\frac{1}{4}=\frac{1}{10}$$

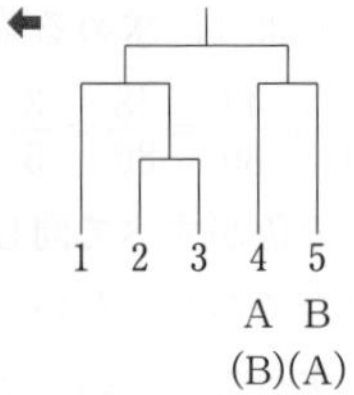

(i), (ii)は互いに排反であるから，求める確率は

$$\frac{1}{10}+\frac{1}{10}=\frac{2}{10}=\mathbf{\frac{1}{5}}$$

(3) AとBは，一方は1，2，3のいずれかに，もう一方は4か5に割り当てられなければならない。

(i) Aが1，Bが4か5に割り当てられ，どちらも2回戦を勝たなければならないから

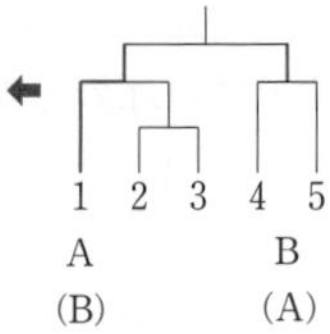

$$\frac{1}{5}\times\frac{2}{4}\times\frac{1}{2}\times\frac{1}{2}=\frac{1}{40}$$

(ii) Aが2か3，Bが4か5に割り当てられ，どちらも1，2回戦を勝たなければならないから

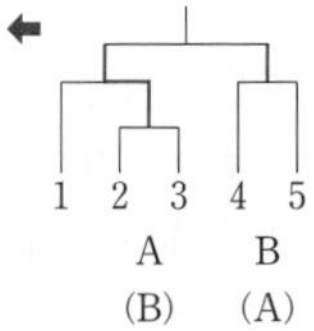

$$\frac{2}{5}\times\frac{2}{4}\times\frac{1}{2}\times\frac{1}{2}\times\frac{1}{2}=\frac{1}{40}$$

(i)と(ii)は互いに排反であり，AとBが反対の場合もある。

よって，求める確率は

$$2\times\left(\frac{1}{40}+\frac{1}{40}\right)=\mathbf{\frac{1}{10}}$$

357 (1) 1枚の硬貨を1回投げて表が出る確率は $\frac{1}{2}$ であるから，求める確率は

$${}_5C_2\left(\frac{1}{2}\right)^2\left(\frac{1}{2}\right)^3=10\times\frac{1}{4}\times\frac{1}{8}=\mathbf{\frac{5}{16}}$$

(2) 1題に正解する確率が $\frac{1}{3}$ であるから，求める確率は

$${}_5C_3\left(\frac{1}{3}\right)^3\left(\frac{2}{3}\right)^2=10\times\frac{1}{27}\times\frac{4}{9}=\mathbf{\frac{40}{243}}$$

(3) 1回引いてくじに当たる確率は $\frac{4}{10}=\frac{2}{5}$ であるから，求める確率は

$${}_3C_2\left(\frac{2}{5}\right)^2\left(\frac{3}{5}\right)^1=3\times\frac{4}{25}\times\frac{3}{5}=\mathbf{\frac{36}{125}}$$

反復試行の確率

1回の試行で事象 A の起こる確率を p とする。この試行を n 回繰り返すとき，r 回だけ事象 A の起こる確率は

$${}_nC_r p^r(1-p)^{n-r}$$

358 (1) 1個のさいころを投げるとき，1の目が出る確率は $\frac{1}{6}$ であるから，求める確率は

$${}_5C_2\left(\frac{1}{6}\right)^2\left(\frac{5}{6}\right)^3=10\times\frac{1}{36}\times\frac{125}{216}=\mathbf{\frac{625}{3888}}$$

(2) 1個のさいころを投げるとき，3の倍数の目が出る確率は $\frac{2}{6}=\frac{1}{3}$ であるから

求める確率は

$${}_5C_4\left(\frac{1}{3}\right)^4\left(\frac{2}{3}\right)^1+{}_5C_5\left(\frac{1}{3}\right)^5=\frac{10}{243}+\frac{1}{243}=\mathbf{\frac{11}{243}}$$

⬅(i) 3の倍数が4回 ${}_5C_4\left(\frac{1}{3}\right)^4\left(\frac{2}{3}\right)^1$
(ii) 3の倍数が5回 ${}_5C_5\left(\frac{1}{3}\right)^5$

(3) 1個のさいころを投げるとき，6の目が出る確率は $\frac{1}{6}$

4回目までに1回6の目が出ていて，5回目に2度目の6の目が出ればよい。

⬅○○○○ ●
1回だけ6の目が出る　↑6の目が出る

よって，求める確率は

$${}_4C_1\left(\frac{1}{6}\right)^1\left(\frac{5}{6}\right)^3\times\frac{1}{6}=\mathbf{\frac{125}{1944}}$$

(4) 余事象は，「すべて偶数の目が出る」

⬅「少なくとも…」は余事象を考える。

1個のさいころを投げるとき，偶数の目が出る確率は $\frac{3}{6}=\frac{1}{2}$ であるから

この確率は ${}_5C_5\left(\frac{1}{2}\right)^5=\frac{1}{32}$

よって，求める確率は $1-\frac{1}{32}=\mathbf{\frac{31}{32}}$

359 (1) 1枚の硬貨を投げるとき表が出る確率は $\frac{1}{2}$ であるから，求める確率は

$${}_8C_5\left(\frac{1}{2}\right)^5\left(\frac{1}{2}\right)^3=\frac{56}{256}=\mathbf{\frac{7}{32}}$$

(2) 余事象は，「表が2枚以下」である。

表が2枚以下である確率は

$${}_8C_2\left(\frac{1}{2}\right)^2\left(\frac{1}{2}\right)^6+{}_8C_1\left(\frac{1}{2}\right)^1\left(\frac{1}{2}\right)^7+{}_8C_0\left(\frac{1}{2}\right)^8$$

⬅表が2枚のとき，1枚のとき，0枚のときがある。

$$=\frac{28}{256}+\frac{8}{256}+\frac{1}{256}=\frac{37}{256}$$

よって，求める確率は $1-\frac{37}{256}=\mathbf{\frac{219}{256}}$

360 (1) 不良品となる確率は $\dfrac{20}{100}=\dfrac{1}{5}$ であるから

$${}_5C_1\left(\frac{1}{5}\right)^1\left(\frac{4}{5}\right)^4+{}_5C_0\left(\frac{4}{5}\right)^5=\frac{1280}{3125}+\frac{1024}{3125}=\mathbf{\frac{2304}{3125}}$$

⇐ 不良品 $\dfrac{1}{5}$，良品 $\dfrac{4}{5}$

(i)不良品が1個，良品が4個

${}_5C_1\left(\dfrac{1}{5}\right)^1\left(\dfrac{4}{5}\right)^4$

(ii)不良品が0個，良品が5個

${}_5C_0\left(\dfrac{4}{5}\right)^5$

(2) 余事象は，「すべて不良品ではない」である。

すべて不良品でない確率は ${}_5C_5\left(\dfrac{4}{5}\right)^5=\dfrac{1024}{3125}$

よって，求める確率は $1-\dfrac{1024}{3125}=\mathbf{\dfrac{2101}{3125}}$

361 (1) 6回目までにAが3勝し，7回目にAが勝つ。

$${}_6C_3\left(\frac{3}{5}\right)^3\left(\frac{2}{5}\right)^3\times\frac{3}{5}=\frac{\overset{4}{\cancel{20}}\times3^4\times2^3}{5^{\cancel{7}6}}=\mathbf{\frac{2592}{15625}}$$

⇐ 6回まで3勝3敗になっている確率は

${}_6C_3\left(\dfrac{3}{5}\right)^3\left(\dfrac{2}{5}\right)^3$

○○○○○○ ●

3回だけAが勝つ　↑Aが勝つ

(2) Aが優勝するのは，次のいずれかの場合であり，互いに排反である。

(i) Aの4勝0敗のとき ${}_4C_4\left(\dfrac{3}{5}\right)^4=\dfrac{3^4}{5^4}$

(ii) Aの4勝1敗のとき

$${}_4C_3\left(\frac{3}{5}\right)^3\left(\frac{2}{5}\right)^1\times\frac{3}{5}=\frac{4\times3^4\times2}{5^5}=\frac{8\times3^4}{5^5}$$

⇐ 最後はAの勝ちで優勝する。

(iii) Aの4勝2敗のとき

$${}_5C_3\left(\frac{3}{5}\right)^3\left(\frac{2}{5}\right)^2\times\frac{3}{5}=\frac{10\times3^4\times2^2}{5^6}=\frac{8\times3^4}{5^5}$$

(iv) Aの4勝3敗のとき

$${}_6C_3\left(\frac{3}{5}\right)^3\left(\frac{2}{5}\right)^3\times\frac{3}{5}=\frac{20\times3^4\times2^3}{5^7}=\frac{32\times3^4}{5^6}$$

(i)～(iv)より，求める確率は

$$\frac{5^2\times3^4+40\times3^4+40\times3^4+32\times3^4}{5^6}$$

$$=\frac{3^4(25+40+40+32)}{5^6}=\frac{81\times137}{5^6}=\mathbf{\frac{11097}{15625}}$$

⇐ 計算を工夫する。

362 (1) 6個中1個だけ1の目が出る確率と等しいから

$${}_6C_1\left(\frac{1}{6}\right)^1\left(\frac{5}{6}\right)^5=\mathbf{\frac{3125}{7776}}$$

⇐ 3個のさいころを2回投げることは6個のさいころを1回投げたのと同じことになる。

(2) 1回目に3個すべて奇数で，2回目で偶数の目が1個出る。

$${}_3C_3\left(\frac{1}{2}\right)^3\times{}_3C_1\left(\frac{1}{2}\right)^1\left(\frac{1}{2}\right)^2=\frac{1}{8}\times\frac{3}{8}=\mathbf{\frac{3}{64}}$$

⇐ 1回目と2回目は独立試行

363 さいころを 6 回投げ終えたとき 4 以下の目が k 回，5 以上の目が $(6-k)$ 回出たとすると，点 P の座標は

$x=(-1)\cdot k+2(6-k)=12-3k$

(1) $12-3k=6$ より，$k=2$

よって，4 以下の目が 2 回，5 以上の目が 4 回出ればよいから

$${}_6C_2\left(\frac{2}{3}\right)^2\left(\frac{1}{3}\right)^4=\frac{60}{729}=\mathbf{\frac{20}{243}}$$

(2) $12-3k=-3$ より，$k=5$

よって，4 以下の目が 5 回，5 以上の目が 1 回出ればよいから

$${}_6C_5\left(\frac{2}{3}\right)^5\left(\frac{1}{3}\right)^1=\frac{192}{729}=\mathbf{\frac{64}{243}}$$

(3) さいころを 3 回投げ終えたとき 4 以下の目が l 回，5 以上の目が $(3-l)$ 回出たとすると

$(-1)\cdot l+2(3-l)=0$ より　$l=2$

よって，4 以下の目が 2 回，5 以上の目が 1 回出ればよく，これが 2 回続けて起こるから

⬅ 3 回投げて $x=0$ にくることが 2 回繰り返される。

$${}_3C_2\left(\frac{2}{3}\right)^2\left(\frac{1}{3}\right)^1\times{}_3C_2\left(\frac{2}{3}\right)^2\left(\frac{1}{3}\right)^1=\left(\frac{4}{9}\right)^2=\mathbf{\frac{16}{81}}$$

364 $A=\{3,\ 6,\ 9,\ 12\}$

$B=\{1,\ 3,\ 5,\ 7,\ 9,\ 11\}$

(1) $P_A(B)=\dfrac{n(A\cap B)}{n(A)}=\dfrac{2}{4}=\mathbf{\dfrac{1}{2}}$

(2) $P_B(A)=\dfrac{n(B\cap A)}{n(B)}=\dfrac{2}{6}=\mathbf{\dfrac{1}{3}}$

(3) $P_{\overline{A}}(B)=\dfrac{n(\overline{A}\cap B)}{n(\overline{A})}=\dfrac{4}{8}=\mathbf{\dfrac{1}{2}}$

⬅(1) 3 の倍数を選んだ後に奇数を選ぶ確率

(2) 奇数を選んだ後に 3 の倍数を選ぶ確率

(3) 3 の倍数でないものを選んだ後に奇数を選ぶ確率

365 A：A が赤球を取り出す

B：B が赤球を取り出す　とする。

(1) A が赤球を取り出した後の袋の中は赤球 5 個，白球 4 個が入っているから

$P_A(B)=\mathbf{\dfrac{5}{9}}$

(2) A が白球を取り出した後の袋の中は赤球 6 個，白球 3 個が入っているから

$$P_{\overline{A}}(B)=\frac{6}{9}=\frac{2}{3}$$

(3) $P(A\cap B)=P(A)P_A(B)$

$$=\frac{6}{10}\times\frac{5}{9}=\frac{1}{3}$$

確率の乗法定理

$P(A\cap B)=P(A)P_A(B)$

366 生徒である事象を A

高校生である事象を B とする。

$$P(A)=\frac{65}{100},\ P(A\cap B)=\frac{26}{100}$$

よって，求める条件つき確率は

$$P_A(B)=\frac{P(A\cap B)}{P(A)}=\frac{26}{100}\div\frac{65}{100}=\frac{2}{5}$$

条件つき確率

$P_A(B)=\dfrac{P(A\cap B)}{P(A)}$

367 A：Aが白球を取り出す

B：Bが白球を取り出す　とする。

(1) B が白球を取り出すのは，次の(i)，(ii)の場合であり，互いに排反である。

(i) A が白球を取り出し，B が白球を取り出すときで，その確率は

$$P(A\cap B)=\frac{3}{7}\times\frac{2}{6}=\frac{1}{7}$$

(ii) A が赤球を取り出し，B が白球を取り出すときで，その確率は

$$P(\overline{A}\cap B)=\frac{4}{7}\times\frac{3}{6}=\frac{2}{7}$$

(i)，(ii)より，求める確率は

$$\frac{1}{7}+\frac{2}{7}=\frac{3}{7}$$

← A が白球を取り出す確率と等しい。

(2) C が白球を取り出すのは，次の(i)～(iv)のいずれかの場合であり，互いに排反である。

(i) A，B がともに白球を取り出し，C が白球を取り出すときで，その確率は

$$\frac{3}{7}\times\frac{2}{6}\times\frac{1}{5}=\frac{6}{210}$$

(ii) A が白球を取り出し，B が赤球を取り出し，C が白球を取り出すときで，その確率は

$$\frac{3}{7}\times\frac{4}{6}\times\frac{2}{5}=\frac{24}{210}$$

(iii) A が赤球を取り出し，B が白球を取り出し，C が白球を取り出すときで，その確率は

$$\frac{4}{7}\times\frac{3}{6}\times\frac{2}{5}=\frac{24}{210}$$

(iv) A，B がともに赤球を取り出し，C が白球を取り出すときで，その確率は

$$\frac{4}{7}\times\frac{3}{6}\times\frac{3}{5}=\frac{36}{210}$$

(i)〜(iv)より，求める確率は

$$\frac{6}{210}+\frac{24}{210}+\frac{24}{210}+\frac{36}{210}=\frac{90}{210}=\frac{3}{7}$$

⬅ この結果 A，B，C どれも白球を取り出す確率は $\frac{3}{7}$ と等しくなる。つまり，白球を取り出す確率は順番によらず一定である。

368 (1) A の箱から 2 個の赤球を取り出す確率は

⬅ A，B，C どの箱を選ぶかの確率はどれも $\frac{1}{3}$ である。

$$\frac{1}{3}\times\frac{{}_4C_2}{{}_6C_2}=\frac{1}{3}\times\frac{6}{15}=\frac{2}{15}$$

B の箱から 2 個の赤球を取り出す確率は

$$\frac{1}{3}\times\frac{{}_3C_2}{{}_6C_2}=\frac{1}{3}\times\frac{3}{15}=\frac{1}{15}$$

C の箱から 2 個の赤球を取り出す確率は

$$\frac{1}{3}\times\frac{{}_2C_2}{{}_6C_2}=\frac{1}{3}\times\frac{1}{15}=\frac{1}{45}$$

これらはすべて排反であるから，求める確率は

$$\frac{2}{15}+\frac{1}{15}+\frac{1}{45}=\frac{10}{45}=\frac{2}{9}$$

(2) 求める確率は

$$\underbrace{\frac{1}{3}\times\frac{{}_4C_1\times{}_2C_1}{{}_6C_2}}_{\text{A の箱を選んだ場合の確率}}+\underbrace{\frac{1}{3}\times\frac{{}_3C_1\times{}_3C_1}{{}_6C_2}}_{\text{B の箱を選んだ場合の確率}}+\underbrace{\frac{1}{3}\times\frac{{}_2C_1\times{}_4C_1}{{}_6C_2}}_{\text{C の箱を選んだ場合の確率}}$$

⬅ A，B，C それぞれの箱を選んだ場合の確率を求める。（これらは互いに排反である。）

$$=\frac{1}{3}\left(\frac{8}{15}+\frac{9}{15}+\frac{8}{15}\right)=\frac{25}{45}=\frac{5}{9}$$

369 (1) Aの赤球の個数が変わらないのは，次のいずれかの場合であり，互いに排反である。

(i) Aから赤球2個，Bから赤球2個取り出すときの確率は $\dfrac{{}_4C_2}{{}_6C_2}\times\dfrac{{}_5C_2}{{}_8C_2}=\dfrac{6}{15}\times\dfrac{10}{28}=\dfrac{60}{420}$

(ii) Aから赤球1個，白球1個，Bから赤球1個，白球1個取り出すときの確率は

$$\frac{{}_4C_1\times{}_2C_1}{{}_6C_2}\times\frac{{}_4C_1\times{}_4C_1}{{}_8C_2}=\frac{8}{15}\times\frac{16}{28}=\frac{128}{420}$$

(iii) Aから白球2個，Bから白球2個取り出すときの確率は $\dfrac{{}_2C_2}{{}_6C_2}\times\dfrac{{}_5C_2}{{}_8C_2}=\dfrac{1}{15}\times\dfrac{10}{28}=\dfrac{10}{420}$

(i), (ii), (iii)より，求める確率は

$$\frac{60}{420}+\frac{128}{420}+\frac{10}{420}=\frac{198}{420}=\mathbf{\frac{33}{70}}$$

(2) Aの赤球の個数が増加するのは次のいずれかの場合であり，互いに排反である。

(i) Aから白球2個，Bから赤球2個取り出すときの確率は $\dfrac{{}_2C_2}{{}_6C_2}\times\dfrac{{}_3C_2}{{}_8C_2}=\dfrac{1}{15}\times\dfrac{3}{28}=\dfrac{3}{420}$

(ii) Aから白球2個，Bから赤球1個，白球1個取り出すときの確率は

$$\frac{{}_2C_2}{{}_6C_2}\times\frac{{}_3C_1\times{}_5C_1}{{}_8C_2}=\frac{1}{15}\times\frac{15}{28}=\frac{15}{420}$$

(iii) Aから赤球1個，白球1個，Bから赤球2個取り出すときの確率は

$$\frac{{}_4C_1\times{}_2C_1}{{}_6C_2}\times\frac{{}_4C_2}{{}_8C_2}=\frac{8}{15}\times\frac{6}{28}=\frac{48}{420}$$

(i), (ii), (iii)より，求める確率は

$$\frac{3}{420}+\frac{15}{420}+\frac{48}{420}=\frac{66}{420}=\mathbf{\frac{11}{70}}$$

⬅ AとBの袋から出る赤球，白球の個数の組合せをまず考える。

⬅ 約分を最後に行うと計算が楽になることも多い。

370 当たりくじの本数をx本とする。

(i) A君が当たって，B君がはずれる場合の確率は

$$\frac{x}{100}\times\frac{100-x}{99}$$

(ii) A君がはずれて，B君が当たる場合の確率は

$$\frac{100-x}{100}\times\frac{x}{99}$$

(i), (ii)は互いに排反であるから

$$\frac{x}{100}\times\frac{100-x}{99}+\frac{100-x}{100}\times\frac{x}{99}=\frac{2}{11}$$

$$x(100-x)+(100-x)x=2\times9\times100$$

$$x^2-100x+900=0$$

$$(x-10)(x-90)=0$$

$0<x<50$ であるから $x=10$

よって，当たりくじは **10 本**入っている。

⬅ 条件より，当たりくじは，はずれくじより少ない。

371 A：袋 A から取り出す

B：袋 B から取り出す

H：赤球を取り出す　とする。

(1) 取り出した球が赤球であるのは，次のいずれかの場合であり，互いに排反である。

(i) 袋 A を選び，赤球を取り出す。

$$P(A\cap H)=P(A)P_A(H)=\frac{1}{2}\times\frac{4}{6}=\frac{1}{3}$$

(ii) 袋 B を選び赤球を取り出す。

$$P(B\cap H)=P(B)\mathrm{P}_B(H)=\frac{1}{2}\times\frac{3}{9}=\frac{1}{6}$$

(i), (ii)より　$P(H)=\frac{1}{3}+\frac{1}{6}=\boldsymbol{\frac{1}{2}}$

(2) $P_H(A)=\frac{P(A\cap H)}{P(H)}=\frac{1}{3}\div\frac{1}{2}=\boldsymbol{\frac{2}{3}}$

⬅ 原因の確率

事象 H が起こった原因が A である確率 ➡ $\dfrac{A\text{ で }H\text{ が起こった確率}}{\text{全体で }H\text{ が起こった確率}}$

372 A：1 番目が赤球である

B：2 番目が赤球である　とする。

$$\begin{aligned}P(B)&=P(A\cap B)+P(\overline{A}\cap B)\\&=P(A)P_A(B)+P(\overline{A})P_{\overline{A}}(B)\\&=\frac{8}{12}\times\frac{7}{11}+\frac{4}{12}\times\frac{8}{11}=\frac{88}{132}=\frac{2}{3}\end{aligned}$$

$$\begin{aligned}P(A\cap B)&=P(A)P_A(B)\\&=\frac{8}{12}\times\frac{7}{11}=\frac{14}{33}\end{aligned}$$

よって

$$P_B(A)=\frac{P(A\cap B)}{P(B)}=\frac{14}{33}\div\frac{2}{3}=\boldsymbol{\frac{7}{11}}$$

⬅ $\dfrac{\text{1 回目も 2 回目も赤球である確率}}{\text{2 回目が赤球である確率}}$

373 さいころの目の出る確率はすべて $\frac{1}{6}$ であるから，

さいころを1回投げたときもらえる金額の期待値は

$$1000\times\frac{1}{6}+1000\times\frac{1}{6}+(-300)\times\frac{1}{6}+(-400)\times\frac{1}{6}$$
$$+(-500)\times\frac{1}{6}+(-600)\times\frac{1}{6}$$

$=(2000-1800)\times\frac{1}{6}=\mathbf{\frac{100}{3}}$ **(円)**

374 取り出された白球の個数を X とすると

$X=0,\ 1,\ 2$ である。

$X=0$ となるのは $\frac{{}_2C_2}{{}_6C_2}=\frac{1}{15}$

$X=1$ となるのは $\frac{{}_4C_1\times{}_2C_1}{{}_6C_2}=\frac{8}{15}$

$X=2$ となるのは $\frac{{}_4C_2}{{}_6C_2}=\frac{6}{15}$

よって，求める期待値は

$$0\times\frac{1}{15}+1\times\frac{8}{15}+2\times\frac{6}{15}=\mathbf{\frac{4}{3}}\ \textbf{(個)}$$

←

X	0	1	2	計
P	$\frac{1}{15}$	$\frac{8}{15}$	$\frac{6}{15}$	1

すべての場合の確率の和は1

375 (1) $X=1$ となるのは (1, 2), (1, 3), (1, 4) を取り出したときであるから $\frac{3}{{}_4C_2}=\mathbf{\frac{1}{2}}$

$X=2$ となるのは (2, 3), (2, 4) を取り出したときであるから $\frac{2}{{}_4C_2}=\mathbf{\frac{1}{3}}$

$X=3$ となるのは (3, 4) を取り出したときであるから $\frac{1}{{}_4C_2}=\mathbf{\frac{1}{6}}$

$X=4$ となることはないから **0**

(2) (1)より，求める期待値は

$$1\times\frac{1}{2}+2\times\frac{1}{3}+3\times\frac{1}{6}=\mathbf{\frac{5}{3}}$$

←

X	1	2	3	4	計
P	$\frac{1}{2}$	$\frac{1}{3}$	$\frac{1}{6}$	0	1

376 A：A工場の製品である

B：B工場の製品である

E：不良品である　とする。

(1) $P(E)=P(A\cap E)+P(B\cap E)$

$=P(A)P_A(E)+P(B)P_B(E)$

$=\dfrac{50}{150}\times\dfrac{3}{100}+\dfrac{100}{150}\times\dfrac{6}{100}$

$=\dfrac{1}{100}+\dfrac{1}{25}=\mathbf{\dfrac{1}{20}}$

← 製品は合わせて
50+100=150（個）

(2) $P(A\cap E)=\dfrac{50}{150}\times\dfrac{3}{100}=\dfrac{1}{100}$

よって　$P_E(A)=\dfrac{P(A\cap E)}{P(E)}=\dfrac{1}{100}\div\dfrac{1}{20}=\mathbf{\dfrac{1}{5}}$

← $\dfrac{\text{A 工場の不良品である確率}}{\text{不良品である確率}}$

377 1回の訪問で帽子を忘れてこない確率は

$1-\dfrac{1}{3}=\dfrac{2}{3}$

1番目の友人の家に忘れてくる確率を P_1

2番目の友人の家に忘れてくる確率を P_2

3番目の友人の家に忘れてくる確率を P_3

とすると

$P_1=\dfrac{1}{3}$，$P_2=\dfrac{2}{3}\times\dfrac{1}{3}=\dfrac{2}{9}$，$P_3=\dfrac{2}{3}\times\dfrac{2}{3}\times\dfrac{1}{3}=\dfrac{4}{27}$

よって，帽子を忘れたことに気がついたとき，2番目の友人の家に忘れてきた確率は

$$\frac{\frac{2}{9}}{\frac{1}{3}+\frac{2}{9}+\frac{4}{27}}=\mathbf{\frac{6}{19}}$$

← $\dfrac{P_2}{P_1+P_2+P_3}$

2番目の家に忘れてきた確率（分子 P_2）

どこかに忘れてきた確率（分母 $P_1+P_2+P_3$）

378 1回の試行で白球の出る確率は $\dfrac{6}{9}=\dfrac{2}{3}$

赤球の出る確率は $\dfrac{3}{9}=\dfrac{1}{3}$

← はじめに1球を取り出すときの白球の出る確率と赤球の出る確率を求めておく。

赤球の出る回数を X とすると

$X=0$ のとき　$\left(\dfrac{2}{3}\right)^4=\dfrac{16}{81}$

$X=1$ のとき　${}_4C_1\left(\dfrac{1}{3}\right)\left(\dfrac{2}{3}\right)^3=\dfrac{32}{81}$

$X=2$ のとき　${}_4C_2\left(\dfrac{1}{3}\right)^2\left(\dfrac{2}{3}\right)^2=\dfrac{24}{81}$

$X=3$ のとき　${}_4C_3\left(\dfrac{1}{3}\right)^3\left(\dfrac{2}{3}\right)=\dfrac{8}{81}$

$X=4$ のとき　$\left(\dfrac{1}{3}\right)^4=\dfrac{1}{81}$

X	0	1	2	3	4	計
P	$\frac{16}{81}$	$\frac{32}{81}$	$\frac{24}{81}$	$\frac{8}{81}$	$\frac{1}{81}$	1

よって，求める期待値は

$$0\times\frac{16}{81}+1\times\frac{32}{81}+2\times\frac{24}{81}+3\times\frac{8}{81}+4\times\frac{1}{81}$$

$$=\frac{108}{81}=\boldsymbol{\frac{4}{3}}\ \text{(回)}$$

379 7回のうち1の目が1回，2または3の目が2回，4以上の目が4回出る場合の数は，○を1個，□を2個，△を4個の合計7個を並べる場合の数に等しく

$\frac{7!}{1!2!4!}$ 通り

よって，求める確率は

$$\frac{7!}{1!2!4!}\left(\frac{1}{6}\right)\left(\frac{2}{6}\right)^2\left(\frac{3}{6}\right)^4=\boldsymbol{\frac{35}{288}}$$

1の目が1回　2または3の目が2回　4以上の目が4回

⬅ ○□□△△△△
○に1，□に2 or 3，△に4〜6が入る。

⬅ 同じものを含む順列で
$\frac{n!}{p!q!r!}$

380 5人でじゃんけんをしたとき，手の出し方は全部で 3^5 通りある。

(1) 2人が勝つのは次の3つの場合である。
(ググチチチ)，(チチパパパ)，(パパググ グ)
それぞれ勝つ2人の選び方は　${}_5C_2$ 通り
よって，求める確率は　$\frac{3\times{}_5C_2}{3^5}=\frac{3\times10}{3^5}=\boldsymbol{\frac{10}{81}}$

(2) あいこになるのは次の場合である。
(i) 5人とも同じ手を出すとき　3通り
(ii) (グググパチ) (チチチパグ) (パパパグチ) のとき，それぞれ手を出す人の選び方は
${}_5C_3\times{}_2C_1\times1=10\times2=20$ (通り)
よって　$3\times20=60$ (通り)
(iii) (ググチチパ) (チチパパグ) (パパググチ) のときそれぞれ手を出す人の選び方は
${}_5C_2\times{}_3C_2\times1=10\times3=30$ (通り)
よって　$3\times30=90$ (通り)

ゆえに，求める確率は　$\frac{3+60+90}{3^5}=\boldsymbol{\frac{17}{27}}$

⬅ じゃんけんの確率は，「誰が」「どの手で」勝つか考える。

⬅ まず，手の出し方を考える。

別解
あいこにならないのは，5人が2種類の手しか出さないときであるから

$${}_3C_2\times(2^5-2)=90$$

グ，チ，パから2種類を選ぶ　5人とも同じ手　5人の手の選び方

よって，求める確率は

$$1-\frac{90}{3^5}=\frac{17}{27}$$

381 A，B 2人でじゃんけんをしたとき

A が勝つ確率は $\frac{1}{3}$，B が勝つ確率は $\frac{1}{3}$

あいこになる確率は $\frac{1}{3}$ である。

(1) A が 2 回続けて勝つとき $\left(\frac{1}{3}\right)^2=\frac{1}{9}$

B が 2 回続けて勝つときも同様であるから

$$p_2=\frac{1}{9}+\frac{1}{9}=\frac{2}{9}$$

3 回目に A が勝者となるのは，2 回目までに A が 1 勝して，3 回目に A が勝つときであるから，その確率は

$${}_2C_1\left(\frac{1}{3}\right)^1\left(\frac{2}{3}\right)^1\times\frac{1}{3}=\frac{4}{27}$$

← ${}_2C_1\left(\frac{1}{3}\right)^1\left(\frac{2}{3}\right)^1\times\frac{1}{3}$ （$\frac{1}{3}$：A が勝ち，$\left(\frac{2}{3}\right)^1$：あいこか B が勝ち，最後の $\frac{1}{3}$：A が勝ち）

B が勝者になるのも同様であるから

$$p_3=\frac{4}{27}+\frac{4}{27}=\frac{8}{27}$$

(2) $n\geqq3$ のとき，n 回目で A が勝者となるのは

(i) $(n-1)$ 回までに，A が 1 回勝って，$(n-2)$ 回あいこで n 回目に A が勝つ

(ii) $(n-1)$ 回までに，A と B が 1 回ずつ勝って，$(n-3)$ 回あいこで n 回目に A が勝つ

のいずれかであり，互いに排反である。

(i)の確率は ${}_{n-1}C_1\left(\frac{1}{3}\right)\left(\frac{1}{3}\right)^{n-2}\times\frac{1}{3}=\frac{n-1}{3^n}$

(ii)の確率は

$$\frac{(n-1)!}{(n-3)!}\left(\frac{1}{3}\right)\left(\frac{1}{3}\right)\left(\frac{1}{3}\right)^{n-3}\times\frac{1}{3}=\frac{(n-1)!}{3^n(n-3)!}$$
$$=\frac{(n-1)(n-2)}{3^n}$$

← Step Up 例題 146 参照
○：A が勝つ　×：B が勝つ
△：あいこ　として，
○ 1 個，× 1 個，△ $(n-3)$ 個を 1 列に並べる順列である。

よって，n 回目で A が勝者となる確率は

$$\frac{n-1}{3^n}+\frac{(n-1)(n-2)}{3^n}=\frac{(n-1)(1+n-2)}{3^n}$$
$$=\frac{(n-1)^2}{3^n}$$

B が勝者になるときも同様であるから

$$p_n=\frac{2(n-1)^2}{3^n}$$ （$n=1$，2 のときも成り立つ）

382 (1) 4回ともすべて3以上の目が出ればよい。

よって $\left(\frac{4}{6}\right)^4=\mathbf{\frac{16}{81}}$

⬅ 1回の試行で3以上の目が出る確率は $\frac{4}{6}=\frac{2}{3}$

(2) 最小値が3であるとき，(1)のうち3の目が少なくとも1回は出るということであるから

$$\left(\frac{4}{6}\right)^4-\left(\frac{3}{6}\right)^4=\mathbf{\frac{175}{1296}}$$

↑ 3～6の目が出る確率 − ↑ 4～6の目が出る確率 ＝ 少なくとも1個は3が出る確率

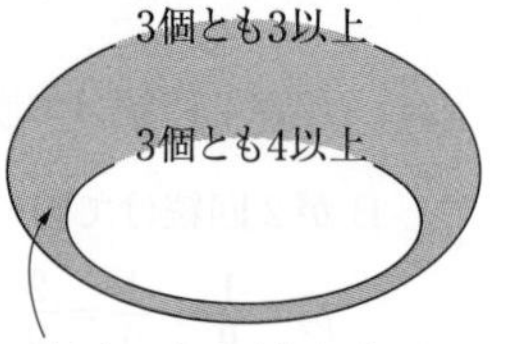

383 出た目の数 a, b, c の決まり方は 6^3 通り

⬅ a ↑ 6通り × b ↑ 6通り × c ↑ 6通り ⇨ 6^3 総数

(1) そのうち，a, b, c がすべて異なる数になる場合の数は，1から6の6個の数字から，異なる3個を取った順列に等しいから ${}_6P_3$ 通り

よって，求める確率は

$$\frac{{}_6P_3}{6^3}=\frac{6\cdot5\cdot4}{6\cdot6\cdot6}=\mathbf{\frac{5}{9}}$$

⬅ a ↑ 1~6の6通り × b ↑ a以外の5通り × c ↑ a, b以外の4通り ⇨ ${}_6P_3$ すべて異なる

(2) $a<b<c$ となるのは，1から6の6個の数字から異なる3個を選び，小さい順に a, b, c とすればよいから，6個から3個取る組合せで ${}_6C_3$ 通り

よって，求める確率は

$$\frac{{}_6C_3}{6^3}=\frac{6\cdot5\cdot4}{3\cdot2\cdot1}\times\frac{1}{6^3}=\mathbf{\frac{5}{54}}$$

⬅ 選ぶ順序に関係ないから組合せである。

384 (1) 3秒後に点Aにくるのは

A→B↗C→A
A→B↘D→A

A→C↗B→A
A→C↘D→A

A→D↗B→A
A→D↘C→A

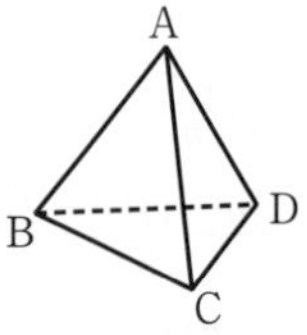

⬅ 正四面体上の辺を順に3つ通過してAに戻る道順を調べる。

の6通りで，それぞれの道順の確率は $\left(\frac{1}{3}\right)^3$ であるから

$$6\times\left(\frac{1}{3}\right)^3=\mathbf{\frac{2}{9}}$$

⬅ 隣の頂点に1回移る確率は $\frac{1}{3}$

(2) 3秒後に点Bにくるのは

$$A\to B\to\begin{cases}\nearrow A\to B\\ \to C\to B\\ \searrow D\to B\end{cases}$$

$$A\to C\begin{cases}\nearrow A\to B\\ \searrow D\to B\end{cases}$$

$$A\to D\begin{cases}\nearrow A\to B\\ \searrow C\to B\end{cases}$$

の7通りで，それぞれの道順の確率は

$\left(\frac{1}{3}\right)^3$ であるから　$7\times\left(\frac{1}{3}\right)^3=\frac{7}{27}$

別解　図形の対称性から，3秒後にB，C，Dにくる確率はどれも等しい。その確率を p とすると，

3秒後にAにくる確率は，(1)より $\frac{2}{9}$ であるから

$$3p+\frac{2}{9}=1$$

← 3秒後は，必ずA, B, C, Dのどれかにいるので，確率の和が1となる。

よって　$p=\frac{7}{27}$

385 (1) 点 (5, 4) を通るのは，5回投げて表が3回，裏が2回出るときであるから

$${}_5C_3\left(\frac{1}{2}\right)^3\left(\frac{1}{2}\right)^2=\frac{5}{16}$$

← x 座標が5より，5回投げている。y 座標は

$4=+2\times\boxed{3}-1\times\boxed{2}$
（3 ↑ 表，2 ↑ 裏）

(2) 点 (5, 4) から点 (7, 5) に達するのは，さらに2回投げて，表と裏が1回ずつ出るときであるから，その確率は

$${}_2C_1\left(\frac{1}{2}\right)\left(\frac{1}{2}\right)=\frac{1}{2}$$

← x 座標が2増加しているから2回投げている。y 座標は1増加しているから

$1=+2\times\boxed{1}-1\times\boxed{1}$
（1 ↑ 表，1 ↑ 裏）

よって，求める確率は　$\frac{5}{16}\times\frac{1}{2}=\frac{5}{32}$

← (0, 0)→(5, 4)→(7, 5)
確率は $\frac{5}{16}$　$\frac{1}{2}$

座標平面上の点の動き ➡ x 軸方向，y 軸方向にどれだけ，何回動くかを考える

386 (1) $P_k={}_{50}C_k\left(\frac{1}{6}\right)^k\left(\frac{5}{6}\right)^{50-k}$

(2) $P_k=\frac{50!}{k!(50-k)!}\cdot\frac{1}{6^k}\cdot\frac{5^{50-k}}{6^{50-k}}$

$=\frac{50!}{k!(50-k)!}\cdot\frac{5^{50-k}}{6^{50}}$ $(0\leqq k\leqq 50)$

← ${}_nC_r=\frac{n!}{r!(n-r)!}$

$$P_{k+1}={}_{50}\mathrm{C}_{k+1}\left(\frac{1}{6}\right)^{k+1}\left(\frac{5}{6}\right)^{50-(k+1)}$$
$$=\frac{50!}{(k+1)!(50-k-1)!}\cdot\frac{1}{6^{k+1}}\cdot\frac{5^{50-k-1}}{6^{50-k-1}}$$
$$=\frac{50!}{(k+1)!(49-k)!}\cdot\frac{5^{49-k}}{6^{50}}\quad(0\leqq k\leqq 49)$$

⬅ P_{k+1} の式は，P_k の式に $k+1$ を代入して求めてもよい。

$$P_{k+1}=\frac{50!}{(k+1)!\{50-(k+1)\}!}\cdot\frac{5^{50-(k+1)}}{6^{50}}$$
$$=\frac{50!}{(k+1)!(49-k)!}\cdot\frac{5^{49-k}}{6^{50}}$$

$$\frac{P_{k+1}}{P_k}=\frac{50!}{(k+1)!(49-k)!}\cdot\frac{5^{49-k}}{6^{50}}\times\frac{(50-k)!k!}{50!}\cdot\frac{6^{50}}{5^{50-k}}$$

$$\frac{(50-k)!}{(49-k)!}=50-k,\quad \frac{5^{49-k}}{5^{50-k}}=\frac{1}{5},\quad \frac{k!}{(k+1)!}=\frac{1}{k+1}$$

$$=\frac{50-k}{5(k+1)}\geqq 1 \text{ より } \quad 50-k\geqq 5(k+1)$$

⬅ 分母が $5(k+1)>0$ であるから両辺に $5(k+1)$ を掛けて分母を払ってよい。

よって，$6k\leqq 45$ より　$k\leqq 7.5$

また，$0\leqq k\leqq 49$ であるから

$k=0,\ 1,\ 2,\ 3,\ 4,\ 5,\ 6,\ 7$

(3)　(2)より，$0\leqq k\leqq 7$ のとき　$P_k<P_{k+1}$

⬅ 等号は $k=7.5$ のときであるから = は入らない。

また，$P_{k+1}<P_k$ となる k の範囲を求めると

$50-k<5(k+1)$ すなわち $k>7.5$

ゆえに，$8\leqq k\leqq 50$ のとき　$P_k>P_{k+1}$

したがって，P_k が最大になるのは **$k=8$** のとき。

$P_0<P_1<P_2<\cdots\cdots<P_7<P_8>P_9>\cdots\cdots>P_{50}$
確率 P_k の推移は上のようになる。

2章 図形の性質

387 (1) **点I**

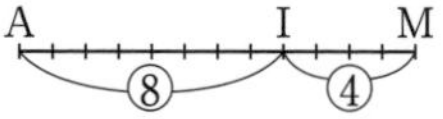

⬅ $12\times\frac{2}{2+1}=8$

(2) **点L**

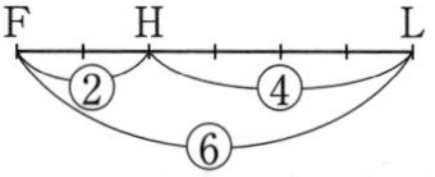

(3) **1：3 に内分する点**

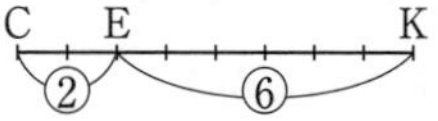

(4) **1：2 に外分する点**

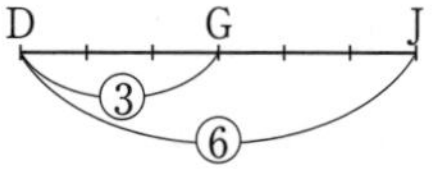

388 AD∥BC，AQ：QC＝2：3 であるから

AD：BC＝2：3

よって　PA：PB＝2：3

ゆえに　PA：AB＝**2：1**

PQ∥BC ➡ AP：AB＝AQ：AC＝PQ：BC

AP：PB＝AQ：QC

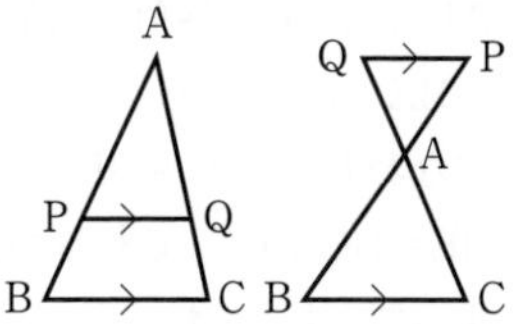

---

389 (1) AB∥DF より

BH：HD＝AB：DF

＝**3：2**

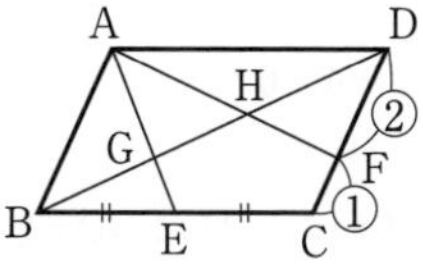

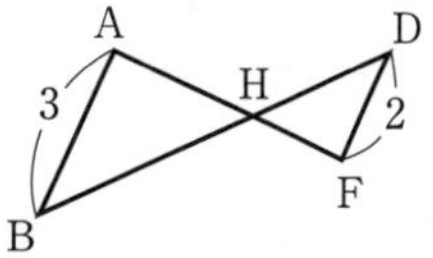

(2) AD∥BE より

BG：GD＝BE：AD＝1：2

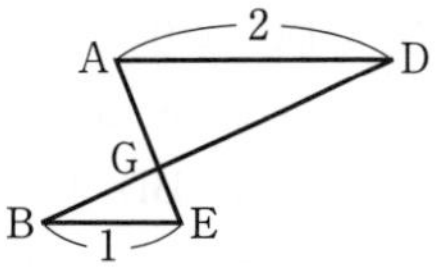

したがって　$BG=\frac{1}{3}BD$

また，(1)より　$HD=\frac{2}{5}BD$

これより　$GH=\left(1-\frac{1}{3}-\frac{2}{5}\right)BD=\frac{4}{15}BD$

⬅ GH＝BD−BG−HD

よって

$BG:GH:HD=\frac{1}{3}:\frac{4}{15}:\frac{2}{5}=$**5：4：6**

390 APは∠Aの二等分線であるから

BP：PD＝AB：AD＝8：10＝4：5

よって

$\triangle PBC=\frac{4}{9}\triangle BCD=\frac{4}{9}\times\left(\frac{1}{2}\times10\times8\right)$

$=\mathbf{\frac{160}{9}(cm^2)}$

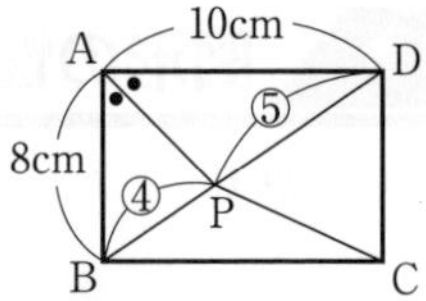

⬅高さが等しい2つの三角形の面積比は，底辺の長さの比に等しい。

△ABCでAD(Dは辺BC上)が∠Aの二等分線 ➡ BD：DC＝AB：AC

391 (1) ADは∠Aの二等分線であるから

BD：DC＝AB：AC＝12：15＝4：5

よって　$BD=\frac{4}{9}BC=\frac{4}{9}\times18=8$

また，BIは∠Bの二等分線であるから

AI：ID＝BA：BD＝12：8＝**3：2**

(2) ADは∠Aの二等分線であるから

BD：DC＝AB：AC＝9：3＝3：1

よって　$BD=\frac{3}{4}BC=\frac{3}{4}\times8=\mathbf{6}$

AEは∠Aの外角の二等分線であるから

BE：EC＝AB：AC＝9：3＝3：1

すなわち　3EC＝BE

BE＝BC＋EC であるから　3EC＝8＋EC

よって　EC＝4

DC＝BC－BD＝8－6＝2

よって　DE＝DC＋EC＝2＋4＝**6**

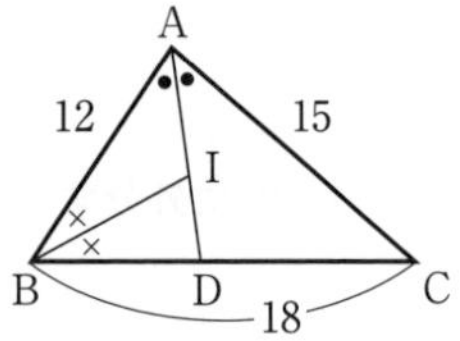

⬅△ABD において
AI：ID＝BA：BD

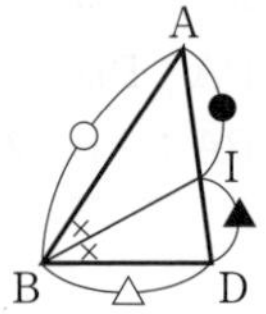

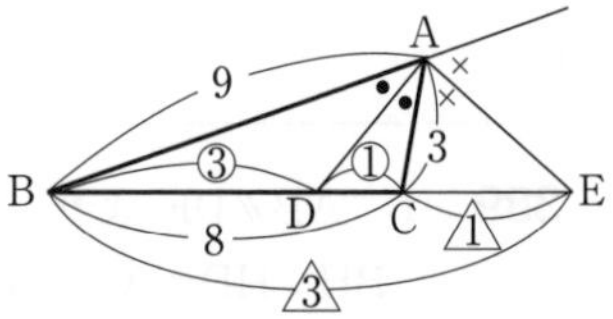

392 点Gは△ABCの重心であるから　AG：GD＝2：1

GF∥DC より　AG：GD＝AF：FC

2：1＝x：5　x＝**10**

また，EG∥BD より　AG：GD＝AE：EB

2：1＝8：y　y＝**4**

さらに，GF∥DC より　AG：AD＝GF：DC

よって　2：3＝z：8 より　$z=\frac{2\times8}{3}=\mathbf{\frac{16}{3}}$

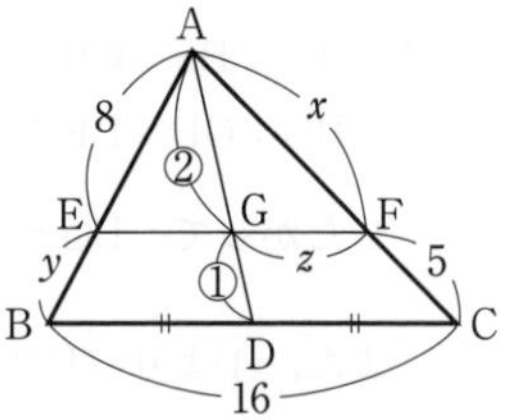

⬅DはBCの中点より　DC＝8

重心 ➡ 三角形の3本の中線の交点で，各中線を 2：1 に内分する

393 (1)　点 I は △ABC の内心であるから，

右の図のように

$\angle B=2y$，$\angle C=2z$

とすると

△IBC において

$x=180^\circ-(y+z)$

である。

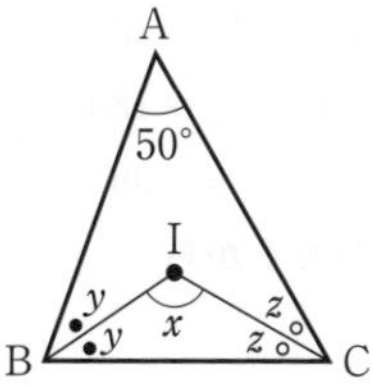

ここで

$50^\circ+2y+2z=180^\circ$　より

$2y+2z=130^\circ$

$y+z=65^\circ$

よって　$x=180^\circ-65^\circ=$**115°**

(2)　点 I は △ABC の内心であるから，

右の図のように

$\angle B=2y$，$\angle C=2z$

とすると

$x=180^\circ-(2y+2z)$

である。

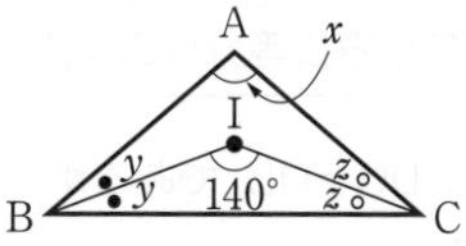

ここで，△IBC において

$140^\circ+y+z=180^\circ$　より

$y+z=40^\circ$

$2y+2z=80^\circ$

よって　$x=180^\circ-80^\circ=$**100°**

内心 ➡ 三角形の 3 つの内角の二等分線の交点で，内接円の中心である

394 (1)　点 O は △ABC の外心であるから

$OA=OB=OC$

よって，△OAB，△OCA は二等辺三角形であるから

$\angle OAB=44^\circ$，$\angle OAC=26^\circ$

ゆえに　$x=\angle OAB+\angle OAC=44^\circ+26^\circ=$**70°**

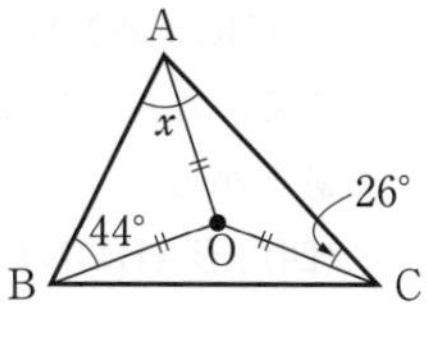

(2)　点 O は △ABC の外心であるから

$OA=OB=OC$

よって，△OAB，△OBC，△OCA は二等辺三角形であるから

$\angle OCB=x$，$\angle OAC=50^\circ$，$\angle OBA=10^\circ$

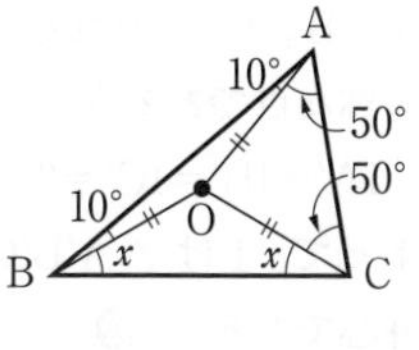

△ABC で，$\angle A+\angle B+\angle C=180°$ であるから

$(10°+50°)+(10°+x)+(x+50°)=180°$

$120°+2x=180°$

$x=\mathbf{30°}$

(3) 点 O は △ABC の外心であるから

OA＝OB＝OC

よって，△OAB，△OBC，△OCA は二等辺三角形であるから

$\angle OBC=x$，$\angle OAC=y$，$\angle OAB=\angle OBA$

ゆえに　$60°-y=70°-x$　…①

また，△ABC で内角の和は 180° であるから

$\angle C=180°-(60°+70°)=50°=x+y$…②

①，②を解いて　$x=\mathbf{30°}$，$y=\mathbf{20°}$

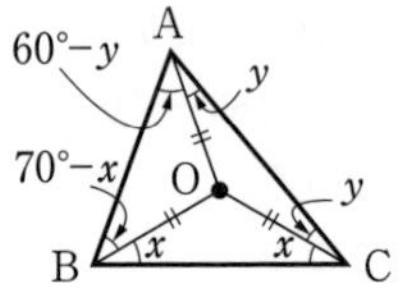

外心 ➡ 三角形の 3 辺の垂直二等分線の交点で，外接円の中心である

395 (1) △BCD で BM＝MC, DO＝OB であるから，N は △BCD の重心となる。

よって，DN : NM＝2 : 1 より

△DNC : △NMC＝**2 : 1**

(2) △AND∽△CNM で

相似比は　DN : MN＝2 : 1

よって，面積比は

△AND : △NMC＝$2^2 : 1^2$＝**4 : 1**

(3) (1), (2)より　△ADC : △NMC＝6 : 1

また，△ADC＝△ABC であるから

△ABC : △NMC＝6 : 1

ここで，△ABC−△NMC＝(四角形ABMN)

であるから

(四角形ABMN) : △NMC＝**5 : 1**

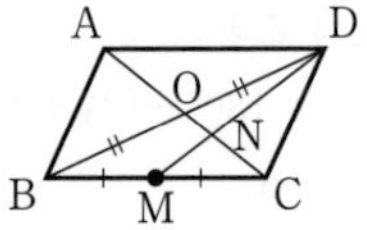

⬅ 高さが等しい 2 つの三角形の面積比は，底辺の長さの比に等しい。

⬅ 面積比は相似比の 2 乗の比

⬅ △ADC＝△DNC＋△AND

396 I が △ABC の内心であるから，右の図のように内接円がかける。

A′, B′, C′ はそれぞれ BC，CA，AB に関して I と対称な点であるから，内接円の半径を r とすると

IA′＝IB′＝IC′＝$2r$

よって，I は △A′B′C′ の外接円の中心となるから外心である。 ㊇

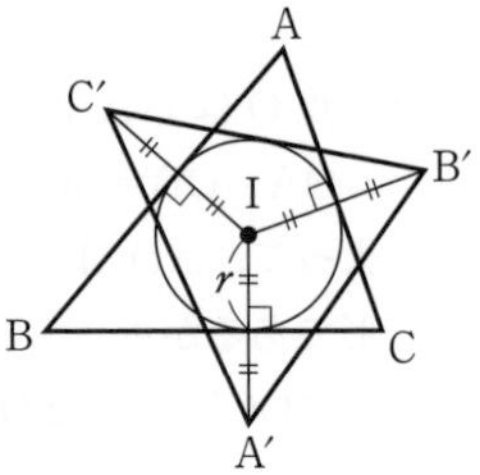

397 (1) BD は ∠B の二等分線であるから

AD：DC＝BA：BC より

$$\frac{8}{5}:\left(4-\frac{8}{5}\right)=4:\mathrm{BC}$$

← DC＝AC−AD

$$\frac{8}{5}\mathrm{BC}=\frac{48}{5}$$

よって　　BC＝**6**

(2) A から辺 BC に垂線 AH を下ろすと，△ABC は AB＝AC の二等辺三角形であるから，AH は ∠A の二等分線で，I を通る。

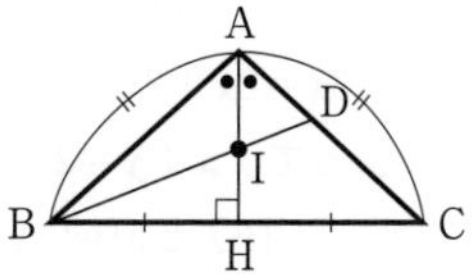

また，$\mathrm{BH}=\frac{1}{2}\mathrm{BC}=3$ より，△ABH に三平方の定理を用いて

$$\mathrm{AB}^2=\mathrm{BH}^2+\mathrm{AH}^2$$

$$4^2=3^2+\mathrm{AH}^2$$

$$\mathrm{AH}^2=7$$

AH＞0 より　$\mathrm{AH}=\sqrt{7}$

よって，AI：IH＝BA：BH＝4：3 より

$$\mathrm{AI}=\frac{4}{7}\mathrm{AH}=\boldsymbol{\frac{4\sqrt{7}}{7}}$$

(3) 重心 G は AH 上にあり

$$\mathrm{AG}=\frac{2}{3}\mathrm{AH}=\frac{2\sqrt{7}}{3}$$

であるから

$$\mathrm{GI}=|\mathrm{AI}-\mathrm{AG}|$$

$$=\left|\frac{4\sqrt{7}}{7}-\frac{2\sqrt{7}}{3}\right|=\boldsymbol{\frac{2\sqrt{7}}{21}}$$

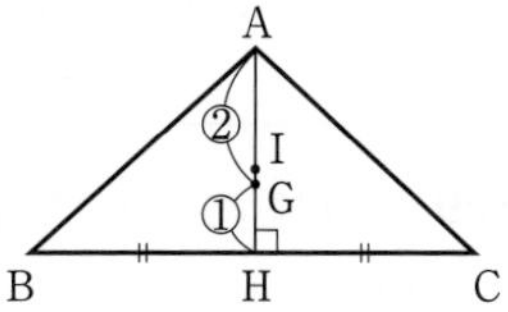

398 (1) △ABC と直線 PR に対してメネラウスの定理を用いると

$$\frac{\mathrm{BP}}{\mathrm{PC}}\cdot\frac{\mathrm{CQ}}{\mathrm{QA}}\cdot\frac{\mathrm{AR}}{\mathrm{RB}}=1$$

$$\frac{x}{y}\cdot\frac{2}{3}\cdot\frac{1}{1}=1$$

ゆえに　$\frac{x}{y}=\frac{3}{2}$

よって　$\boldsymbol{x:y=3:2}$

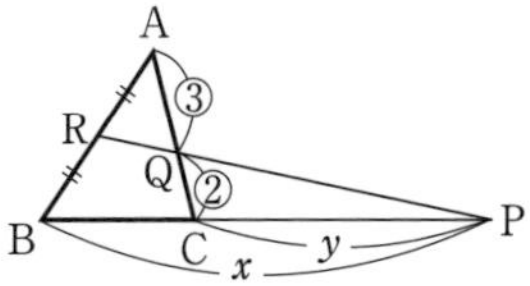

← メネラウスの定理は，基準となる △ABC と交わる直線 l が，三角形の内部を通る場合(図 1)と，通らない場合(図2)がある。

図 1

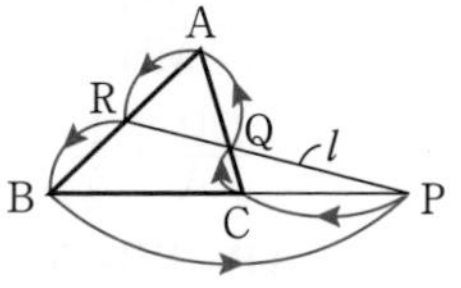

(2) △ABC と直線 PR に対してメネラウスの定理を用いると

$$\frac{BR}{RC}\cdot\frac{CQ}{QA}\cdot\frac{AP}{PB}=1$$

$$\frac{1}{2}\cdot\frac{3}{1}\cdot\frac{x}{x+y}=1$$

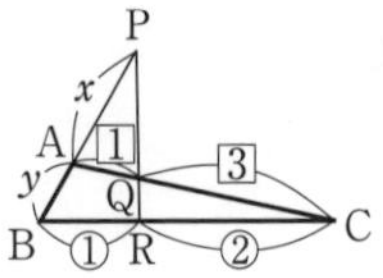

ゆえに $\dfrac{3x}{2(x+y)}=1$

$3x=2x+2y$ より $x=2y$

よって **$x:y=2:1$**

(3) △PBQ と直線 AC に対してメネラウスの定理を用いると

$$\frac{PC}{CB}\cdot\frac{BA}{AQ}\cdot\frac{QR}{RP}=1$$

$$\frac{8}{5}\cdot\frac{x+y}{x}\cdot\frac{3}{7}=1$$

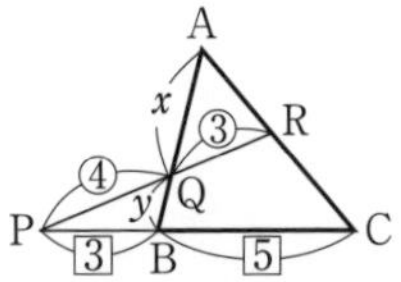

ゆえに $\dfrac{24(x+y)}{35x}=1$

$24x+24y=35x$ より $11x=24y$

よって **$x:y=24:11$**

図 2

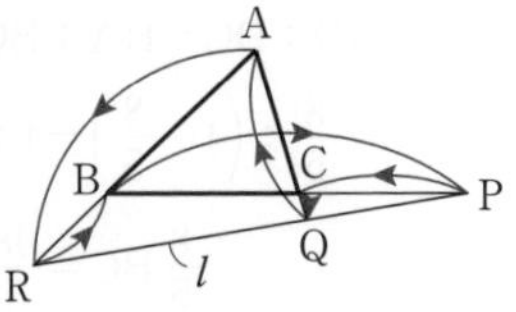

$$\frac{BP}{PC}\cdot\frac{CQ}{QA}\cdot\frac{AR}{RB}=1$$

(3)は基準となる △PBQ の外部に直線 l (3 点 A, R, C を通る) を引いた図で考える。

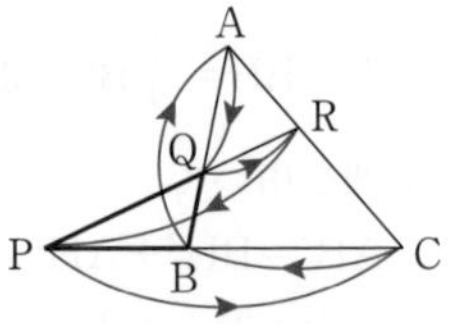

メネラウスの定理 ➡ 基準となる三角形と 1 本の直線に注目
頂点 ⟶ 交点 ⟶ 頂点 でひと回り

399 AD は ∠A の二等分線であるから

BD : DC = AB : AC = 2 : 3

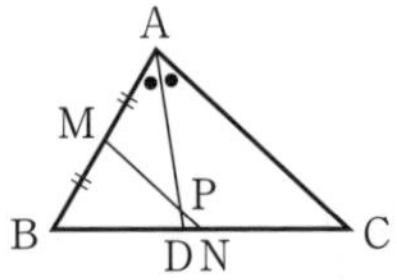

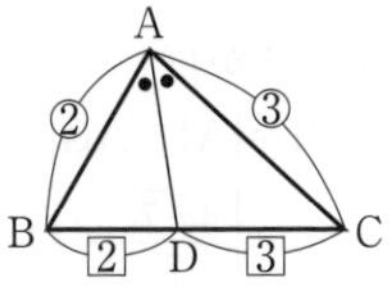

よって $BD=\dfrac{2}{5}BC$

ゆえに $BN:ND=\dfrac{1}{2}BC:\left(\dfrac{1}{2}-\dfrac{2}{5}\right)BC$ ⬅ ND=BN−BD

$$=\frac{1}{2}:\frac{1}{10}=5:1$$

△ABD と MN に対してメネラウスの定理を用いると

$$\frac{BN}{ND}\cdot\frac{DP}{PA}\cdot\frac{AM}{MB}=\frac{5}{1}\cdot\frac{DP}{PA}\cdot\frac{1}{1}=1$$

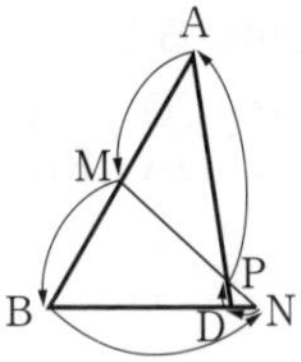

これより $\dfrac{DP}{PA}=\dfrac{1}{5}$

よって **AP : PD = 5 : 1**

三角形とその割線 ➡ メネラウスの定理の活用を考える

400 (1) △ABC に対してチェバの定理を用いると

$$\frac{BD}{DC}\cdot\frac{CE}{EA}\cdot\frac{AF}{FB}=1$$

$$\frac{BD}{DC}\cdot\frac{5}{2}\cdot\frac{4}{3}=1$$

よって　$\frac{BD}{DC}=\frac{3}{10}$

ゆえに　**BD : DC=3 : 10**

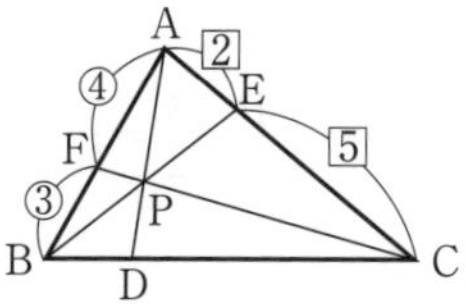

(2) △ABC に対してチェバの定理を用いると

$$\frac{BD}{DC}\cdot\frac{CE}{EA}\cdot\frac{AF}{FB}=1$$

$$\frac{BD}{DC}\cdot\frac{1}{3}\cdot\frac{8}{3}=1$$

よって　$\frac{BD}{DC}=\frac{9}{8}$

ゆえに　**BD : DC=9 : 8**

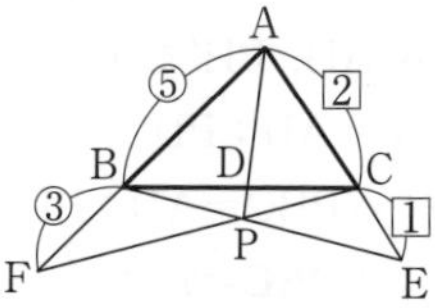

⬅ チェバの定理は，3 頂点からの直線の交点が，△ABC の内部にある場合(図 1)と外部にある場合(図 2)がある。

図 1

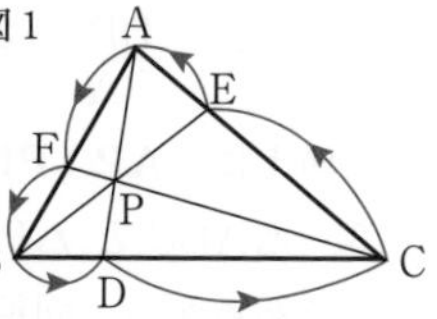

図 2

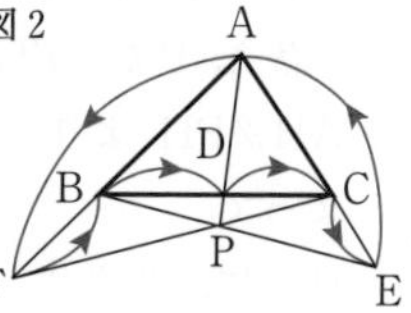

**チェバの定理 ➡ 3 頂点からの直線が 1 点で交わっているとき，
頂点 ⟶ 内(外)分点 ⟶ 頂点 でひと回り**

401 DE は ∠ADC の二等分線であるから

CE : EA=DC : DA　よって　$\frac{CE}{EA}=\frac{DC}{DA}$

DF は ∠ADB の二等分線であるから

AF : FB=DA : DB　よって　$\frac{AF}{FB}=\frac{DA}{DB}$

ゆえに　$\frac{BD}{DC}\cdot\frac{CE}{EA}\cdot\frac{AF}{FB}=\frac{BD}{DC}\cdot\frac{DC}{DA}\cdot\frac{DA}{DB}$

$$=\frac{BD}{DC}\cdot\frac{DC}{DA}\cdot\frac{DA}{BD}$$

$$=1$$

したがって，チェバの定理の逆より，

3 直線 AD，BE，CF は 1 点で交わる。 終

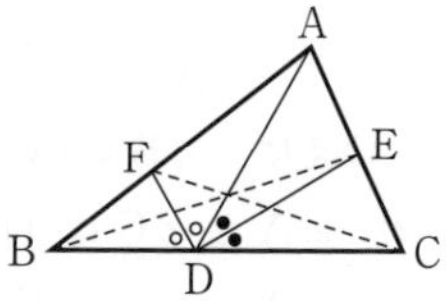

3 直線が 1 点で交わる証明 ➡ チェバの定理の逆を考える

402 (1) △ABC に対してチェバの定理を用いると

$\frac{BD}{DC}\cdot\frac{CE}{EA}\cdot\frac{AF}{FB}=1$ より　$\frac{2}{3}\cdot\frac{1}{1}\cdot\frac{AF}{FB}=1$

よって　$\frac{AF}{FB}=\frac{3}{2}$

ゆえに　**AF : FB=3 : 2**

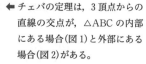

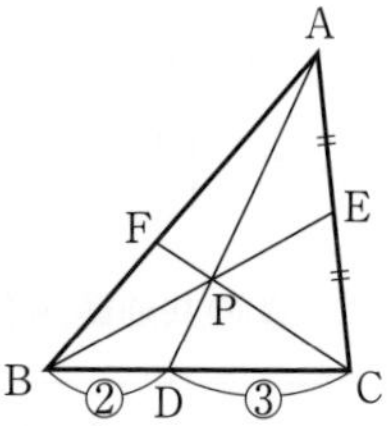

(2) △ABD と直線 FC に対してメネラウスの定理を用いると

$$\frac{BC}{CD}\cdot\frac{DP}{PA}\cdot\frac{AF}{FB}=1 \text{ より } \quad \frac{5}{3}\cdot\frac{DP}{PA}\cdot\frac{3}{2}=1$$

よって $\dfrac{DP}{PA}=\dfrac{2}{5}$

ゆえに **AP：PD＝5：2**

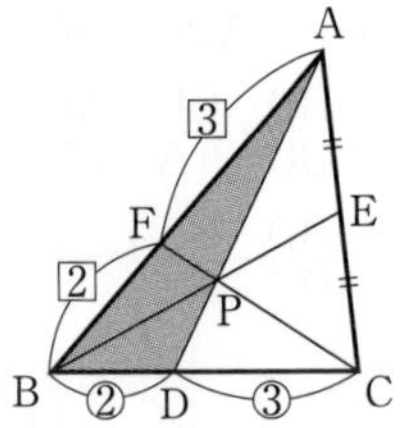

(3) △ABC と △PBC において，底辺 BC が共通であるから，面積比は高さの比に等しくなる。

2 点 A, P から辺 BC に垂線 AH, PH′ を下ろすと

AH∥PH′ より　AH：PH′＝AD：PD

よって　　　　△ABC：△PBC＝AD：PD

ゆえに，(2)より　**△ABC：△PBC＝7：2**

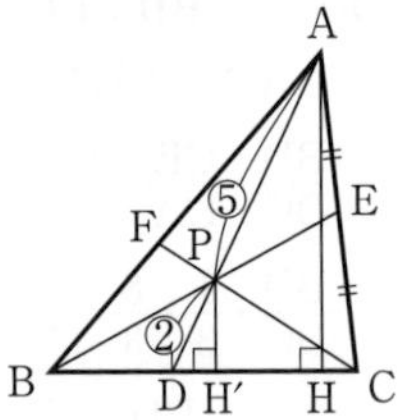

403 (1) 三平方の定理より

$$AC^2+AB^2=BC^2$$

$$2^2+AB^2=5^2$$

$$AB^2=21$$

AB>0 より　$AB=\sqrt{21}$

よって，$2<\sqrt{21}<5$ であるから

$$AC<AB<BC$$

ゆえに　**∠B<∠C<∠A**

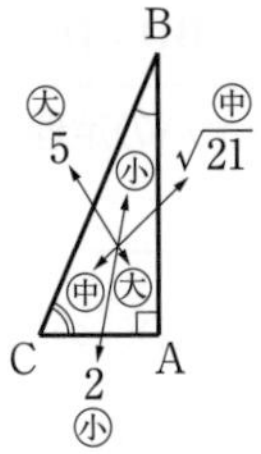

(2) ∠A と ∠C は (180°−80°)÷2＝50° より

∠A＝∠C<∠B

よって　**BC＝AB<CA**

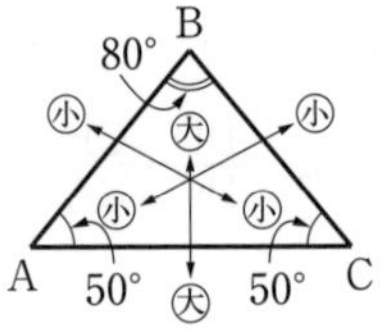

404 (1) $|4-11|<a+2<4+11$ より

$|-7|<a+2<15$

$7<a+2<15$

よって　$\boldsymbol{5<a<13}$

(2) $|a-(a+4)|<3a<a+(a+4)$ より

$|-4|<3a<2a+4$

$4<3a<2a+4$

よって　$\begin{cases} 4<3a & \cdots① \\ 3a<2a+4 & \cdots② \end{cases}$

⬅ ①より　$\dfrac{4}{3}<a$

②より　$a<4$

①，②の共通範囲を求めて　$\boldsymbol{\dfrac{4}{3}<a<4}$

a，b，c が三角形の 3 辺 ➡ $|b-c|<a<b+c$

405 (1) $x=58^\circ\times2=\mathbf{116^\circ}$

$y=180^\circ-58^\circ=\mathbf{122^\circ}$

← 四角形 ABCD は円に内接しているから ∠A＋∠C＝180°

(2) $x=$∠BDC$=\mathbf{50^\circ}$

$y=90^\circ-x=\mathbf{40^\circ}$

← ∠ABC＝90°

(3) $x=90^\circ-20^\circ=\mathbf{70^\circ}$

← ∠ADC＝90°，∠ACD＝20°

$y=$∠BAC$=$∠OBA$=\mathbf{20^\circ}$

← △OAB は OA＝OB（半径）の二等辺三角形である。

406 (1) ∠BDC＝75°－30°＝45°

よって　∠BAC≠∠BDC より

← 2 点 A，D が直線 BC に関して同じ側にあり，弧 BC に対する円周角が等しくない。

4 点 A，B，C，D は**同じ円周上にない**

(別解) ∠ABP＝75°－50°＝25°

よって　∠ABD≠∠ACD より

← 弧 AD に対する円周角が等しくない。

4 点 A，B，C，D は**同じ円周上にない**

(2) △QBC について　∠QBC＝110°－34°＝76°

△APC について　∠QAD＝42°＋34°＝76°

← ∠QAD は △APC の外角より ∠QAD＝∠APC＋∠ACP

よって

∠QBC＝∠QAD，つまり ∠DBC＝∠DAC より

← 2 点 A，B は直線 CD に関して同じ側にある。

円周角の定理の逆から，

4 点 A，B，C，D は**同じ円周上にある**

> **円周角の定理の逆** ➡ **点 P，Q が直線 AB に関して同じ側にあり，**
> **∠APB＝∠AQB ならば**
> **4 点 A，B，P，Q は同じ円周上にある**

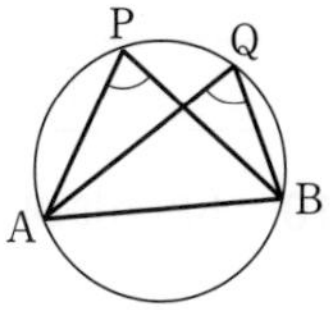

407 (1) ∠ADC＝180°－80°＝100° より

$x=180^\circ-(45^\circ+100^\circ)=\mathbf{35^\circ}$

(2) $x=$∠BAD$=180^\circ-110^\circ=\mathbf{70^\circ}$

← 円に内接する四角形 ABCD において，外角はそれと隣り合う内角の対角に等しい。

(3) ∠CBE は △ABF の外角であるから

∠CBE$=x+20^\circ$

また，∠BCE$=x$ であるから，△BCE において

← 外角はそれと隣り合う内角の対角に等しい。

$(x+20^\circ)+x+80^\circ=180^\circ$

$2x+100^\circ=180^\circ$

ゆえに　$x=\mathbf{40^\circ}$

> **円に内接する四角形** ➡ **対角の和は 180°**
> **外角はそれと隣り合う内角の対角に等しい**

408 (1) 接線の長さは等しいから，それぞれの接線の長さを x で表すと，各辺は右の図のようになる。

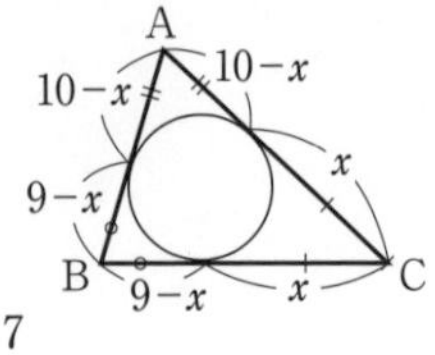

よって　$(10-x)+(9-x)=7$

$2x=12$　より　$\boldsymbol{x=6}$

(2) 円に外接する四角形において，2 組の向かい合う辺の長さの和は等しいから

$x+7=6+5$　より　$\boldsymbol{x=4}$

⬅ある点 P から円に引いた接線の長さ PA と PB は等しい。

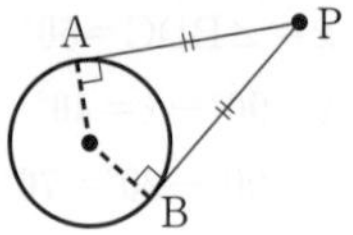

⬅下の図において

AD+BC=AB+DC

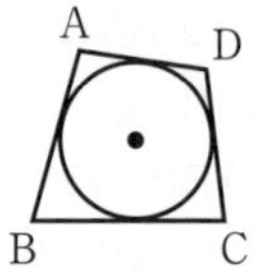

409 (1) $x=\angle \mathrm{BAT}=\mathbf{80^\circ}$

$y=\angle \mathrm{CAD}$

$=x-55^\circ$

$=80^\circ-55^\circ=\mathbf{25^\circ}$

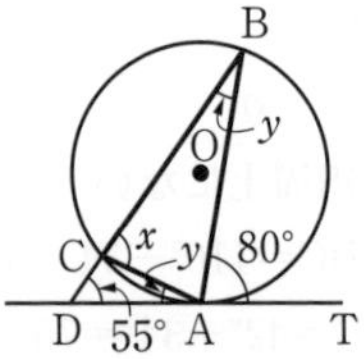

(2) $x=\angle \mathrm{ABC}$

$=\dfrac{1}{2}\angle \mathrm{AOC}$

$=\dfrac{1}{2}\times 130^\circ=\mathbf{65^\circ}$

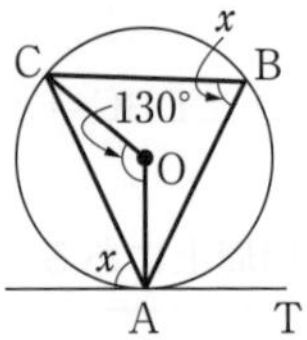

円の接線と弦の作る角 ➡ その弦に対する円周角に等しい

410 小円の接線 BC と弦 DE で

$\angle \mathrm{EDC}=\angle \mathrm{DAE}=x$

大円の接線 $\mathrm{T_1T_2}$ と弦 AB で

$\angle \mathrm{DCE}=\angle \mathrm{BAT_1}=70^\circ$

これより，△CDE において　$x+y+70^\circ=180^\circ$

よって　$x+y=110^\circ$…①

同様にして　$\angle \mathrm{ADE}=\angle \mathrm{EAT_2}=\angle \mathrm{ABC}=30^\circ$

これより，△ADE の内角と外角の関係から

$y=x+30^\circ$　…②

①，②を解いて　$\boldsymbol{x=40^\circ}$，$\boldsymbol{y=70^\circ}$

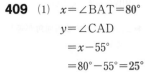

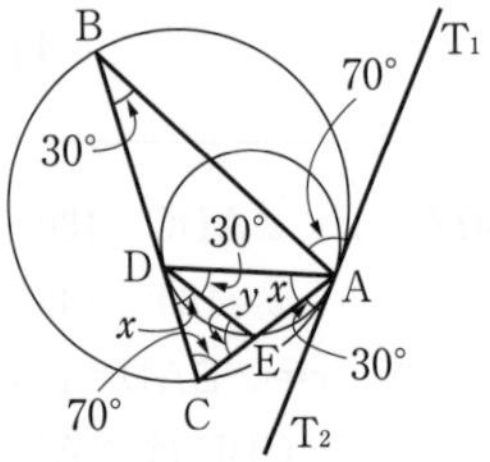

円の接線と弦の作る角 ➡ その弦に対する円周角に等しい

411 (1) 方べきの定理より　PA・PB=PC・PD

$x\cdot 7=5\cdot 6$　よって　$\boldsymbol{x=\dfrac{30}{7}}$

(2) 方べきの定理より　$PA \cdot PB = PT^2$

$$x(x+15)=10^2$$
$$x^2+15x-100=0$$
$$(x+20)(x-5)=0$$
$$x=-20,\ 5$$

$x>0$ であるから　$\boldsymbol{x=5}$

(3) 方べきの定理より　$PA \cdot PB = PC \cdot PD$

$(4-x)(4+x)=1 \cdot 3$

$16-x^2=3$　すなわち　$x^2=13$

$x>0$ であるから　$\boldsymbol{x=\sqrt{13}}$

⬅ $PA=OA-OP$（OA = OB（半径））

円の弦や接線の長さ ➡ 方べきの定理

412 (1) 方べきの定理より

$PT^2=PC \cdot PD=10(10+6)=160$

$PT>0$ より　$PT=\sqrt{160}=\boldsymbol{4\sqrt{10}}$

(2) 方べきの定理より　$PA \cdot PB = PC \cdot PD$

$8 \cdot PB=10 \cdot 16$　すなわち　$PB=20$

直径 $AB=PB-PA=20-8=12$

よって　半径 $OA=\frac{1}{2}AB=\boldsymbol{6}$

(3) 点Oから PD に垂線 OH を下ろすと

$CH=3$

△OCH に三平方の定理を用いて

$OC^2=CH^2+OH^2$

$6^2=3^2+OH^2$　すなわち　$OH^2=27$

$OH>0$ より　$OH=\sqrt{27}=\boldsymbol{3\sqrt{3}}$

⬅ OH は線分 CD の垂直二等分線

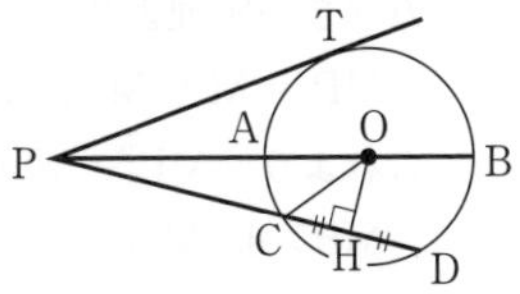

円の弦や接線の長さ ➡ 方べきの定理

413 (1) A から BR に垂線 AC を下ろす。

△ABC に三平方の定理を用いて

$AB^2=AC^2+BC^2$

$4^2=AC^2+(3-1)^2$

$AC^2=12$　　$AC>0$ より　$AC=\sqrt{12}=2\sqrt{3}$

よって　$QR=AC=\boldsymbol{2\sqrt{3}}$

次に　$AQ /\!/ BR$ であるから

$AQ : BR = PA : PB$

ここで，$PA=x$ とすると　$1 : 3 = x : (x+4)$

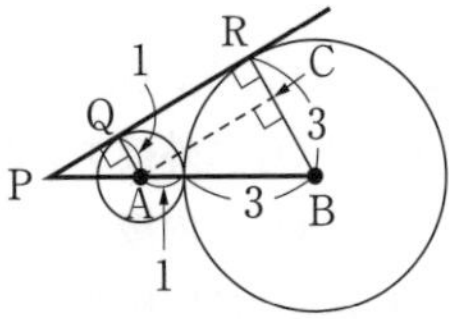

⬅ 平行線と線分の比

$3x=x+4$

$x=2$

よって　PA=**2**

(別解)　PA を求めるには

△APQ∽△BAC であるから

PA：AB=AQ：BC より

PA：4=1：2

よって　PA=**2**

(2)　A から直線 BR に垂線 AC を下ろす。

△ABC に三平方の定理を用いて

$AB^2=AC^2+BC^2$

$6^2=AC^2+(3+1)^2$

$AC^2=20$

$AC>0$ より　$AC=\sqrt{20}=2\sqrt{5}$

よって　$QR=AC=\mathbf{2\sqrt{5}}$

次に，AQ∥BR であるから

PA：PB=AQ：BR=1：3

よって　$PA=\frac{1}{4}AB=\frac{1}{4}\times6=\mathbf{\frac{3}{2}}$

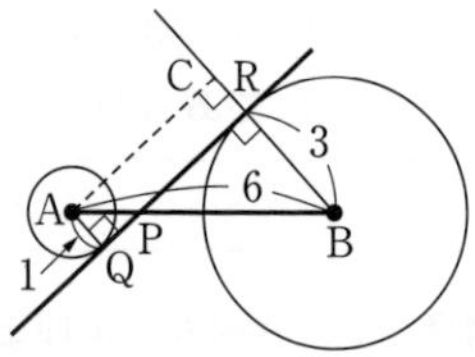

共通接線の接点間の距離 ➡ 直角三角形を作って三平方の定理

414　直線 AB と線分 PQ との交点を M とすると，

方べきの定理より

$MP^2=MA\cdot MB$，$MQ^2=MA\cdot MB$

これより　$MP^2=MQ^2$

$MP>0$，$MQ>0$ であるから　MP=MQ

よって，直線 AB は線分 PQ を 2 等分する。 終

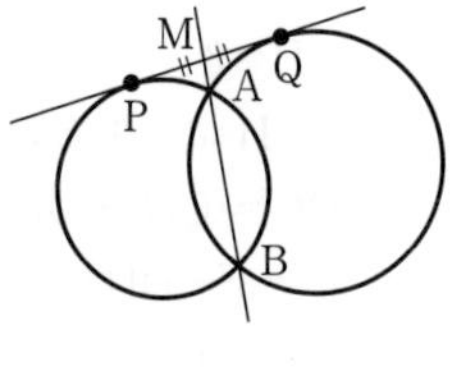

円の接線や円に交わる直線があれば，方べきの定理を適用できるか考える

415　円 O_1，O_2，O_3 の半径をそれぞれ x，y，z とする。

O_2 は O_3 に外接するから　　$y+z=7$…①

O_2 は O_1 に内接するから　　$x-y=9$…②

O_3 は O_1 に内接するから　　$x-z=8$…③

①，②，③の辺々を加えると　$2x=24$

$x=12$

②より　$y=3$，③より　$z=4$

よって，**O_1 の半径 12，O_2 の半径 3，O_3 の半径 4**

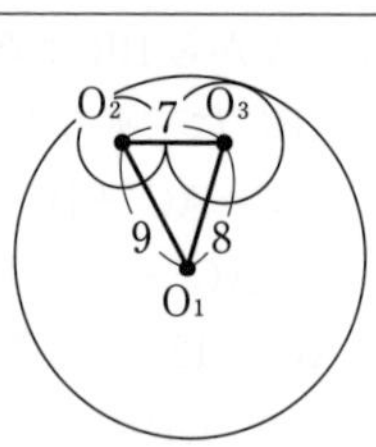

416 $\left(長さ\ \dfrac{4}{5}\ の線分の作図\right)$

① 点 O を通る半直線 l, l' を引き，l 上に OE=1, OA=5 となる点 A，E をとる。

② l' 上に OB=4 となる点 B をとる。

③ 点 E を通り，直線 AB と平行な直線を引き，l' との交点を P とすると，$OP=\dfrac{4}{5}$ である。

⬅ EP∥AB から
OP：OB=OE：OA より
OP：4=1：5
$OP=\dfrac{4}{5}$

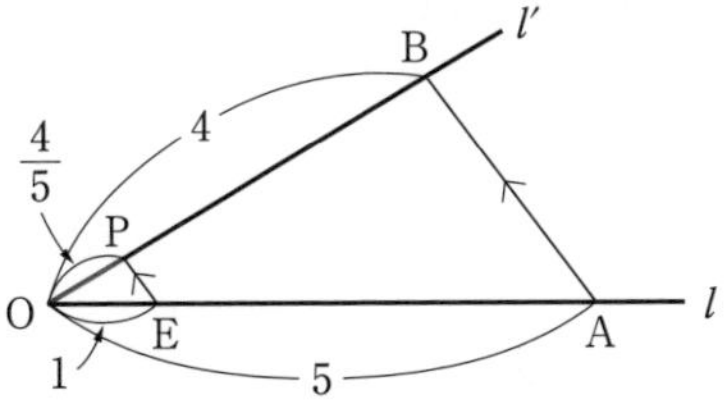

別解 ① 長さ 1 の線分 AB と，点 A を通り AB と重ならない半直線 AX を引き，AC=CD=DE=EF=FG となる 5 個の点 C，D，E，F，G をとる。

② 点 F を通り，直線 GB に平行な直線を引き，AB との交点を P とすると，$AP=\dfrac{4}{5}$ である。

⬅ FP∥GB から
AP：PB=AF：FG=4：1 より
AB を 4：1 に内分する点が P
よって $AP=\dfrac{4}{5}$

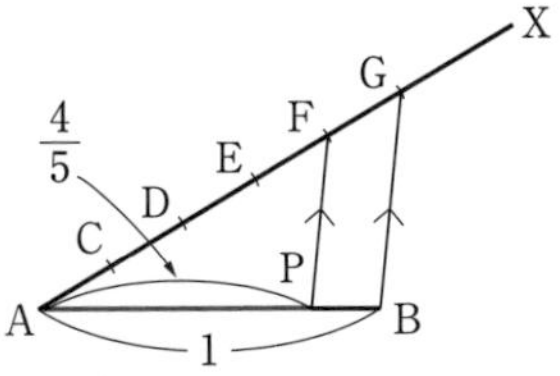

(長さ $\sqrt{6}$ の線分の作図)

① 一直線上に AB=1, BC=6 となる線分 AC をとり，AC を直径とする半円をかく。

② 点 B を通り，AC に垂直な直線を引き，半円との交点を D とすると，$BD=\sqrt{6}$ である。

⬅ 方べきの定理より
BD・BE=BA・BC であるから
$BD^2=6$
BD>0 より $BD=\sqrt{6}$

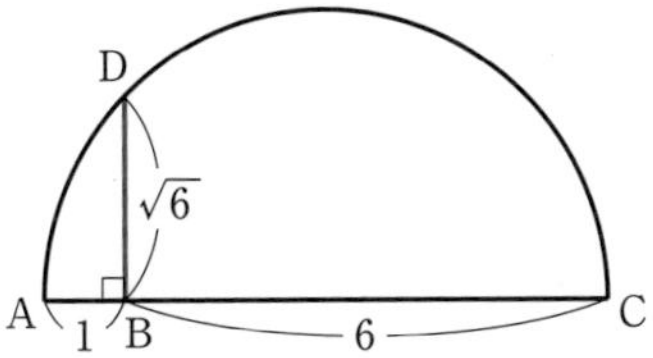

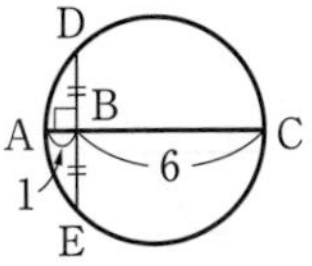

別解 ① 1辺の長さが1である正方形ABCDを作図する。

② 点Aを中心とする半径ACの円と半直線ABとの交点をEとする。
このとき，$AE=AC=\sqrt{AB^2+BC^2}=\sqrt{2}$ となる。

③ 点Eから半直線DCに垂線EFを下ろす。

④ 点Aを中心とする半径AFの円と半直線ABとの交点をGとする。
このとき，$AG=AF=\sqrt{AE^2+EF^2}=\sqrt{3}$ となる。

以下，順に作図すると
$AI=\sqrt{4}$，$AK=\sqrt{5}$，$AM=\sqrt{6}$ となる。

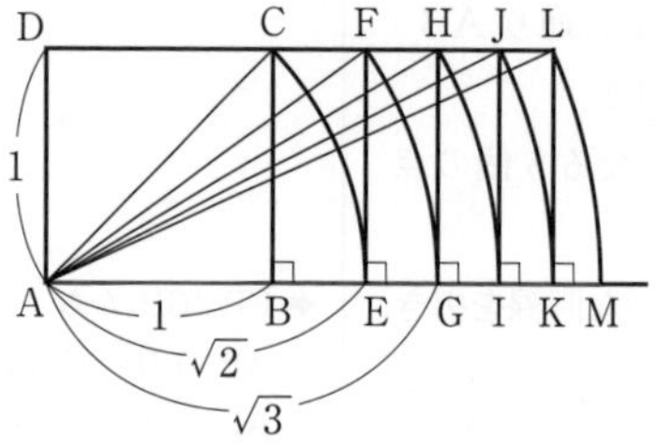

417 (1) **辺DC，辺EF，辺HG**

(2) **辺DH，辺CG，辺EH，辺FG**

418 (1) **真**

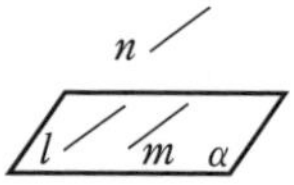

(2) **偽**

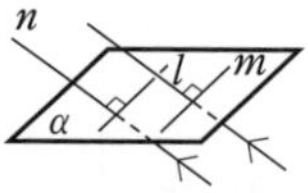

(3) **真**

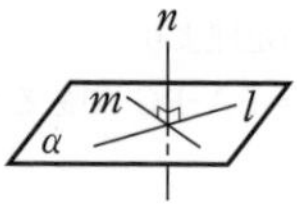

(4) **偽**

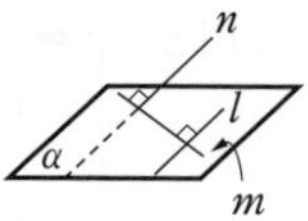

(5) **真**

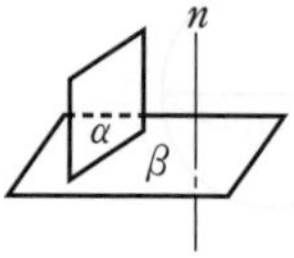

419 (1) AB と AD のなす角に等しいから **$\theta=60°$**

(2) BF と AD のなす角に等しいから **$\theta=90°$**

(3) CF と CA のなす角に等しいから **$\theta=30°$**

(4) FE と EK のなす角に等しいから **$\theta=90°$**

← KL∥EF∥DA

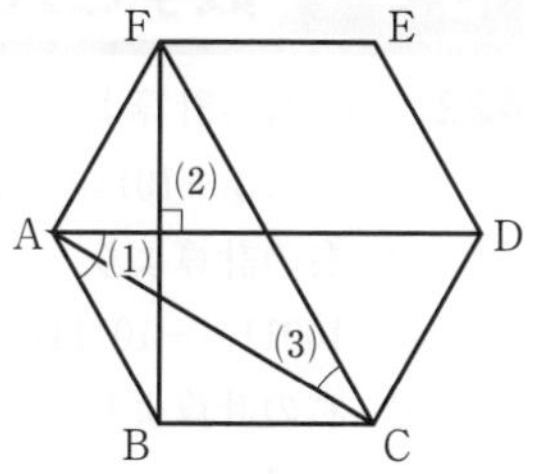

420 1つの頂点を切り取ると，頂点は2つ増え，辺は3つ増え，面は1つ増えるから

$v=8+2\times8=\mathbf{24}$

$e=12+3\times8=\mathbf{36}$

$f=6+1\times8=\mathbf{14}$

$v-e+f=24-36+14=\mathbf{2}$

421 右の図のように，頂点 A～D，P～U をとる。

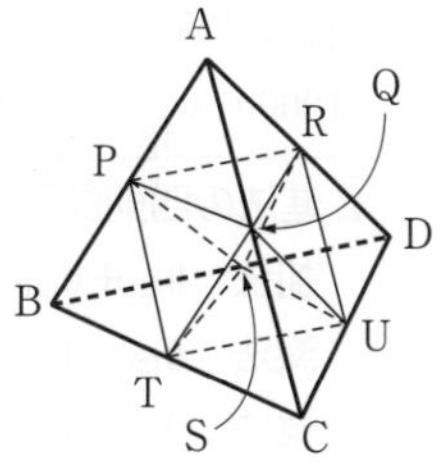

面 PTQ は平面 ABC 上にあり，点 P，T，Q はそれぞれ辺 AB，BC，CA の中点である。

AB=BC=CA より PT=TQ=QP となり，

△PTQ は正三角形である。

同様にして，△QUR，△PSR，△STU も正三角形であるから，残りの4つの面も正三角形である。

したがって，多面体の8つの面はすべて合同な正三角形である。

また，6つの頂点に集まる面の数はすべて4で等しい。

よって，求める多面体は**正八面体**である。

右の図のように，正八面体を PQRSTU とすると，その体積 V は正四角錐 P-QRST の体積の2倍である。

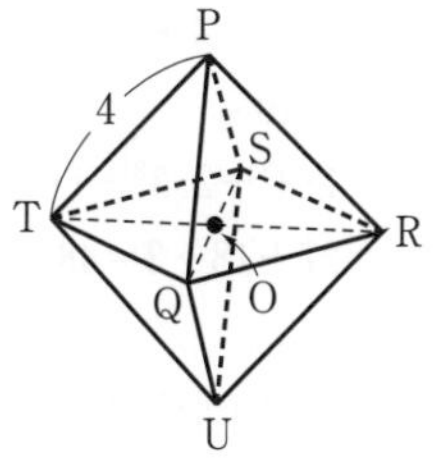

正四角錐の底面積は　$4^2=16$

正四角錐の高さは，正方形 QRST の対角線の交点を O とすると PO である。

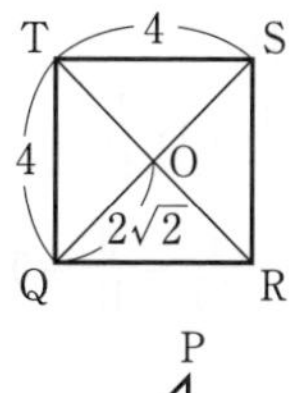

直角三角形 PQO において，三平方の定理より

$PQ^2=QO^2+PO^2$

$4^2=(2\sqrt{2})^2+PO^2$

$PO^2=8$

$PO>0$ より　$PO=2\sqrt{2}$

よって　$V=\left(\frac{1}{3}\times16\times2\sqrt{2}\right)\times2=\mathbf{\frac{64\sqrt{2}}{3}}$

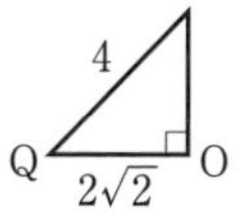

3章 数学と人間の活動

422 (1) 右の計算より

$1101_{(2)}+1011_{(2)}=\mathbf{11000_{(2)}}$

(2) 右の計算より

$10011_{(2)}+10111_{(2)}=\mathbf{101010_{(2)}}$

(3) 右の計算より

$11011_{(2)}-1101_{(2)}=\mathbf{1110_{(2)}}$

(4) 右の計算より

$10100_{(2)}-1001_{(2)}=\mathbf{1011_{(2)}}$

(5) 右の計算より

$111_{(2)}\times 101_{(2)}=\mathbf{100011_{(2)}}$

(6) 右の計算より

$100001_{(2)}\div 11_{(2)}=\mathbf{1011_{(2)}}$

(1)
$$\begin{array}{r} 1101 \\ +\ 1011 \\ \hline 11000 \end{array}$$

(2)
$$\begin{array}{r} 10011 \\ +\ 10111 \\ \hline 101010 \end{array}$$

(3)
$$\begin{array}{r} 11011 \\ -\ 1101 \\ \hline 1110 \end{array}$$

(4)
$$\begin{array}{r} 10100 \\ -\ 1001 \\ \hline 1011 \end{array}$$

(5)
$$\begin{array}{r} 111 \\ \times\ 101 \\ \hline 111 \\ 111 \\ \hline 100011 \end{array}$$

(6)
$$\begin{array}{r} 1011 \\ 11\overline{)100001} \\ 11 \\ \hline 100 \\ 11 \\ \hline 11 \\ 11 \\ \hline 0 \end{array}$$

> **2進法の四則計算 ➡ 次のように計算する**
>
> 加法　$\mathbf{0_{(2)}+0_{(2)}=0_{(2)}}$,　$\mathbf{0_{(2)}+1_{(2)}=1_{(2)}}$,　$\mathbf{1_{(2)}+0_{(2)}=1_{(2)}}$,　$\mathbf{1_{(2)}+1_{(2)}=10_{(2)}}$
>
> 減法　$\mathbf{0_{(2)}-0_{(2)}=0_{(2)}}$,　$\mathbf{1_{(2)}-0_{(2)}=1_{(2)}}$,　$\mathbf{1_{(2)}-1_{(2)}=0_{(2)}}$,　$\mathbf{10_{(2)}-1_{(2)}=1_{(2)}}$
>
> 乗法　$\mathbf{0_{(2)}\times 0_{(2)}=0_{(2)}}$,　$\mathbf{0_{(2)}\times 1_{(2)}=0_{(2)}}$,　$\mathbf{1_{(2)}\times 0_{(2)}=0_{(2)}}$,　$\mathbf{1_{(2)}\times 1_{(2)}=1_{(2)}}$
>
> 除法　乗法と減法を組み合わせて行う

423 (1) $10111_{(2)}$

$=1\cdot 2^4+0\cdot 2^3+1\cdot 2^2+1\cdot 2^1+1\cdot 2^0$

$=16+4+2+1=\mathbf{23}$

(2) $1210_{(3)}$

$=1\cdot 3^3+2\cdot 3^2+1\cdot 3^1+0\cdot 3^0$

$=27+18+3=\mathbf{48}$

(3) $443_{(5)}$

$=4\cdot 5^2+4\cdot 5^1+3\cdot 5^0$

$=100+20+3=\mathbf{123}$

(4) $0.21_{(4)}$

$=2\cdot\dfrac{1}{4^1}+1\cdot\dfrac{1}{4^2}$

$=\dfrac{2}{4}+\dfrac{1}{16}=\dfrac{9}{16}=\mathbf{0.5625}$

⬅ $2^0=1$

(参考：数学Ⅱ)指数の拡張

$a\neq 0$ のとき　$a^0=1$

424 (1) 右の計算より

$18=\mathbf{10010}_{(2)}$

(2) 右の計算より

$71=\mathbf{2122}_{(3)}$

(3) 右の計算より

$147=\mathbf{2103}_{(4)}$

(4) 右の計算より

$503=\mathbf{1316}_{(7)}$

(1)
$$\begin{array}{rl} 2\,\underline{)\ 18} & \\ 2\,\underline{)\ \ \ 9} & \cdots 0 \\ 2\,\underline{)\ \ \ 4} & \cdots 1 \\ 2\,\underline{)\ \ \ 2} & \cdots 0 \\ 1 & \cdots 0 \end{array}$$

(2)
$$\begin{array}{rl} 3\,\underline{)\ 71} & \\ 3\,\underline{)\ 23} & \cdots 2 \\ 3\,\underline{)\ \ \ 7} & \cdots 2 \\ 2 & \cdots 1 \end{array}$$

(3)
$$\begin{array}{rl} 4\,\underline{)\ 147} & \\ 4\,\underline{)\ \ \ 36} & \cdots 3 \\ 4\,\underline{)\ \ \ \ \ 9} & \cdots 0 \\ 2 & \cdots 1 \end{array}$$

(4)
$$\begin{array}{rl} 7\,\underline{)\ 503} & \\ 7\,\underline{)\ \ \ 71} & \cdots 6 \\ 7\,\underline{)\ \ \ 10} & \cdots 1 \\ 1 & \cdots 3 \end{array}$$

(5) $0.625=\dfrac{a_1}{2}+\dfrac{a_2}{2^2}+\cdots$ の両辺を 2 倍して

$1.250=a_1+\dfrac{a_2}{2}+\cdots$ より　$a_1=1$

$0.25=\dfrac{a_2}{2}+\dfrac{a_3}{2^2}+\cdots$　の両辺を 2 倍して

$0.50=a_2+\dfrac{a_3}{2}+\cdots$ より　$a_2=0$

$0.5=\dfrac{a_3}{2}+\dfrac{a_4}{2^2}+\cdots$　の両辺を 2 倍して

$1.0=a_3+\dfrac{a_4}{2}+\cdots$ より　$a_3=1$

よって　$0.625=\dfrac{1}{2}+\dfrac{0}{2^2}+\dfrac{1}{2^3}=\mathbf{0.101}_{(2)}$

←
$$\begin{array}{l} \boxed{0}.\,6\,2\,5 \\ \underline{\times\qquad 2} \\ \boxed{1}.\,2\,5\,0 \\ \underline{\times\quad\ 2} \\ \boxed{0}.\,5\,0 \\ \underline{\times\ \ 2} \\ \boxed{1}.\,0 \end{array}$$

(小数部分に 2 を掛けていく)

(6) $0.56=\dfrac{a_1}{5}+\dfrac{a_2}{5^2}+\cdots$ の両辺を 5 倍して

$2.80=a_1+\dfrac{a_2}{5}+\cdots$ より　$a_1=2$

$0.8=\dfrac{a_2}{5}+\dfrac{a_3}{5^2}+\cdots$ の両辺を 5 倍して

$4.0=a_2+\dfrac{a_3}{5}+\cdots$ より　$a_2=4$

よって　$0.56=\dfrac{2}{5}+\dfrac{4}{5^2}=\mathbf{0.24}_{(5)}$

←
$$\begin{array}{l} \boxed{0}.\,5\,6 \\ \underline{\times\quad\ 5} \\ \boxed{2}.\,8\,0 \\ \underline{\times\ \ 5} \\ \boxed{4}.\,0 \end{array}$$

(小数部分に 5 を掛けていく)

425 (1) $425_{(6)}=4\cdot 6^2+2\cdot 6^1+5\cdot 6^0$

$=144+12+5$

$=161$

右の計算より

$425_{(6)}=161=\mathbf{1121}_{(5)}$

$$\begin{array}{rl} 5\,\underline{)\ 161} & \\ 5\,\underline{)\ \ \ 32} & \cdots 1 \\ 5\,\underline{)\ \ \ \ \ 6} & \cdots 2 \\ 1 & \cdots 1 \end{array}$$

← まず，10 進法で表す。

← それから 5 進法に直す。

(2) $21021_{(3)}=2\cdot3^4+1\cdot3^3+0\cdot3^2+2\cdot3^1+1\cdot3^0$

$=162+27+6+1=196$

右の計算より

$21021_{(3)}=196=\mathbf{400_{(7)}}$

$$\begin{array}{r|l} 7 & 196 \\ 7 & 28 \cdots 0 \\ & 4 \cdots 0 \end{array}$$

← まず，10進法で表す。

← それから7進法に直す。

426 83がn進法で$123_{(n)}$と表せるとき

$83=1\cdot n^2+2\cdot n+3\cdot1$

$n^2+2n-80=0$

$(n+10)(n-8)=0$

$n\geqq4$であるから $\boldsymbol{n=8}$

427 条件より，a，bを自然数として，mを

$ab_{(7)}=ba_{(9)}$と表すと

$a\cdot7+b=b\cdot9+a$

$1\leqq a\leqq6$，$1\leqq b\leqq6$ となる。

$6a=8b$ より $3a=4b$

3と4は互いに素であるから $a=4$，$b=3$

このとき $4\times7+3=31$

よって **31**

← $ab_{(7)}$と$ba_{(9)}$を10進法で表す。

← 7進法で使われる数は6以下で，最高位の数は0でない。

428 求める自然数をNとすると，$2^{15}\leqq N<2^{16}$ となる。

(1) $2\cdot2^{14}\leqq N<2^{16}$ $2\cdot(2^2)^7\leqq N<(2^2)^8$

$2\cdot4^7\leqq N<4^8$ よって，**8桁の数**

(2) $2^{15}\leqq N<2^{16}$ $(2^3)^5\leqq N<2\cdot(2^3)^5$

$8^5\leqq N<2\cdot8^5<8^6$ よって，**6桁の数**

(3) (1)より

$2\cdot4^7\leqq N<4^8$ $8\cdot4^6\leqq N<4^8$

$8\cdot(4^2)^3\leqq N<(4^2)^4$

$8\cdot16^3\leqq N<16^4$ よって，**4桁の数**

← $2^{15}=2\cdot2^{14}=2\cdot(2^2)^7=2\cdot4^7$

$2^{16}=(2^2)^8=4^8$

← $2^{15}=(2^3)^5=8^5$

$2^{16}=2\cdot2^{15}=2\cdot(2^3)^5=2\cdot8^5$

別解

$2^{15}\leqq N<2^{16}$

$2^3\cdot2^{12}\leqq N<(2^4)^4$

$8\cdot(2^4)^3\leqq N<(2^4)^4$

$8\cdot16^3\leqq N<16^4$

429 (1) $\mathbf{28=2^2\cdot7}$

正の約数は **1，2，4，7，14，28**

(2) $\mathbf{70=2\cdot5\cdot7}$

正の約数は **1，2，5，7，10，14，35，70**

(3) $\mathbf{104=2^3\cdot13}$

正の約数は **1，2，4，8，13，26，52，104**

(1) $$\begin{array}{r|l} 2 & 28 \\ 2 & 14 \\ & 7 \end{array}$$

(2) $$\begin{array}{r|l} 2 & 70 \\ 5 & 35 \\ & 7 \end{array}$$

(3) $$\begin{array}{r|l} 2 & 104 \\ 2 & 52 \\ 2 & 26 \\ & 13 \end{array}$$

430 (1) **190, 732, 1620**

← 一の位が 2 の倍数

(2) **225, 732, 1620**

← 各桁の数の和が 3 の倍数

(3) **732, 1620**

← 下 2 桁が 4 の倍数

(4) **190, 225, 1620**

← 一の位が 0 か 5

(5) **732, 1620**

← 2 かつ 3 の倍数

(6) **225, 1620**

← 各桁の数の和が 9 の倍数

431 (1) $42=2\cdot3\cdot7$, $54=2\cdot3^3$

よって, 最大公約数 $2\cdot3=$**6**

最小公倍数 $2\cdot3^3\cdot7=$**378**

(1)
2) 42 54
3) 21 27
7 9

(2) $63=3^2\cdot7$, $210=2\cdot3\cdot5\cdot7$

よって, 最大公約数 $3\cdot7=$**21**

最小公倍数 $2\cdot3^2\cdot5\cdot7=$**630**

(2)
3) 63 210
7) 21 70
3 10

(3) $90=2\cdot3^2\cdot5$, $126=2\cdot3^2\cdot7$, $198=2\cdot3^2\cdot11$

よって, 最大公約数 $2\cdot3^2=$**18**

最小公倍数 $2\cdot3^2\cdot5\cdot7\cdot11=$**6930**

(3)
2) 90 126 198
3) 45 63 99
3) 15 21 33
5 7 11

432 (1) $36=2^2\cdot3^2$, $720=2^4\cdot3^2\cdot5$ であるから

36 との最小公倍数が 720 である自然数 n は

$n=2^4\cdot3^a\cdot5$ $(a=0,\ 1,\ 2)$

と表される。

← $a=0,\ 1,\ 2$
↓
$n=2^4\cdot3^a\cdot5$
$36=2^2\cdot3^2$
最小公倍数 $720=2^4\cdot3^2\cdot5$

よって $n=2^4\cdot3^0\cdot5$, $2^4\cdot3^1\cdot5$, $2^4\cdot3^2\cdot5$

すなわち $n=$**80, 240, 720**

(2) $24=2^3\cdot3$, $504=2^3\cdot3^2\cdot7$ であるから

24 との最小公倍数が 504 である自然数 n は

$n=2^a\cdot3^2\cdot7$ $(a=0,\ 1,\ 2,\ 3)$

と表される。

← $a=0,\ 1,\ 2,\ 3$
↓
$n=2^a\cdot3^2\cdot7$
$24=2^3\cdot3$
最小公倍数 $504=2^3\cdot3^2\cdot7$

よって $n=2^0\cdot3^2\cdot7$, $2^1\cdot3^2\cdot7$, $2^2\cdot3^2\cdot7$, $2^3\cdot3^2\cdot7$

すなわち $n=$**63, 126, 252, 504**

433 (1) $\sqrt{126n}$ が自然数になるには

$126n=2\cdot3^2\cdot7n$

がある自然数の 2 乗になればよい。

← $2\cdot3^2\cdot7n=2^2\cdot3^2\cdot7^2$
$=(2\cdot3\cdot7)^2$

よって, 求める最小の自然数 n は

$n=2\cdot7=$**14**

(2) $\sqrt{312n}$ が自然数になるには

$312n=2^3\cdot3\cdot13n$

がある自然数の 2 乗になればよい。

よって，求める最小の自然数 n は

$n=2\cdot3\cdot13=78$

⬅ $2^3\cdot3\cdot13n=2^4\cdot3^2\cdot13^2$
$=(2^2\cdot3\cdot13)^2$

(3) $\sqrt{\dfrac{540}{n}}$ が自然数になるには

$\dfrac{540}{n}=\dfrac{2^2\cdot3^3\cdot5}{n}$

がある自然数の 2 乗になればよい。

よって，求める最小の自然数 n は

$n=3\cdot5=15$

⬅ $\dfrac{2^2\cdot3^3\cdot5}{n}=\dfrac{2^2\cdot3^3\cdot5}{3\cdot5}$
$=(2\cdot3)^2$

434 (1) m，n の最大公約数が 6 であるから

$m=6a$，$n=6b$（a，b は互いに素）

と表すと

最小公倍数は　$6ab=48$

よって　$ab=8$

a, b は互いに素で　$m<n$ より　$a<b$ であるから

$a=1$，$b=8$

ゆえに　$(m,\ n)=(6,\ 48)$

⬅ 積 $mn=GL$ であるから
$6a\times6b=6\times48$ より
$ab=8$ としてもよい。

⬅ $ab=8$ となる互いに素な a，b の組を見つける。
$a=2$，$b=4$ の組は互いに素ではない。

(2) m，n の最大公約数が 10 であるから

$m=10a$，$n=10b$（a，b は互いに素）

と表すと

和　$m+n=10a+10b=70$

よって　$a+b=7$

a, b は互いに素で　$m<n$ より　$a<b$ であるから

$\begin{cases}a=1\\b=6\end{cases}$，$\begin{cases}a=2\\b=5\end{cases}$，$\begin{cases}a=3\\b=4\end{cases}$

ゆえに　$(m,\ n)=(10,\ 60)$，$(20,\ 50)$，$(30,\ 40)$

⬅ $a+b=7$ となる互いに素な a，b の組を見つける。

(3) m，n の最大公約数を G として

$m=Ga$，$n=Gb$（a，b は互いに素）と表すと

積　$mn=G^2ab=1764$ …①

最小公倍数　$Gab=252$…②

②を①に代入して

$252G=1764$　よって　$G=7$

②に代入して　$7ab=252$

$ab=36$

a, b は互いに素で　$m<n$ より　$a<b$ であるから

$\begin{cases} a=1 \\ b=36 \end{cases}$, $\begin{cases} a=4 \\ b=9 \end{cases}$

ゆえに　$(m,\ n)=(7,\ 252),\ (28,\ 63)$

⬅ $ab=36$ となる互いに素な a, b の組を見つける。
$a=2$,　$b=18$ や $a=3$,　$b=12$ の組は互いに素ではない。

435 (i)より　$a=21a'$　$b=21b'$　$c=21c'$

(a', b', c' はどの2つも互いに素)と表せる。

(ii)より　$21a'b'=630$…①

(iii)より　$21b'c'=882$…②

②÷①より

$$\frac{b'c'}{a'b'}=\frac{882}{630}=\frac{7}{5}$$

$5c'=7a'$

5, 7, および a', c' は互いに素であるから

$a'=5$, $c'=7$　①に代入して

$21\times5\cdot b'=630$ より　$b'=6$

したがって　$a=21\times5=105$

$b=21\times6=126$

$c=21\times7=147$

よって　$a=105$, $b=126$, $c=147$

⬅ a, b の最大公約数を G, 最小公倍数を L とすると
$a=Ga'$, $b=Gb'$
(a', b' は互いに素)
と表せて
$ab=G^2a'b'$, $L=Ga'b'$

436 (1)　6と互いに素である数は, 2および3を因数にもたない。(2の倍数でも3の倍数でもない。)

1から100までの数の中に, 2を因数にもつのは

$2\times1=2$, ……, $2\times50=100$ より　50個

3を因数にもつのは

$3\times1=3$, ……, $3\times33=99$ より　33個

6を因数にもつのは

$6\times1=6$, ……, $6\times16=96$ より　16個

よって, 2または3を因数にもつのは

$50+33-16=67$ (個)

ゆえに　$100-67=33$ (個)

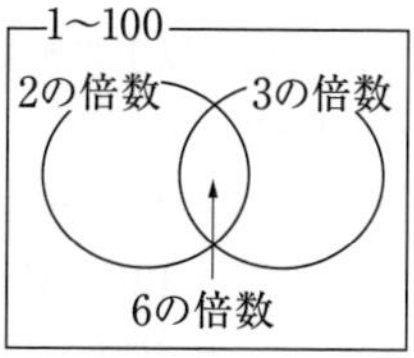

(2)　$100=2^2\times5^2$ であるから100と互いに素である数は2および5を因数にもたない。

(2の倍数でも5の倍数でもない。)

1から100までの数の中で, 2を因数にもつのは

(1)より　50個

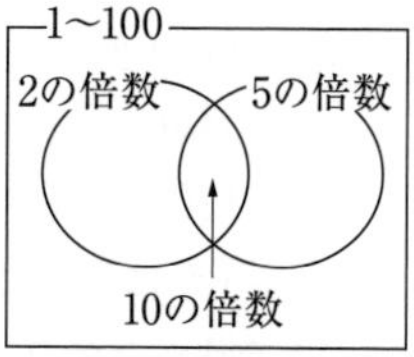

5 を因数にもつのは

$5\times1=5$, ……, $5\times20=100$ より　20 個

10 を因数にもつのは

$10\times1=10$, ……, $10\times10=100$ より　10 個

よって，2 または 5 を因数にもつのは

$50+20-10=60$ (個)

ゆえに　$100-60=\mathbf{40}$ (個)

⇐(2)の計算は

$100-100\times\frac{1}{2}-100\times\frac{1}{5}+100\times\frac{1}{10}$

$=100\left(1-\frac{1}{2}-\frac{1}{5}+\frac{1}{10}\right)$

$=100\left(1-\frac{1}{2}\right)\left(1-\frac{1}{5}\right)=40$

と表せる。

437　k, l を 0 以上の整数として a, b は

$a=7k+2$, $b=7l+5$ と表せる。

(1)　$a+b=(7k+2)+(7l+5)$

$=7(k+l+1)$

$k+l+1$ は整数であるから

7 で割った余りは **0**

(2)　$ab=(7k+2)(7l+5)$

$=49kl+35k+14l+10$

$=7(7kl+5k+2l+1)+3$

$7kl+5k+2l+1$ は整数であるから

7 で割った余りは **3**

(3)　$a^2+b^2=(7k+2)^2+(7l+5)^2$

$=49k^2+28k+4+49l^2+70l+25$

$=7(7k^2+7l^2+4k+10l+4)+1$

$7k^2+7l^2+4k+10l+4$ は整数であるから

7 で割った余りは **1**

⇐$a=7k+2$, $b=7k+5$
と表すのは誤り。
(たとえば，$k=0$ のときの $a=2$ に対する b は無数に存在するはずであるのに，$b=5$ の 1 通りに定まってしまうため)

⇐7×(整数)+r の形を作るとき，
$0\leqq r<7$ となるように変形する。

⇐7×(整数)+r の形を作るとき，
$0\leqq r<7$ となるように変形する。

438　k, l を 0 以上の整数として a, b は

$a=4k+2$, $b=6l+3$ と表せる。

(1)　$3a+b=3(4k+2)+6l+3$

$=12k+6l+9$

$=6(2k+l+1)+3$

$2k+l+1$ は整数であるから

6 で割った余りは **3**

(2)　$ab=(4k+2)(6l+3)$

$=24kl+12k+12l+6$

$=12(2kl+k+l)+6$

$2kl+k+l$ は整数であるから

12 で割った余りは **6**

⇐$a=4k+2$, $b=6k+3$
と表すのは誤り。

(3) $a^2+4b=(4k+2)^2+4(6l+3)$

$=16k^2+16k+4+24l+12$

$=8(2k^2+2k+3l+2)$

$2k^2+2k+3l+2$ は整数であるから

8 で割った余りは 0

439 (1) 3 の倍数でない整数 n は，ある整数 k を用いて，$n=3k+1$，$3k+2$ のいずれかの形で表せる。

(i) $n=3k+1$ のとき

$n^2+2=(3k+1)^2+2$

$=9k^2+6k+1+2$

$=3(3k^2+2k+1)$

$=(3$ の倍数$)$

(ii) $n=3k+2$ のとき

$n^2+2=(3k+2)^2+2$

$=9k^2+12k+4+2$

$=3(3k^2+4k+2)$

$=(3$ の倍数$)$

よって，(i)，(ii)より，n が 3 の倍数でないとき，n^2+2 は 3 の倍数である。 終

(2) すべての整数 n はある整数 k を用いて

$n=5k$，$5k\pm1$，$5k\pm2$ のいずれかの形で表せる。

(i) $n=5k$ のとき

$n^2=(5k)^2=5\cdot5k^2=(5$ の倍数$)$

よって，5 で割った余りは 0

(ii) $n=5k\pm1$ のとき

$n^2=(5k\pm1)^2=25k^2\pm10k+1$

$=5(5k^2\pm2k)+1$

$=(5$ の倍数$)+1$

よって 5 で割った余りは 1

(iii) $n=5k\pm2$ のとき

$n^2=(5k\pm2)^2=25k^2\pm20k+4$

$=5(5k^2\pm4k)+4$

$=(5$ の倍数$)+4$

よって 5 で割った余りは 4

(i)，(ii)，(iii)より示された。 終

← $n=3k+1$，$3k-1$ と表してもよい。

← $n=3k-1$ のとき

$n^2+2=(3k-1)^2+2$

$=9k^2-6k+1+2$

$=3(3k^2-2k+1)$

$=(3$ の倍数$)$

← $5k+4$ と $5k-1$（5 で割って 4 余る数）

$5k+3$ と $5k-2$（5 で割って 3 余る数）

は同じであるから

$5k\pm1$，$5k\pm2$

と表すと便利。

440 (1) $8n^3-2n=2n(4n^2-1)$

$=2n(2n-1)(2n+1)$

$=(2n-1)2n(2n+1)$

$(2n-1)2n(2n+1)$ は連続する 3 つの整数の積であるから，$8n^3-2n$ は 6 の倍数である。 終

別解

$8n^3-2n=8\underline{(n^3-n)}+8n-2n$ ← n^3-n を作る

$=8(n-1)n(n+1)+6n$

← n^3-n から連続する 3 つの整数の積が作れる。

$(n-1)n(n+1)$ は連続する 3 つの整数の積であるから，$8n^3-2n$ は 6 の倍数である。 終

(2) $2n^3+4n=2\underline{(n^3-n)}+2n+4n$ ← n^3-n を作る

$=2(n-1)n(n+1)+6n$

$(n-1)n(n+1)$ は連続する 3 つの整数の積であるから，$2n^3+4n$ は 6 の倍数である。 終

別解 $2n^3+4n=2n(n^2+2)$ より与式は 2 の倍数である。すべての整数 n は，ある整数 k を用いて，$n=3k$，$3k+1$，$3k+2$ のいずれかの形で表せる。

← すべての整数は $3k$，$3k+1$，$3k+2$（k は整数）のいずれかの形で表される。

$n(n^2+2)$ について

(i) $n=3k$ のとき

n が 3 の倍数であるから，$n(n^2+2)$ は 3 の倍数。

(ii) $n=3k+1$ のとき

$n^2+2=(3k+1)^2+2=9k^2+6k+3$

$=3(3k^2+2k+1)=$(3 の倍数)

よって，$n(n^2+2)$ は 3 の倍数。

(iii) $n=3k+2$ のとき

$n^2+2=(3k+2)^2+2=9k^2+12k+6$

$=3(3k^2+4k+2)=$(3 の倍数)

よって，$n(n^2+2)$ は 3 の倍数。

← $n=3k-1$ のとき
$n^2+2=(3k-1)^2+2$
$=9k^2-6k+1+2$
$=3(3k^2-2k+1)$
$=$(3 の倍数)

(i)，(ii)，(iii)より，与式は 3 の倍数である。

よって，2 かつ 3 の倍数であるから，$2n^3+4n$ は 6 の倍数である。 終

441 (1) $x+2y$ が5の倍数であるから
$x+2y=5n$ (n は整数) とおける。
$x=5n-2y$ として $x+7y$ に代入すると
$x+7y=5n-2y+7y=5(n+y)$
$n+y$ は整数であるから, $x+7y$ は5の倍数である。㊮

(2) $x+1$ は3の倍数で, $x-5$ は4の倍数であるから
$x+1=3m$, $x-5=4n$ (m, n は整数)
とおける。
$x=3m-1$ より
$x+7=(3m-1)+7$
$=3m+6=3(m+2)$ …①
$x=4n+5$ より
$x+7=(4n+5)+7$
$=4n+12=4(n+3)$ …②
①より $x+7$ は3の倍数であり, ②より $x+7$ は4の倍数である。
よって, $x+7$ は3と4の最小公倍数12の倍数である。㊮

(別解)
$x+7y=(x+2y)+5y$
$=5n+5y$
$=5(n+y)$
としてもよい。

⬅ $x+1=3m$, $x-5=4m$
とおくのは誤り。

⬅ $x+7=(x+1)+6$
$=3m+6=3(m+2)$
としてもよい。

⬅ $x+7=(x-5)+12$
$=4n+12=4(n+3)$
としてもよい。

442 (1) $n^2-1=(n-1)(n+1)$
n が奇数であるから
$n=2k+1$ (k は整数)とおくと
$n^2-1=(2k+1-1)(2k+1+1)$
$=2k(2k+2)$
$=4k(k+1)$
$k(k+1)$ は2の倍数であるから, 与式は8の倍数である。㊮

(2) 連続する3つの整数を $n-1$, n, $n+1$ とすると
$(n-1)^3+n^3+(n+1)^3$
$=(n^3-3n^2+3n-1)+n^3+(n^3+3n^2+3n+1)$
$=3n^3+6n=3n(n^2+2)$
これより, 与式は3の倍数である。
また, すべての整数 n はある整数 k を用いて
$n=3k$, $3k+1$, $3k+2$ のいずれかの形で表せるから, $n(n^2+2)$ について
(i) $n=3k$ のとき
n が3の倍数であるから, $n(n^2+2)$ は3の倍数。

⬅ n, $n+1$, $n+2$ とおいてもよいが, 計算が少し大変になる。

⬅ $n=3k$, $3k+1$, $3k-1$
と表してもよい。

(ii) $n=3k+1$ のとき

$$n^2+2=(3k+1)^2+2=9k^2+6k+1+2$$
$$=3(3k^2+2k+1)=(3\text{ の倍数})$$

であるから，$n(n^2+2)$ は 3 の倍数。

(iii) $n=3k+2$ のとき

$$n^2+2=(3k+2)^2+2=9k^2+12k+4+2$$
$$=3(3k^2+4k+2)=(3\text{ の倍数})$$

であるから，$n(n^2+2)$ は 3 の倍数。

← $n=3k-1$ のとき
$n^2+2=(3k-1)^2+2$
$=9k^2-6k+1+2$
$=3(3k^2-2k+1)$
$=(3\text{ の倍数})$

(i)，(ii)，(iii)より　$n(n^2+2)$ は 3 の倍数である。

よって，与式は　$3\times3=9$ の倍数である。 終

(3) 連続する 3 つの奇数を $2n-1$，$2n+1$，$2n+3$ と表すと

$$(2n-1)^2+(2n+1)^2+(2n+3)^2+1$$
$$=4n^2-4n+1+4n^2+4n+1+4n^2+12n+9+1$$
$$=12n^2+12n+12$$
$$=12(n^2+n+1)=12\{n(n+1)+1\}$$

$n(n+1)$ は偶数であるから，$n(n+1)+1$ は奇数である。

← 連続する 2 つの整数の積は偶数

よって，12 の倍数であるが 24 の倍数でない。 終

443 (1) 3 の倍数でない整数 n は，ある整数 k を用いて $n=3k+1$，$3k+2$ のいずれかの形で表せる。

← $n=3k+1$，$3k-1$ と表してもよい。

(i) $n=3k+1$ のとき

$$n^2=(3k+1)^2=9k^2+6k+1$$
$$=3(3k^2+2k)+1=(3\text{ の倍数})+1$$

よって，3 で割った余りは 1

(ii) $n=3k+2$ のとき

$$n^2=(3k+2)^2=9k^2+12k+4$$
$$=3(3k^2+4k+1)+1=(3\text{ の倍数})+1$$

よって，3 で割った余りは 1

← $n=3k-1$ のとき
$n^2=(3k-1)^2$
$=9k^2-6k+1$
$=3(3k^2-2k)+1$
$=(3\text{ の倍数})+1$

(i)，(ii)より示された。 終

(2) (1)より a，b，c がどれも 3 の倍数でないならば a^2，b^2，c^2 を 3 で割った余りは 1 であるから

$a^2=3k+1$，$b^2=3l+1$，$c^2=3m+1$
(k，l，m は整数) と表せる。

$$a^2+b^2+c^2=(3k+1)+(3l+1)+(3m+1)$$
$$=3(k+l+m+1)=(3\text{ の倍数})$$ 終

444 $m^2=2^n+1$ において

右辺の 2^n+1 は奇数であるから m は奇数である。

⬅ 左辺と右辺の偶・奇は一致する。

$m=2k+1$ $(k=0,\ 1,\ 2,\ \cdots)$ とすると

$(2k+1)^2=2^n+1$ より $(2k+1)^2-1^2=2^n$

$2k(2k+2)=2^n$ すなわち $k(k+1)=2^{n-2}$

⬅ $(2k+1)^2-1^2$
$=(2k+1-1)(2k+1+1)$
$=2^2k(k+1)$

右辺は 2 しか因数がないから，$k(k+1)$ も 2 以外の因数はもたない。

よって，$k=1$ のときに限られる。

このとき，$2=2^{n-2}$ より $n=3$

ゆえに **$m=3$，$n=3$**

445 (1) 右の計算より

最大公約数は **23**

(1)
$$\begin{array}{rrrr} & 5 & 1 & 2 \\ 23) & 115 &)138 &)391 \\ & 115 & 115 & 276 \\ \hline & 0 & 23 & 115 \end{array}$$

(2) 右の計算より

最大公約数は **31**

(2)
$$\begin{array}{rrrrr} & 4 & 3 & 1 & 2 \\ 31) & 124 &)403 &)527 &)1457 \\ & 124 & 372 & 403 & 1054 \\ \hline & 0 & 31 & 124 & 403 \end{array}$$

(3) 右の計算より

最大公約数は **174**

(3)
$$\begin{array}{rrrr} & 2 & 1 & 15 \\ 174) & 348 &)522 &)8178 \\ & 348 & 348 & 522 \\ \hline & 0 & 174 & 2958 \\ & & & 2610 \\ \hline & & & 348 \end{array}$$

(4) 右の計算より

最大公約数は **59**

(4)
$$\begin{array}{rrrrr} & 7 & 1 & 3 & 1 \\ 59) & 413 &)472 &)1829 &)2301 \\ & 413 & 413 & 1416 & 1829 \\ \hline & 0 & 59 & 413 & 472 \end{array}$$

(5) 右の計算より

最大公約数は **419**

(5)
$$\begin{array}{rrr} & 11 & 2 \\ 419) & 4609 &)9637 \\ & 419 & 9218 \\ \hline & 419 & 419 \\ & 419 & \\ \hline & 0 & \end{array}$$

(6) 右の計算より

最大公約数は **21**

(6)
$$\begin{array}{rrrrrr} & 3 & 1 & 8 & 5 & 1 \\ 21) & 63 &)84 &)735 &)3759 &)4494 \\ & 63 & 63 & 672 & 3675 & 3759 \\ \hline & 0 & 21 & 63 & 84 & 735 \end{array}$$

446 (1) $2x+5y=1$ $\cdots$①

$2\cdot3+5\cdot(-1)=1\cdots$②

①−②より

$2(x-3)+5(y+1)=0$

$2(x-3)=5(-y-1)$

2 と 5 は互いに素であるから，k を整数として

$x-3=5k$，$-y-1=2k$ と表せる。

よって **$x=5k+3$，$y=-2k-1$ (k は整数)**

(2) $7x+4y=1 \quad \cdots①$

$7(-1)+4\cdot 2=1\cdots②$

①−②より，

$7(x+1)+4(y-2)=0$

$7(x+1)=4(-y+2)$

7 と 4 は互いに素であるから，k を整数として

$x+1=4k$，$-y+2=7k$ と表せる。

よって **$x=4k-1$，$y=-7k+2$ (k は整数)**

(3) $5x-8y=1 \quad \cdots①$

$5\cdot(-3)-8\cdot(-2)=1\cdots②$

①−②より，

$5(x+3)-8(y+2)=0$

$5(x+3)=8(y+2)$

5 と 8 は互いに素であるから，k を整数として

$x+3=8k$，$y+2=5k$ と表せる。

よって **$x=8k-3$，$y=5k-2$ (k は整数)**

(4) $25x+17y=1 \quad \cdots①$

$25\cdot(-2)+17\cdot 3=1\cdots②$

①−②より

$25(x+2)+17(y-3)=0$

$25(x+2)=17(-y+3)$

25 と 17 は互いに素であるから，k を整数として

$x+2=17k$，$-y+3=25k$ と表せる。

よって

$x=17k-2$，$y=-25k+3$ (k は整数)

⬅ 整数解を 1 つ見つける。

[互除法の利用]

$25=17\cdot 1+8 \to 8=25-17\cdot 1\cdots①$

$17=8\cdot 2+1 \to 1=17-8\cdot 2 \cdots②$

②に①を代入する。

$1=17-(25-17\cdot 1)\cdot 2$

$=25\cdot(-2)+17\cdot 3$

[整除性(ある整数を他の整数で割ったとき，商が整数となり割り切れる)の利用]

$y=\frac{1-25x}{17}=-x+\frac{1-8x}{17}$

$x=-2$ のとき y は整数になり

このとき，$y=2+1=3$

(5) $55x+73y=1 \quad \cdots①$

$55\cdot 4+73\cdot(-3)=1\cdots②$

①−②より

$55(x-4)+73(y+3)=0$

$55(x-4)=73(-y-3)$

55 と 73 は互いに素であるから，k を整数として

$x-4=73k$，$-y-3=55k$ と表せる。

よって

$x=73k+4$，$y=-55k-3$ (k は整数)

⬅ 整数解を 1 つ見つける。

[互除法の利用]

$73=55\cdot 1+18 \to 18=73-55\cdot 1\cdots①$

$55=18\cdot 3+1 \to 1=55-18\cdot 3 \quad\cdots②$

②に①を代入する。

$1=55-(73-55\cdot 1)\cdot 3$

$=55\cdot 4+73\cdot(-3)$

(6) $43x-19y=1$ …①

$43\cdot4-19\cdot9=1$…②

①−②より

$43(x-4)-19(y-9)=0$

$43(x-4)=19(y-9)$

43 と 19 は互いに素であるから，k を整数として

$x-4=19k$，$y-9=43k$ と表せる。

よって **$x=19k+4$，$y=43k+9$（k は整数）**

← 整数解を 1 つ見つける。

［互除法の利用］

$43=19\cdot2+5 \to 5=43-19\cdot2$…①

$19=5\cdot4-1 \to 1=5\cdot4-19$ …②

②に①を代入する。

$1=(43-19\cdot2)\cdot4-19$

$=43\cdot4-19\cdot9$

［整除性の利用］

$y=\dfrac{43x-1}{19}=2x+\dfrac{5x-1}{19}$

$x=4$ のとき y は整数になり

このとき，$y=9$

447 (1) $11x-7y=5$ …①

$11x-7y=1$ …①′ とおく。

$11\cdot2-7\cdot3=1$…②′

②′ を 5 倍して

$11\cdot10-7\cdot15=5$…③

①−③より

$11(x-10)-7(y-15)=0$

$11(x-10)=7(y-15)$

11 と 7 は互いに素であるから，k を整数として

$x-10=7k$，$y-15=11k$ と表せる。

よって

$x=7k+10$，$y=11k+15$（k は整数）

別解 $11x-7y=5$ …①

$11\cdot3-7\cdot4=5$…②

①−②より

$11(x-3)-7(y-4)=0$

$11(x-3)=7(y-4)$

11 と 7 は互いに素であるから，k を整数として

$x-3=7k$，$y-4=11k$ と表せる。

よって **$x=7k+3$，$y=11k+4$（k は整数）**

← 整数解を 1 つ見つける。

［整除性の利用］

$y=\dfrac{11x-5}{7}=x+\dfrac{4x-5}{7}$

$x=3$ のとき y は整数になり

このとき，$y=3+1=4$

← k を $k+1$ に置き換えると

$x=7(k+1)+3=7k+10$

$y=11(k+1)+4=11k+15$

となる。

(2) $18x+7y=10$ …①

$18x+7y=1$ …①′ とおく。

$18\cdot2+7\cdot(-5)=1$ …②′

②′ を 10 倍して

$18\cdot20+7\cdot(-50)=10$…③

①−③より

$18(x-20)+7(y+50)=0$

$18(x-20)=7(-y-50)$

18 と 7 は互いに素であるから，k を整数として

$x-20=7k$，$-y-50=18k$ と表せる。

よって

$x=7k+20$，$y=-18k-50$（k は整数）

別解　$18x+7y=10$　　　…①

$18\cdot(-1)+7\cdot4=10$…②

①−②より

$18(x+1)+7(y-4)=0$

$18(x+1)=7(-y+4)$

18 と 7 は互いに素であるから，k を整数として

$x+1=7k$，$-y+4=18k$ と表せる。

よって　**$x=7k-1$，$y=-18k+4$（k は整数）**

(3)　$59x+25y=2$　　　…①

$59x+25y=1$　　　…①′ とおく。

$59\cdot(-11)+25\cdot26=1$…②′

②′ を 2 倍して

$59\cdot(-22)+25\cdot52=2$…③

①−③より

$59(x+22)+25(y-52)=0$

$59(x+22)=25(-y+52)$

59 と 25 は互いに素であるから，k を整数として

$x+22=25k$，$-y+52=59k$　と表せる。

よって　**$x=25k-22$，**

$y=-59k+52$（k は整数）

別解　$59x+25y=2$　　　…①

$59\cdot3+25\cdot(-7)=2$…②

①−②より

$59(x-3)+25(y+7)=0$

$59(x-3)=25(-y-7)$

59 と 25 は互いに素であるから，k を整数として

$x-3=25k$，$-y-7=59k$　と表せる。

よって

$x=25k+3$，$y=-59k-7$（k は整数）

⬅［整除性の利用］

$y=\frac{10-18x}{7}=-2x+1+\frac{3-4x}{7}$

$x=-1$ のとき y は整数になり，

このとき

$y=-2\cdot(-1)+1+1=4$

⬅ k を $k+3$ に置き換えると

$x=7(k+3)-1=7k+20$

$y=-18(k+3)+4=-18k-50$

となる。

⬅［互除法の利用］

$59=25\cdot2+9\rightarrow9=59-25\cdot2$…①

$25=9\cdot2+7\rightarrow7=25-9\cdot2$　…②

$9=7\cdot1+2\rightarrow2=9-7\cdot1$　…③

$7=2\cdot3+1\rightarrow1=7-2\cdot3$　…④

④に③を代入

$1=7-(9-7\cdot1)\cdot3=7\cdot4-9\cdot3$

これに②を代入

$1=(25-9\cdot2)\cdot4-9\cdot3$

$=25\cdot4-9\cdot11$

これに①を代入

$1=25\cdot4-(59-25\cdot2)\cdot11$

$=59\cdot(-11)+25\cdot26$

⬅ 整数解を 1 つ見つける。

$y=\frac{2-59x}{25}=-2x-\frac{9x-2}{25}$

$\frac{9x-2}{25}=l$（l は整数）とおくと

$9x-2=25l$ より

$x=\frac{25l+2}{9}=2l+\frac{7l+2}{9}$

$l=1$ のとき x は整数になり

$x=3$　このとき

$y=-2\cdot3-1=-7$

（k を $k-1$ と置き換えると

$x=25(k-1)+3=25k-22$

$y=-59(k-1)-7=-59k+52$

となる。）

448 お茶を x 缶，コーヒーを y 缶買ったとすると

$80x+110y=1000$ より

$8x+11y=100$ …①

$8x+11y=1$ となるのは $x=-4$，$y=3$

$8\cdot(-4)+11\cdot3=1$ …②

①－②×100 より

$8(x+400)+11(y-300)=0$

$8(x+400)=11(-y+300)$

8 と 11 は互いに素であるから，k を整数として

$x+400=11k$，$-y+300=8k$ と表せる。

ゆえに $x=11k-400$，$y=-8k+300$

$x>0$，$y>0$ であるから

$11k-400>0$ より $k>36.3\cdots$

$-8k+300>0$ より $k<37.5$

したがって $k=37$

このとき

$x=11\times37-400=7$

$y=-8\times37+300=4$

よって お茶を 7 缶，コーヒーを 4 缶

別解 [整除性の利用]

$8x+11y=100$ より

$x=\frac{100-11y}{8}$

$=12-y+\frac{4-3y}{8}$ …①

$\frac{4-3y}{8}=m$（m は整数）とおくと

$4-3y=8m$ より

$y=\frac{4-8m}{3}$

$=1-2m+\frac{1-2m}{3}$

$m=-1$ のとき y は整数になる。

このとき

$y=1-2\cdot(-1)+1=4$

$x=12-4-1=7$

よって $x=7$，$y=4$

（①の式の時点で $y=4$ のとき整数になることがわかれば，そこから x を求めればよい。）

449 (1) $xy=10$

x，y が自然数であるから x，y は次のようになる。

x	1	2	5	10
y	10	5	2	1

⬅ 表を作るとわかりやすい。

よって

$(x,\ y)=(1,\ 10),\ (2,\ 5),\ (5,\ 2),\ (10,\ 1)$

(2) $(x+2)(y-3)=12$

x，y が自然数であるから $x+2\geqq3$，$y-3\geqq-2$

⬅ x，y が自然数であることから $x+2$ と $y-3$ の範囲を絞る。

したがって，$x+2$ と $y-3$ は，次のようになる。

$x+2$	3	4	6	12
$y-3$	4	3	2	1

よって

$(x,\ y)=(1,\ 7),\ (2,\ 6),\ (4,\ 5),\ (10,\ 4)$

(3) $(2x-1)(y+5)=18$

x, y が自然数であるから

$2x-1 \geqq 1$ かつ奇数，$y+5 \geqq 6$

したがって，$2x-1$ と $y+5$ は，次のようになる。

$2x-1$	1	3
$y+5$	18	6

よって　**$(x,\ y)=(1,\ 13),\ (2,\ 1)$**

⬅ x, y が自然数であることから $2x-1$ と $y+5$ の範囲を絞る。

450 (1) $xy-2x-y=3$

$(x-1)(y-2)-2=3$

$(x-1)(y-2)=5$

$x-1$, $y-2$ は整数であるから，次のようになる。

$x-1$	1	5	-1	-5
$y-2$	5	1	-5	-1

よって

$(x,\ y)=(2,\ 7),\ (6,\ 3),\ (0,\ -3),\ (-4,\ 1)$

⬅ $xy-2x-y=3$
$x(y-2)-y=3$
$x(y-2)-(y-2)-2=3$
$(x-1)(y-2)-2=3$

(2) $xy+x-3y=9$

$(x-3)(y+1)+3=9$

$(x-3)(y+1)=6$

$x-3$, $y+1$ は整数であるから，次のようになる。

$x-3$	1	2	3	6	-1	-2	-3	-6
$y+1$	6	3	2	1	-6	-3	-2	-1

よって

$(x,\ y)=(4,\ 5),\ (5,\ 2),\ (6,\ 1),\ (9,\ 0),$

$(2,\ -7),\ (1,\ -4),\ (0,\ -3),\ (-3,\ -2)$

⬅ $xy+x-3y=9$
$x(y+1)-3y=9$
$x(y+1)-3(y+1)+3=9$
$(x-3)(y+1)+3=9$

(3) $2xy-2x+y-10=0$

$(2x+1)(y-1)+1-10=0$

$(2x+1)(y-1)=9$

$2x+1$, $y-1$ は整数で $2x+1$ は奇数であるから，次のようになる。

$2x+1$	1	3	9	-1	-3	-9
$y-1$	9	3	1	-9	-3	-1

よって

$(x,\ y)=(0,\ 10),\ (1,\ 4),\ (4,\ 2),$

$(-1,\ -8),\ (-2,\ -2),\ (-5,\ 0)$

⬅ $2xy-2x+y-10=0$
$2x(y-1)+y-10=0$
$2x(y-1)+(y-1)+1-10=0$
$(2x+1)(y-1)+1-10=0$

(4) $3xy+x+2y-1=0$

$9xy+3x+6y-3=0$

$(3x+2)(3y+1)-2-3=0$

$(3x+2)(3y+1)=5$

$3x+2$, $3y+1$ は整数であるから，次のようになる。

$3x+2$	1	5	-1	-5
$3y+1$	5	1	-5	-1

このうち，x，y が整数になるのは

$\begin{cases} 3x+2=5 \\ 3y+1=1 \end{cases}$ より $\begin{cases} x=1 \\ y=0 \end{cases}$

$\begin{cases} 3x+2=-1 \\ 3y+1=-5 \end{cases}$ より $\begin{cases} x=-1 \\ y=-2 \end{cases}$

よって　**$(x, y)=(1, 0), (-1, -2)$**

(別解) $3xy+x+2y=1$

$xy+\frac{1}{3}x+\frac{2}{3}y=\frac{1}{3}$

$\left(x+\frac{2}{3}\right)\left(y+\frac{1}{3}\right)-\frac{2}{9}=\frac{1}{3}$

$\left(x+\frac{2}{3}\right)\left(y+\frac{1}{3}\right)=\frac{5}{9}$

両辺に 9 を掛けて　$(3x+2)(3y+1)=5$

として変形してもよい。

⬅ $(3x+○)(3y+△)=□$ の形を作るために両辺を 3 倍する。

⬅ $3xy+x+2y-1=0$
$x(3y+1)+2y-1=0$
$x(3y+1)+\frac{2}{3}\cdot(3y+1)-\frac{2}{3}-1=0$
$\left(x+\frac{2}{3}\right)(3y+1)=\frac{5}{3}$
両辺を 3 倍して
$(3x+2)(3y+1)=5$
と変形してもよい。

⬅ 両辺を 3 で割って
$(x+○)(y+△)=□$ の形を作ってもよい。ただし，係数が分数になるので両辺が整数になるように 9 を掛ける。

451 (1) $\frac{1}{x}+\frac{1}{y}=\frac{1}{3}$

両辺に $3xy$ を掛けて　$3y+3x=xy$

これを整理すると　$(x-3)(y-3)=9$

$x-3$，$y-3$ は整数で，$x \neq 0$，$y \neq 0$ であるから，次のようになる。

$x-3$	1	3	9	-1	-9
$y-3$	9	3	1	-9	-1

よって　**$(x, y)=(4, 12), (6, 6), (12, 4), (2, -6), (-6, 2)$**

⬅ 分母の x，y はともに 0 でない。

⬅ $3y+3x=xy$
$xy-3x-3y=0$
$(x-3)(y-3)-9=0$

⬅ $x-3 \neq -3$，$y-3 \neq -3$

(2) $\frac{5}{x}+\frac{2}{y}=2$

両辺に xy を掛けて　$5y+2x=2xy$

これを整理すると　$(2x-5)(y-1)=5$

⬅ 分母の x，y はともに 0 でない。

⬅ $5y+2x=2xy$
$2xy-2x-5y=0$
$(2x-5)(y-1)-5=0$

$2x-5$, $y-1$ は整数で，$x \neq 0$, $y \neq 0$ であるから，次のようになる。

$2x-5$	1	5	-1
$y-1$	5	1	-5

よって　$(x, y)=(3, 6), (5, 2), (2, -4)$

⬅ $2x-5 \neq -5$, $y-1 \neq -1$

452 整数 n は，ある整数 p, q を用いて

$n=5p+3$, $n=7q+4$ と表せる。

⬅ n を消去して，p と q の関係式を作る。

$5p+3=7q+4$ より

$5p-7q=1$ …①

$5 \cdot 3-7 \cdot 2=1$ …②

⬅ 整数解を1つ見つける。

①−②より　$5(p-3)-7(q-2)=0$

よって　$5(p-3)=7(q-2)$

5と7は互いに素であるから

$p-3=7k$ (k は整数) すなわち　$p=7k+3$

と表せる。

⬅ $q-2=5k$ すなわち $q=5k+2$ を $n=7q+4$ に代入してもよい。

ゆえに　$n=5(7k+3)+3=35k+18$ より

35で割った余りは **18**

453 (1) $3x^2+2xy-y^2=7$

$(3x-y)(x+y)=7$

⬅ 左辺を因数分解する。

$3x-y$, $x+y$ は整数であるから，次のようになる。

$3x-y$	1	7	-1	-7
$x+y$	7	1	-7	-1

$\begin{cases} 3x-y=1, & 7, & -1, & -7 \\ x+y=7, & 1, & -7, & -1 \end{cases}$ を解くと

⬅ それぞれの組合せの連立方程式を解く。

$\begin{cases} x=2, & 2, & -2, & -2 \\ y=5, & -1, & -5, & 1 \end{cases}$

よって　$(x, y)=(2, 5), (2, -1),$
$(-2, -5), (-2, 1)$

(参考)

$\begin{cases} 3x-y=a \\ x+y=b \end{cases}$ を解いて

$x=\dfrac{a+b}{4}, y=\dfrac{3b-a}{4}$ の (a, b) に $(1, 7)$, $(7, 1)$, $(-1, -7)$, $(-7, -1)$ を代入して (x, y) を求めてもよい。

(2) $x^2-xy-2y^2=4$

$(x+y)(x-2y)=4$

$x+y$, $x-2y$ は整数であるから，次のようになる。

$x+y$	1	2	4	-1	-2	-4
$x-2y$	4	2	1	-4	-2	-1

$\begin{cases} x+y=1,\ 2,\ 4,\ -1,\ -2,\ -4 \\ x-2y=4,\ 2,\ 1,\ -4,\ -2,\ -1 \end{cases}$ を解くと

← それぞれの組合せの連立方程式を解く。

$\begin{cases} x=2,\ 2,\ 3,\ -2,\ -2,\ -3 \\ y=-1,\ 0,\ 1,\ 1,\ 0,\ -1 \end{cases}$

よって

$(x,\ y)=(2,\ -1),\ (2,\ 0),\ (3,\ 1),\ (-2,\ 1),$
$(-2,\ 0),\ (-3,\ -1)$

454 (1) $2x^2+xy-y^2-3x+3y-2$

$=2x^2+(y-3)x-(y^2-3y+2)$

$=2x^2+(y-3)x-(y-1)(y-2)$

$=\boldsymbol{(x+y-2)(2x-y+1)}$

← 1 ╳ $y-2 \longrightarrow 2y-4$
2 ╳ $-(y-1) \longrightarrow -y+1$
$y-3$

(2) $2x^2+xy-y^2-3x+3y=8$

$2x^2+xy-y^2-3x+3y-2=6$

$(x+y-2)(2x-y+1)=6$

$x+y-2$, $2x-y+1$ は整数であるから，次のようになる。

$x+y-2$	1	2	3	6	-1	-2	-3	-6	…①
$2x-y+1$	6	3	2	1	-6	-3	-2	-1	…②

①+②より

$3x-1=7,\ 5,\ -7,\ -5$

← $3x-1=7,\ -5$ は $x=\frac{8}{3},\ -\frac{4}{3}$ となり x が整数にならない。

x は整数であるから　$x=2,\ -2$

$x=2$ のとき

$x+y-2=2,\ 3$ より　$y=2,\ 3$

$x=-2$ のとき

$x+y-2=-1,\ -6$ より　$y=3,\ -2$

よって　$(x,\ y)=(2,\ 2),\ (2,\ 3),$
$(-2,\ 3),\ (-2,\ -2)$

455 $2a+3b$ と $a+2b$ が互いに素でないと仮定すると $2a+3b$ と $a+2b$ は1でない公約数 k を用いて

$2a+3b=km$…①，$a+2b=kn$…②

(k，m，n は整数) と表せる。

①−②×2 より

$-b=km-2kn$ すなわち $b=k(2n-m)$

①×2−②×3 より

$a=2km-3kn$ すなわち $a=k(2m-3n)$

a，b は1でない公約数 k をもつから，互いに素であることに矛盾する。

よって，$2a+3b$ と $a+2b$ は互いに素である。㊫

⬅ 結論を否定して，矛盾を導く。

⬅ 互いに素でない
⟺ 1以外の公約数 k をもつ。

⬅
$$\begin{array}{rll} & 2a+3b=km & \cdots① \\ -) & 2a+4b=2kn & \cdots②\times2 \\ \hline & -b=km-2kn & \end{array}$$

⬅
$$\begin{array}{rll} & 4a+6b=2km & \cdots①\times2 \\ -) & 3a+6b=3kn & \cdots②\times3 \\ \hline & a\quad\;\;=2km-3kn & \end{array}$$

456 a，b がともに3の倍数でないと仮定すると a^2，b^2 を3で割った余りが1であるから a^2+b^2 は3で割って2余る数である。

c^2 を3で割った余りは0または1であるから $a^2+b^2=c^2$ に矛盾する。

よって，a または b は3の倍数である。㊫

⬅ 結論「a または b が3の倍数」を否定すると「a，b がともに3の倍数でない(a かつ b が3の倍数でない)」

457 (1) $N=(n-3)(n-9)=(3-n)(9-n)$

$n-3>n-9$，$3-n<9-n$ であるから

$n-9=1$…① または $3-n=1$…②

が必要条件である。

①のとき $n=10$ より $N=7\cdot1=7$ (素数)

②のとき $n=2$ より $N=1\cdot7=7$ (素数)

よって **$n=2$，10**

⬅ a，b ($a<b$) が自然数で積 ab が素数のとき
小さい方の a は1

(2) $N=(n-2)(n^2+2n+4)$

$n-2<n^2+2n+4$ であるから

$n-2=1$

が必要条件である。

このとき $n=3$ より $N=1\cdot19=19$ (素数)

よって **$n=3$**

⬅ $n^2+2n+4-(n-2)$
$=n^2+n+6>0$
(n は自然数)

数学A　復習問題

30 (1)　a と f を除いた残りの 4 文字を a と f の間に並べればよいから　$_4P_4=\mathbf{24}$ **(通り)**

← a ○○○○ f（○○○○ が $_4P_4$）

(2)　6 文字全部の並べ方は　$_6P_6=720$ (通り)

a と f が両端にくる並べ方は　$2\times{}_4P_4=48$ (通り)

よって　$720-48=\mathbf{672}$ **(通り)**

(3)　a, b, c を同じものとして並べればよいから

$$\frac{6!}{3!}=\mathbf{120}\ \textbf{(通り)}$$

← ○○○ def の順列と考え，○の中に左から a, b, c を入れればよい。

(4)　a, b, c を 1 つにまとめて，4 文字として並べ，a, b, c の並べかえも考えて

$$_4P_4\times{}_3P_3=24\times6=\mathbf{144}\ \textbf{(通り)}$$

← abc, d, e, f（全体が $_4P_4$，abc が $_3P_3$）

(5)　d, e, f を並べてその前後と間に a, b, c を 1 つずつ入れればよいから

$$3!\times{}_4P_3=6\times24=\mathbf{144}\ \textbf{(通り)}$$

← ○d○e○f○（↑ の 4 か所から $_4P_3$ $(={}_4C_3\times3!)$）

31 (1)　全部の取り出し方は

$$_{10}C_3=\frac{10\cdot9\cdot8}{3\cdot2\cdot1}=120\ (通り)$$

奇数だけ 3 個取り出すのは

$$_5C_3={}_5C_2=\frac{5\cdot4}{2\cdot1}=10\ (通り)$$

← $_nC_r={}_nC_{n-r}$

よって　$120-10=\mathbf{110}$ **(通り)**

(2)　3 を必ず含み，残りの 2 個を 4～10 までの数から選べばよいから　$_7C_2=\dfrac{7\cdot6}{2\cdot1}=\mathbf{21}$ **(通り)**

32　7 人から 5 人を選ぶのは

← まず，座る 5 人を選ぶ。

$$_7C_5={}_7C_2=\frac{7\cdot6}{2\cdot1}=21\ (通り)$$

← $_nC_r={}_nC_{n-r}$

選ばれた 5 人を円形に並べるのは

$$(5-1)!=24\ (通り)$$

よって　$21\times24=\mathbf{504}$ **(通り)**

33 (1)　$\dfrac{_5C_3+{}_4C_3+{}_3C_3}{_{12}C_3}=\dfrac{15}{220}=\mathbf{\dfrac{3}{44}}$

← 合計 12 個の球から 3 個の球を選ぶのは $_{12}C_3$ 通り。

(2)　$\dfrac{_5C_1\times{}_4C_1\times{}_3C_1}{_{12}C_3}=\dfrac{60}{220}=\mathbf{\dfrac{3}{11}}$

(3) (1), (2)の余事象であるから

$$1-\left(\frac{3}{44}+\frac{3}{11}\right)=\frac{29}{44}$$

別解 $\frac{{}_5C_2\times{}_7C_1+{}_4C_2\times{}_8C_1+{}_3C_2\times{}_9C_1}{{}_{12}C_3}$

$$=\frac{70+48+27}{220}=\frac{145}{220}=\frac{29}{44}$$

⬅ 赤球2個と他1個 ${}_5C_2\times{}_7C_1$
白球2個と他1個 ${}_4C_2\times{}_8C_1$
青球2個と他1個 ${}_3C_2\times{}_9C_1$

34 Aが当たる事象をA
Bが当たる事象をBとすると

(i) AもBも当たりくじを引く確率は

$$P(A\cap B)=P(A)P_A(B)=\frac{2}{6}\times\frac{1}{5}=\frac{1}{15}$$

(ii) Aがはずれて，Bが当たりくじを引く確率は

$$P(\overline{A}\cap B)=P(\overline{A})P_{\overline{A}}(B)=\frac{4}{6}\times\frac{2}{5}=\frac{4}{15}$$

(i), (ii)より $P(B)=\frac{1}{15}+\frac{4}{15}=\frac{1}{3}$

⬅ $P(B)=P(A\cap B)+P(\overline{A}\cap B)$

よって，求める確率は

$$P_B(A)=\frac{P(A\cap B)}{P(B)}=\frac{1}{15}\div\frac{1}{3}=\frac{1}{5}$$

⬅ $\frac{P(A\cap B)}{P(A\cap B)+\mathrm{P}(\overline{A}\cap B)}$

35 右に1だけ進む確率は $\frac{2}{6}=\frac{1}{3}$

動かない確率は $\frac{4}{6}=\frac{2}{3}$

(1) 5回投げ終えたとき，点Pが $x=3$ の位置にあるのは，右に3回，動かないのが2回のときであるから，求める確率は

$${}_5C_3\left(\frac{1}{3}\right)^3\left(\frac{2}{3}\right)^2=10\times\frac{4}{3^5}=\frac{40}{243}$$

(2) 4回投げ終えたとき，$x=2$ の位置にあり，5回目に右に1進めばよい。
よって，求める確率は

$$\underline{{}_4C_2\left(\frac{1}{3}\right)^2\left(\frac{2}{3}\right)^2}\times\underline{\frac{1}{3}}=6\times\frac{4}{3^4}\times\frac{1}{3}=\frac{8}{81}$$

↑ 4回投げ終えたとき $x=2$ にある確率
↑ 5回目に右に1動く確率

36 ゲームが終わる回数を X とすると

$X=2,\ 3,\ 4,\ 5,\ 6$ のいずれかである。

$X=2$ で終わる確率は

$$\frac{1}{2}\times\frac{1}{2}=\frac{1}{4}$$

$X=3$ で終わる確率は

$$\frac{1}{2}\times\frac{1}{2}\times\frac{1}{2}+\frac{1}{2}\times\frac{1}{2}\times\frac{1}{2}=\frac{1}{4}$$

⬅ 表・裏・表と裏・表・表と出る場合がある。

$X=4$ で終わる確率は

$${}_3C_1\left(\frac{1}{2}\right)\left(\frac{1}{2}\right)^2\times\frac{1}{2}=\frac{3}{16}$$

⬅ 3 回までに表が 1 回，裏が 2 回出て，4 回目に表が出る。

$X=5$ で終わる確率は

$${}_4C_1\left(\frac{1}{2}\right)\left(\frac{1}{2}\right)^3\times\frac{1}{2}=\frac{1}{8}$$

⬅ 4 回までに表が 1 回，裏が 3 回出て，5 回目に表が出る。

$X=6$ で終わる確率は

$$1-\left(\frac{1}{4}+\frac{1}{4}+\frac{3}{16}+\frac{1}{8}\right)=\frac{3}{16}$$

⬅ 5 回目までに終わっている事象の余事象。

よって，求める期待値は

$$2\times\frac{1}{4}+3\times\frac{1}{4}+4\times\frac{3}{16}+5\times\frac{1}{8}+6\times\frac{3}{16}$$

$$=\mathbf{\frac{15}{4}}\ \textbf{(回)}$$

⬅

X	2	3	4	5	6	計
P	$\frac{1}{4}$	$\frac{1}{4}$	$\frac{3}{16}$	$\frac{1}{8}$	$\frac{3}{16}$	1

37 (1) 球も箱も区別がつかないから，球の個数の違いで考えればよい。

(1, 7)，(2, 6)，(3, 5)，(4, 4)

の 4 通り

(2) (1)のそれぞれの場合について，A と B の箱に入れればよい。

(1, 7)，(2, 6)，(3, 5) を A と B の箱に入れるのは，それぞれ 2 通りあり，(4, 4) を A，B の箱に入れるのは 1 通りである。

⬅ (4, 4) の同数のとき，A，B に入れかえても同じ。

よって　$3\times2+1=$**7 (通り)**

(3) (1)のそれぞれの場合について，1～8 までの番号のついた球を選ぶ。

(1, 7) のとき　${}_8C_1=8$ (通り)

(2, 6) のとき　${}_8C_2=28$ (通り)

(3, 5) のとき　${}_8C_3=56$ (通り)

別解

(4)と同様に考えたのち，箱の区別をなくして 2! で割る次の計算で求めてもよい。

$$\frac{2^8-2}{2!}=127\ (\text{通り})$$

(4, 4) のとき　${}_8C_4 \div 2! = 35$（通り）

よって　$8+28+56+35=$**127**（通り）

⬅ 4 個と 4 個に分けたときは，箱の区別がつかないから 2! で割る。

(4)　1 つの球は A か B のどちらかの箱に入れるから 2 通りある。

8 個の球の入れ方は　$2^8=256$（通り）

A だけまたは B だけにすべての球を入れることを除いて，求める場合の数は

$256-2=$**254**（通り）

38 (1)　点 B は線分 AE を $\boxed{1}:\boxed{3}$ に内分する。

また，点 B は線分 EA を $\boxed{3}:\boxed{1}$ に内分する。

⬅ 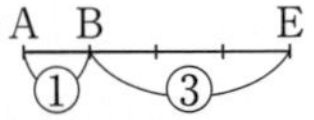

(2)　点 F は線分 DC を $\boxed{2}:\boxed{3}$ に外分する。

⬅ 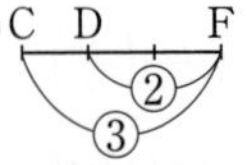

(3)　点 J は線分 DF を $\boxed{3}:\boxed{2}$ に外分する。

また，DF : FJ $=\boxed{1}:\boxed{2}$ である。

⬅ 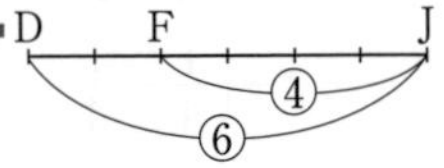

39 (1)　A から辺 BC に垂線 AH を下ろすと

H は辺 BC の中点であるから

$$\mathrm{AH}=\sqrt{\mathrm{AB}^2-\mathrm{BH}^2}$$
$$=\sqrt{9^2-3^2}$$
$$=\sqrt{72}=6\sqrt{2}$$

よって　$S=\frac{1}{2}\times 6\times 6\sqrt{2}=\mathbf{18\sqrt{2}}$

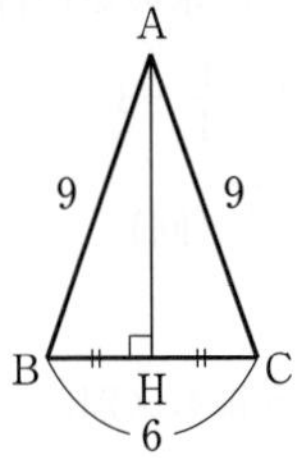

(2)　$S=\frac{1}{2}r(a+b+c)$ より

$$18\sqrt{2}=\frac{1}{2}r(6+9+9)$$
$$18\sqrt{2}=12r$$

よって　$r=\mathbf{\frac{3\sqrt{2}}{2}}$

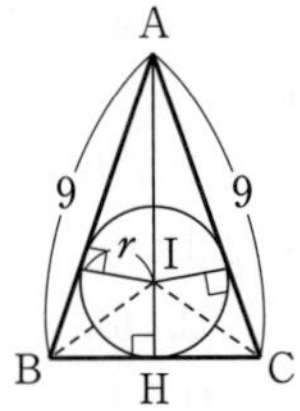

40 (1)　△ABC においてチェバの定理を用いると

$$\frac{\mathrm{BN}}{\mathrm{NC}}\cdot\frac{\mathrm{CM}}{\mathrm{MA}}\cdot\frac{\mathrm{AL}}{\mathrm{LB}}=1$$

$\frac{\mathrm{BN}}{\mathrm{NC}}\cdot\frac{1}{1}\cdot\frac{1}{1}=1$ より　$\frac{\mathrm{BN}}{\mathrm{NC}}=1$

よって　BN=NC となり，点 N は辺 BC の中点，すなわち直線 AG は △ABC の中線である。

ゆえに　△ABC の 3 本の中線は 1 点で交わる。終

(2) △ABN と直線 LC について，メネラウスの定理を用いると

$$\frac{BC}{CN}\cdot\frac{NG}{GA}\cdot\frac{AL}{LB}=1$$

(1)から $\frac{2}{1}\cdot\frac{NG}{GA}\cdot\frac{1}{1}=1$ より $\frac{NG}{GA}=\frac{1}{2}$

よって AG：GN＝2：1 である。 終

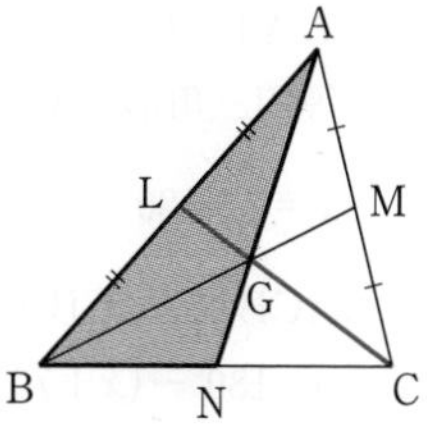

41 (1) OC＝OD より，△OCD は二等辺三角形であるから

$\angle ODC=\angle OCD=40^\circ$

ゆえに $\angle COD=180^\circ-(40^\circ+40^\circ)=100^\circ$

よって $x=$**50°**

← $\overset{\frown}{CD}$ に対する円周角 ∠CAD は中心角 ∠COD の $\frac{1}{2}$

四角形 ABCD は円 O に内接するから

$\angle ADC=180^\circ-\angle ABC$

$=180^\circ-115^\circ=65^\circ$

△ACD の内角の和は 180° より

$x+(y+40^\circ)+65^\circ=180^\circ$

よって $y=$**25°**

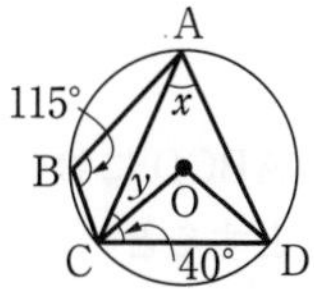

円に内接する四角形

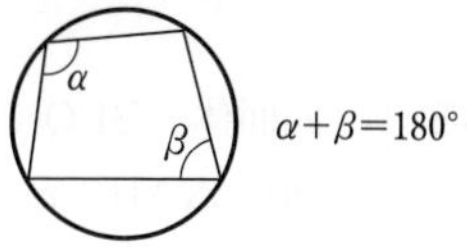

(2) $\overset{\frown}{BC}$, $\overset{\frown}{CD}$, $\overset{\frown}{DE}$ に対する中心角の大きさは，それぞれ次のようになる。

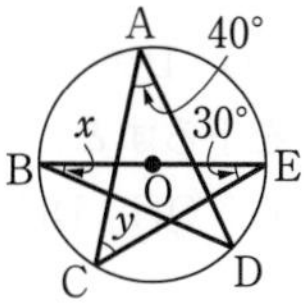

$\angle BOC=2\angle BEC=60^\circ$

$\angle COD=2\angle CAD=80^\circ$

$\angle DOE=2\angle DBE=2x$

これより $60^\circ+80^\circ+2x=180^\circ$

よって $x=$**20°**

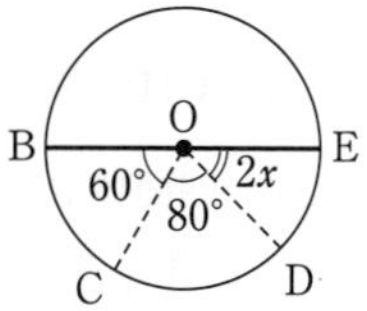

円周角と中心角の関係から

$\angle COD=80^\circ$, $\angle DOE=40^\circ$, $\angle AOE=2y$

また，AC＝AD より

$\angle AOC=\angle AOD$

$=\angle DOE+\angle AOE=40^\circ+2y$

これより $2(40^\circ+2y)+80^\circ=360^\circ$

よって $y=$**50°**

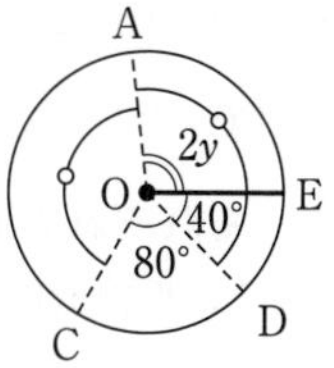

(3) △ATC は TA＝TC の二等辺三角形であるから

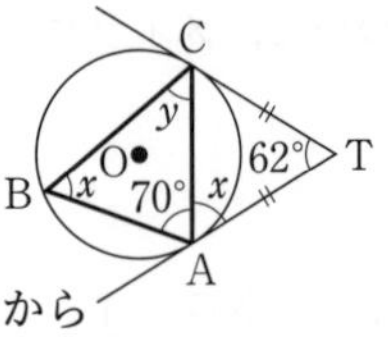

$x=\frac{1}{2}(180°-62°)=$**59°**

△ACB で, ∠CBA＝x であるから

$y=180°-(x+70°)=$**51°**

42 O, O′ が 2 点で交わるためには

$3r-r<10<3r+r$ であればよい。

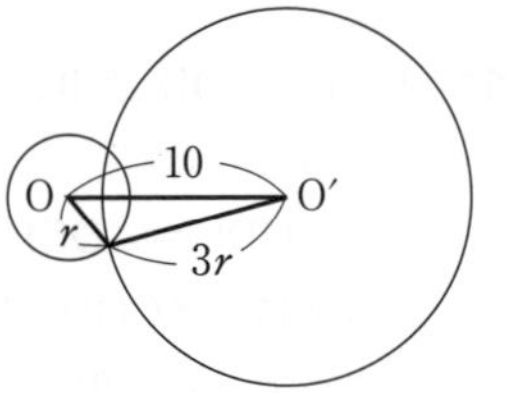

$2r<10<4r$

よって $\begin{cases} 2r<10 \cdots ① \\ 10<4r \cdots ② \end{cases}$

①より $r<5$, ②より $\frac{5}{2}<r$

ゆえに $\boldsymbol{\frac{5}{2}<r<5}$

43 (1) 四面体 ABPQ と四面体 ABCD において,

底面を △ABP と △ABC とすると

AP : PC＝2 : 1 であるから △ABP＝$\frac{2}{3}$△ABC

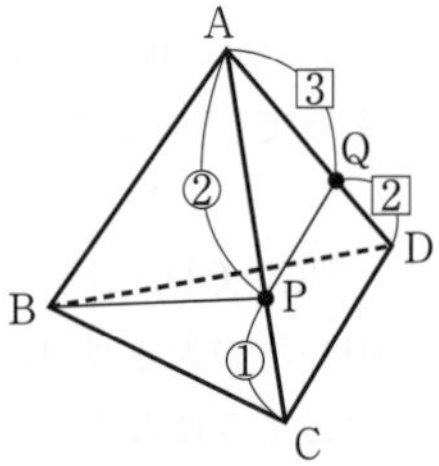

また, それぞれの高さは, Q, D から △ABP, △ABC に垂線 QH, DH′ を下ろすと

AQ : QD＝3 : 2 であるから QH : DH′＝3 : 5

よって QH＝$\frac{3}{5}$DH′

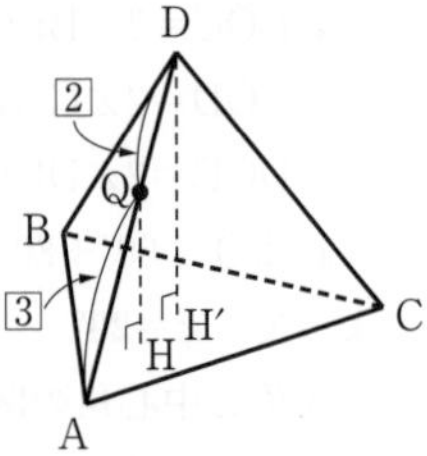

ゆえに, 四面体 ABPQ の体積は四面体 ABCD の

$\frac{2}{3}\times\frac{3}{5}=\frac{2}{5}$ **(倍)**

(2) 四面体 ABPR と四面体 ABCD において,

底面を △ABP と △ABC とすると

AP : PC＝2 : 1 であるから △ABP＝$\frac{2}{3}$△ABC

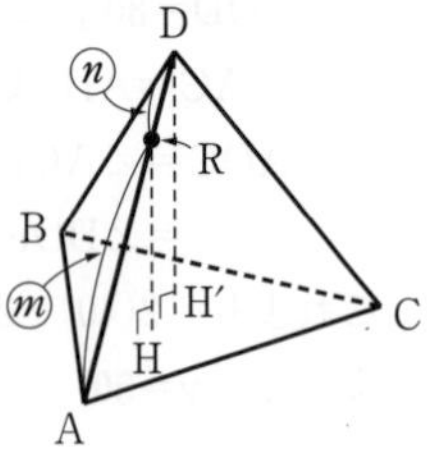

また, それぞれの高さは, R, D から △ABP, △ABC に垂線 RH, DH′ を下ろすと

AR : RD＝m : n とすると

RH : DH′＝m : $(m+n)$ であるから

RH＝$\frac{m}{m+n}$DH′

よって　$\frac{2}{3}\times\frac{m}{m+n}=\frac{1}{2}$ を解いて

$$\frac{m}{m+n}=\frac{3}{4}$$

$$4m=3(m+n)$$

$$m=3n$$

ゆえに　$\mathrm{AR}:\mathrm{RD}=3n:n=3:1$

したがって，点 R は AD を **3：1** に内分する。

(別解) (1)　四面体 ABPQ と四面体 ABCD において，底面を △APQ と △ACD とすると，2 つの四面体の体積比は △APQ と △ACD の面積比に等しい。

ここで, △APQ：△ACQ＝AP：AC＝2：3 より

$$\triangle\mathrm{APQ}=\frac{2}{3}\triangle\mathrm{ACQ}\cdots①$$

△ACQ：△ACD＝AQ：AD＝3：5 より

$$\triangle\mathrm{ACQ}=\frac{3}{5}\triangle\mathrm{ACD}\cdots②$$

①，②より

$$\triangle\mathrm{APQ}=\frac{2}{3}\cdot\frac{3}{5}\triangle\mathrm{ACD}=\frac{2}{5}\triangle\mathrm{ACD}$$

よって，四面体 ABPQ の体積は四面体 ABCD の $\boldsymbol{\frac{2}{5}}$ 倍

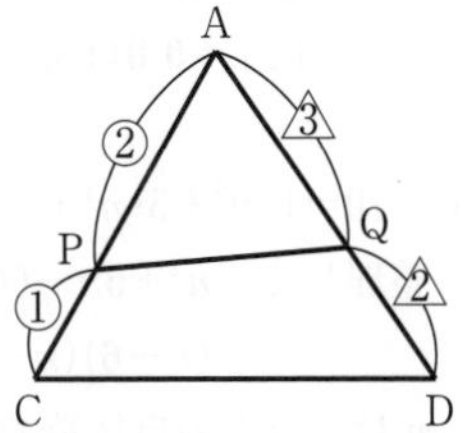

(2)　$\mathrm{AR}:\mathrm{RD}=m:n$ とする。

(1)と同様にして

△APR：△ACR＝AP：AC＝2：3 より

$$\triangle\mathrm{APR}=\frac{2}{3}\triangle\mathrm{ACR}\cdots③$$

$\triangle\mathrm{ACR}:\triangle\mathrm{ACD}=\mathrm{AR}:\mathrm{AD}=m:(m+n)$ より

$$\triangle\mathrm{ACR}=\frac{m}{m+n}\triangle\mathrm{ACD}\cdots④$$

③，④より

$$\triangle\mathrm{APR}=\frac{2}{3}\cdot\frac{m}{m+n}\triangle\mathrm{ACD}$$

$\frac{2}{3}\cdot\frac{m}{m+n}=\frac{1}{2}$ より

$$4m=3(m+n)$$

$$m=3n$$

よって，点 R は AD を **3：1** に内分する。

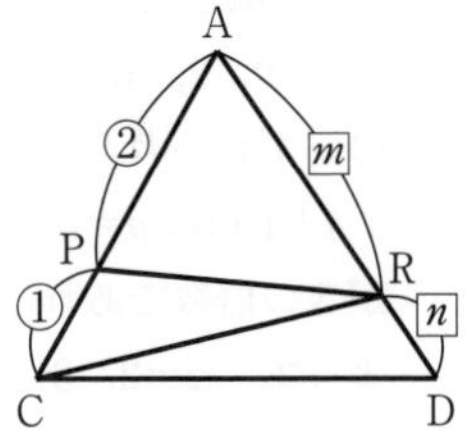

数A　復習問題

44 (1) $12212_{(3)}$

$=1\cdot3^4+2\cdot3^3+2\cdot3^2+1\cdot3^1+2\cdot3^0=158$

← 10 進数に直してから 4 進数で表す。

右の計算より

$12212_{(3)}=\mathbf{2132_{(4)}}$

(2) $2351_{(6)}$

$=2\cdot6^3+3\cdot6^2+5\cdot6^1+1\cdot6^0=571$

右の計算より

$2351_{(6)}=\mathbf{4241_{(5)}}$

(3) $0.12_{(4)}$

$=1\cdot\dfrac{1}{4^1}+2\cdot\dfrac{1}{4^2}=0.375$

右の計算より

$0.12_{(4)}=\mathbf{0.011_{(2)}}$

(1)

$$\begin{array}{r|l} 4 & 158 \\ 4 & 39 \cdots 2 \\ 4 & 9 \cdots 0 \\ & 2 \cdots 1 \end{array}$$

(2)

$$\begin{array}{r|l} 5 & 571 \\ 5 & 114 \cdots 1 \\ 5 & 22 \cdots 4 \\ & 4 \cdots 2 \end{array}$$

(3)

$$\begin{array}{l} 0.375 \\ \times\quad 2 \\ \hline 0.750 \\ \times\quad 2 \\ \hline 1.50 \\ \times\quad 2 \\ \hline 1.0 \end{array}$$

(小数部分に 2 を掛けていく)

45 $70=1\cdot n^2+5\cdot n^1+4\cdot n^0$

整理して　$n^2+5n-66=0$

$(n-6)(n+11)=0$

n は 2 以上の自然数であるから　$\boldsymbol{n=6}$

46 (1) 下 2 桁の数 $5a$ が 4 の倍数であればよい。

よって　$\boldsymbol{a=2,\ 6}$

(2) 2 の倍数かつ 3 の倍数であればよい。

2 の倍数となるのは

← 一の位が偶数

$a=0,\ 2,\ 4,\ 6,\ 8$

のいずれかのときで，各桁の数の和

$4+1+5+a=a+10$

が 3 の倍数であればよい。

← $a=0,\ 2,\ 4,\ 6,\ 8$ の中から選ぶ。

よって　$\boldsymbol{a=2,\ 8}$

(3) 各桁の数の和 $a+10$ が 3 の倍数であるが，9 の倍数でないときであるから

← $a+10$ が 3 の倍数となるのは $a=2,\ 5,\ 8$ のときである。

$\boldsymbol{a=2,\ 5}$

47 求める最小の自然数 n は

$28=2^2\cdot7$ と $54=2\cdot3^3$ の最小公倍数であるから

$n=2^2\cdot3^3\cdot7=\mathbf{756}$

← $\dfrac{n}{28}$ と $\dfrac{n}{54}$ がともに自然数となるのは，n が 28 の倍数かつ 54 の倍数で，求めるのは最小のもの。

48 求める a は $252=2^2\cdot3^2\cdot7$ と $312=2^3\cdot3\cdot13$ の最大公約数であるから

$a=2^2\cdot3=$ **12 (cm)**

また，$252\div12=21$ より縦に 21 枚ずつ，

$312\div12=26$ より横に 26 枚ずつ敷きつめていけばよいから，必要な枚数は

$21\times26=$ **546 (枚)**

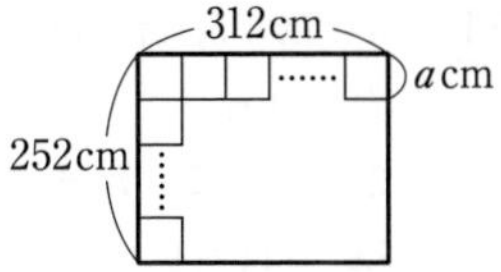

49 連続する 2 つの偶数は

$2k$，$2k+2$ (k は整数)

と表される。

このとき，2 乗の和は

$$(2k)^2+(2k+2)^2=4k^2+(4k^2+8k+4)$$
$$=8k^2+8k+4$$
$$=4(2k^2+2k+1)$$
$$=4\{2(k^2+k)+1\}$$

⬅ 4×(奇数)

$2(k^2+k)+1$ は奇数であるから，$4\{2(k^2+k)+1\}$ は 4 の倍数であるが，8 の倍数ではない。

よって，連続する 2 つの偶数の 2 乗の和は 4 の倍数であるが，8 の倍数ではない。 ㊫

50 (1) $\boldsymbol{x=-1,\ y=-2}$ (など)

(他に $x=2$，$y=3$ や $x=5$，$y=8$ など)

⬅ $x=2$，$y=3$ とした場合の(2)の計算を対応するこの下に示す。

(2) $5x-3y=7$ …①

(1)より $5\cdot(-1)-3\cdot(-2)=1$ ⬅ $5\cdot2-3\cdot3=1$

両辺に 7 を掛けて

$5\cdot(-7)-3\cdot(-14)=7$…② ⬅ $5\cdot14-3\cdot21=7$

①－②から $5(x+7)-3(y+14)=0$ ⬅ $5(x-14)-3(y-21)=0$

$5(x+7)=3(y+14)$ ⬅ $5(x-14)=3(y-21)$

5 と 3 は互いに素であるから

$x+7=3k$，$y+14=5k$ (k は整数) ⬅ $x-14=3k$，$y-21=5k$

よって，①の整数解は

$x=3k-7$，$y=5k-14$ ⬅ $x=3k+14$，$y=5k+21$

x，y がともに自然数であるのは，$k\geqq3$ のときで， ⬅ $k\geqq-4$

求める第 10 番目の組は $k=12$ のときである。 ⬅ $k=5$

よって $\boldsymbol{(x,\ y)=(29,\ 46)}$

51 $n=7x+5$, $n=11y+6$ (x, y は整数)

と表される。

n を消去して　$7x+5=11y+6$

$7x-11y=1$　　　　　…①

$x=-3, y=-2$ は①を満たす整数解の 1 つであるから

$7\cdot(-3)-11\cdot(-2)=1$…②

①－②より　$7(x+3)-11(y+2)=0$

$7(x+3)=11(y+2)$

7 と 11 は互いに素であるから

$x+3=11k$, $y+2=7k$ (k は整数)

$x=11k-3$ より

$n=7(11k-3)+5=77k-16$

これが 3 桁の最小の自然数になるのは

$k=2$ のときで　$\boldsymbol{n=138}$

⬅ $y=7k-2$ を $n=11y+6$ に代入してもよい。

⬅ $77k-16 \geqq 100$ を解くと $k \geqq \frac{116}{77}=1.5\cdots$

52 (1)　$3n+28=(n+4)\cdot 3+16$

であるから，$3n+28$ と $n+4$ の最大公約数は，

$n+4$ と 16 の最大公約数に等しい。

よって　**ア　3，イ　16**

(2)　(1)より $n+4$ と 16 の最大公約数が 8 であるから，

$n+4$ は 8 の倍数であるが，16 の倍数ではない。

$5 \leqq n+4 \leqq 54$ より　$n+4=8$, 24, 40

よって　$\boldsymbol{n=4,\ 20,\ 36}$

⬅ $a=bq+r$ のとき，a と b の最大公約数と b と r の最大公約数は等しい。

⬅ $n+4$ が 16 の倍数であると，$n+4$ と 16 の最大公約数が 16 になってしまう。

エクセル数学Ⅰ+A　解答編

表紙デザイン
エッジ・デザインオフィス

●編　者――実教出版編修部

●発行者――小田　良次

●印刷所――共同印刷株式会社

●発行所――実教出版株式会社
〒102-8377
東京都千代田区五番町 5
電話〈営業〉(03) 3238-7777
〈編修〉(03) 3238-7785
〈総務〉(03) 3238-7700
https://www.jikkyo.co.jp/

002402022　ISBN978-4-407-36035-6